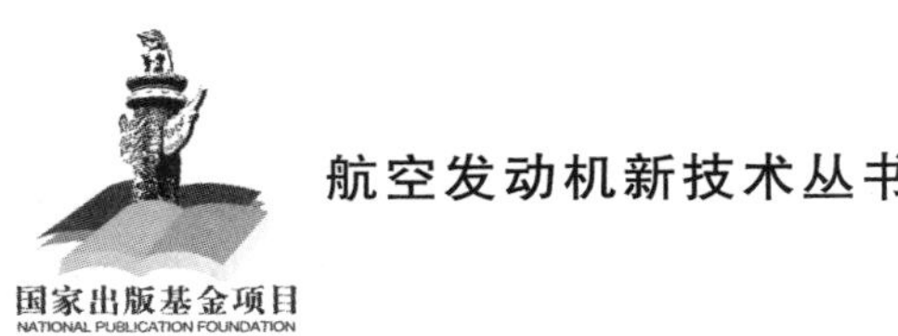

航空发动机新技术丛书

直升机传动系统先进技术

Advanced Technology of Helicopter Transmission System

吴施志　高　洁　王重庆　编著

北京航空航天大学出版社

内 容 简 介

直升机传动系统是直升机的“三大关键动部件”之一，其研制技术复杂、难度大，涉及机械传动、动力学、结构强度、寿命可靠性、材料科学、声学等多门学科，是典型的多学科交叉技术。本书是面向直升机传动系统设计与应用的专业教材，重点介绍了直升机传动系统近年涌现的新构型和新技术，内容包括直升机传动系统的发展历程、传动系统先进构型、先进部件技术、先进设计技术、新材料与新工艺应用技术、先进试验与测试技术、技术发展展望共7章。

本书可作为高等学校航空航天、机械工程、试验与测试等专业高年级本科生和研究生的专业教材，也可供有关科研人员参考使用。

图书在版编目(CIP)数据

直升机传动系统先进技术 / 吴施志，高洁，王重庆编著. -- 北京 : 北京航空航天大学出版社，2022.11

ISBN 978-7-5124-3748-7

Ⅰ. ①直… Ⅱ. ①吴… ②高… ③王… Ⅲ. ①直升机—传动系 Ⅳ. ①V275

中国版本图书馆 CIP 数据核字(2022)第 044971 号

直升机传动系统先进技术

吴施志　高　洁　王重庆　编著

策划编辑　周世婷　　责任编辑　宋淑娟

*

北京航空航天大学出版社出版发行

北京市海淀区学院路37号(邮编100191)　http://www.buaapress.com.cn

发行部电话:(010)82317024　传真:(010)82328026

读者信箱: goodtextbook@126.com　　邮购电话:(010)82316936

天津画中画印刷有限公司印装　各地新华书店经销

*

开本:710×1 000　1/16　印张:19　字数:405千字

2022年11月第1版　2022年11月第1次印刷

ISBN 978-7-5124-3748-7　定价:119.00元

若本书有倒页、脱页、缺页等印装质量问题，请与本社发行部联系调换。联系电话:(010)82317024

《航空发动机新技术丛书》
编写委员会

《航空发动机新技术丛书》
策 划 委 员 会

主　任：赵延永　吴一黄

副主任：蔡　喆

委　员（按姓氏笔画为序排列）：

王　娟　冯　颖　李丽嘉　陈守平

周世婷　龚　雪　董　瑞

前 言

直升机传动系统与航空发动机、旋翼系统并称为直升机的三大关键动部件，它们对直升机的性能、效能、飞行安全和先进性起着举足轻重的作用。其中，直升机传动系统融合了当今人类诸多航空航天的前沿技术，相比于其他机械传动系统，它具有结构复杂、传动路线长、几何限制条件严格、输入转速高、传动比和功重比大、重量要求严格、传递载荷条件复杂、动力学问题突出等特点，并在可靠性、维护性、生存能力(抗弹击、干运转)等方面有较高的要求，对原材料、设计、工艺及试验也有特殊的高标准要求。本书紧跟直升机传动系统前沿技术，以传动系统新构型、新技术为主要内容，结合近年来的科学研究情况编撰而成。

本书力求遵循由浅入深、由易到难、由简到繁、循序渐进的教学规律，较为系统地介绍了直升机传动系统近年涌现的新构型和新技术，其内容包括直升机传动系统的发展历程、传动系统先进构型、先进部件技术、先进设计技术、新材料与新工艺应用技术、先进试验与测试技术、技术发展展望共 7 章。第 1 章概述，介绍直升机发展历程，直升机对先进传动系统技术的需求，直升机传动系统的类型及主要性能；第 2 章传动系统先进构型，介绍共轴刚性旋翼高速直升机传动系统、倾转旋翼机传动系统和其他先进传动系统的特点、构型和关键技术；第 3 章先进部件技术，介绍分扭传动技术、变转速传动技术、动静旋翼轴传动技术、齿轮-轴-轴承一体化设计技术、先进离合技术、尾梁折叠技术、高速膜盘技术、智能轴承技术、先进润滑技术、上游泵送机械密封技术的特点及研究现状；第 4 章先进设计技术，介绍传动系统总体多目标优化设计、参数化驱动关联设计、超临界传动轴系设计技术、损伤容限评定技术、抗疲劳设计技术、抗弹击评估技术、润滑系统动态仿真技术、振动噪声控制技术、健康管理系统、虚拟维修设计技术等先进设计技术的特点及研究现状；第 5 章新材料与新工艺应用，介绍复合材料、陶瓷材料、高强度结构钢和新型镁铝高性能轻质合金的工程应用技术，以及先进表面处理与防护技术、先进成形技术、3D 打印技术、机匣数控加工技术、深氮化技术等在直升机传动系统中的应用及研究现状；第 6 章先进试验与测试技术，介绍减速器台架试验边界条件高精度模拟技术、复合协调加载技术、动应力测试技术、传动误差测量技术、温度动态测量技术、尾传轴系抗弹击模拟技术、噪声源定位与识别技术等在直升机传动系统中的应用及研究现状；第7章技术发展展望，根据国外开展的研究计划及现有型号的改进方向，提出了传动系统今后的技术发展方向。

本书是笔者所在的科研团队在直升机传动系统领域历年科研实践工作的基础上，结合国内外相关文献的一个总结。主要编写人员有：廖梅军、唐鑫、倪德、王祁波、谭武中、朱楚、尹凤、段铖、王帅、尹美、钟建锋、谢俊岭、李海峰、王希、刘卫真、赵勤、陈广艳、张根苗、艾永生、林利胜、陈秦、陈建初、文华、邱云鹏、旷宇、吴桂娇、李怀鹏、陈兴明、王平、沈瑞、王文凯。同时，编写团队成员李玉哲、黄忠杭、宋益明、李坚、欧阳斌、江建文等在材料收集、学术讨论、图表绘制和公式编写上完成了大量工作。

本书的编写工作得到了中国航发湖南动力机械研究所相关技术专家的鼎力支持和无私帮助，同时也得到了北京航空航天大学出版社的大力支持和帮助。另外，本书在编写过程中参考了《现代直升机应用及发展》《直升机发展历程》《虚拟维修仿真理论与技术》《结构试验基础》《直升机传动系统设计手册》等书中的部分内容，在此一并对这些作者表示衷心的感谢，并且对文中引用的参考文献的作者表示感谢。

直升机传动系统是一个新兴的研究领域，随着人类探索能力的不断提升，该领域将会出现更多创新性的理论、方法和技术。本书是面向直升机传动系统设计与应用的专业教材，适合航空航天、机械工程、试验与测试等专业高年级本科生和研究生的专业学习。它重点介绍了直升机传动系统近年涌现的新构型和新技术，希望能为读者提供一个面向直升机传动系统设计的技术参考。

受限于笔者之能力，本书的观点难免有不妥之处，恳请读者批评指正，使之完善提高。

笔　者

2022年5月30日株洲

目 录

第 1 章 概　述

直升机是依靠发动机提供动力，通过传动系统驱动旋翼产生升力和纵、横向拉力的航空器[1]。它既能垂直起降、定点悬停，又能在空中任意方向飞行或低空低速灵活飞行，具有固定翼飞机和其他飞行器所没有的飞行特点，可以出色地完成特有的任务，因此广泛应用于军用和民用领域。

现代直升机的发展起源于20世纪初，那时以汽油为燃料的内燃活塞式发动机达到实用程度，为直升机的研制成功提供了重要条件，使得直升机的飞行进入探索性发展阶段。20世纪30年代中期，在解决稳定性和操纵性问题以后，直升机开始快速发展，性能得到显著提高，但这一时期的直升机基本上还处于试验阶段，直到20世纪40年代，直升机才进入实用阶段。在之后的近半个世纪里，直升机在技术上取得了突破性进展，拥有了单旋翼尾桨（或涵道尾桨）式、共轴式双旋翼、纵列式双旋翼、横列式双旋翼及交叉式双旋翼等多种形式。但人们并未停止，还一直在探索研究既具有像旋翼机那样的垂直起降、悬停等机动性，又拥有如固定翼飞机那样具有相对较大的飞行速度和航程的新构型高速旋翼机。近年来，随着相关技术的进步，各种新构型高速旋翼机备受关注，并得到了较大发展。特别是在第四代直升机逐渐成熟后，世界各先进直升机公司加大了对新构型高速旋翼机的研发力度，并取得了许多有价值的成就，新构型高速旋翼机也逐步进入试验和实用阶段。

1.1 直升机传动系统简介

直升机传动系统与发动机、旋翼系统并称为直升机的三大关键动部件。直升机传动系统的主要功用是将发动机的动力经减速后传递给主旋翼和尾桨，带动交流电机、液压泵等直升机附件工作，并承受旋翼的气动载荷，为旋翼系统、操纵系统提供安装接口，在发动机出现故障时保证旋翼自旋下滑，安全着陆。典型的单旋翼带尾桨直升机传动系统由三器两轴（即主减速器、中间减速器、尾减速器、动力传动轴组件及尾传动轴组件)组成,如图 1.1 所示,也有部分轻型直升机传动系统不带中间减速器。

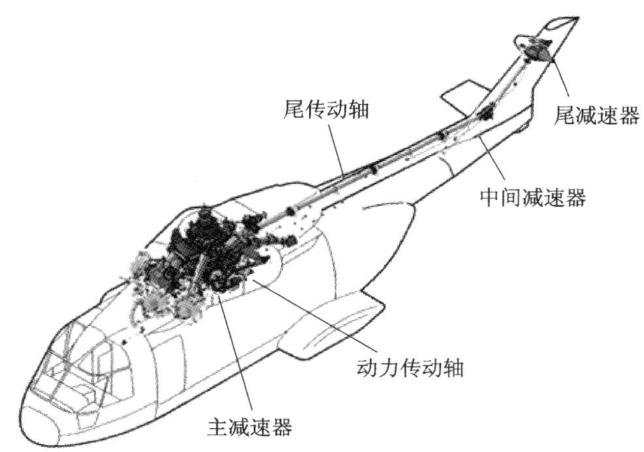

图 1.1　典型单旋翼带尾桨直升机传动系统结构组成

直升机传动系统各部件的组成和功用如下:

① 主减速器一般由 3～4 级齿轮传动组成,包括齿轮、齿轮轴、旋翼轴、弹性轴、轴承、超越离合器、输入法兰、输出法兰、机匣、密封、润滑系统及监控元件等,用于将发动机的功率和运动(包括扭矩、转速、转向)按直升机的总体布置和性能要求,经主减速器内的齿轮传动链来减速、换向传输给旋翼、尾传动和主减速器附件、直升机附件,以保证直升机升力系统及液压系统等的使用要求,并承受和传递直升机升力系统各种状态下的气动载荷和操纵载荷。

② 中间减速器位于尾水平轴与尾斜轴的交汇处,一般为一对螺旋锥齿轮传动,用于连接尾水平轴和尾斜轴,起到改变尾传动轴系方向的作用。

③ 尾减速器安装在垂尾上端的平台上,用于改变尾传动轴系的旋转方向,以便在按要求减速后可以将动力传给尾桨,为尾桨提供支撑,并为尾桨桨距操纵机构提供安装支座。

④ 动力传动轴是直升机传动系统中转速最高的动力传输部件,连接发动机和主减速器,可以将发动机的功率和转速传输给主减速器,同时补偿发动机输出轴与主减速器输入轴之间因制造安装误差、承载后的变形及温度变化的影响等引起的不同轴度误差和轴向相对位移。如有要求,也可设计轴套,为发动机提供支撑。

⑤ 尾传动轴一般由尾水平轴和尾斜轴两部分组成,尾水平轴连接主减速器与中间减速器,尾斜轴连接中间减速器与尾减速器,对无中间减速器的单旋翼直升机,只有尾水平轴,用于连接主减速器与尾减速器。

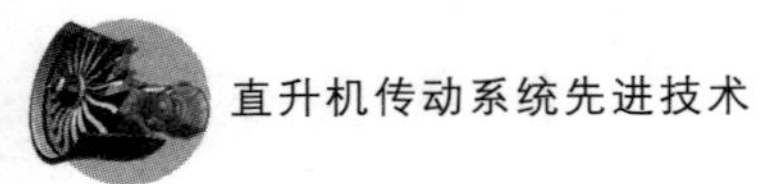

1.2 传动系统的主要特点

传动系统对直升机的性能、效能、飞行安全和先进性起着举足轻重的作用。根据目前世界主流直升机配装传动系统资料统计，单旋翼直升机传动系统的重量占直升机空机重量的 11%～18%，采购成本占 12%～20%，维修费用约占 30%，故障数占机械件故障的 15%～25%。根据美国军方统计，在机械故障导致的直升机飞行事故中，68%可归咎于动力装置和传动系统的故障[2]。传动系统通常没有冗余备份，一旦发生重大故障，往往会导致机毁人亡。因此，国外直升机公司认为“传动系统的性能很大程度上决定了直升机的性能”。

相比汽车、坦克、舰船等其他机械传动系统，直升机传动系统具有结构复杂、传动路线长、几何限制条件苛刻、输入转速高、传动比和功重比大、重量要求严格、传递载荷条件复杂、动力学问题突出等特点，并在可靠性、维护性、生存能力(抗弹击、干运转)等方面都有较高的要求。除具有一般的传动系统功能外，直升机传动系统还具有以下独特的方面：

① 对于双发或三发直升机，为了适应多台发动机并车的工作特点，需在直升机传动系统设置并车级；为了适应旋翼轴线垂直、发动机水平布置的特点，需布置换向级。同时，需要保证多台发动机协同工作，并在换向可靠的同时保证并车可靠。

② 随着航空发动机技术不断进步，发动机的输出转速也在不断提高，一般转速为 20 000～30 000 r/min，使得直升机传动系统的输入转速非常高；而其旋翼却在较低的转速下工作，一般转速为 180～370 r/min，因此需要多级减速传动来满足大传动比要求，形成传动链长、精密配合的转子件数量多和结构复杂的特点。一般的机械传动系统在工作时单纯传递扭矩，而直升机传动系统则承载着由旋翼导致的弯矩、扭矩、剪力、升力等工作载荷，复合载荷条件十分恶劣，而这些载荷均需要通过动部件和机匣进行传递。直升机传动系统需要保证在高速和动态复杂载荷下齿轮系等动部件的绝对可靠性。

③ 由于旋翼轴的转速低、扭矩大，为了降低单对齿轮传递的扭矩，以达到减重的目的，需要采用行星轮系或分扭传动装置。如何保证各个行星齿轮或分扭装置间达到均载，是大载荷下动态均载技术的一个难题，在一般传动系统中涉及不到。

④ 直升机总体对传动系统重量的要求非常严格，因此除具有一般传动系统所要求的长寿命、高效率等性能指标外，还要求有尽可能高的功重比。同时，减速器失去润滑条件下的干运转能力已成为一个非常独特的性能指标。此外，传动链长和转子件数量多使得动力学问题非常突出，并且减振、降噪要求高也是直升机传动系统的主要特点之一。

⑤ 对于军用直升机，为了保证有较高的战场生存能力，还必须具有抗弹击能力，

即在被一发 12.7 mm 的子弹击中造成损伤后，传动系统还能正常工作 30 min 以上，这是普通民用传动系统所不具备的性能。

⑥ 由于受到大载荷、散热能力要求高和空间的限制，因此，要求散热系统非常紧凑，且对内部温度场的设计分析已是现代先进直升机传动系统研制的重要手段。由于动部件多，且难以实现冗余设计，因此，为了保证传动系统的长寿命和高可靠性，采用故障监测和状态监控是重要的手段。

⑦ 直升机传动系统对原材料、设计、工艺及试验有特殊的高标准要求。由于既要求有足够的可靠性和安全性，又要求重量尽可能轻，因此，要求传动系统的强度设计非常精确，材料性能分散度小，加工精度高且一致性好，工艺稳定，确保零件在较低的强度裕度下，满足较高的安全性和可靠性指标要求。

⑧ 长期以来，军用直升机作战效能高、研制成本低、研制周期短，以及民用直升机安全、可靠、经济、舒适、环保、适用是人们一直追求的目标。如何将直升机传动技术与当前快速发展的信息技术有机结合起来，研制有市场竞争力的军民用直升机传动系统已成为各国的选择。特别是民用直升机传动系统更加注重经济性、安全性、舒适性、环保性，其最大特点就是减速器的可靠性高、成本低及重量轻，并具有相当高的平均翻修间隔期 TBO(Time Between Overhaul)。同时，为了满足民用直升机发展的需要，传动系统研制需要综合考虑标准化、系列化，以适应多变的民用机市场需求及降低传动系统的研制成本。

⑨ 直升机传动系统不仅要实现传动，也是直升机整机气动载荷与整机之间的唯一传递环节，传动系统传递载荷的部件如旋翼轴、机匣、支撑系统等一旦失效，就可能导致安全事故。

综上所述，传动系统技术具有其特殊性，历来都是国外各直升机公司的技术机密，也是直升机技术竞争的焦点之一。

1.3 直升机传动系统的类型

直升机传动系统的分类通常与直升机的分类相同，按用途分类，可分为军用直升机传动系统和民用直升机传动系统；按结构形式分类，可分为单旋翼直升机传动系统、纵列旋翼式直升机传动系统、交叉旋翼式直升机传动系统、共轴式双旋翼直升机传动系统等类型；按发动机数量分类，可分为单发直升机传动系统、双发直升机传动系统、多发直升机传动系统等类型；按起飞重量分类，可分为小型、轻型、中型、大型和重型直升机传动系统[1]；按技术发展分类，可分为常规构型直升机传动系统、新型直升机传动系统等。

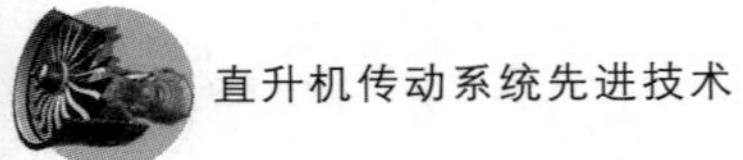

1.3.1 常规构型直升机传动系统

常规构型直升机传动系统按其结构形式，可分为单旋翼直升机传动系统和双旋翼直升机传动系统两类，其中最常用的是单旋翼直升机传动系统。

1. 单旋翼直升机传动系统

单旋翼直升机上仅安装一组主旋翼，升力和推进力均由其产生，安装在机身尾部的尾桨提供平衡旋翼反扭矩的推力（或拉力）并提供航向操纵，这是当今技术最成熟、数量最多的直升机形式。单旋翼直升机传动系统一般由主减速器、中间减速器、尾减速器、动力传动轴组件及尾传动轴组件组成。尾传动轴组件一般包括尾水平轴和尾斜轴两部分。尾传动轴、中间减速器和尾减速器构成尾传动链，带动尾桨。某些轻型直升机或涵道尾桨直升机不用中间减速器，通过水平尾传动轴直接带动尾减速器，如直 11、直 9（见图 1.2）、A109、A119、MD500 等的直升机传动系统。

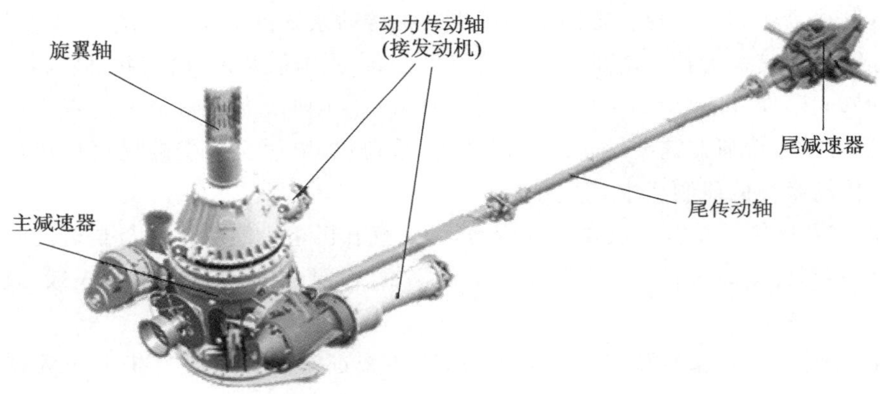

图 1.2　直 9 直升机传动系统

根据直升机的吨位和任务使命的不同，单旋翼直升机可配置一台、两台或多台发动机，主减速器相应分为单发型、双发并车型及多发并车型。其中双发并车型最为常用，其设计方法也可推广用于单发型和多发型。单发或双发直升机的发动机可位于主减速器前方（如 S－61、Ми8）或后方（如 S－70C“黑鹰”（见图 1.3）、A129、直 11、直 9）；后出轴发动机（发动机的功率输出轴位于涡轮的后面）一般位于主减速器前方，前出轴发动机（发动机的功率输出轴位于压气机的前面）一般位于主减速器后方，但根据主机的总体布置也可反之，如意大利 AB139 直升机配装的 PT6C－67C 发动机为后出轴，但位于主减速器后方。三发直升机多为两台发动机位于主减速器前方，一台位于主减速器后方，与发动机轴的引出方向关系不大，如直 8、EH101。

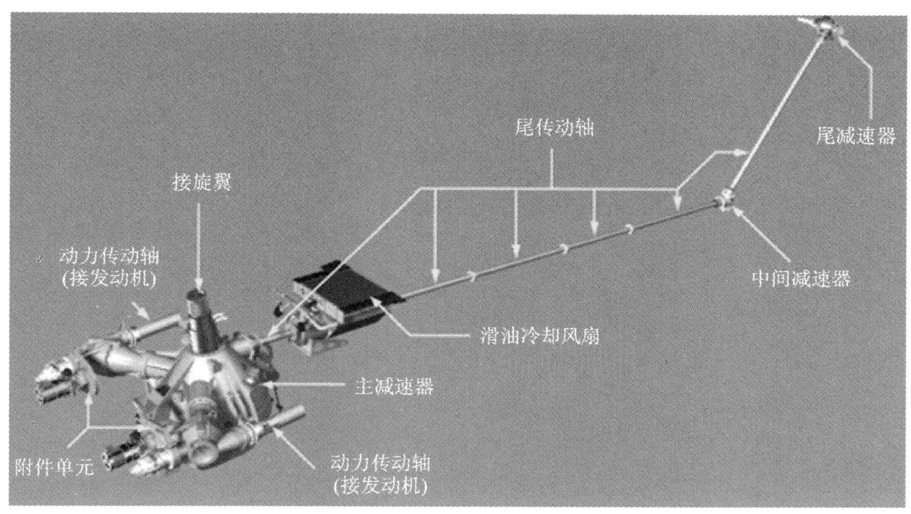

图1.3 S-70C“黑鹰”直升机传动系统

2. 双旋翼直升机传动系统

双旋翼直升机传动系统有纵列式、交叉式、共轴式等类型。这类直升机不需要尾桨,没有尾传功率损失。两组旋翼的功率和转速由直升机操纵系统控制。

(1) 纵列式旋翼直升机传动系统

纵列式旋翼直升机多为运输型直升机,两组尺寸相同、转向相反的旋翼一前一后地安装在直升机上,直升机的飞行机动动作通过对两组旋翼的操纵来实现。这种形式的机身容积大,允许直升机重心有较大范围的变动,其传动系统由动力传动轴(连接发动机/发动机头部减速器与并车减速器)、并车减速器、前/后同步轴(连接并车减速器与前/后减速器)、前减速器、后减速器组成,前、后减速器分别带动两组旋翼。有的传动系统在发动机上设置了头部减速器,如CH-47“支奴干”(Chinook)纵列式直升机传动系统。

CH-47传动系统如图1.4所示。两台发动机装在飞机后部短舱内,每台发动机的前部各安装一台头部减速器,减速器内有一对轴交角为90°的螺旋锥齿轮,其作用是将发动机的功率经过换向减速后传给并车减速器。并车减速器的功用是将两台头部减速器传递来的功率并车和减速,然后通过同步轴去驱动前、后减速器。并车减速器包括两个齿数相同的主动螺旋锥齿轮和一个从动螺旋锥齿轮。前、后输出轴之间有一个相位调整机构,用于在地面调整前、后旋翼之间的相位。后输出轴还装有旋翼刹车机构。前、后减速器各包括三级传动:螺旋锥齿轮换向减速和两级行星减速,它们的结构相似,但主要不同点在于后减速器二级行星架与旋翼轴是分开的,用花键连接。旋翼轴直接支承在飞机上。由于减速器后部有附件传动机构,因此径向尺寸和重量均较大。前、后减速器的滑油系统相同。传动系统简图如图1.5所示。

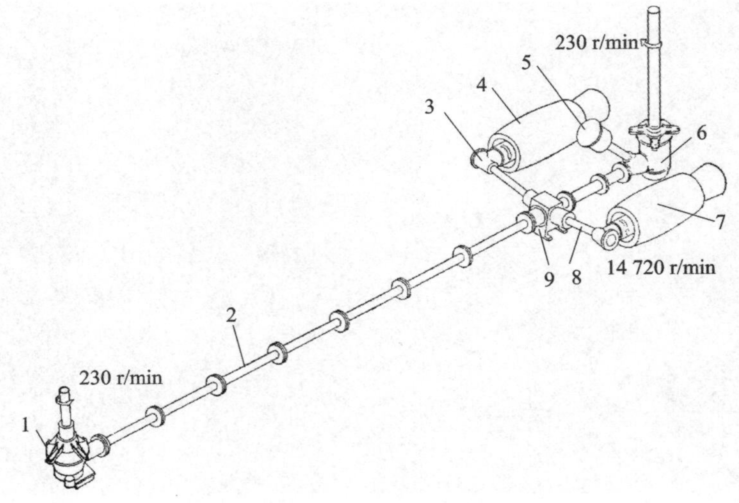

1—前减速器；2—前同步轴；3—头部减速器；4—T55 涡轮轴发动机(两台)；
5—滑油散热器及风扇；6—后减速器；7—涡轮轴发动机；8—主传动轴；9—并车减速器

图 1.4 CH－47 传动系统

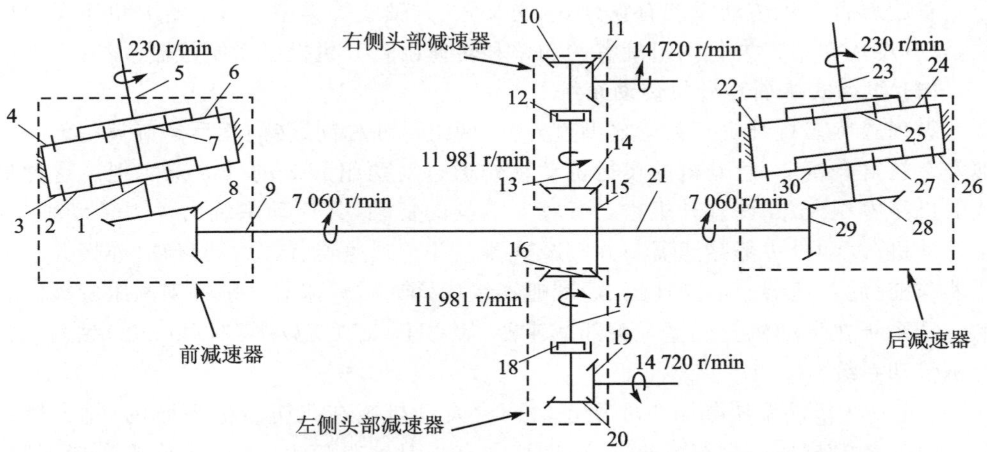

前减速器：1—一级太阳轮；2—一级行星轮(4 个)；3—一级固定齿圈；4—二级固定齿圈；5—旋翼轴；
6—二级行星齿轮(6 个)；7—二级太阳轮；8—主动螺旋锥齿轮；9—前同步轴
右侧头部减速器：10—从动螺旋锥齿轮；11—主动螺旋锥齿轮；12—单向离合器；13—右主传动轴
并车减速器：14—右主动螺旋锥齿轮；15—从动螺旋锥齿轮；16—左从动螺旋锥齿轮；17—左主传动轴
左侧头部减速器：18—单向离合器；19—主动螺旋锥齿轮；20—从动螺旋锥齿轮；21—后同步轴
后减速器：22—二级固定齿圈；23—旋翼轴；24—二级行星齿轮(6 个)；25—二级太阳轮；26—一级固定齿圈；27—一级行星轮(4 个)；28—从动螺旋锥齿轮；29—主动螺旋锥齿轮；30—一级太阳轮

图 1.5 CH－47 传动系统简图

(2) 共轴式双旋翼直升机传动系统

共轴式双旋翼直升机简称共轴式直升机，两组旋翼上下共轴安装，且转向相反，反扭矩相互平衡。其传动系统由主减速器和动力传动轴组成，根据需要可在主减速器输入端设置输入减速器，如卡-32 的共轴式直升机传动系统。卡-32 是卡莫夫设计局设计的共轴式双旋翼双发通用直升机，其传动系统简图如图 1.6 所示。旋翼轴系由内、外轴组成。发动机的动力经离合器、减速器传递给上旋翼轴（内轴）和下旋翼轴（外轴）。上旋翼和下旋翼通过内、外轴实现共轴反转。内轴与外轴通过轴承隔开并支承。内轴下端与下锥齿轮连接，并通过轴承由减速器壳体支撑。套筒与减速器壳体固连，并在下自动倾斜器处通过轴承支承外轴。外轴在下端与上锥齿轮通过平键或花键相连，并通过轴承与减速器壳体连接。主减速器既是动力传递减速装置，又是上下旋翼的换向装置。该类直升机没有尾传动轴和中、尾减速器，飞行控制通过两组旋翼的操纵来实现。

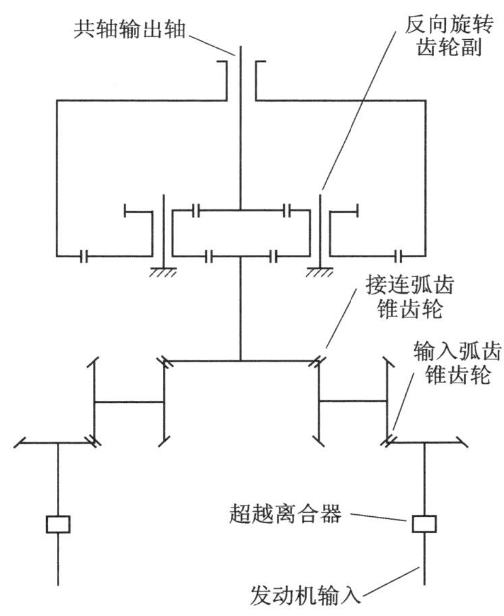

图 1.6 卡-32 的共轴式直升机传动系统

共轴式布局的主要优点是：

① 气动特性对称性好，不存在各轴之间互相交连的影响，机动性好，机动飞行时易于操纵。在使用相同发动机的情况下，两副共轴式旋翼的升力比单旋翼/尾桨布局的旋翼升力大 12%。

② 改变航向时，容易保持直升机的飞行高度，这在超低空飞行和飞越障碍物时尤其可贵，对飞行安全具有重要意义。

③ 传动系统输出功率全部产生升力，提高了功率的利用效率。

共轴式布局的主要问题是：由气动分析可知，上旋翼在相同功率下的升力大于下旋翼，尤其在悬停和低速飞行状态下；而上旋翼轴相对于下旋翼轴细长，因此，上旋翼轴危险截面的弯扭组合应力远大于下旋翼轴。

(3) 交叉式双旋翼直升机传动系统

交叉式双旋翼直升机简称交叉式直升机，两副旋翼位于机身两侧，横向左右排列，它们的主轴向外倾斜呈 V 字形，两副旋翼交错反向协调旋转。

交叉式双旋翼直升机以美国卡曼公司生产的 HH－43B(一种双桨交叉式轻型直升机)为主要代表。它的第一架生产型于 1958 年 12 月试飞，正常起飞质量 2 708 kg，装有一台 T53－L－1B 发动机，起飞功率 860 hp(1 hp＝745.699 9 W)，输出转速 6 680 r/min。两根旋翼轴向外倾斜，呈 25°角，两个旋翼转速相同，转向相反，起飞状态转速为 268 r/min。飞行机动动作通过对两组旋翼进行操纵来实现。该机的机身较短，传动系统紧凑。但是由于有两旋翼的气流干扰，使得旋翼效率降低，振动加大。其传动系统由左、右旋翼轴组件、减速器和发动机至减速器的动力传动轴组成。

K－MAX 直升机是在 HH－43B 的基础上发展的交叉双旋翼直升机。该直升机由一台 Allison T5317A－1 发动机提供动力。主减速器起飞限制功率为 1 500 hp，输入转速为 6 600 r/min，旋翼转速为 271.4 r/min。在设计中将左输入小齿轮轴的内花键铣去一齿，装配时使其与右输入小齿轮轴在一定的角向位置上结合，从而保证两旋翼旋转相位的要求。

这种直升机传动系统的部件结构设计特点与单旋翼直升机基本相同。考虑到减速器输入转速的大小，离合器一般设置在输入轴上。

1.3.2 高速直升机传动系统

由于常规构型直升机的飞行速度受到限制，不能满足现代战争的需要，自 20 世纪 90 年代以来，欧美国家直升机先进企业进行了大量的研究工作，以提高飞行速度为主要目的的高速直升机面世，其传动系统按结构形式可分为复合式高速旋翼机传动系统和倾转旋翼机传动系统两类。

1. 复合式高速旋翼机传动系统

复合式旋翼机一般是由常规构型直升机将尾桨系统改为推进系统发展而来，其概念始于 20 世纪 50 年代。在起降或悬停时，利用主旋翼产生升力；在前飞时，依靠推进系统产生主推进力，提高飞行速度。主推进系统可采用多种方式，如尾推进桨、前螺旋桨及涡喷发动机等，其中采用涡喷发动机虽然推进力较大，但耗油率高，因此目前复合式旋翼机的主要构型为主旋翼加尾推进桨或主旋翼加前螺旋桨两种。

20 世纪 90 年代，美国西科斯基公司在常规构型直升机 UH－60 上增加尾推进系统和机翼，试制了 X－49A“速度鹰”，这种方案的最大飞行速度达到 500 km/h。

为了满足复合式旋翼机高速飞行的要求，X－49A“速度鹰”布置了尾推进系统，将 UH－60“黑鹰”尾减速器改为尾推进减速器，如图 1.7 所示。在巡航飞行时，尾推

进减速器主要驱动尾推进桨工作，同时旋翼提供部分升力；在起降、悬停时，尾推进桨作为反扭矩桨使用，平衡旋翼扭矩。相比常规构型直升机传动系统，复合式高速旋翼机传动系统的最大特点是具有大功率尾推进减速器，并且在巡航时作为主功率链。

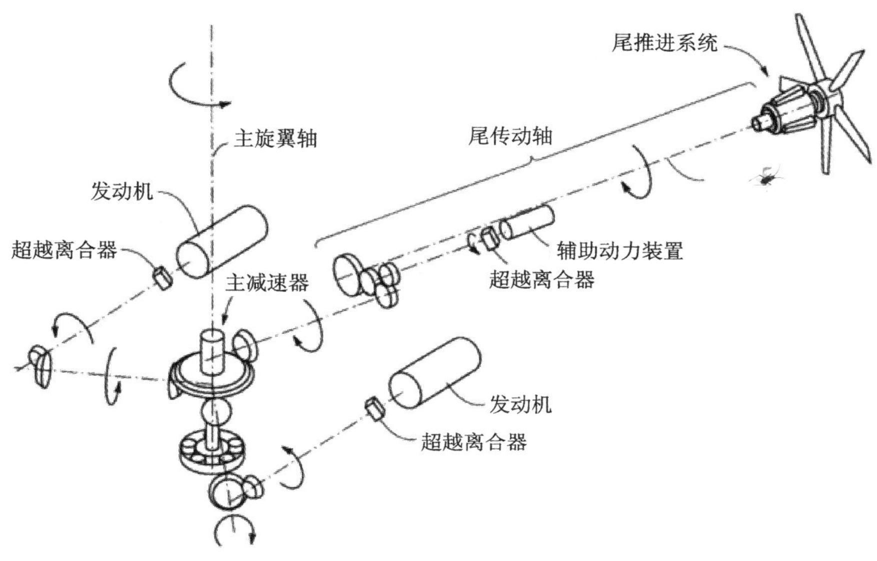

图 1.7　X-49A"速度鹰"传动系统

2. 倾转旋翼机传动系统

倾转旋翼机是一种既具有直升机垂直起降和悬停功能，又具有装备了涡轮螺旋桨发动机的固定翼飞机高速飞行能力及效率的飞行器。美国贝尔公司研制的 V-22"鱼鹰"倾转旋翼机(见图 1.8)，其速度可达 800～900 km/h，于 2009 年装备现役。倾转旋翼机传动系统由左、右旋翼减速器，左、右倾转减速器，以及机翼中部齿轮箱和传动轴系组成(见图 1.9)。旋翼减速器、倾转减速器和发动机都位于倾转旋翼机机翼的吊舱内，并随吊舱旋转。左、右旋翼通过减速器与轴系机械连接。倾转减速器由螺旋锥齿轮传动组成，它的主动螺旋锥齿轮除自转外，还绕从动螺旋锥齿轮公转。在正常工作状态下，左侧或右侧发动机的功率各经该侧的旋翼减速器传至旋翼，并有一部分功率传给倾转减速器和机翼中部减速器带动的附件，同时两旋翼瞬态的交变扭矩也通过轴系相互传递。当一侧发动机失效时，另一侧发动机的部分功率经传动轴系传递至发动机失效侧的旋翼减速器，以驱动该侧的旋翼和附件。倾转旋翼机的传动轴系较长，其传递功率比单旋翼直升机尾传动轴传递的功率大，转速也高，因而其动力学问题较为突出。

图 1.8　V-22“鱼鹰”倾转旋翼机

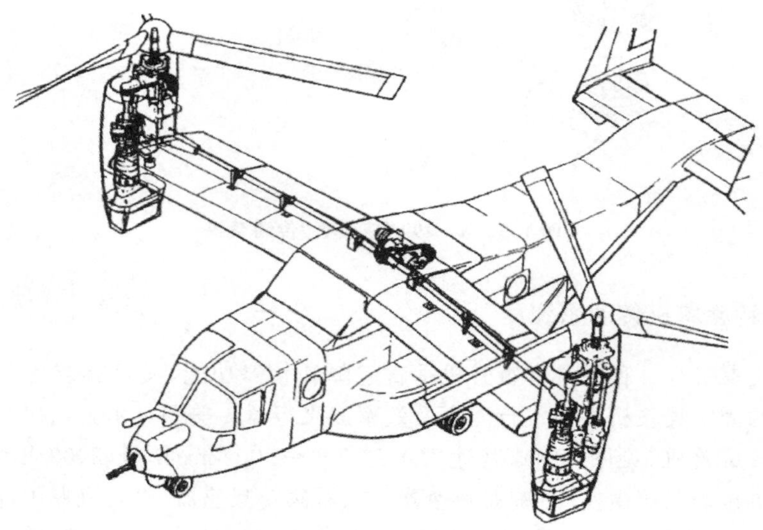

图 1.9　V-22 倾转旋翼机传动系统

1.4　传动系统的主要性能及评价

衡量一型直升机传动系统性能优劣的主要指标包括功率密度、翻修间隔期和寿命、传动效率、安全性和生存力、可靠性和维修性、舒适性及经济性等方面。

1. 功率密度

航空器对重量的要求极其苛刻，对传动系统重量更轻的需求是直升机长期的追求，直升机传动系统一般用减速器的功重比来衡量功率密度。功重比即传递功率与自身重量的比值，高功重比传动系统可明显减轻直升机的空机重量，增加直升机可承担的有效载重。

在功率、载荷和传动比越来越大，重量要求越来越严格的趋势下，直升机对传动系统功重比（功率密度）的要求越来越高，目前国外先进直升机如意大利的A129“猫鼬”直升机的主减速器功重比已达到5.1 kW/kg，远远高于船舶、汽车等其他传动产品（1 kW/kg左右）。

2. 翻修间隔期和寿命

翻修间隔期TBO（Time Between Overhaul）指机械系统从正式开始使用到大规模维修（非维护）、更换零部件的时间周期，对于直升机传动系统，其主、中、尾减速器一般在其全寿命周期内按照3个或4个翻修间隔期设计，如一型直升机传动系统主减速器，其主要零部件的设计寿命为6 000飞行小时，其翻修间隔期一般定为1 500飞行小时或2 000飞行小时。而动力传动轴组件和尾传动轴组件一般按照其设计寿命使用，不存在翻修间隔期。

为了降低全寿命周期的成本，满足使用要求，传动系统需要具有长寿命和长的翻修间隔期。目前直升机研制和寿命管理中主要采用安全寿命法则，动部件的疲劳寿命达6 000飞行小时以上至无限寿命。减速器的维护主要采用现场检查与定期翻修概念，翻修间隔期一般达到2 000飞行小时以上。而对于机动状态相对较少的民用直升机，其传动系统减速器的翻修间隔期可达到5 000飞行小时，寿命可达到20 000飞行小时，传动轴组件可达到无限寿命。

3. 传动效率

由于直升机传动系统的传递功率大，因此对效率的要求比较高，一般要求单级齿轮传动的效率达99%以上。对于减速级数为2～4级的主减速器，其效率达97%以上，即功率损耗是啮合传递功率的1%～3%。

减速器主要采用直齿圆柱齿轮、斜齿圆柱齿轮、人字（双斜）齿轮、行星齿轮、螺旋锥齿轮等传动方式，轴承类型主要有圆柱滚子轴承、圆锥滚子轴承、球面滚子轴承和球轴承等。在相同工况下，行星齿轮的传动效率相对其他齿轮副的低，圆锥滚子轴承的摩擦损失最大。几种常用齿轮传动方式的传动效率参考值为：

① 直齿圆柱齿轮传动：传动比1～2.5，传动效率99.5%；

② 斜齿圆柱齿轮传动：传动比1～5，传动效率99.5%；

③ 人字（双斜）齿轮传动：传动比1～10，传动效率99.5%；

④ 单级行星齿轮传动:传动比 3～5,传动效率 99.25%;

⑤ 螺旋锥齿轮传动:传动比 1～3.5,传动效率 99.5%。

4. 安全性和生存力

作为发动机功率和飞机载荷的唯一传递渠道,直升机传动系统须具有足够的安全性,对于军用直升机,要求其关键件的寿命可靠度达 99.9%;对于民用直升机,甚至要求其关键件的寿命可靠度达到99.999 9%。为了保证直升机的生存力,20 世纪 70 年代以后进一步明确了对传动系统生存力的设计要求,包括减速器 30 min 干运转要求、抗坠毁能力(适坠性)要求、应急状态下的着陆要求以及军用直升机的传动轴抗弹击要求,并将之规定于国军标 GJB 3696—1999《军用直升机生存力要求》中。

减速器干运转指润滑系统或传动系统其他部位出现故障导致滑油漏光的情况,为了保证直升机传动系统在滑油泄漏失去润滑条件后仍能保持一段时间的传动能力,使受损的直升机在该段时间内安全着陆,目前军民用直升机均要求具有 30 min 干运转能力,AH-64E“阿帕奇”、EH-101、EC665“虎”的主减速器干运转时间甚至已达到 1 h。考虑到中/尾减速器采用飞溅润滑,因此判断是否出现滑油泄漏难度较大,法国欧直公司特别要求其具有较高的干运转能力(如达 3 h),并进行了振动监控研究。

国军标要求传动系统具有一定的抗坠毁能力,抗坠毁主要考虑减速器与发动机的安装结构,须保证直升机在以一定的加速度坠毁时,不会因为主减速器脱落而影响飞行员和乘客的安全。

武装直升机传动系统还必须具有抗弹击能力,耐弹击设计是为提高直升机的战场生存能力而提出的,主要针对军用直升机。《军用直升机强度规范　第 8 部分:结构生存力》(GJB 720.8A—2012)对直升机传动系统的耐弹击要求是:减速器及其在直升机上的安装应具有一定的耐弹伤能力。当前,世界先进军用直升机均对直升机传动系统的耐弹击能力提出了明确要求。对于武装直升机,要求其尾传动轴在被一发 12.7 mm 的子弹击中后,能保持传动系统正常工作 30 min,被一发 23 mm 的炮弹击中后,不影响正常降落。

5. 可靠性和维修性

可靠性即产品在规定的条件下和规定的时间内,完成规定功能的能力。平均故障间隔时间(MTBF)是衡量传动系统可靠性的重要指标,平均故障间隔时间越长,可靠性越优。维修性即产品在规定的条件下和规定的时间内,按规定的程序和方法进行维修时,保持或恢复到规定状态的能力。平均修复时间(MTTR)是衡量传动系统维修性的重要指标,平均修复时间越短,维修性越优。

平均故障间隔时间 MTBF 和平均修复时间 MTTR 均与其零部件数量及结构复杂程度有关,直升机吨位越小,减速器和传动轴零部件越少,结构越简单,发生故障的

概率越低，其平均故障间隔时间越长，平均修复时间越短；而直升机吨位越大，减速器和传动轴零部件越多，结构越复杂，发生故障的概率越大，其平均故障间隔时间越短，平均修复时间越长。目前，国外采用2级传动的1吨级直升机主减速器的平均故障间隔时间可达到400 h，平均修复时间可达到2.5 h；采用3级传动的10吨级直升机主减速器的平均故障间隔时间可达到200 h，平均修复时间可达到2.5 h。

6. 舒适性

在传动系统的传动链中，各种不同转速的构件协同运转，发动机、旋翼系统与传动系统之间存在振动耦合，工作中的激振源多，激振频率非常丰富，系统响应复杂，动力学问题十分突出。但是，考虑到飞行员和乘客在座舱内的舒适度，对于直升机总体来说，一般要求传动系统高速级基频振动限制值不超过8g，大吨位直升机的主减速器噪声不超过100 dB(在距离主减速器1 m距离外采用声压测量)。

7. 经济性

经济性是民用直升机能否生存和进一步发展的主要因素之一，对于用户和直升机总体来说，除了要求传动系统具备优越的性能外，降低其全寿命周期内的成本也是一项重要需求。与直升机其他系统一样，传动系统的成本主要包括采购成本、翻修成本和维护成本，要想降低这些成本，需要传动系统在追求更优性能的同时，还具有更低的价格、更长的翻修间隔期(TBO)、更长的寿命及更优的可维护性。

1.5　先进直升机传动系统发展概述

在军用领域，军用直升机经过初期使用、空中机动和火力支援、反坦克和反潜攻舰等作战使用的发展，经受了自第二次世界大战以来多次局部战争和武装冲突的考验，已奠定了其在现代战争中的重要地位和作用。在民用领域，经过几十年的发展，民用直升机的使用已经深入到国民经济、社会公共事务乃至家庭生活的各个领域。与70多年来直升机、发动机的技术发展相适应，传动系统的型号及其技术也取得了重大发展，在技术上经历了几项重大的突破性进展，传动系统性能得到大幅提高。

1.5.1　传动系统型号的发展

根据传动系统的性能、总体及部件技术特征、对应的直升机及其旋翼系统、发动机水平及出现的年代，可将传动系统的发展分为以下几个阶段。

从20世纪30年代初至60年代中期为第一个阶段。此时，直升机的飞行速度近200 km/h，装第一代涡轮轴发动机，主减速器的输入转速较低(一般不高于3 000 r/min)，质量系数约为0.075 kg/(kgf·m)(1 kgf·m=9.806 65 N·m)，主减速器的翻修间隔期 TBO 不大于 600 飞行小时。

从 20 世纪 60 年代中期至 70 年代中期为第二个阶段。此时,直升机的飞行速度近 300 km/h,装第二代涡轮轴发动机,主减速器的输入转速不高于 7 000 r/min,质量系数约为 0.070 kg/(kgf·m),主减速器的翻修间隔期 TBO 不大于 1 200 飞行小时。

从 20 世纪 70 年代中期至 90 年代为第三个阶段。第三代直升机的最大飞行速度超过 300 km/h,装第三代涡轮轴发动机,典型机型有 A129“猫鼬”、UH-60A“黑鹰”、米 28“浩劫”等。这一阶段的直升机传动系统性能已达到当代较高水平,结构紧凑、对总体适应性强,同时采用一体化设计,注重安全寿命设计、干运转设计和动力学优化等。直升机主减速器的输入转速高达 20 000 r/min 以上,主减速器的质量系数为 0.065～0.067 kg/(kgf·m),其干运转能力可达 30 min,翻修间隔期 TBO 达到 2 000～3 000 飞行小时。目前世界上的大部分现役直升机属于第三代直升机。

从 20 世纪末至 21 世纪初为第四个阶段。直升机传动系统在构型和部件上采用了一些新的技术,如圆柱齿轮分扭传动和动静旋翼轴等,传动性能(如振动、噪声水平、安全性、可靠性)得到很大提高。以 AH-64E“阿帕奇”、RAH-66“科曼奇”、卡-50“噱头”、EC665“虎”为代表的先进直升机传动系统的研制成功标志着旋翼机传动系统进入了第四个阶段,传动系统的质量系数已达 0.060～0.065 kg/(kgf·m),减速器的干运转能力达到 45 min,翻修间隔期 TBO 达到 3 000～4 000 飞行小时。

从 21 世纪初至今,直升机传动系统发展到了第五个阶段。该阶段具有更轻的重量、更高的寿命和可靠性、更强的生存能力等技术特点,采用了面齿轮及分扭传动、新一代高强度齿轮钢、弹簧离合器、复合材料机匣等先进技术,代表机型有 AH-64D“阿帕奇”、CH53K“超级种马”等,主减速器的质量系数为 0.058～0.060 kg/(kgf·m),干运转能力可达 45～60 min,减速器翻修间隔期 TBO 达到 4 000～5 000 飞行小时。

在新构型直升机传动系统领域,西方国家积极推进高速直升机和倾转旋翼机传动系统的型号研制工作,其传动系统与常规构型相比,具有共轴对转传动、倾转轴传动和变速传动等新的技术特点,并且倾转旋翼机已于 20 世纪末开始服役于军民用领域,共轴刚性旋翼带尾推进桨高速直升机预计 2020—2025 年进入工程应用。

1.5.2 传动系统技术的发展

1. 技术发展概况

在过去 50 年中,直升机传动系统经历了重大的突破性技术进展,在设计理念、传动构型、零部件设计、分析验证方法以及选材与工艺等方面取得了长足的进步。在设计理念方面,经历了从静强度设计、部分疲劳校核,到安全寿命设计、损伤容限设计和生存力设计的过程;在设计手段方面,从最初的常规设计方法发展到数字化设计、多

目标综合优化设计及仿真分析。在传动构型方面，从最初的简单齿轮传动或带传动发展到当前的分扭传动、单元体设计；在材料方面，从普通的空气熔炼齿轮钢发展到双真空冶炼齿轮钢、M50Nil 轴承钢及 CSS－42L 高热强度齿轮钢等材料。

2. 技术发展趋势

自直升机问世以来，在军事和民用上的广泛应用及迫切需求推动了直升机传动系统技术的迅猛发展。特别是近 20 多年来，随着科学技术的日益进步，人们对直升机传动系统的认识和了解不断深入，直升机传动系统的新技术、新概念、新理论层出不穷。新技术的出现和应用促使直升机及传动系统不断更新换代，传动系统的使用性能日臻完善。根据直升机传动系统在新技术方面的研究和应用情况，后续传动系统技术的发展趋势将主要体现在以下几个方面。

（1）数字化综合设计/制造/试验一体化技术全面推广应用

随着信息化技术、互联网技术、数值分析技术、数控技术的迅猛发展和国际合作的深入，推动了数字化技术在直升机设计/试验/制造/管理等各方面的应用，使设计/制造/试验一体化成为现实。通过建立工程化的直升机传动系统电子样机，实现了从模拟量协调向数字量协调的转变，以及设计/制造/试验信息的无缝集成，大大提高了型号研制的效率；数字化齿面设计与制造技术的应用在很大程度上提高了齿轮的生产效率，降低了齿轮的调整时间；大量设计/制造/试验仿真技术的应用，也缩短了设计和试制的周期，降低了研制成本。V－22“鱼鹰”、S－92、AH－64D“阿帕奇”和 NH90 等军民用直升机及传动系统都不同程度地采用了设计/制造/试验一体化技术，取得了巨大的效益。今后，直升机传动系统数字化综合设计/制造/试验技术要想取得更大的进展，还有赖于综合优化设计和仿真等技术的发展。

（2）传动构型多样化发展，分扭传动在大、重型直升机传动系统中将得到进一步应用

通过改变传动构型来减轻减速器的重量并提高可靠性和使用寿命是一条可行之路。在过去的几十年中，在学者及工程师们的不断追求下，在进一步发展传统行星传动主减速器构型的同时，各种各样的高传动比主减速器布局形式一直在研究和发展之中，如自由行星传动构型和分扭传动构型，其中，分扭传动构型得到了较好的发展和应用。分扭传动指将发动机的输出扭矩经主减速器输入齿轮传入后一分为二或更多，经一级或两级从动齿轮减速、均载后合并输出。研究结果表明，在一定条件下，分扭传动构型较行星传动构型更能减轻重量，提高可靠性，尤其对于大型直升机，分扭传动构型的优点能得到更好的体现，它将是今后发展前途广大的传动构型。

分扭传动构型的布局形式的另一种发展趋势是面齿轮的应用。面齿轮传动具有承载能力高、支撑结构简单和对安装误差的敏感性低等特点。用面齿轮分扭结构替代传统的锥齿轮传动和圆柱齿轮分扭结构，可以简化主减速器的结构，减轻重量。面齿轮分扭构型已成功应用于美国 2009 年首飞的 AH－64E“阿帕奇”直升机改进型上。

(3) 先进传动部件技术仍是提高传动性能的主要手段

在传动系统部件中，齿轮、轴承、传动轴、离合器等主要部件是极为重要的。长期以来，传动系统设计师把主要传动部件的改进和创新作为主要目标。从近年的发展情况看，先进的部件技术主要包括：高重合度齿轮、面齿轮、陶瓷轴承、弹簧离合器、动静轴、一体化设计的齿轮/轴/轴承、一体化尾桨轴/尾桨毂及超临界尾传动轴等。通过这些先进部件的应用，进一步提高了传动系统的承载能力、寿命与可靠性，同时简化了结构，降低了重量。

(4) 高强度材料、复合材料及新工艺的应用

材料与工艺技术的发展是传动系统技术发展的重要方面，突出表现于新一代高温轴承、齿轮钢，新一代机匣变形铝镁合金材料及复合材料传动轴、复合材料机匣，以及陶瓷材料的研发与应用，既减轻了重量，又提高了生存力。精铸、数字化加工、惯性摩擦焊等先进加工技术，以及深氮化、纳米喷涂等表面处理与防护技术也开始应用于传动系统中，提高了寿命，降低了维护费用。另外，3D 打印技术也逐步在直升机传动系统研制中得到应用。

(5) 减振降噪技术的应用，将进一步提高安全性和舒适性

为了提高直升机的安全性和舒适性，降低由传动系统造成的振动和噪声，世界上各直升机强国均在提高齿轮、轴承、机匣的制造精度和减速器的装配精度，采用的弹性幅板、隔音涂层和高重合度齿轮，以及增加减速器撑杆和安装座的主动隔振装置等措施尤其体现在民用直升机上，较低的振动和噪声是民用直升机的主要卖点之一，也是传动系统发展的重要方向。

(6) 状态与故障诊断技术的发展，将进一步降低使用维护成本，提高安全性

一直以来，世界各国都在全力研究直升机的状态监测和故障诊断系统（HUMS 系统），以期改善直升机的技术保障和维修困难的境况；采用实时监控技术、延长传动系统的翻修间隔期，实现无翻修甚至无维护是目前传动系统技术发展的一个重要方向。

(7) 与新构型直升机发展相适应，可变速比传动技术将应用于未来新构型直升机

与倾转旋翼机、复合旋翼高速直升机等的发展相适应，传动系统的技术将同步发展，例如用于复合旋翼高速直升机的功率分配、可调转速传动构型，以及用于倾转旋翼机的传动系统技术等。研究表明，旋翼可调转速技术对很多重要参数都有重大影响，例如可显著降低直升机噪声、提高使用寿命等。在未来直升机传动系统的研究中，变速技术将是一个重点。

参考文献

[1] 栗琳,等.直升机发展历程[M].北京:航空工业出版社,2007.

[2] Bouillaut L, Sidahmed M. Cyclostationary Approach and Bilinear Approach: Comparison, Applications to Early Diagnosis for Helicopter Gearbox and Classification Method Based on HOCS[J]. Mechanical Systems and Signal Processing, 2001, 15(5): 923-943.

第 2 章
传动系统先进构型

长期以来，人们一直在努力提升直升机的飞行速度，并通过不断努力把直升机垂直升降和空中悬停的能力与固定翼飞机高速前飞的能力结合起来，以推动新型传动形式和部件的不断发展。20 世纪 60 年代，美国 4 家直升机制造公司在美国陆军的资助下，把常规直升机改装成复合式直升机，在直升机尾部增加了提供推力的推进螺旋桨，从而催生了共轴刚性旋翼高速直升机传动系统。80 年代，美国陆军又支持了倾转旋翼机的发展，提出 JVX“多军种先进垂直起降飞行器”项目，发展了具有涡轮螺旋桨飞机和直升机特点的倾转旋翼机，其特点是由两个对称安装的、可倾转的传动部件带动旋翼倾转，实现飞机在不同飞行状态之间的转换，其关键部件就是倾转旋翼机传动系统。此外，随着可变向涵道风扇飞行器、电传动直升机等新概念飞机的提出，相应的先进传动系统构型和技术也将得到极大发展。

2.1 共轴刚性旋翼高速直升机传动系统

共轴刚性旋翼高速直升机的最大飞行速度达 450 km/h 以上，接近单旋翼构型直升机的 2 倍，且保留了直升机优异的垂直起降、低空突防和近地面机动等能力，具有“远航程高速度、超低空高机动、深融合高智能”的特点，低空/超低空性能比常规构型提升 1 倍，突防能力、信息能力、隐蔽能力、生存能力和打击能力得以跨越式提升，是未来攻击直升机的主流发展方向。由于采用的是刚性旋翼，因此该构型直升机也同时存在疲劳载荷大、振动水平高，以及振动控制和动力学设计难度大等问题。

美国西科斯基公司自 20 世纪 70 年代开始研究共轴式复合推力高速直升机，经过 XH－59（见图 2.1）、X2（见图 2.2）、S－97（见图 2.3）等单发机型的研究与验证，技术成熟度逐步提高，已步入产品化，目前正与波音公司联合开展双发机型 SB－1（见图 2.4）的研究。“ABC 旋翼”设计充分利用前行桨叶的高气动升力潜能。与俄罗斯卡莫夫设计局的共轴式旋翼直升机设计不同，在“ABC 旋翼”中，后行侧桨叶在高速飞行期间不再提供升力，大部分升力由旋翼前行侧桨叶提供，因而排除了常规旋翼系统后行桨叶大攻角失速的问题。

图 2.1　XH－59

图 2.2　X2

图 2.3　S－97

图 2.4　SB－1

1973 年 7 月 26 日，XH－59 技术验证机成功实现首飞，1980 年 8 月速度达到了 487 km/h，验证了"ABC 旋翼"的可行性。XH－59 采用 1 台总功率为 1 343 kW 的普拉特·惠特尼 PT6T－3 涡轮轴发动机驱动主旋翼，2 台普拉特·惠特尼 J60－P－3A 涡轮风扇发动机提供前行推力。限于 XH－59 当时的工业技术基础，故其存在旋翼系统刚度不足（达不到上下旋翼靠近的要求）、阻力大（两套桨毂及旋翼轴占整机阻力的一半）和振动大（振动水平大于常规直升机）的缺陷。

在 XH－59 技术验证机基础上研制的 X2 技术验证机于 2006 年 8 月完成首飞，该型直升机的最大设计飞行速度为 490 km/h，巡航速度为 460 km/h，是美国现役"黑鹰"直升机速度的2 倍，是"阿帕奇"直升机速度的 1.5 倍。X2 的质量为 2 406 kg，采用复合材料共轴式双旋翼，并在直升机尾部增加提供推力的推进螺旋桨，由一台 1 029 kW 的发动机提供动力。X2 直升机设置下反式三尾翼，提供稳定的方向与操纵能力，中间的垂直尾翼还兼有护尾、护桨叶功能。在 XH－59 的基础上，X2 采用现代先进设计技术，将主旋翼、推进尾桨和发动机进行综合一体化设计，攻克了桨毂减阻、高升阻比刚性桨叶、振动主动控制、旋翼/推力桨/发动机综合控制、电传飞行控制、旋翼降转速控制等关键技术。

2010 年 10 月 20 日，西科斯基公司宣布将利用 X2 的技术，开展 5 吨级轻型战术直升机 S－97"袭击者"原型机的设计、生产和飞行试验。S－97 符合美国陆军 2010 年 3 月提出的武装空中侦察机项目（AAS）的要求，具有高速和低噪声双重优势，可载海豹突击队秘密渗透，美军方希望其能够成为陆军 OH－58"基奥瓦勇士"的替代机型。

S-97的原型机于2014年10月首次亮相，2015年3月开始地面测试，2015年5月22日成功首飞，最大飞行速度超过482 km/h。

SB-1“挑衅者”中型通用直升机验证机是西科斯基公司与波音公司针对美国陆军联合多用途(JMR)技术项目联合研制的，采用螺旋桨推进、共轴双旋翼布局，可满足美国陆军未来垂直起飞航空器计划中的中型航空器需求，与其并行发展的是贝尔直升机-洛马团队的V-280“勇士”倾转旋翼机。SB-1原计划2017年首飞，但是由于桨叶大梁的自动化纤维铺层成型出现问题，故延期至2019年3月21日首飞。

俄罗斯卡莫夫设计局早在20世纪60年代就成功研制并投产了一系列常规共轴双旋翼直升机，并广泛应用于军民用领域。俄罗斯于2007年首次公开高速直升机项目(PSV)，卡莫夫设计局在“HeliRussia—2008”展览上展出了卡-92高速直升机，如图2.5所示。卡-92采用共轴刚性双旋翼布局，桨叶为4片，尾部为共轴式螺旋桨，动力采用2台卡莫夫设计局的VK2500发动机(单台发动机功率为1 790 kW)或功率更大的VK3000发动机。卡-92为9～12吨级的高速直升机，机舱能容纳21名乘客；该构型高速直升机的速度可达350 km/h。但因技术难度大和资金短缺，导致进展非常缓慢，后续进展情况没有公布。

图2.5　卡-92

2.1.1　共轴刚性旋翼高速直升机传动系统的特点

为了适应共轴刚性旋翼高速直升机的共轴刚性双旋翼带尾推进桨构型，其传动系统与常规单旋翼直升机传动系统相比具有以下特点。

1. 实现共轴对转输出，满足上旋翼内对操纵机构布置的要求

共轴刚性旋翼高速直升机采用共轴刚性双旋翼，一方面，要求传动系统主减速器能实现共轴反转双路输出，这对主减速器的构型设计提出了新要求，因为相对于常规单旋翼直升机传动系统的主减速器，其结构更复杂，重量更重；另一方面，为了减小直

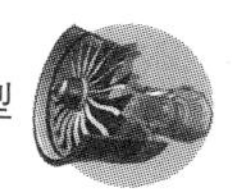

升机的阻力，上、下旋翼的间距应设计得尽可能小，上旋翼需采用内操纵，自动倾斜器安装在主减速器底部（见图 2.6），要求内旋翼轴贯穿整个主减速器，且要求内旋翼轴的孔径足够大，以布置桨距控制拉杆，从而增大了旋翼轴的尺寸，增加了重量。

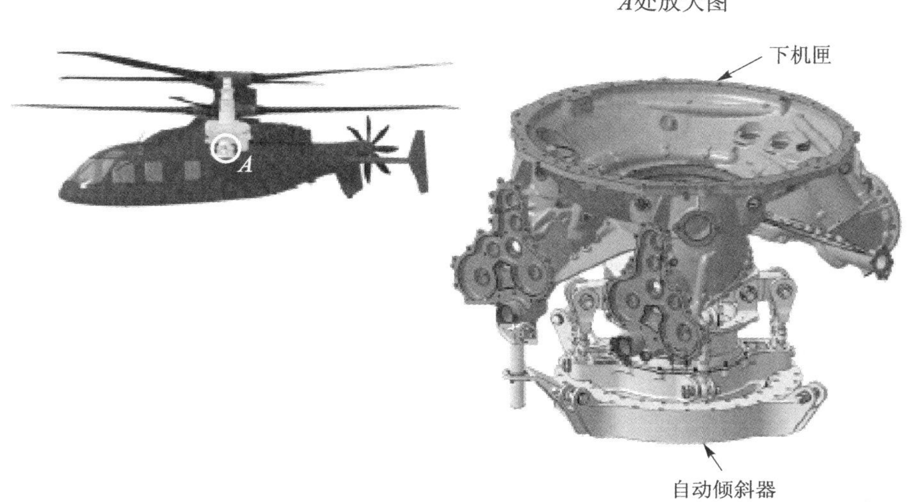

图 2.6　SB－1 上旋翼自动倾斜器安装示意图

2. 传动系统具备尾传功率链切断功能

共轴刚性旋翼构型高速直升机有垂直起降/悬停、低速飞行、高速飞行等多种工作模式。如图 2.7 所示，在悬停和爬升状态，发动机的主要功率传递给主旋翼轴；在高速前飞状态，发动机的主要功率传递给尾推进桨。为了减轻重量和降低成本，共轴刚性旋翼构型高速直升机的旋翼和推进桨一般共用发动机。在起飞、降落、悬停和低速飞行时，只有旋翼必须由发动机提供动力驱动，从而为直升机提供垂直方向的升力，同时在低速飞行时还提供水平方向的推进力。在高速巡航飞行时，只有推进桨必须由发动机提供动力驱动，从而为直升机提供水平方向的推进力；直升机的升力主要来自机翼，旋翼提供的升力不再占主导地位；并且，旋翼提供的升力既可直接在动力驱动下提供，也可间接在飞行风力作用下自转提供，后者的升力效率更高。因此，共轴刚性旋翼构型高速直升机旋翼和推进桨的基本驱动需求是：旋翼和推进桨均不需要连续驱动，而只需要断续驱动，如果低速飞行时不驱动推进桨，则整个直升机在飞行期间，发动机对旋翼和推进桨两者交替驱动即可。

为了实现推进桨的断续驱动，需在共轴对转主减速器上实现尾传功率链切断功能，在主减速器尾传输出端安装离合器，以确保直升机在悬停时，推进桨与主减速器脱开。

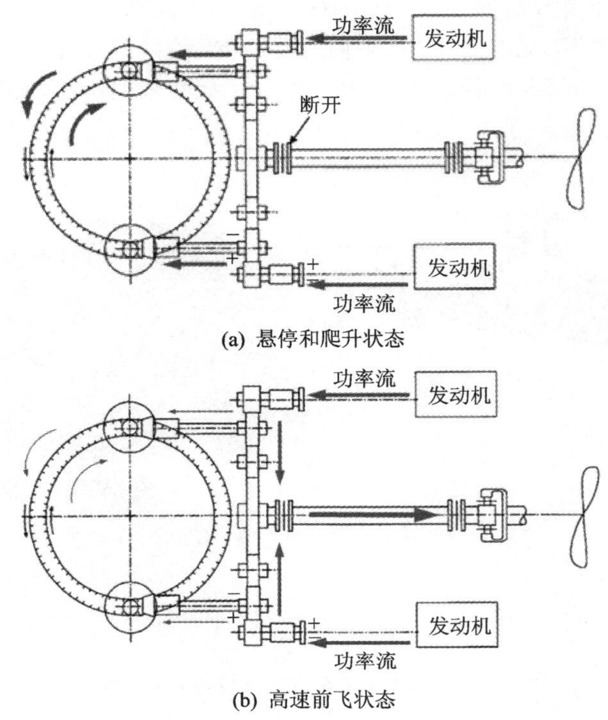

(a) 悬停和爬升状态

(b) 高速前飞状态

图 2.7 不同飞行状态下传动系统的功率流

3. 功率分配差异大,尾桨传递功率远大于常规直升机传动系统

单旋翼直升机尾桨轴的最大功率占传动系统传递总功率的 20%～30%。由于共轴刚性旋翼构型高速直升机在不同飞行状态下主旋翼和推进桨的功率需求不同,故其功率分配随飞行状态的改变而变化。X2 主要飞行状态的功率需求如图 2.8 所示,其旋翼轴功率随飞行速度的增大而减小,尾桨轴功率随飞行速度的增大而增大。其中,旋翼轴的最大起飞功率约占总功率的 65%,高速飞行时尾桨轴的功率约占总功率的 85%以上。

4. 传动系统具备变速比功能

共轴刚性旋翼构型高速直升机的飞行速度达 450 km/h 以上,为了避免高速前飞时在前行桨叶处产生激波,需降低旋翼的转速,这就要求传动系统在两种工作转速状态下皆能稳定可靠工作,为上、下旋翼及直升机附件传递稳定的动力。旋翼变速可以通过发动机变速和传动系统变速来实现。由于发动机的可变速范围较小(约 20%),且其转速降低会降低发动机的效率,使输出功率减小;而传动系统的变速范围大,效率损失较小,可避免发动机变速范围受限、油耗增加、效率降低等不利情况的发

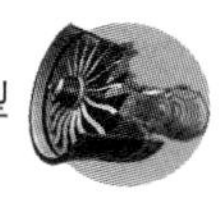

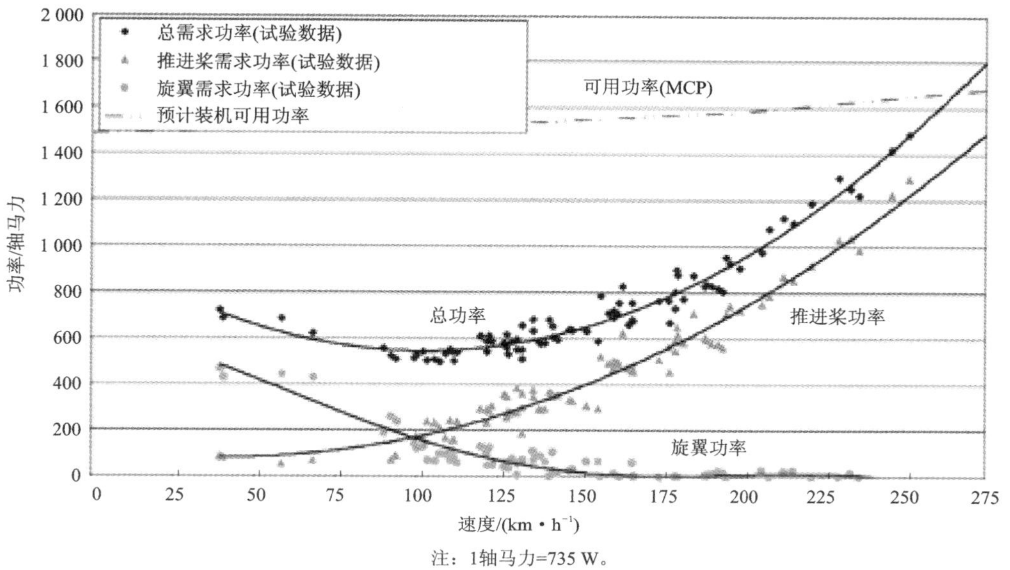

注：1轴马力=735 W。

图 2.8　X2 速度-功率实测图

生，是旋翼降速的重要途径。因此传动系统具备变速比能力也是共轴刚性旋翼构型高速直升机的重要需求之一。

2.1.2　典型共轴刚性旋翼高速直升机传动系统构型

美国对我国在高速直升机领域进行技术封锁，很难收集到关于美国西科斯基公司研制的 X2、S-97 的技术资料，不清楚其选用的传动系统构型。根据公开资料显示，可用于共轴刚性旋翼高速直升机的共轴对转输出传动系统构型主要有如下几种。

1. 复合行星轮系共轴对转输出构型

XH-59 验证机为共轴反转双旋翼、无机翼、无尾推（采用涡扇发动机）直升机，其传动系统采用复合行星轮系共轴对转输出构型，结构示意图如图 2.9 所示。XH-59 验证机传动系统的输入转速为 6 600 r/min，传递的最大功率为 1 500 hp，主传动链为两级传动。一级锥齿轮减速比为 3.84，换向角度为 90°（发动机和主旋翼轴之间）。行星齿轮系中的太阳齿轮轴的扭矩来源于一级从动锥齿轮轴，减速比为 5，上旋翼为从动齿圈输出，转速为 345 r/min，逆时针；下旋翼为行星架输出，转速为345 r/min，顺时针。附件由发动机输入轴通过圆柱齿轮副传动。

该构型的传动系统具有体积小、传动比范围大、承载能力强和工作平稳等优点，但其配齿困难（同转速反向输出、同心条件、邻接条件、装配条件、互质条件等）、零件

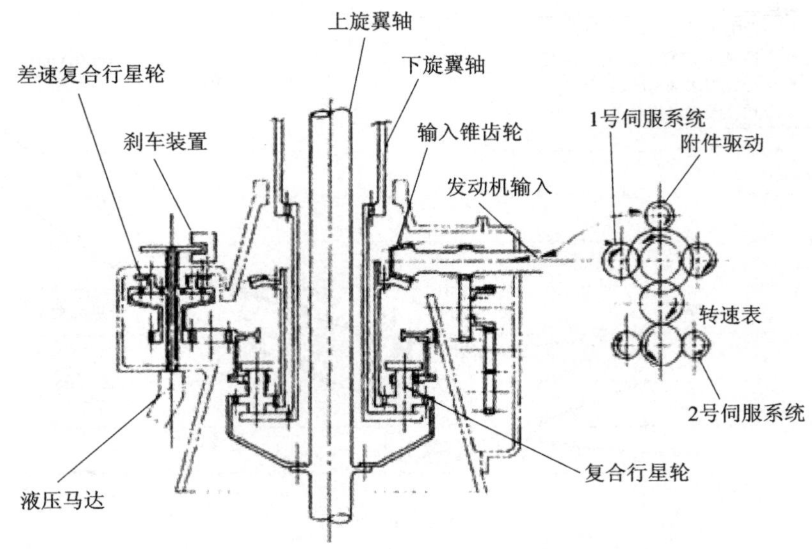

图 2.9　复合行星轮系共轴输出构型(XH-59)

数量多、结构较复杂、制造精度要求较高、制造安装较困难，同时内旋翼轴孔径大小受太阳轮尺寸限制，不利于旋翼内操纵机构等的布置，减速器高度尺寸大，内旋翼轴长度长、重量重。

2. 圆柱齿轮内外啮合共轴对转输出构型

圆柱齿轮内外啮合共轴对转输出构型如图 2.10 所示[1]，其主传动链为三级传动，第一级为圆柱齿轮减速(由圆柱齿轮 1 输入，圆柱齿轮 2 输出)，第二级为锥齿轮减速换向(由锥齿轮 3 输入，锥齿轮 4 输出)，第三级为圆柱齿轮分别内外啮合减速并车(一路由圆柱齿轮 5 输入，圆柱齿轮 6 输出；另一路由圆柱齿轮 7 输入，圆柱齿轮 8 输出)，再通过与圆柱齿轮 6 和圆柱齿轮 8 相连的内旋翼轴 9 和外旋翼轴 10 实现两路输出。同时，通过两级圆柱齿轮减速传动，将功率由圆柱齿轮 11 传输给尾传动轴组件，经尾推减速器之后传输给尾推进桨。尾推减速器采用星形轮系，详见图 2.11。

该构型的零件数量少，结构简单，内旋翼轴内径尺寸适应范围广，可满足上旋翼内操纵机构的布置要求；同时，该结构主减速器的高度较低，其安装平台可布置在更高位置，增大直升机的舱内空间。但受并车距离的影响，第一级齿轮和内齿圈尺寸较大，加工变形控制难度大，且重载下弹性变形较大，对内外啮合的载荷分布造成影响。

3. 圆柱齿轮功率分流型共轴对转输出构型

圆柱齿轮外啮合的功率分流型共轴对转输出构型如图 2.12 所示[2]，其主传动链采用三级传动，第一级为锥齿轮减速换向(将功率和转速由锥齿轮 1 传递给锥齿轮 2)，

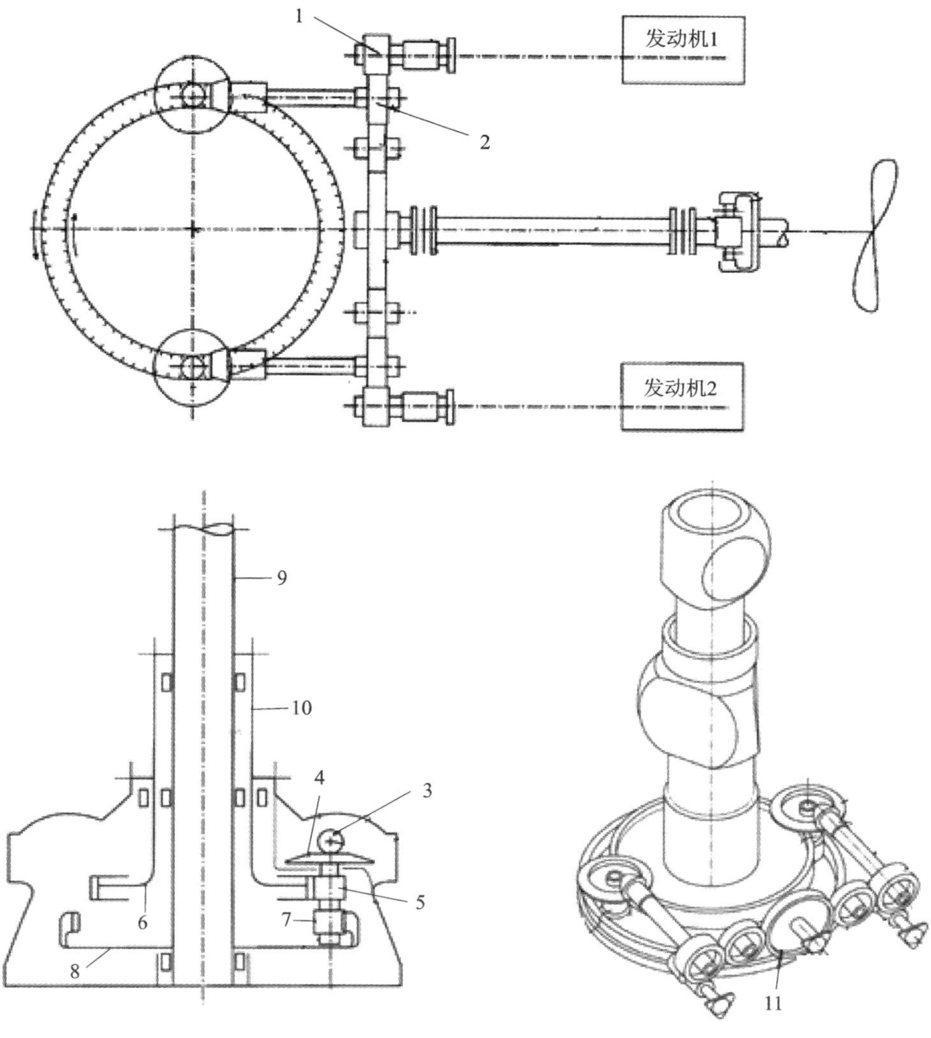

1—第一级主动圆柱齿轮；2—第一级从动圆柱齿轮；3—第二级主动锥齿轮；4—第二级从动锥齿轮；
5—外旋翼轴主动圆柱齿轮；6—外旋翼轴从动圆柱齿轮；7—内旋翼轴主动圆柱齿轮；
8—内旋翼轴从动圆柱齿轮；9—内旋翼轴；10—外旋翼轴；11—尾传从动圆柱齿轮

图 2.10　圆柱齿轮内外啮合共轴对转输出构型

第二级为圆柱齿轮减速并进行功率分流(由圆柱齿轮 3 分别传递给圆柱齿轮 4、5)，第三级为圆柱齿轮减速并车(一路由圆柱齿轮 6 传递给圆柱齿轮 7，另一路由圆柱齿轮 8 传递给圆柱齿轮 9)。尾传输出为一对锥齿轮，主动锥齿轮 10 通过花键与换向锥齿轮轴 11 相连。

该构型的结构简单，安装调整方便，内旋翼轴的内径尺寸较大，便于上旋翼操纵

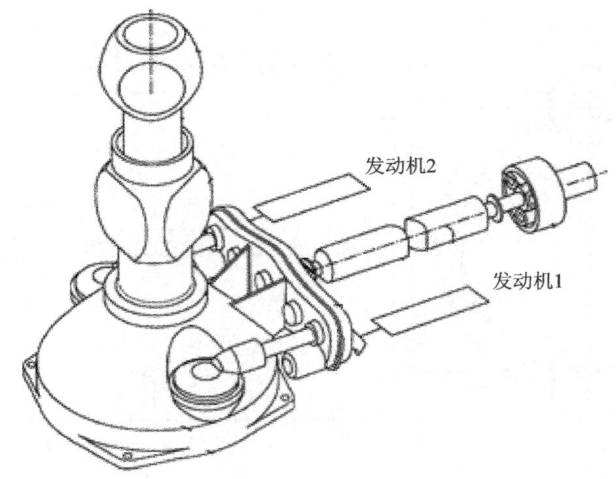

图 2.11　传动系统外形图

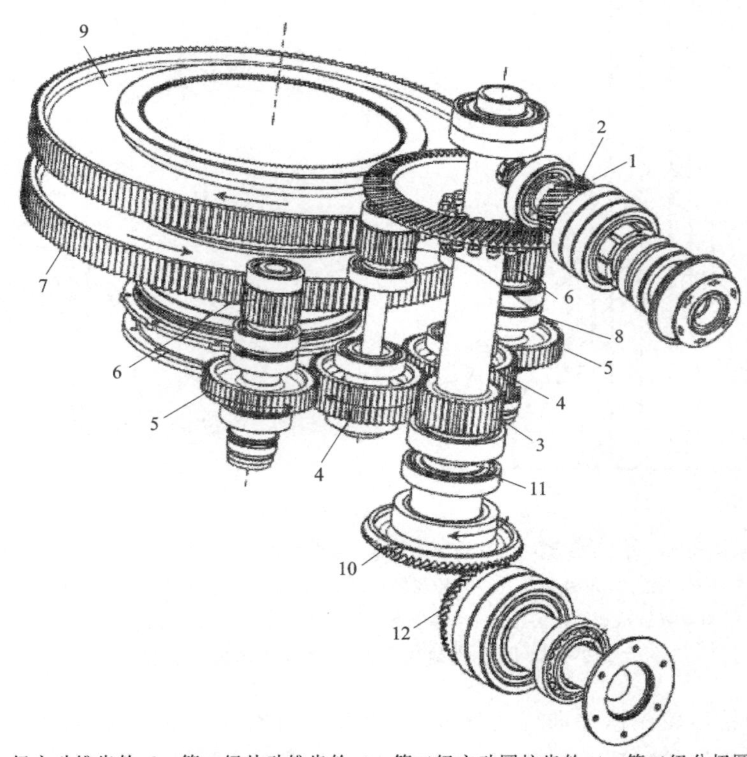

1—第一级主动锥齿轮；2—第一级从动锥齿轮；3—第二级主动圆柱齿轮；4—第二级分扭圆柱齿轮；
5—换向惰轮；6—内旋翼轴(第三级)主动圆柱齿轮；7—内旋翼轴(第三级)从动圆柱齿轮；
8—外旋翼轴(第三级)主动圆柱齿轮；9—外旋翼轴(第三级)从动圆柱齿轮；
10—尾传输出主动锥齿轮；11—换向锥齿轮轴；12—尾传输出从动锥齿轮

图 2.12　圆柱齿轮功率分流型共轴对转输出构型

机构内置；但该结构零件数量多，两个并车大齿轮的外廓尺寸较大，热处理工艺性差，重载下变形大。

4. 锥齿轮传动共轴对转输出构型

锥齿轮传动共轴对转输出构型[3]如图 2.13 所示，相比圆柱齿轮内外啮合，该构型的零件数量进一步减少，结构更为简单，同时，内旋翼轴内径尺寸适应范围广，可满足上旋翼内对操纵机构的布置要求。但采用锥齿轮共轴对转传动，传动比较小，承载能力有限，因此仅适用于小吨位直升机。“海鸥”无人机传动系统采用该构型。

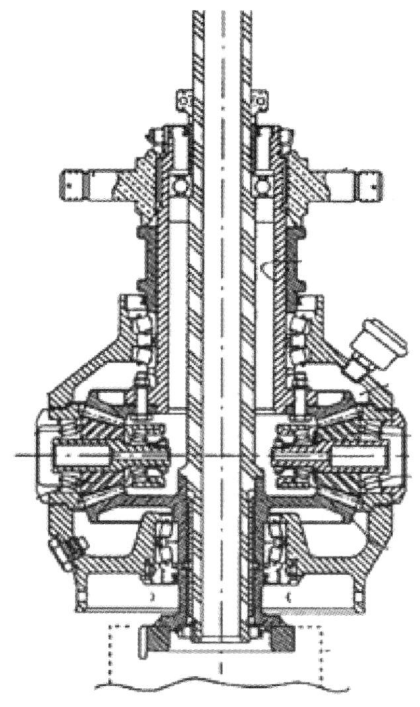

图 2.13　锥齿轮传动共轴对转输出构型

5. 面齿轮传动共轴对转输出构型

面齿轮传动共轴对转输出构型主减速器的最后一级为两个共轴反向旋转的面齿轮副，可实现转速相等、转向相反的共轴输出。美国西科斯基公司提出的面齿轮传动共轴对转输出构型方案[4]如图 2.14 所示，主传动链采用三级传动：第一级为锥齿轮换向减速并进行功率分流(由锥齿轮 1 输入到第一级从动锥齿轮 2)；第二级为圆柱齿轮减速并进行功率分流(由圆柱齿轮 3 输入到第二级分扭圆柱齿轮 4a、4b)；第三级为面齿轮减速换向并车(一路通过圆柱齿轮 5a 与面齿轮 6a 啮合，再通过花键将转速和扭矩传递给外旋翼轴 7；另一路通过圆柱齿轮 5b 与面齿轮 6b 啮合，再通过花键将转速和扭矩传递给内旋翼轴 8)。

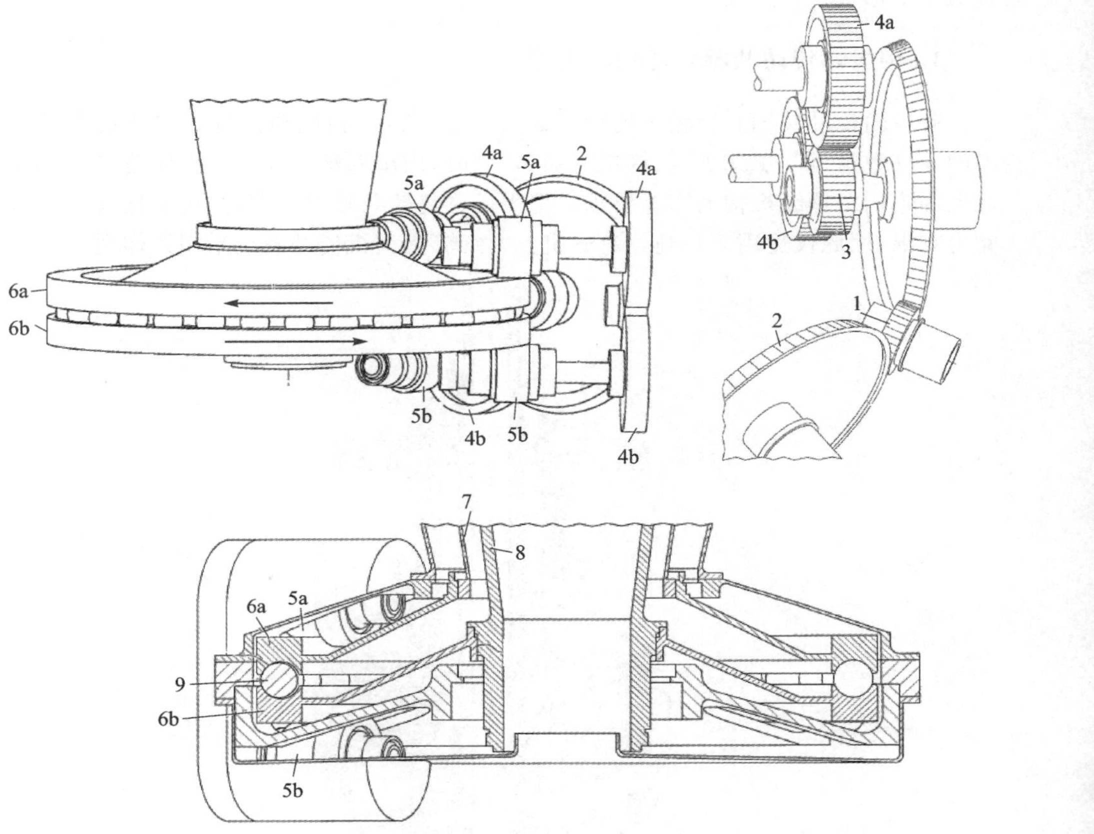

1—第一级主动锥齿轮；2—第一级从动锥齿轮；3—第二级主动圆柱齿轮；4a,4b—第二级分扭圆柱齿轮；
5a—外旋翼轴(第三级)主动圆柱齿轮；5b—内旋翼轴(第三级)主动圆柱齿轮；
6a—外旋翼轴(第三级)从动面齿轮；6b—内旋翼轴(第三级)从动面齿轮；
7—外旋翼轴；8—内旋翼轴；9—大推力球轴承

图 2.14　面齿轮传动共轴对转输出构型 1

该结构零件数量少，结构简单，内旋翼轴内径尺寸适应范围广，可满足上旋翼内对操纵机构的布置要求。采用面齿轮共轴对转传动，相比锥齿轮传动比大，承载能力高，且面齿轮安装调整方便。主减速器最后一级齿轮的输出转速低、扭矩大，最后一级面齿轮的尺寸较大，而该方案通过功率分流，可以有效减小主减速器的外廓尺寸和重量。同时，该方案在两个面齿轮之间使用了一个大的推力轴承 9，使其在高度方向上的结构更紧凑，主减速器的高度尺寸小，可以大大缩短旋翼轴长度。

图 2.15 所示为具备变速及尾推主动离合功能的面齿轮传动共轴对转输出构型方案。主传动链采用四级传动：第一级为锥齿轮换向减速，第二级为锥齿轮并车，第三级为行星轮系减速，第四级为面齿轮共轴输出。该传动系统通过一个作动器控制

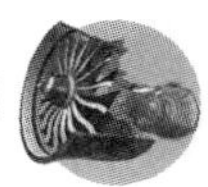

齿圈的转速来实现主旋翼的变转速输出，在主减速器的尾传输出端与尾传动轴之间装有一个推进离合器，通过控制推进离合器的接合、断开实现尾传功率流的切断与恢复。

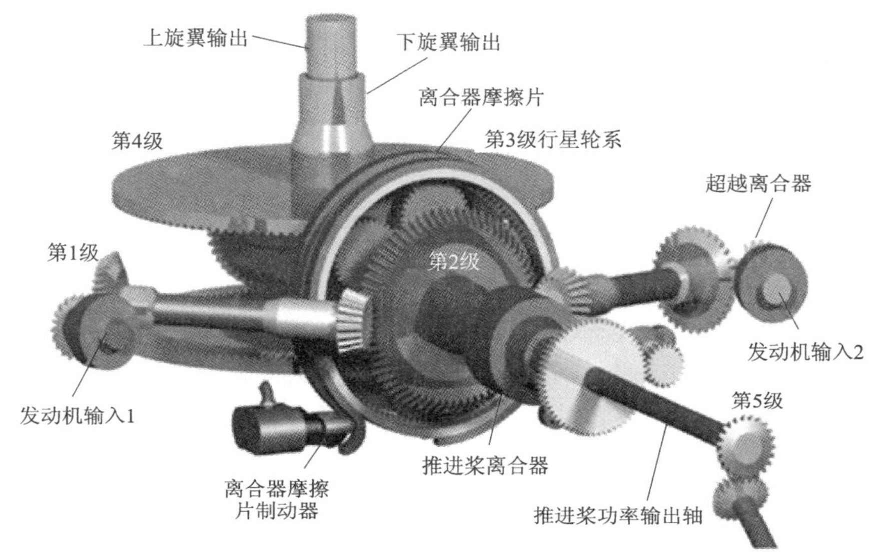

图 2.15　面齿轮传动共轴对转输出构型 2

2.1.3　关键技术

1. 主减速器减重设计技术

为了实现共轴对转输出功能，共轴对转主减速器需设置内、外两根旋翼轴以及相连的传动链。为了满足内旋翼轴的孔径要求（布置操纵机构），旋翼轴的尺寸要大且内旋翼轴要长；同时为了适应大尺寸旋翼轴的设计，共轴输出传动结构的尺寸需相应增大。另外，由于尾传动的传递功率是单旋翼直升机主减速器的 4 倍以上，因此尾传输出单元的齿轮数量多、尺寸大。上述原因导致共轴对转主减速器的重量远大于单旋翼直升机的主减速器，其减重设计成为一项关键技术。

2. 内、外旋翼轴设计技术

内、外旋翼轴不仅要传递功率，还要为桨毂中央件、自动倾斜器提供接口并承受相应载荷，此外还需在内旋翼轴中布置上旋翼内操纵机构。因此，在内、外旋翼轴的支承布置、轴承润滑、与旋翼及操纵系统之间的接口设计方面都存在诸多技术难点。

3. 高功率密度变速传动部件设计与集成技术

变速传动部件是传动系统实现变速的关键部件。根据主减速器的输入转速和摩擦离合器适应转速低的特点，变速传动部件需布置于主减速器的第二级，因此变速传动部件需满足高速直升机传动系统的传递功率大、可靠性高等要求。同时，为了满足主减速器接口、重量、尺寸等的要求，还需研究变速部件与主减速器的集成技术，尽可能提高变速传动部件的功率密度，减小结构尺寸。

2.2 倾转旋翼机传动系统

倾转旋翼机属于旋翼飞行器，依靠旋翼高速旋转产生升力。旋翼飞行器中最耳熟能详的就是单旋翼直升机，其最大特点是有一个巨大的旋翼结构和用于平衡扭矩的尾桨，这样的结构在前飞时会形成严重不对称的气动，摆振环境非常复杂，而共轴反转的双旋翼可以解决这个问题，比如 Ka－50/52 等，但此类气动布局的旋翼飞行器受到速度限制，即旋翼桨叶垂直桨尖随速度的增加而出现激波失速，反流导致升力下降，因此单旋翼直升机的最大速度一般在 360 km/h 左右。由此，一种具有固定翼飞行器和旋翼直升机特点的概念被提出，即倾转旋翼机。以美军的 V－22 为例，在其机翼两端安装倾转短舱，通过倾转机构实现不同角度的倾转，完整的机翼结构由对称的倾转短舱、机翼、控制系统以及桨毂、桨叶组成，类似横列双旋翼飞行器，从起飞到平飞阶段都由旋翼倾转角实现。倾转旋翼机具有垂直起降、悬停、侧/后飞等旋翼飞行器必备的飞行本领，当倾转短舱的倾转角为 90°时又可获得螺旋桨飞机的速度，从而提高飞行航程。倾转旋翼机的飞行包线较大，几乎涵盖了直升机和涡轮螺旋桨飞机的飞行包线，可在 9 000 m 以下完美结合两种飞行器的气动特点。

倾转旋翼机作为一种区别于传统直升机和固定翼螺旋桨飞机的新型飞行器，其典型机型目前主要有美国波音公司和贝尔公司合作研制的 V－22“鱼鹰”[5]，贝尔公司与阿古斯塔公司合作研制的 BA609[6]，以及美国贝尔公司独立研制的无人倾转旋翼机“鹰眼”[7]，如图 2.16 所示。倾转旋翼机的特点是由两个对称安装的、可倾转的传动部件带动旋翼倾转，实现飞机在不同飞行状态之间的转换，飞行状态示意图如图 2.17 所示，倾转旋翼机传动系统布局示意图如图 2.18 所示。

20 世纪 30 年代，Weserflug 飞机制造公司的德国工程师开始研制横列式双旋翼飞行器，其主要任务是实施对地火力打击，由于其具有直升机的悬停性能，因此在对坦克目标的攻击上精度更高，德军指挥官希望其能阻击苏联的坦克集群。第二次世界大战结束后，德军相当前卫的横列式双旋翼飞行器计划也不了了之。1947 年，特拉华州的飞机公司研制出 Model 1－G 倾转旋翼飞行器（见图 2.19），但是技术上依然没有突破。1950 年，贝尔直升机公司推出了 XH－33 倾转旋翼方案，倾转短舱布

(a) V-22“鱼鹰”倾转旋翼机

(b) BA609倾转旋翼机

(c)“鹰眼”无人倾转旋翼机

图 2.16　倾转旋翼机

置在机翼两端,通过控制倾角实现垂直起飞、过渡前飞和平飞动作,XH-33 方案的尾部都设计了垂尾、平尾及舵面。

1955 年是倾转旋翼机研发史上的关键一年,XV-3 验证机(见图 2.20)第一次完成垂直起降飞行。1958 年 XV-3 验证机实现了倾转角为直角的飞行,但是它依然存在气动弹性不稳定问题,并直接导致了一次损毁事故。

可以认为 XV-3 验证机完成了固定翼飞行器与旋翼飞行器的自由切换,是倾转旋翼机的技术原型。当然 XV-3 验证机的结局似乎有些戏剧性,在 1965 年的测试

图 2.17 倾转旋翼机飞行状态

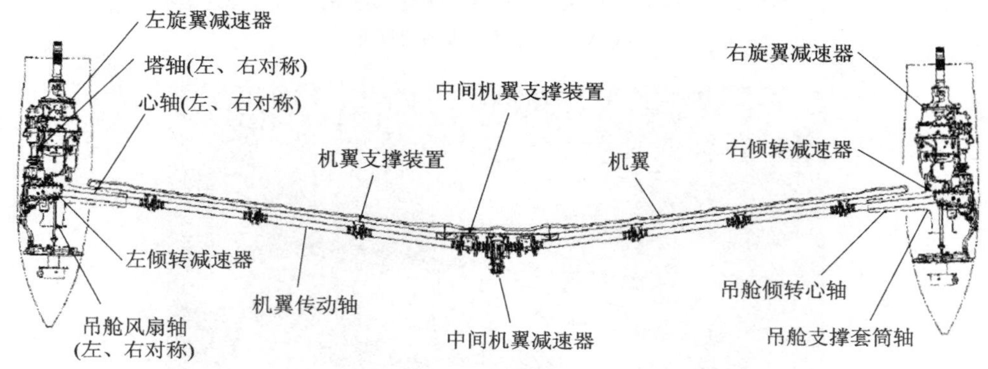

图 2.18 典型倾转旋翼机传动系统布局示意图

图 2.19 Model 1 - G 倾转旋翼飞行器

中出现了翼尖疲劳和共振，导致 XV - 3 的机身与旋翼解体。

1970 年代，波音公司和贝尔公司开始争夺美国陆军的倾转旋翼计划，贝尔直升机公司研制的 XV - 15 原型机（见图 2.21）表现不俗，甚至在巴黎航展上大秀一番，其最大起飞质量可达 6 t，水平飞行速度在 550～630 km/h 之间，美国陆军随即对 XV - 15 进行了一系列测试飞行，在 1992 年之前共完成了空中加/受油、上舰评估、地形跟踪飞行能力评估、火力打击、吊运能力、飞行品质和噪声等验证性测试。

1980 年代后，倾转旋翼机获得了美国陆军的支持，并提出 JVX“多军种先进垂直起降飞行器”项目，旨在研制出可海陆空三军通用的倾转旋翼平台，由此引出了

图 2.20　XV－3 验证机

图 2.21　XV－15 原型机

V－22“鱼鹰”。1983 年贝尔/波音公司与美国海军航空系统司令部签订了一项为期 24 个月的合同，对 V－22 进行初步设计，并于 1985 年 1 月正式将这种旋翼机命名为 V－22“鱼鹰”。1989 年第一架 V－22 原型机被制造出来，同年完成首次试飞，实现了由直升机状态向定翼机状态过渡的飞行转换。其后，美国政府对 V－22 进行了一系列飞行试验，其中包括单发、失速、倾转短舱自由切换等测试，以及在美国海军“大黄蜂”号航空母舰上的起飞和着舰试飞。1992 年 7 月在 V－22 总计飞行 643 个起落 763 小时后，4 号验证机在试飞中因发动机舱起火而坠毁。随后在对防火墙、发动机舱、放泄口及驱动轴防热层进行改进后重新试飞，于 1997 年开始为美国海军陆战队生产首架 MV－22，2000 年美国海军陆战队对 MV－22 进行了广泛测试，用以评估其作战能力，最后因 MV－22 的桨叶折叠系统存在缺陷及可靠性、维护性、可用性和互用性问题而暂时延缓使用。贝尔/波音公司又对该机进行了 149 处改进，达到了美国海军陆战队的要求。但在 2000 年，MV－22 因液压系统故障、机电问题和飞行控制软件缺陷导致两起重大事故，在美国海军、海军陆战队、国防部和工业部门协商改进一系列硬件和软件以及提高 MV－22 的安全性和性能之后，于 2002 年 5 月恢复了该机的飞行试验。最终在2005年10月,MV-22项目被批准进入全速生产阶段,美国空军也在2009年开始引进CV-22。直至2011年2月,美国海军陆战队的MV-22已飞行超过10万小时。

除了V-22“鱼鹰”外,还有多款倾转旋翼方案,比如波音公司的高级民用倾转旋翼(ACT)方案,无人驾驶的“鹰眼”倾转旋翼方案,NASA大型民用倾转旋翼方案,西科斯基公司的RVR反转速旋翼方案,贝尔公司的120座民用型四桨倾转旋翼方案,欧洲的EuroFAR倾转旋翼方案,变直径倾转旋翼方案,以及贝尔、阿古斯塔的BA609倾转旋翼方案等。最近美国推出第三代倾转旋翼机概念模型V-44和武装型倾转旋翼机V-280,欧洲的阿古斯塔-韦斯特兰公司也发展了一种倾转旋翼机概念模型ERICA,其作战性能和使用效能将比V-22和BA609更高,如图2.22所示。

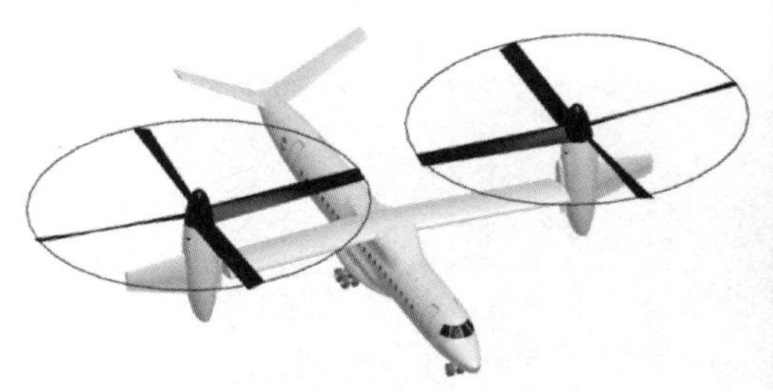

(a) 民用倾转旋翼概念机

(b) V-44倾转旋翼概念机

(c) ERICA倾转旋翼概念机

(d) V-280武装型倾转旋翼概念机

图2.22 倾转旋翼概念机

2.2.1 典型倾转旋翼机传动系统

1. V-22倾转旋翼机传动系统

(1) V-22倾转旋翼机基本参数

V-22倾转旋翼机的基本参数如表2.1所列,当V-22倾转旋翼机以固定翼飞机状态飞行时,发动机转速降为表中数值的84%,即发动机的输出转速为12 600 r/min,

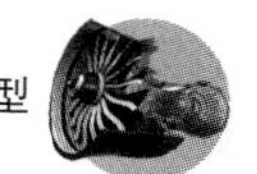

此时旋翼(螺旋桨)的转速为 333.5 r/min。

表 2.1　V-22 倾转旋翼机参数

参　数		参数值	参　数		参数值
最大起飞质量/kg	垂直起降	21 545	发动机输出转速/$(r\cdot min^{-1})$		15 000
	短距起降	24 947	旋翼转速/$(r\cdot min^{-1})$		397
	自部署起飞	27 441	中间机翼传动轴转速/$(r\cdot min^{-1})$		6 574
航程/km	载 24 名士兵登陆作战	370	倾转范围/(°)		123
	两栖作战	2×92.6	发动机		两台 Allison T-406
	远距离特种作战	926	最大连续功率/kW		2×3 359
	自部署转场航程	3 890	瞬时最大功率/kW		2×5 027.4
	外挂载重 4 536 kg	92.6	互联传动系统功率/kW	双发正常工作	376
空重/kg		14 779		单发失效瞬时功率	3 454.5
巡航速度/$(m\cdot s^{-1})$		463		单发失效连续功率	2 749

(2) V-22 倾转旋翼机传动系统结构简介

V-22 倾转旋翼机传动系统[8]主要由左、右旋翼减速器,左、右倾转减速器,中间机翼减速器,塔轴,互联传动轴系等组成,其结构简图如图 2.18 所示,传动链如图 2.23 所示。

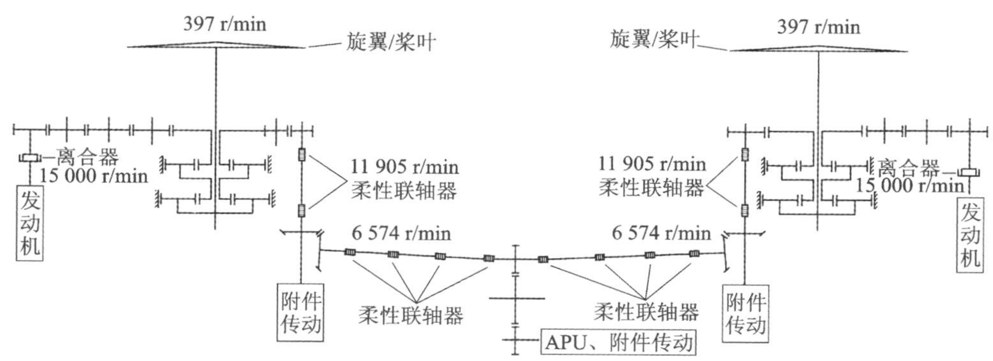

图 2.23　V-22 倾转旋翼机传动链原理图

1) 旋翼减速器

旋翼减速器的主要功能是将发动机的输出动力传递给旋翼,同时提供一路输出动力到倾转减速器。旋翼减速器由三级减速传动组成,其中第一级为一组斜齿轮减速,传动比为 2.78,高速斜撑离合器设置在第一级主动斜齿轮上。值得注意的是,在左侧旋翼减速器内,斜齿轮组包含 1 个主动轮和 3 个惰轮;而在右侧旋翼减速器内,斜齿轮组则包含 1 个主动轮和 2 个惰轮。如此布置的目的是使旋翼转向相反,从而使旋翼产生的扭矩相互抵消。第二级和第三级均为行星齿轮传动，高速级有5个行星轮，传动比为3.5，输出转速为1 536 r/min；低速级有6个行星轮，传动比为3.875，输出转速为397 r/min。

2）塔 轴

连接旋翼减速器和倾转减速器的传扭轴称为塔轴，塔轴从旋翼减速器的第一级从动齿轮引出。因从发动机输出到塔轴的传动比为1.26，故塔轴的转速为11 905 r/min。

3）倾转减速器

倾转减速器主要包括两部分：一部分通过一对弧齿锥齿轮将塔轴和机翼传动轴联接起来，弧齿锥齿轮既可以从塔轴向机翼传动轴传递动力，也可以从机翼传动轴向塔轴传递动力，弧齿锥齿轮按照单发失效状态设计；另一部分为附件传动单元，包括一个恒频(CF)发电机、一个变频(VF)发电机、一个液压泵和一个吊舱风扇。附件传动单元为一组窄齿宽直齿轮组。左侧倾转减速器驱动一个变频发电机，右侧倾转减速器驱动一个恒频发电机。

4）中间机翼减速器

中间机翼减速器位于机身的中间，由一组直齿轮组成，主要用来驱动附件传动单元，包括一台压缩机、一台恒频发电机、一台变频发电机、一个液压泵和转子定位单元。中间机翼减速器内布置有两个斜撑离合器，其中一个在APU工作时隔离中间机翼减速器与主传动系统，另一个则在飞机发动机工作时隔离传动系统与APU。

5）互联传动轴系

互联传动轴系通过一系列的铝合金轴、复合材料轴和膜盘联轴器将两侧吊舱的动力串联起来。其主要目的是使两侧旋翼转速同步，并在单发失效时另一台发动机可以为两侧旋翼提供动力。在旋翼减速器和倾转减速器之间的塔轴为铝合金传动轴，转速为11 905 r/min；在倾转减速器和机翼传动轴之间的心轴也是铝合金传动轴，而机翼传动轴为复合材料轴，每一侧的机翼传动轴由3段复合材料轴组成，转速为6 574 r/min，通过脂润滑轴承悬挂支承于机翼骨架下，在每两段轴之间通过钛合金柔性联轴器联接。

根据需要每侧吊舱可以从机翼平面向下20°的位置回转13°范围，以保证滑油和回油畅通。系统中设有第二套滑油系统，以保证滑油系统失效后具有30 min的干运转能力。图2.24和图2.25显示了双发正常工作和单发失效时的功率流。

2. BA609倾转旋翼机传动系统

(1) BA609倾转旋翼机基本参数

BA609倾转旋翼机的基本参数如表2.2所列，同V-22一样，当BA609倾转旋翼机以固定翼飞机状态飞行时，发动机的转速连同其他各部件的转速降为表中数值的84%。

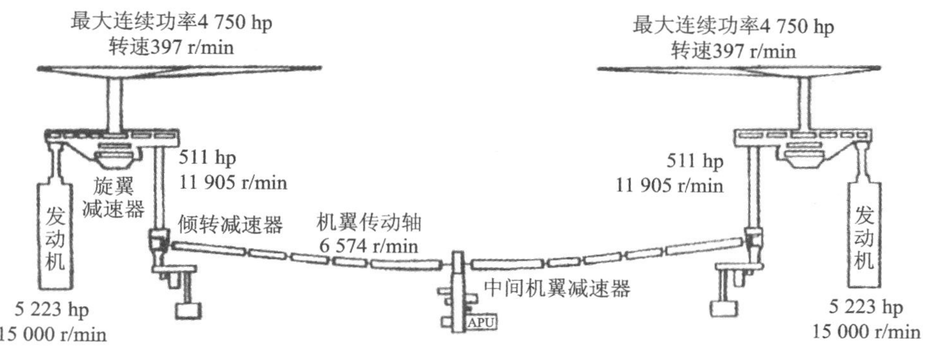

图 2.24　V－22 倾转旋翼机双发工作时的功率流

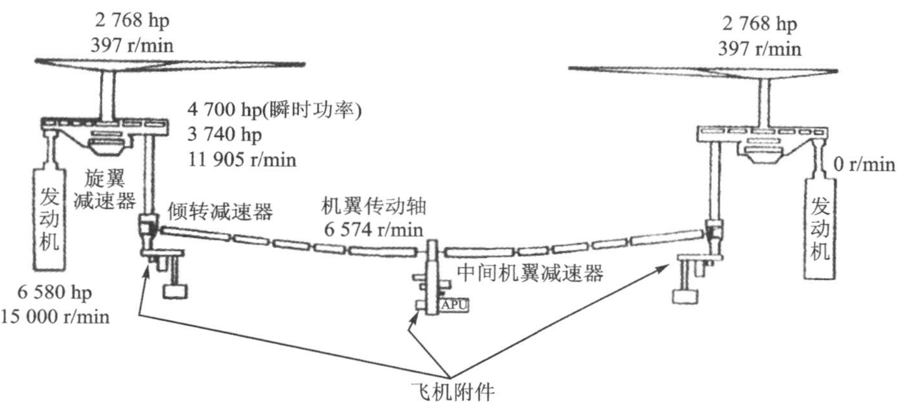

图 2.25　V－22 倾转旋翼机单发失效时的功率流

表 2.2　BA609 倾转旋翼机参数

参　数	参数值	参　数		参数值
满载质量/kg	7 620	发动机		两台 PT6C－67A
有效载重/kg	2 450	发动机功率/kW	最大连续功率	1 296
航程/km	1 200		30 s 单发应急功率	1 715
乘员/人	9		瞬时功率	1 286
巡航速度/($km \cdot h^{-1}$)	509	旋翼功率/kW	最大连续功率	851.6
发动机输出转速/($r \cdot min^{-1}$)	30 032		最大起飞功率	1 044
旋翼转速/($r \cdot min^{-1}$)	569	互联传动系统功率/kW	单发失效最大连续功率	714
中间机翼传动轴转速/($r \cdot min^{-1}$)	6 536		应急功率	1 127

(2) BA609 倾转旋翼机传动系统结构简介

BA609 倾转旋翼机传动系统构型与 V－22 相似，主要包括左、右旋翼减速器，左、右倾转减速器，塔轴，心轴，机翼传动轴，中间机翼减速器及附件传动，机翼支撑组件，以及中间机翼支撑组件等，图 2.26 表达了左侧旋翼减速器、倾转减速器、附件传动及中间减速器等结构，右侧旋翼减速器等结构与左侧基本相似，并相对于机身纵轴线对称。BA609 倾转旋翼机传动系统结构简图如图 2.18 所示，传动链图如图 2.27 所示。

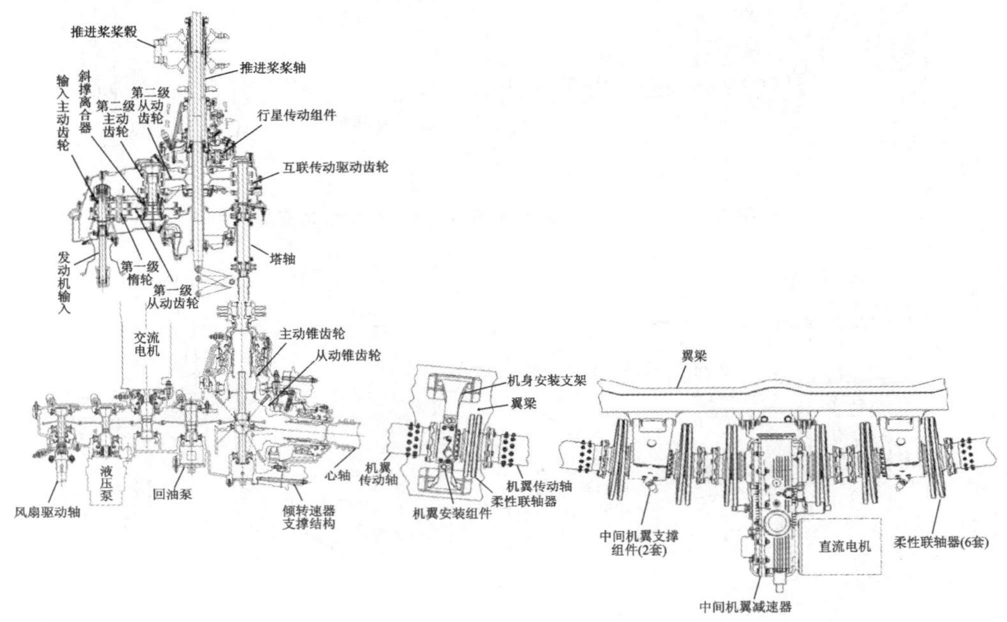

图 2.26　BA609 倾转旋翼机传动系统左侧结构图

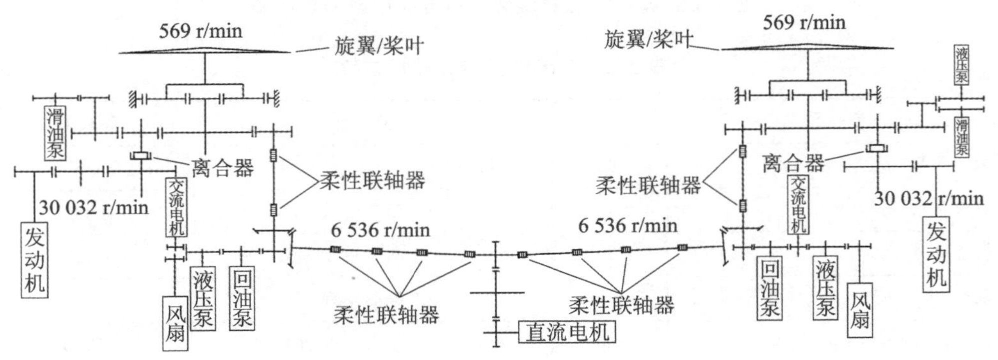

图 2.27　BA609 倾转旋翼机传动系统传动链图

1）旋翼减速器

旋翼减速器采用三级传动，如图 2.28 所示，第一、二级采用人字齿轮减速，传动比分别为 3.617 和 3.763，斜撑离合器布置于第一级从动轮与第二级主动轮之间；第三级采用行星齿轮减速，传动比为 3.875。三级传动的总传动比为 52.78，将发动机

的输出转速 30 032 r/min 降低到旋翼转速 569 r/min。

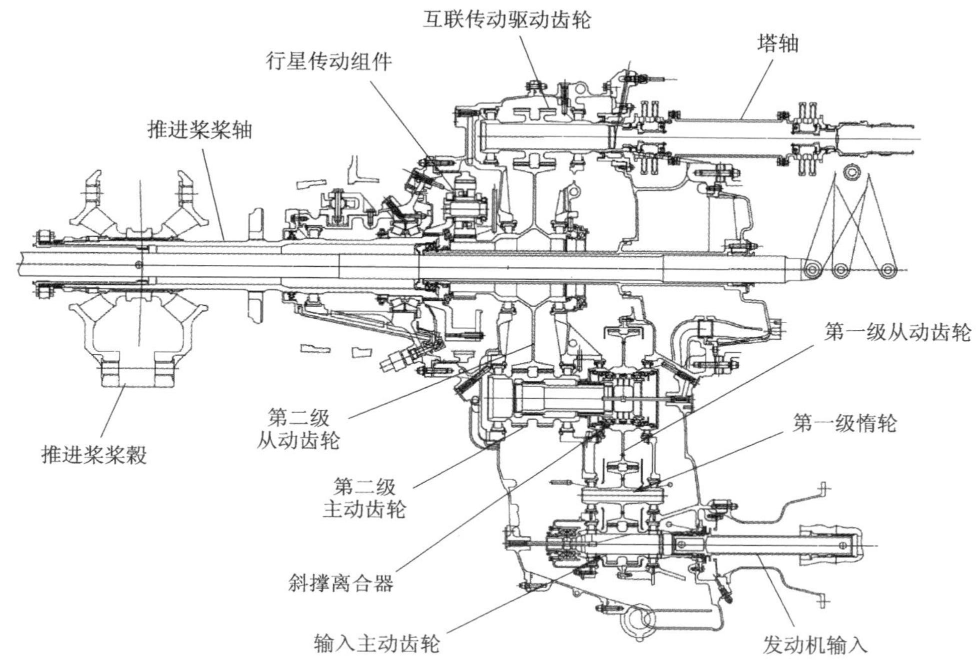

图 2.28　BA609 倾转旋翼机旋翼减速器结构图(左侧)

左、右倾转减速器相对于机身纵轴线对称,结构基本相同,唯一的区别在于:左侧旋翼减速器第一级中配有一个惰轮,右侧旋翼减速器则没有,这样的配置是为了使两副旋翼输出的转向相反,从而抵消反扭矩效应。

在第二级从动齿轮上有一个互联驱动齿轮与之啮合,互联驱动齿轮轴通过柔性联轴器连接到倾转减速器,继而通过机翼传动轴连接到另一侧旋翼减速器的第二级从动齿轮。互联驱动齿轮副的传动比为 3.763,双发正常工作时为增速传动,倾转减速器的输入转速为 8 302 r/min;单发失效时,发动机失效一侧的互联驱动齿轮副为减速传动,速度不变。

左、右旋翼减速器中各有一套附件传动系统从第二级的主动齿轮引出,然后通过一对减速比为 1.283 的直齿轮驱动附件系统,故附件系统的输入转速为 6 471 r/min。左侧旋翼减速器中的附件系统为一个滑油泵(滑油压力为 551.6 kPa/80 psi);右侧旋翼减速器中的附件系统除了一个滑油泵之外,还有一个液压泵(压力为 20.7 MPa/3 000 psi),布置在旋翼减速器的前方。

除了行星轮系的齿圈及附件传动齿轮采用氮化钢外,其余齿轮都选用渗碳钢 EX－53。

2) 倾转减速器

倾转减速器的结构如图 2.29 所示,主传动链为一对螺旋锥齿轮减速,传动比为

1.27(单发失效时,发动机失效一侧为增速传动),从而输出转速(机翼传动轴的转速)为 6 536 r/min。

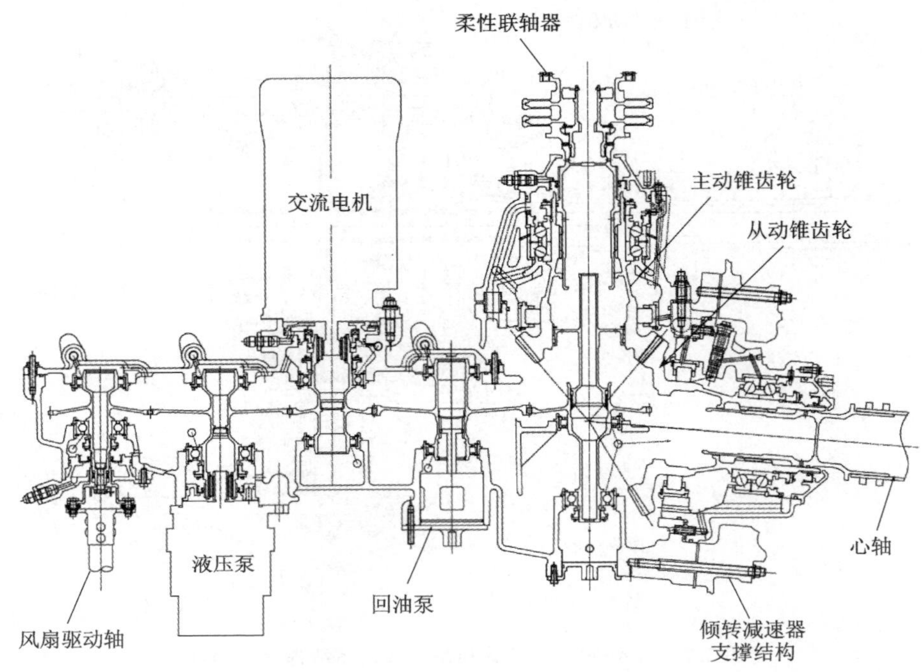

图 2.29 BA609 倾转旋翼机倾转减速器结构图(右侧)

附件传动从倾转减速器主动齿轮轴的内径通过花键引出,在左、右吊舱内各有一个回油泵、一台交流电机、一个液压泵(压力为 20.7 MPa/3 000 psi)和一个冷却风扇,各附件的连接关系及传动参数为:

- 右侧附件传动的输入齿轮的齿数为 61,与之相啮合的回油泵齿轮的齿数为 79,转速为 6 410 r/min;
- 交流电机的驱动齿轮与回油泵齿轮啮合,齿数为 43,转速为 11 777 r/min;
- 液压泵的驱动齿轮与交流电机齿轮啮合,齿数为 71,转速为 7 133 r/min;
- 风扇的驱动齿轮与液压泵齿轮啮合,齿数为 51,转速为 9 930 r/min。

左侧附件传动使用相同的齿轮,只是安装位置不同,从而保证每个附件输入轴的转向正确。在左侧,液压泵齿轮直接与回油泵齿轮啮合,然后电机和风扇的输入齿轮同时与液压泵齿轮啮合。

倾转减速器中设有空油槽,滑油由旋翼减速器中的滑油泵加压至 552 kPa/80 psi 后通过内部油路输送而来,并在润滑和冷却相关零部件之后流到油槽,最后经过回油泵和滤清器回流到旋翼减速器的油池。

倾转减速器中设置了应急润滑机构,可以储存 0.47 L 滑油,在滑油系统失效的

情况下,应急润滑机构中的滑油可以润滑螺旋锥齿轮副,提高其干运转能力。

3) 中间机翼减速器

中间机翼减速器结构如图 2.30 所示,通过一个圆柱齿轮机构驱动直流电机(12 kVA),两侧机翼传动轴通过柔性联轴器与直通齿轮轴连接,直通齿轮轴经过一个惰轮与直流电机驱动齿轮连接。圆柱齿轮组的增速比为 1.324,直流电机的输入转速为 8 655 r/min。

中间机翼减速器中所有齿轮的材料采用氮化钢,机匣采用铝合金,壁厚 2.032 mm (0.08 in),通过四个拉柄支撑于翼梁上。

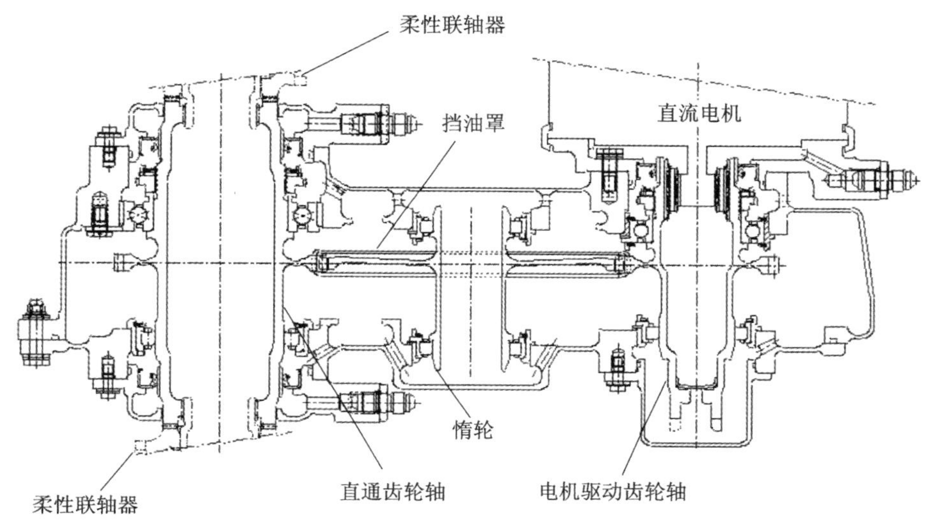

图 2.30 BA609 倾转旋翼机中间机翼减速器结构图

4) 塔 轴

塔轴是连接旋翼减速器和倾转减速器的动力传动轴,在塔轴的两端各有一个双膜盘柔性联轴器,如图 2.31 所示,塔轴和柔性联轴器之间通过 5 个螺栓与柔性联轴器上的嵌入式锁紧装置连接;柔性联轴器与旋翼减速器、倾转减速器的齿轮轴之间通过一个内螺纹连接,在内螺纹的向外延伸段端面设置一个套筒,一方面在膜盘弯曲变形时套筒外径与膜盘轴内径接触,保证膜盘与相连轴的同心度,另一方面在膜盘失效时防止轴在径向上的过度摆动。

5) 心轴/机翼传动轴

在每一侧机翼中都装有一段心轴和三段机翼传动轴。

心轴连接倾转减速器和机翼传动轴,位于吊舱倾转套筒轴内部。心轴的一端为石墨/环氧纤维薄壁轴,与倾转减速器输出锥齿轮通过花键连接,另一端通过钛合金接头与机翼传动轴连接。

每一段机翼传动轴组件包括一段传动轴、一个球轴承、一个支撑机匣和一个柔性

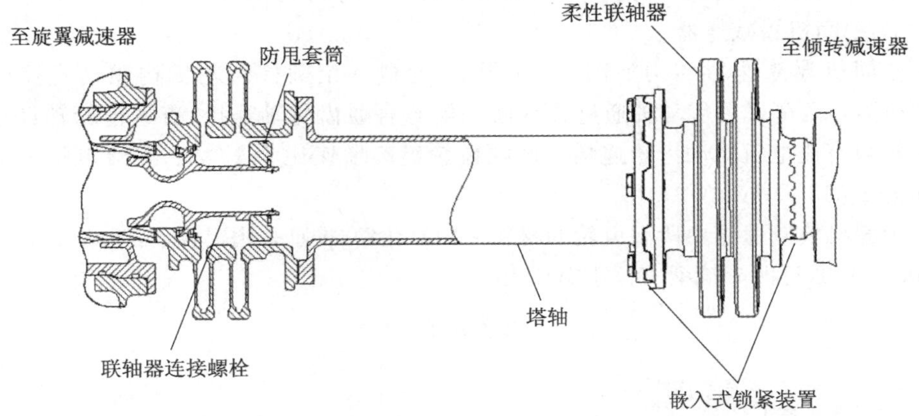

图 2.31 BA609 倾转旋翼机塔轴结构图

联轴器，如图 2.32 所示，该组件通过连接机匣的支架支撑于翼梁上。轴承采用脂润滑和迷宫密封，轴承的外圈采用球面形状，以适应机翼传动轴的角向位移。

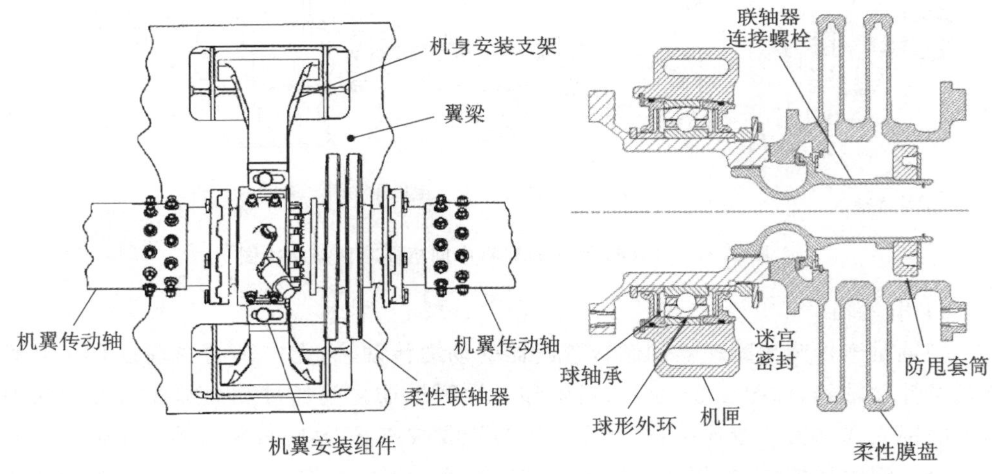

图 2.32 BA609 倾转旋翼机机翼支撑组件

机翼传动轴上的 3 个柔性联轴器在工作中允许发生 1.10°的角向位移，在 1.7°角向位移下具有无限寿命。

中间机翼减速器的两端各有一个机翼支撑组件，该组件中包括两个柔性联轴器和一段短轴，如图 2.33 所示。该柔性联轴器在工作中允许发生 2.4°的角向位移，在 3.2°角向位移下具有无限寿命。该组件通过一对角接触球轴承支撑，采用脂润滑和迷宫密封。

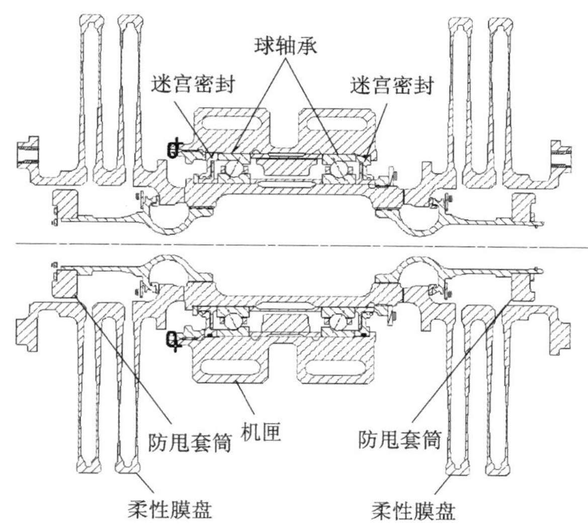

图 2.33　BA609 倾转旋翼机中间机翼支撑组件

3. “鹰眼”无人倾转旋翼机传动系统

“鹰眼”无人倾转旋翼机的基本参数如表 2.3 所列。

表 2.3　“鹰眼”无人倾转旋翼机参数

参　数	参数值	参　数	参数值
机高/m	1.88	有效载荷/kg	90
机长/m	5.56	燃油质量/kg	340
翼展/m	7.37	最大飞行速度/(km·h^{-1})	360
旋翼直径/m	3.05	续航时间/h	6
任务半径/km	185	飞行高度/m	6 096
起飞质量/kg	1 020	发动机	1 台 PW207D
空重/kg	590	发动机功率/kW	478

“鹰眼”为单发无人倾转旋翼机，其技术完全来自 V-22 倾转旋翼机，但发动机位于机身中间，从而使得吊舱的结构较为简单，发动机输出通过中间减速器分流后分别传到左、右两侧倾转/旋翼减速器，经过减速后带动旋翼旋转，其结构简图如图 2.34 所示。

4. V-44 倾转旋翼机

20 世纪末，贝尔公司提出了一种四旋翼倾转旋翼机方案，计划用于担当未来美军战场空运的主力，后来媒体为其取名为 V-44 倾转旋翼机。这种飞机的机身内部

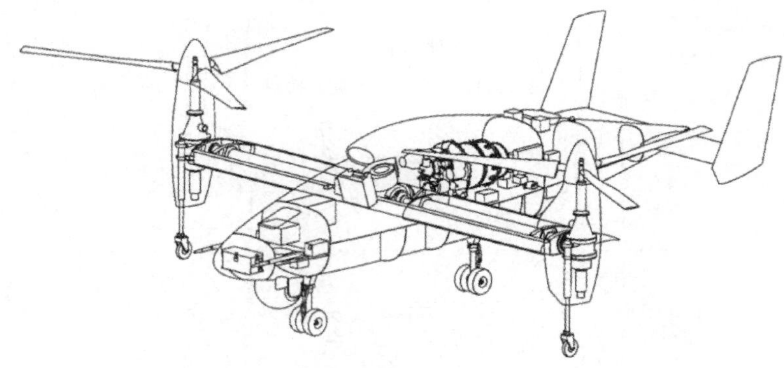

图 2.34 “鹰眼”无人倾转旋翼机及其传动系统[9]结构图

大得足以容纳 1 个 2.5 m×2.5 m×13 m 的集装箱、几架直升机、几辆各种型号的多用途轻型装甲战车以及 8 台标准装卸工具，或者 70 名士兵的铺位。也就是说，新型飞机可以搭载 80～100 名士兵或者 10～20 吨装备和物资以最快 300 km/h 的速度到达 1 600～3 200 km 以外的地方，不需要跑道和机场就可以垂直降落。

图 2.35 为 V－44 四旋翼倾转旋翼机的结构想象图[10]，相比 V－22，其传动轴不仅要左、右同步，前、后也要同步，其复杂性和重量大大增加。

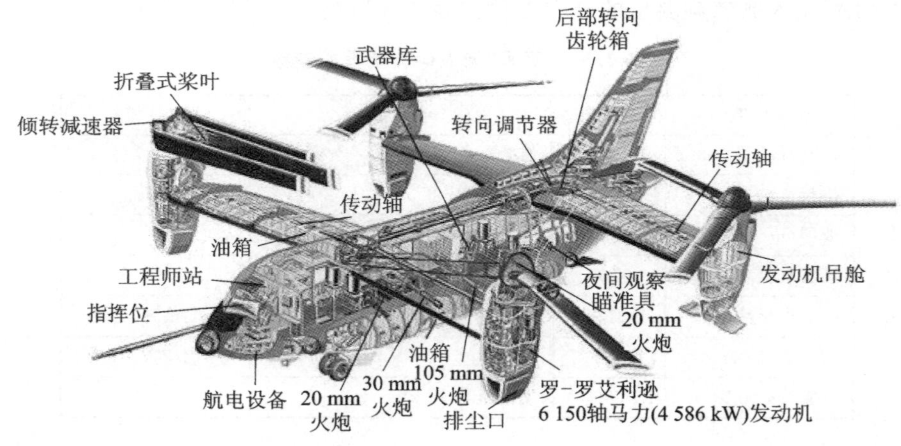

图 2.35 V－44 倾转旋翼机内部结构

2.2.2 传动系统的关键技术

目前，倾转旋翼机虽已发展到第三代(第一代 XV－15，第二代 V－22 和 BA609，第三代 V－280 和 V－44)，但除了美国及西欧少数几个发达国家之外，其他国家和地区仍难以突破其核心关键技术，其中传动系统包含的关键技术主要有以下几个方面。

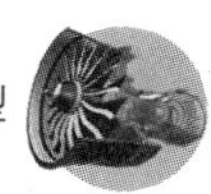

1. 倾转传动机构

倾转传动机构在旋翼倾转过程中为吊舱绕机翼传动轴线的倾转提供动力，同时为旋翼在任意状态下的停留提供支撑，以防止吊舱因重力、旋翼拉力或其他未知载荷的变化而倾覆，并且两侧旋翼在倾转过程中的空气动力学非常复杂，所以在姿态转换过程中更需要严格控制两侧吊舱同步倾转。综上所述，倾转机构的设计对于倾转旋翼机的稳定性、安全性具有非常重要的影响。

图 2.36 为倾转传动机构布置在倾转旋翼机上的位置，倾转传动机构的执行元件一般是液压缸，由液压泵提供动力，其液压系统简图如图 2.37 所示。

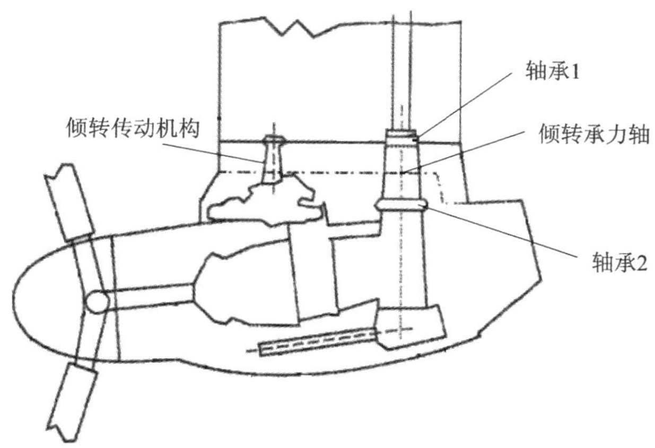

图 2.36　倾转传动机构布置图

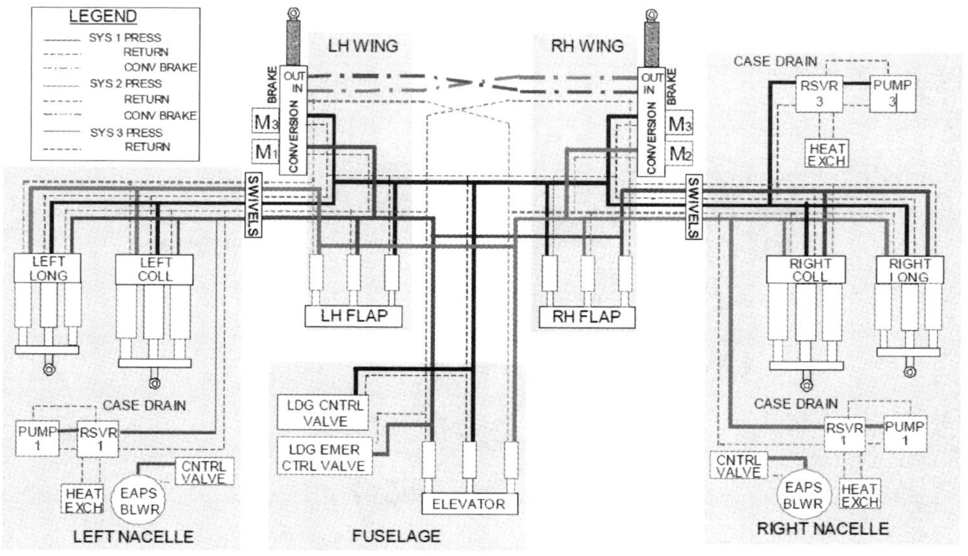

图 2.37　倾转旋翼机液压系统

图 2.38 所示为 BA609 的倾转传动机构，液压缸伸长可转换为直升机模式，液压缸收缩可转换为固定翼飞机模式，左、右倾转传动机构通过互联系统进行机械连接，保证了两侧倾转传动机构运动的同步性。

图 2.38　BA609 倾转传动机构

2. 大姿态润滑系统

倾转旋翼机中的减速器多，姿态变化大，特别是吊舱内的旋翼减速器和倾转减速器，在工作包线内的姿态变化均在 90°以上，因此，如何保证任何时候齿轮、轴承等动部件都能得到良好的润滑以使回油畅通，是一个难题。

3. 倾转减速器

倾转减速器中的齿轮副一方面作为连接旋翼减速器和机翼传动轴的枢纽，另一方面提供吊舱倾转的支点，即当吊舱绕机翼传动轴倾转时，其中一个齿轮在绕自身轴线旋转传递运动时，还会绕另一相啮合的齿轮轴线旋转，倾转齿轮副的工作示意图如图 2.39 所示。这样的工作状态对齿轮的传动性能必定产生影响，需要齿轮副对传递误差具有低敏感性。

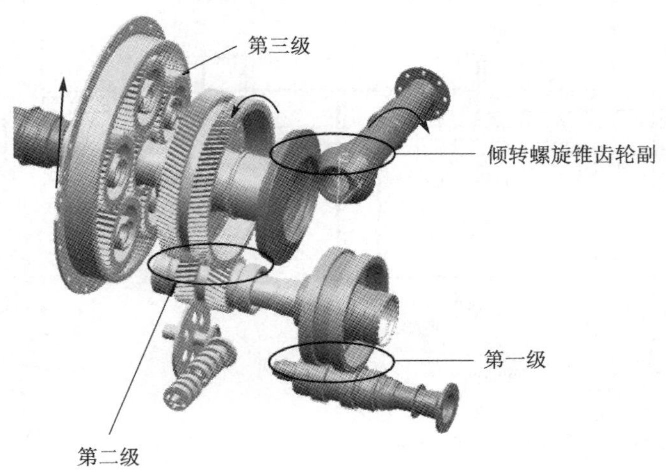

图 2.39　倾转齿轮副工作示意图

4. 先进柔性联轴器

由于飞机机翼的特殊设计，一般而言，连接两侧吊舱及中间机翼减速器的传动轴不是一根完整的直轴，而是由一段段直轴连接起来后整体呈现一小角度的弯曲轴，如图 2.18 所示。在这种轴系中，要求联轴器具有很大的柔性和传递运动的稳定性。在 BA609 中这种柔性联轴器被设计成双膜盘结构，如图 2.32 和图 2.33 所示，可以承受 1.1°～2.4°的偏角弯曲。

5. 倾转承力轴组件

倾转承力轴组件固连于吊舱上，通过两个轴承将吊舱支撑于机翼上，如图 2.36 所示。飞行中旋翼产生的拉力以及吊舱自身的重力通过倾转承力轴传到两个悬臂轴承上，再由轴承传递到机翼上，特别是在垂直起降时，倾转承力轴和悬臂轴承需要承受非常大的载荷，其受力简图如图 2.40 所示。倾转承力轴和悬臂轴承是倾转旋翼机传动系统中的关键部件，对倾转旋翼机的安全性、稳定性及可靠性具有很大的影响，因此倾转承力轴组件的设计至关重要。

图 2.41 为 V－22 吊舱及倾转承力轴结构图，V－22 的倾转承力轴采用的是钛合金轴。

图 2.40　倾转旋翼机两种飞行模式

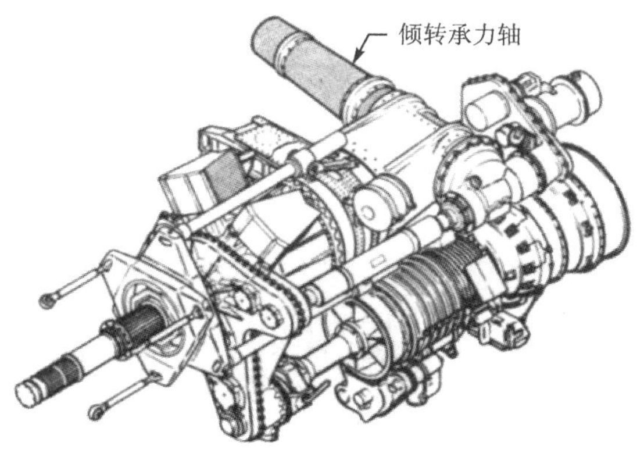

图 2.41　V－22 倾转承力轴结构

2.3 其他先进构型

2.3.1 可变向涵道风扇传动系统

未来可变向涵道风扇飞行器概念模型如图 2.42 所示，在它机身上有升力风扇，在机翼两侧有倾转涵道风扇，具备垂直起降和高速飞行的机动能力，可代替直升机执行既需要简易起降场地环境，又需要快速抵达战场的任务，以便在短距跑道或垂直起降平台上代替固定翼飞机执行任务。

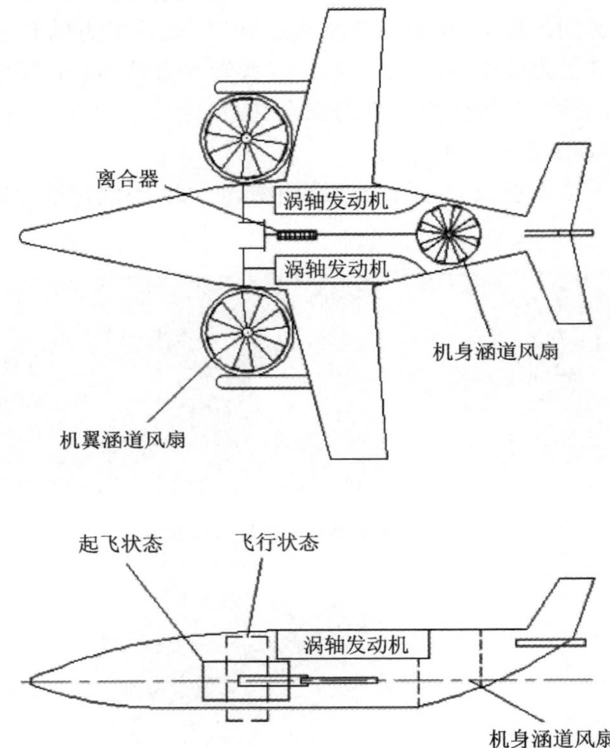

图 2.42 可变向涵道风扇飞行器概念图

可变向涵道风扇飞机机翼上的推力涵道风扇相比于倾转旋翼机的旋翼吊舱，其结构更为简单，转动惯量更小，并因增加了机身上的升力涵道风扇，使得控制更加灵活，起降和悬停稳定性更好；同时，安装在机翼上的涵道风扇阻力较小，在相同功率下可以获得更高的飞行速度。另外，由于两侧机翼处安装的涵道风扇不会互相干扰，所以布置于接近机身的位置，可使机械传动系统具有更好的刚性，从而避免了倾转旋翼

机上传动系统频繁损坏的问题。相比固定翼短距起飞/垂直降落飞机，可变向涵道风扇的单轴变向机构比其尾喷管三轴变向机构的结构更加简单；同时，可变向涵道风扇的变向机构仅面临常温气流环境，而短距起飞/垂直降落飞机尾喷管的变向机构则面临高温高速气流的冲击，工作环境更加苛刻，对结构件的热强度性能提出了更高的要求。

可变向涵道风扇飞行器的传动系统可采用机械推进和电传动推进两种方案。

1. 机械推进系统

采用发动机—传统机械传动系统—涵道风扇的推进系统结构原理图如图 2.43 所示。在垂直起降时，机翼推力涵道风扇和机身升力涵道风扇同时工作，发动机采用传统的恒定输出轴转速控制规律，通过调节风扇的桨距实现对升力的控制；在高速巡航时，传动系统通过主动控制离合器断开机身升力涵道风扇与发动机之间的动力传输，仅机翼推力涵道风扇工作，发动机采用涡桨发动机的控制规律，在不同的速度区间采用不同的输出轴转速，同时与桨距调节相配合，来实现对推力的控制。

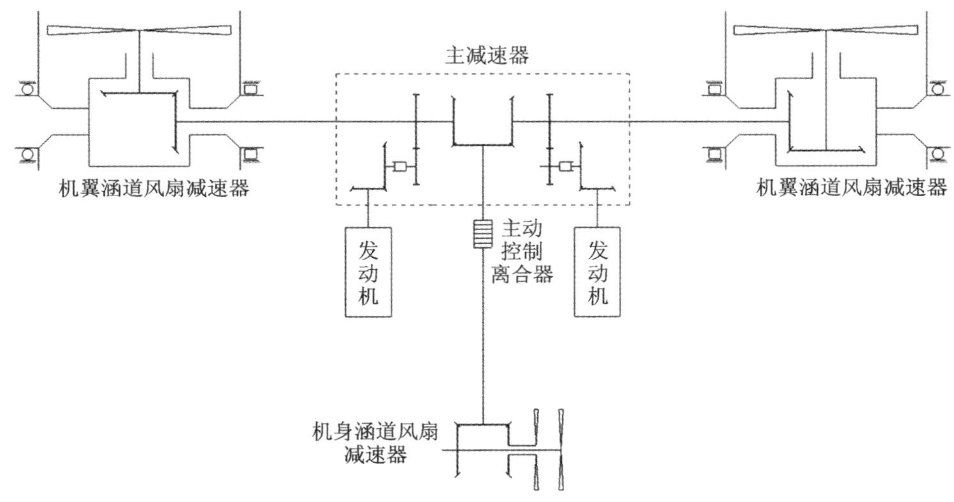

图 2.43　可变向涵道风扇机械推进系统原理图

2. 电传动推进系统

采用发动机—电传动—涵道风扇的推进系统结构原理图如图 2.44 所示。利用涡轴发动机和大功率发电机产生电能，通过电缆传递到需要驱动的涵道风扇附近，通过驱动电机将电能转换为机械能，实现轴输出驱动风扇。机身升力涵道风扇可以通过开关实现自由的动力传输与切断。由于涵道风扇省去了复杂的机械传动机构，与机身的联接变为柔性联接，结构更为简单，所以可以较大范围、较为灵活地实现变向。

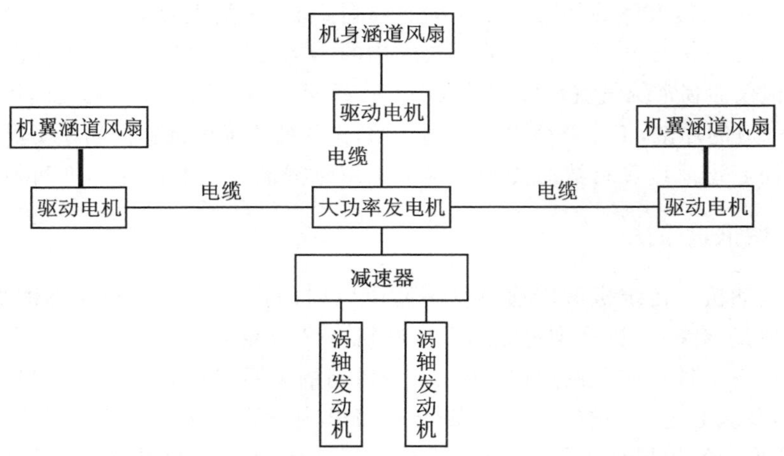

图 2.44　可变向涵道风扇电传动推进系统原理图

2.3.2　直升机尾桨电传动系统

随着人们对直升机性能和任务需求的不断提升，直升机的总体构型及动力传动系统形式呈多元化发展，受电动垂直起降飞行器的启示，一些直升机制造商开始探索用电动尾桨反扭矩系统替代传统直升机的通过发动机-减速器引出动力来驱动尾桨的设计思路。尾桨电传动系统需要从直升机发电机中获得电力，这是通过将电能转换为机械能实现动力传输的动力传动形式，类似于混合动力电驱动系统，进而彻底改变直升机动力传动形式和飞机总体构型布局。在新能源、电池和高密度电机技术获得极大发展的同时，电传动技术有推动直升机动力传动构型实现革命性转变的潜力，近年来成为世界航空界关注的热点之一。

传统的直升机尾传动系统主要由尾传动轴组件、中间减速器和尾减速器组成。尾传动轴组件将主减速器尾传输出转速和功率传递给中间减速器和尾减速器，经减速和换向后传递给尾桨，并承受尾桨载荷和尾桨距操纵载荷，将尾桨推力和反扭矩等载荷传递给机身，如图 2.45 所示。

传统的直升机尾传动系统具有结构强度高、环境适应性强、转速恒定等特点，可在复杂的环境条件下完成其任务使命。但也存在以下不足：

① 机械构件多、结构复杂、传动链长。

② 减速器采用螺旋锥齿轮传动，机械噪声大。

③ 需采用镀铬、喷涂碳化钨、渗碳/渗氮、等离子喷涂等多种特种工艺来保证减速器的长翻修间隔期、干运转等性能，所以成本高。

④ 各减速器间采用传动轴连接，需进行传动轴临界转速设计，避免系统振动。

⑤ 安装、维护程序烦琐。由于尾传动轴组件采用分段连接，因此为了满足柔性

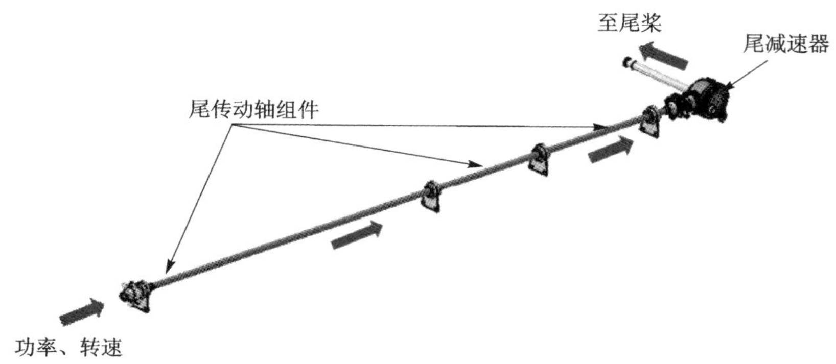

图 2.45　传统的直升机尾传动系统组成

联轴节角向偏差的要求，对轴系同轴度的安装要求较高，安装调整程序较为烦琐，耗时较长。

⑥ 传动链为全机械结构，主要靠磁性屑末检测信号器监测减速器内部传动构件出现的剥落故障，因此具有一定的滞后性。

相对于传统的直升机尾桨驱动系统，尾桨电传动系统取消了具有固定传动比的中间减速器和尾减速器，同时也取消了连接减速器之间的传动轴系组件。直升机尾桨电传动系统的基本原理如图 2.46 所示。

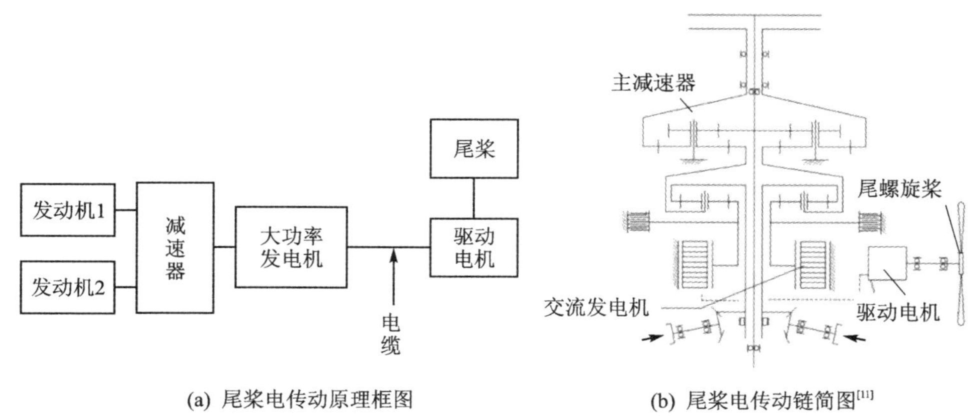

(a) 尾桨电传动原理框图　　(b) 尾桨电传动链简图[11]

图 2.46　尾桨电传动系统的基本形式

直升机尾桨电传动系统拥有许多传统的直升机尾传动系统所不具备的优点：

① 直升机总体布局可灵活多变，增加有效空间；取消了尾传动轴系和减速器后，直升机总体布局可根据用户需求进行个性化设计，增加有效使用空间；同时为直升机采用折叠式尾梁设计提供更便捷的选择，减小直升机停库时的占用空间。

② 提升作训效率，降低使用成本。尾桨电传动系统作为反扭矩系统，直接取消了复杂的尾传动轴系和减速器的连接结构，无须在使用中对这些部件进行大量维护

工作。

③ 尾桨独立控制，减小因主旋翼和尾桨相互干扰而产生的噪声或安全性危害。尾桨电传动系统与主旋翼是独立控制的，可按需要对其运转分别进行控制，如在地面上，可以在主旋翼不停车的同时，单独关闭尾桨电传动系统，从而确保直升机尾部的工作人员以及上下飞机的乘客更为安全。直升机在巡航飞行中，前飞的稳定性一般由尾桨和垂直安定面提供，而传统尾桨必须与主旋翼同步运转。然而，尾桨驱动电机的转速可以单独控制，因此在直升机巡航飞行中，尾桨可以采用较低的转速，或者采用与主旋翼产生的扭矩相匹配的最佳转速，这样可以明显降低燃料消耗，还可以减小因主旋翼和尾桨相互干扰而产生的噪声。

④ 改进尾桨在高海拔环境下的使用性能。传统的尾桨动力系统在高海拔、低大气密度下会明显降低使用效率，而尾桨电传动系统可以单独提高尾桨驱动电机的功率，不受大气密度的影响，不仅可以补偿尾桨推力的损失，同时可以明显改善对直升机的控制，特别是对在严重湍流中飞行的小型直升机的控制。

⑤ 除了能大大提高尾桨的使用效率以外，还可在提高直升机的整体性能、安全性和环境适应性等方面带来好处。

由于受到尾桨电传动系统的装机空间小、转速低、螺旋桨气动载荷复杂、直升机使用环境和工况恶劣等综合因素的限制，虽然取消了尾桨驱动齿轮箱和传动轴，但又加装了发电机、电动机和额外的线缆，使得电传动系统在直升机的减重方面并无优势。由于电传动技术在未来新构型直升机应用领域中占据特殊的位置，所以目前国外多家公司已开展了相关的应用探索研究工作，并进行了小范围的试飞、试验和测试。随着全集成电驱动系统技术的进步和发展，电传动技术在直升机尾桨驱动上的应用也必将得到极大的发展。

参考文献

[1] Yuriy G. Split torque gearbox for rotary wing aircraft with translational thrust system：US7413142B2[P]. 2008-08-19.

[2] Todd A G. Torque split gearbox for rotary wing aircraft：US2015/0060596A1[P]. 2005-03-05.

[3] Arthur E P，Dwaine R B，Elwood G，et al. Ultralight coaxial rotor aircraft：US7198223B2[P]. 2007-04-03.

[4] Todd A G. Counter rotating facegear gearbox：US8870538B2[P]. 2014-10-28.

[5] Tom P Currie Jr. The CV-22 "Osprey" and the Impact on Air Force Combat Search and Rescue[D]. Maxwell，Alabama：Air university，1999.

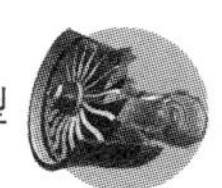

[6] Charles Duello. BA609 Tiltrotor Drive System[C]. Montréal, Canada: The American Helicopter Society 58th Annual Forum, 2002.

[7] 唐亮,徐庆九. 海军倾转旋翼无人机技术和发展优势综述[J]. 科技资讯, 2012(28):73-74,76.

[8] Charles J K, Richard M, Charles H. V22 Drive System Description and Design Technologies[C]. Fort Worth, Texas: The American Helicopter Society 51st Annual Forum, 1995.

[9] Tharp W, Morgan R, Magee J P. Design of a Tiltrotor Ummanned Air Vehicle for Maritime Applications[C]. Irvine, CA: Aerospace Design Conference, 1933.

[10] Handschuh R F, Charles J K. Efficiency of High-speed Helical Gear Trains[C]//NASA/TM—2003-212222.

[11] Kalinin D V, Kozharinov E V. Optimal High-speed Helicopter Transmission Designs[C]. Brisbane, Australia: 28th International Congress of the Aeronautical Sciences, 2012.

第3章 先进部件技术

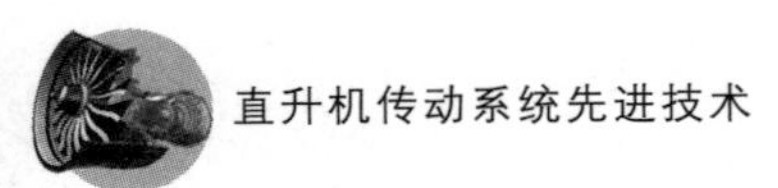

随着直升机技术的不断发展，对传动系统的功能、性能要求不断提高。针对未来先进直升机的发展需求，各航空强国始终不遗余力地推动着传动技术的持续进步。如美国自二十世纪五六十年代开始，连续通过 HTST 计划（1970 年代）、ART 计划（1988—1997 年）、TRP 计划（1990 年代）、RDS - 21 计划（2001—2009 年）、ERDS 计划（21 世纪）等直升机传动技术专项研究，大力推动了传动系统先进部件技术的发展，包括分扭传动、面齿轮、弹簧离合器、变转速传动、动静旋翼轴等新概念传动部件，以及新一代高强度齿轮材料、复合材料、先进轴承、先进润滑等技术的进步及应用。大量先进传动部件的应用，促进了直升机传动系统主要性能指标的跃升，如重量下降 25%以上、噪声降低 10～15 dB、可靠性成倍增长等，并推动了 V - 22“鱼鹰”、RAH - 66“科曼奇”、CH - 53K、AH - 64E 等直升机的发展。

3.1 分扭传动技术

直升机主减速器传动的典型构型是“锥齿轮换向—并车—行星传动输出”，传动零部件较多，很难减轻传动系统的重量。从发动机输入到主旋翼输出，一般由 3～5 级齿轮传动组成，大多数情况下由行星传动作为最后一级，也有采用两级行星传动或复合行星传动。对含有行星齿轮传动的多级传动系统来说，行星齿轮传动的传动比许用范围受结构和强度两方面的制约，其最大传动比理论上小于 15；同时，过大的传动比使行星减速器的传动效率下降，这是直升机传动系统无法接受的。因此，为了满足直升机传动系统的功重比、传动效率和可靠性的要求，应尽可能减小传动系统的重量和体积，现役直升机传动系统中行星齿轮传动的传动比都较小，一般在 3 左右。

随着一体化技术的发展，发动机一般不带体内减速器，功率由发动机直接输出。为了提高直升机的运输能力，发动机的功率和转速逐渐提高。目前，单台直升机用发动机的功率已达 2 000～3 000 kW，输出转速达 20 000～30 000 r/min 左右。由于主

旋翼转速一般在 200～300 r/min 之间，因此所需主减速器的传动比更大，转速范围要求更宽。为了满足主减速器总传动比的设计要求，若仍采用行星齿轮传动，则受其传动比许用范围制约，传动系统至少要采用两级行星齿轮传动；尽管耐热高强度合金齿轮钢及其加工工艺使得零部件的机械性能得到很大提高，但也已达到极高限度。因此，为了适应大功率高转速直升机传动系统的发展，满足传动系统的传动比、可靠性及承载的需求，保证齿轮、轴的强度，主减速器不得不付出相当大的重量代价，从而在客观上削弱了大功率高转速直升机的优越性。

显然，采用上述设计思路和方法已很难满足发展需求，为此，出现了采用分扭传动的设计思路。采用分扭传动时，由于一个齿轮同时与两个齿轮啮合而将输入功率分流，因此，理论上每个分支所承担的载荷只有原载荷的一半，从而降低了单对轮齿所承受的载荷，也相应地减小了齿轮副的节圆直径，这不仅有利于降低整个传动轮系的重量和体积，还能有效控制齿轮的线速度，对大功率高速传动具有非常重要的意义。相对于行星齿轮传动构型而言，分扭传动构型具有以下优点：

① 分扭传动的最后一级减速比可达 14∶1，这对减轻传动系统的重量极其有利。

② 减速级数减少。由于最后一级的传动比很大，因此整个传动系统的传动级数会减小。

③ 传动系统可靠性高。行星齿轮传动机构中的行星轮较多，且支承结构复杂，易出故障。采用分扭传动构型时，齿轮和轴承数量减少，且分扭构型轮系为定轴轮系传动，技术上比较成熟，因此传动系统的可靠性提高。

④ 噪声低。

鉴于以上优点，分扭传动成为大型、重型先进直升机主减速器传动构型的发展方向，是应用于未来大功率、高转速直升机传动系统的关键技术之一，是实现下一代直升机高功重比、高效率、低噪声以及高可靠性要求的重要技术手段。

3.1.1　圆柱齿轮分扭传动

1. 圆柱齿轮分扭传动技术的发展

20 世纪 70 年代，在 NASA“直升机传动系统技术研究（HTST）计划”中的先进构型技术研究中，提出了带有平衡梁[1]的圆柱齿轮分扭传动构型（见图 3.1），并分析了传动系统的动态响应及均载特性。当两分支的齿轮啮合力不等时，通过双联轴的轴向浮动来调节两分支斜齿轮副的齿侧间隙，使啮合力趋于相等以达到均载。但是，采用该方法实现均载时存在以下问题：斜齿轮必须与直齿轮配合使用，因斜齿轮产生轴向力而对支承结构提出更高要求；轴向浮动加剧齿间微动磨损；平衡梁结构复杂且增加系统的重量。为了进一步提高传动系统的均载性能及解决上述问题，NASA 提出了采用同步角法[2-3]实现均载的结构，如图 3.2 所示。通过分析传动系统中的轮齿变形、轴的扭转和弯曲变形、轴承和轴承座的变形等与均载之间的关系，在有效控制制造及安装误差的前提下，通过预制其中一个分支齿轮副的相位角来实现均载。但是，采用同步角法对制造和装配精度的要求很高，制造加工成本大；系统对变形和误差很敏感，实现难度很大。

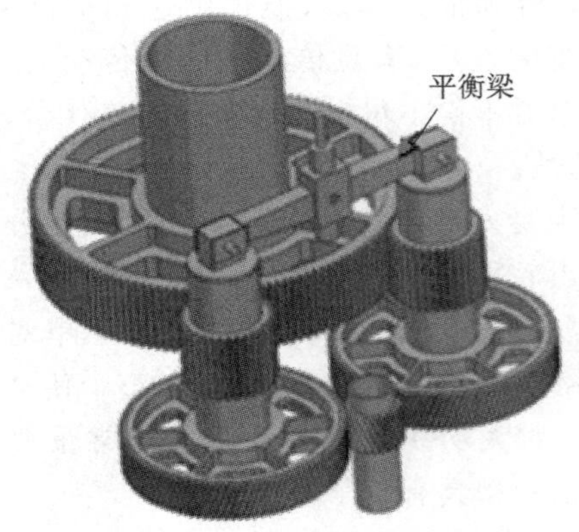

图 3.1 采用平衡梁实现均载的结构

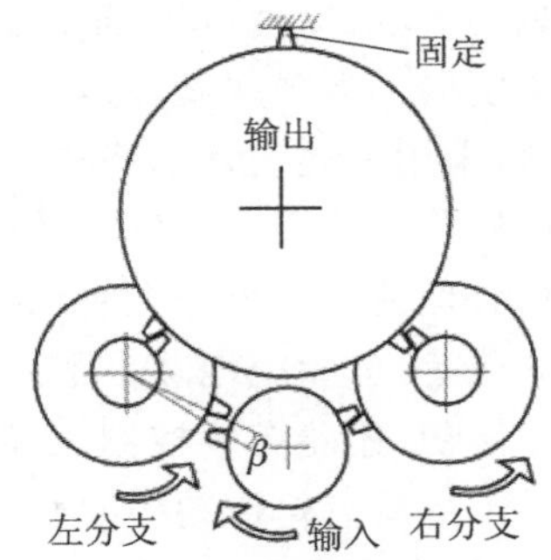

图 3.2 采用同步角法实现均载的结构

针对重型军用运输直升机的需求，西科斯基公司又开展了三发 CH－53K 直升机传动系统[4-5]构型的研究，提出“一级锥齿轮换向—二级圆柱齿轮传动两次分扭—三级圆柱齿轮传动并车”构型(见图 3.3)，第二级采用了两次功率分流，结构复杂，配齿难度较大，并且空间小，装配难度高。

另外，根据可倾转旋翼机的传动构型及分扭传动系统的特点，国外又提出了具有圆柱齿轮分扭差动机构的多路径传动系统，如图 3.4 所示。

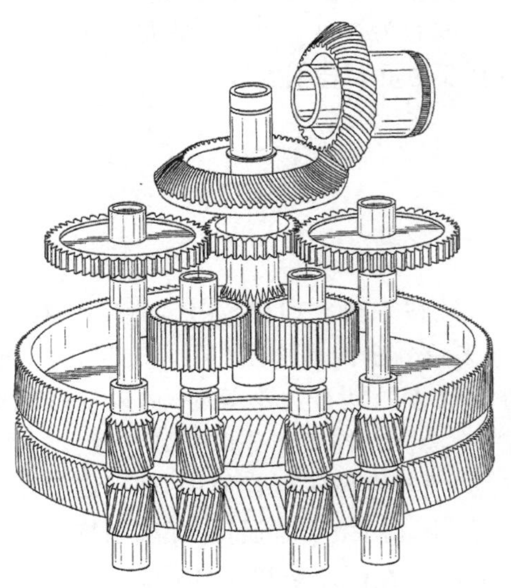

图 3.3 CH－53K 圆柱齿轮分扭传动示意图

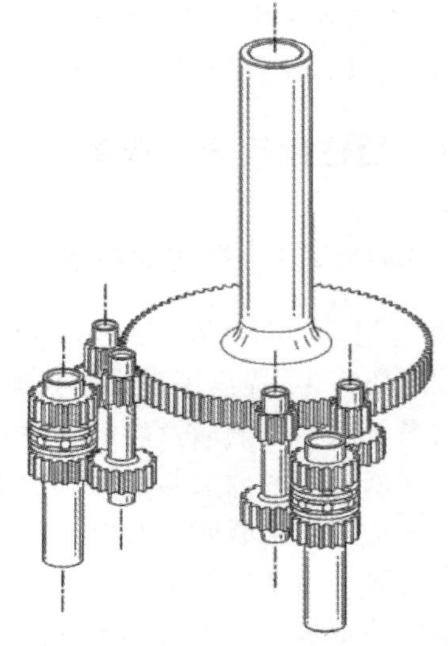

图 3.4 具有分扭差动机构的多路径传动系统

2. 圆柱齿轮分扭传动的均载

保证各功率路径的扭矩相等是实现均载分扭传动的关键问题。对分扭传动结构来说，零部件很小的弹性变形和位移都会对两路分支功率的大小产生影响，有时甚至使功率差异很大。当其中一个路径承受的功率较大时，会导致该路径出现零部件过度磨损，甚至轮齿折断的情况，进一步导致整个传动系统失效。经过研究发现，实现分扭传动均载的方法主要有：

(1) 弹性轴法

弹性轴法[4-6]是通过分扭轴产生的少量扭转变形来均衡分扭路径之间的扭矩以实现均载。由于中间的弹性轴有少许扭转弹性变形，因此通过输入与输出之间齿轮出现的扭转变形来调节两个路径的扭矩传递。

传统的弹性轴均载装置如图 3.5 所示。输入轴 1 装配在两个分开的轴承和齿轮上。输出轴 2 装配在两个分开的轴承和人字齿轮上。轴 3 将轴 1 和轴 2 两根轴连接起来。轴 3 与齿轮采用直花键连接，与轴 2 采用螺旋花键连接。当分扭装置不能均载时，通过调节垫片，中间连接轴 3 会使齿轮相应地产生一定量的旋转角，从而可以使所有齿轮同时啮合，达到均载的效果。轴 3 左端采用直花键连接，可以避免在调节垫片时引起齿轮轴向移动，造成齿轮副啮合偏载。同时，中间轴 3 的转动惯量较小，允许弹性变形，这样在输入与输出轴之间就有很小的扭转变形。扭转变形的角度与传递的扭矩成一定的比例关系。如果分扭中一个路径的扭矩比另一个大，那么这一路的扭转变形就大，这样传递较小扭矩的轴上的扭矩就会相应地增大，从而自动实现载荷分布的调节。

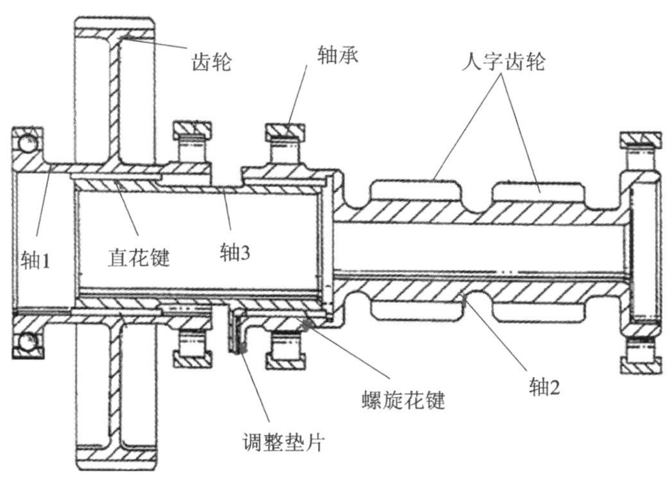

图 3.5　传统的弹性轴装配图

该结构可以达到很好的均载效果；但轴和轴承的数目增多，对传动系统的重量和

可靠性带来一定的影响。

(2) 弹性辐板法

弹性辐板法[7]的原理是利用齿轮辐板中弹性元件的变形比金属材料元件的变形大得多的特点来实现双分支的均载。当采用该种结构时，可以在齿轮辐板中施加弹性元件，或者采用较小剪切弹性模量的材料制造齿轮，例如尼龙或者类似材料。但是这些结构的可靠度及疲劳寿命都有待试验验证。在设计中，使用这些元件会增加系统的重量，使得初始装配和维修变得较为复杂。

图 3.6 是一种典型的基于弹性辐板的均载结构。该结构由齿轮 7、辐板上的弹性夹层 18、齿轮 4 和 2 等组成。轴 3 由轴承 1 和轴承 5 支撑；轴末端的齿轮法兰盘 14 通过螺栓孔 9 与外圆上的花键齿 8 连接。齿轮轮体 6 通过上、下轮毂 16、20 与法兰盘 14 连接，由带有螺栓孔和斜角度的外壁平圆盘构成。角壁与圆盘之间的角撑板 15 提高了整体的刚度，并减小了变形。与角壁外表面相连的弹性层起隔振作用。

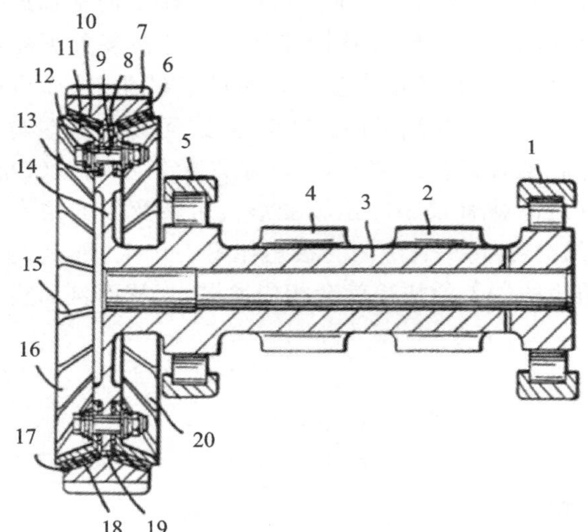

1，5—轴承；2，4，7—齿轮；3—轴；
6—齿轮轮体；8—外圆上的花键齿；
9—螺栓孔；10—弹性夹层外接触面；
11—弹性夹层内接触面；12—螺栓；
13—垫片；14—齿轮法兰盘；
15—角撑板；16—上轮毂；
17—粘接剂；18—弹性夹层；
19—内圆上的花键齿；20—下轮毂

图 3.6 摩擦弹性变形结构剖视图

采用该结构的均载原理与弹性轴相近，利用弹性辐板在较小的载荷作用下产生较大的变形，从而自动实现两分支载荷的动态调节。一般情况下只要设计弹性辐板具有较大的径向刚度和较小的扭转刚度，即可得到较好的均载性能。但使用这些弹性元件的主要问题是在长时间运转后，弹性元件会出现较严重的磨损，尤其是在大扭矩和富有润滑油的高温情况下。

(3) 同步角法

采用分扭传动的目的是减轻齿轮系统的重量，因此最简单、最理想的设计就是不采用任何额外的均载装置即可获得均载。为此，国外学者提出了采用同步角的方法。Kish 从试验中总结出，在不使用任何额外的均载装置时，只要根据严格的公差配合

来获得精确的加工和正确的装配，即可获得能够接受的均载值。Krantz 建议使用同步角作为设计参数来获得路径间的均载。为此，他系统地研究了齿轮轴的扭转和弯曲变形、轮齿变形、轴承和轴承座的变形等对均载的影响。

Krantz 定义了同步角“β”，并描述了测量同步角的装置和方法，如图 3.7 所示。输出齿轮固定以防转动，在输入小齿轮上施加一个额定载荷，使轮齿接触。当两路径的所有轮齿都接触时，同步角“β”被定义为零。如果其中一个路径没有接触，那么同步角“β”就等于使所有轮齿刚好啮合时，第一级齿轮相对于第二级小齿轮旋转的角度。通过研究发现，只要保证一定的加工精度和安装要求，就可以保证左右分支的扭矩落在要求范围内。

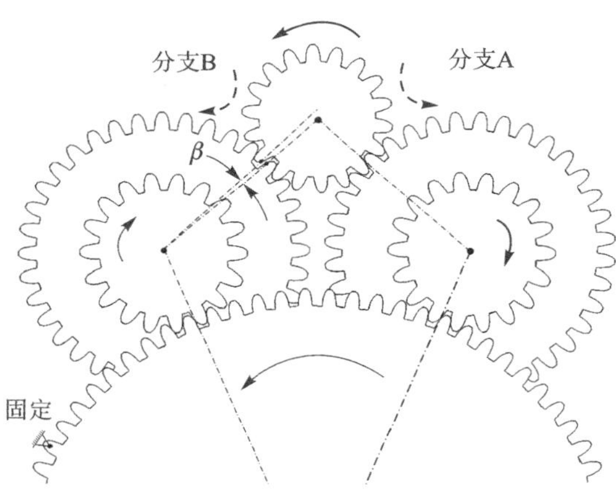

图 3.7　“科曼奇”主减速器传动示意图

3.1.2　面齿轮分扭传动

面齿轮传动是圆柱齿轮与平面齿轮啮合的角度传动，如图 3.8 所示，可满足两齿轮轴线正交、非正交或偏置等不同传动要求。目前的角度传动主要采用锥齿轮，然而锥齿轮传动需要根据齿面接触区的情况来精确调整锥齿轮的位置，尤其是弧齿锥齿轮对安装精度的要求非常严格，调试十分费时、费力。面齿轮相对于锥齿轮的最大优点在于对与其啮合的主动圆柱齿轮的轴向位置精度要求低，不需要对主动齿轮进行

图 3.8　面齿轮传动

精确的定位，这在传动精度要求较高时非常有利，特别是在航空轻型传动中，虽然轻薄的齿轮箱壳体会产生较大的变形而引起小齿轮移位，但对面齿轮齿面接触区的影响并不大。另外，相对于锥齿轮传动来说，面齿轮传动还具有以下优点：单级传动比大，可达到 20∶1；轴交角可以自由选择；采用直齿的圆柱齿轮的主动齿轮没有轴向力，可以减轻轴承负荷；结构紧凑，可减轻齿轮箱的重量；面齿轮功率分流传动应用在航空动力传输系统中，可以简化动力传输系统的结构，提高可靠性，获得高功率密度。

在美国"先进旋翼机传动系统（ART）计划"中，为了实现减重、降噪和提高直升机传动系统的使用寿命，针对双发直升机传动系统，提出了"一级面齿轮传动分扭—二级圆柱齿轮并车—三级行星传动输出"的直升机主减速器分扭传动构型[8]，如图 3.9 所示。研究结果表明，采用具有面齿轮的动力分扭传动装置，比传统传动装置的重量下降 40%[8]，且振动小、噪声低。在通常情况下，面齿轮传动具有如下几方面的优点：

① 小齿轮为渐开线圆柱齿轮，其轴向移动误差对传动性能没有影响，其他方向上的误差造成的影响也极小，因而无须防错位设计；

② 面齿轮传动比锥齿轮传动具有较大的重合度，在空载下可达 1.6～1.8；

③ 小齿轮为直齿圆柱齿轮，小齿轮不承受轴向力，可简化支承，减轻重量；

④ 小齿轮为渐开线齿轮，啮合齿的公法线相同，对动力传输极其有利。

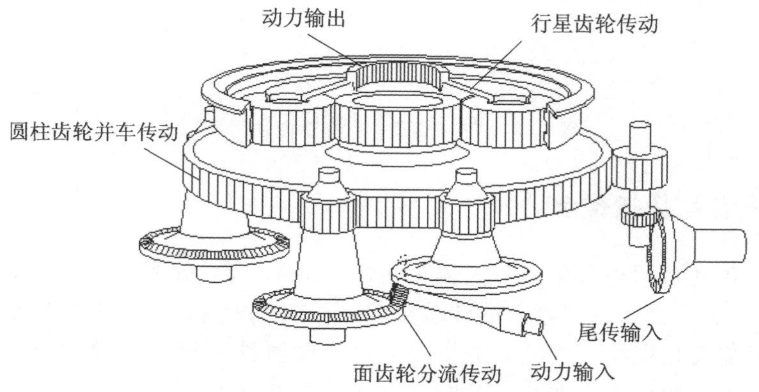

图 3.9　具有面齿轮传动分扭的直升机传动系统结构示意图

1998 年，一种比 ART 计划设计得更简约先进的分流传动装置[9]由 TRP（the DARPA Technology Reinvestment Program）计划研制成功，该装置如图 3.10 所示。两个输入动力的圆柱齿轮与两个惰轮（idler spur gear）分别对称布置，动力由主动小圆柱齿轮分流给上下两个面齿轮，惰轮把下部面齿轮分流的动力合并传输给上部的面齿轮。该装置与 ART 计划设计的装置相比，重量减轻 22%，动力传输密度（单位重量所传输的动力）提高 35%。以上两个面齿轮分流传动成功应用的范例，显示了面齿轮传动在直升机，乃至其他机械动力传动中所具有的潜在优势。

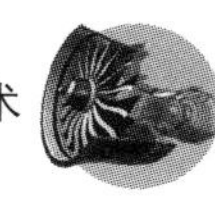

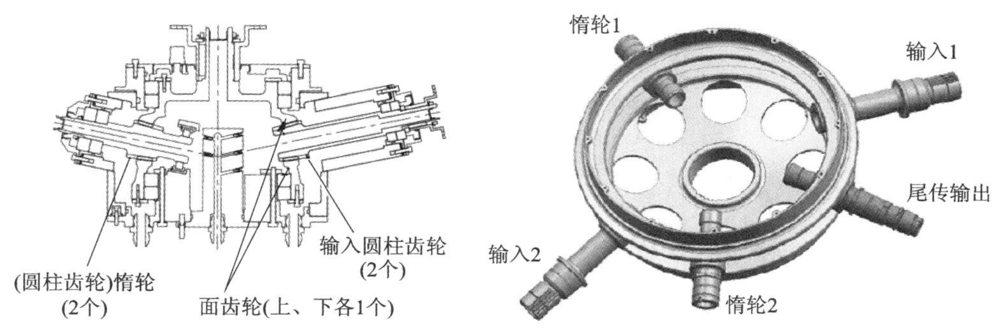

图 3.10　TRP 计划中的面齿轮分流传动机构

进入 21 世纪后，美国开始了 RDS－21 计划[10]，其中主要对面齿轮功率分流传动结构进行研究，研究的直接目的是改进 AH－64D。由对面齿轮功率分流传动的研究可知，在传动系统中采用面齿轮功率分流传动结构，可以大幅减轻传动系统的重量及降低噪声和成本。因此，在 RDS－21 计划中，波音公司和西科斯基公司均开展了面齿轮功率分流传动技术的研究。根据现有资料可知，波音公司进行了面齿轮传动的运转试验。在 RDS－21 计划中除波音外，西科斯基也对面齿轮传动进行了研究，其主要研究方向为面齿轮传动的强度、传动比的适合范围和 5 100 hp 的面齿轮分扭传动结构设计。根据波音公司公布的资料可知，面齿轮功率分流传动技术已于 2009 年 11 月 23 日在改进的 AH－64E 上试飞成功。

3.1.3　分扭传动技术的应用

1. Mi－26 主减速器分扭传动

Mi－26 直升机是苏联研制的一款多用途重型直升机，是当今世界上仍在服役的最重、最大的直升机，最大起飞重量达 56 t。Mi－26 直升机装备两台涡轴发动机，其传递功率达 14 710 kW；主减速器也非常巨大，重达 3 640 kg。为了实现传递大功率的需求，该减速器采用了分扭结构[6]以减小单个零部件的载荷。每台发动机功率经两个串联的锥齿轮换向后分成两路，每一路再通过两个圆柱齿轮分成两路，最后共 8 路动力通过旋翼轴上的人字齿轮汇合，从主旋翼输出，如图 3.11 所示。

Mi－26 主减速器能够长期有效运转的前提是分扭传动机构的均载设计技术。为了达到均载要求，在第一次分扭时，串联的锥齿轮之间采用浮动弹性花键轴实现均载，第二次分扭时采用弹性扭力轴实现均载，两个齿轮之间通过低扭转刚度的花键轴连接。

2. AH－64E 主减速器分扭传动

AH－64E“阿帕奇”的主减速器采用三级传动技术[11]。第一级采用螺旋锥齿轮

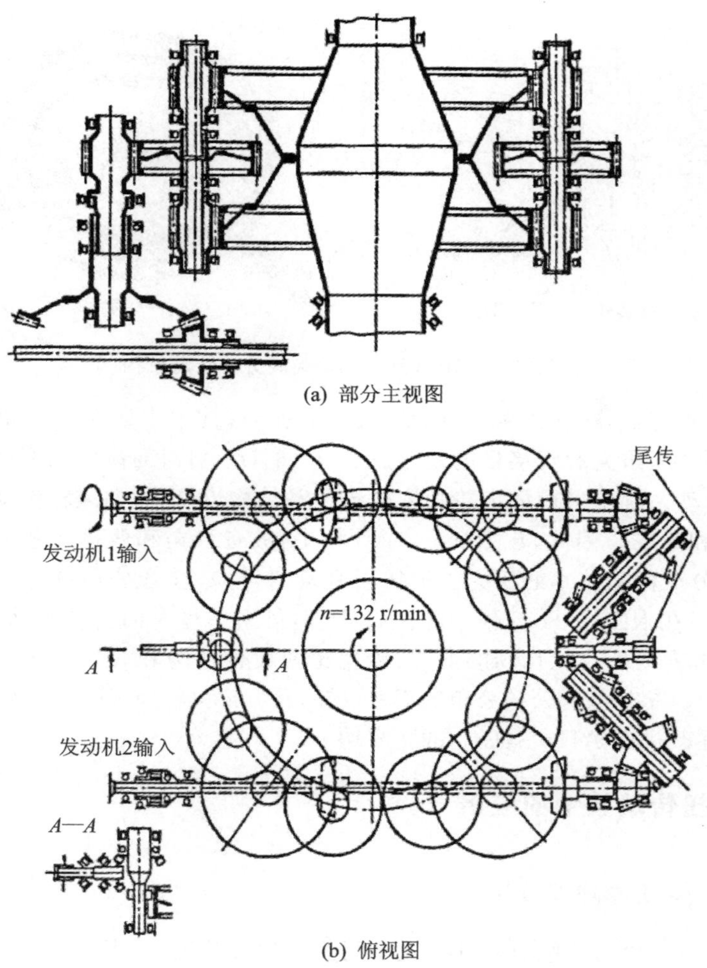

图 3.11　Mi－26 分扭构型主减速器简图

传动，将发动机的动力换向后传递至第二级；第二级采用非正交的面齿轮，输入直齿轮同时与两个面齿轮啮合，将输入扭矩分流至两个面齿轮，与两个面齿轮共轴的两个直齿轮同时与一个大直齿轮啮合，将输入级的扭矩合并，实现并车传动；第三级采用行星齿轮传动，通过行星架将扭矩传递至主旋翼轴。AH－64E 主减速器的传动构型如图 3.12 所示。该方案采用面齿轮分扭传动，面齿轮是一种新型的传动齿轮，可以与直齿轮啮合，实现传动方向的变换，但是面齿轮的设计和加工比较困难，目前该技术除美国外均未完全掌握。

3. RAH－66 主减速器分扭传动

RAH－66"科曼奇"(Comanche)直升机是波音公司和西科斯基公司联合研制的

侦察/攻击直升机。科曼奇主减速器[3]采用双发输入，总功率为 2 400 kW，主减速器分三级传动，第一级为锥齿轮传动，第二级为圆柱齿轮分扭传动，第三级为人字齿轮并车，如图 3.13 所示。

图 3.12　AH－64E“阿帕奇”的主减速器传动示意图

图 3.13　“科曼奇”的主减速器传动实物图

“科曼奇”的主减速器分扭传动采用了同步角(即“β”角)法实现均载，其原理是：齿轮初始安装时，在两分支的传动链中预留一定的轮齿间隙差，即同步角，如图 3.7 所示，加载后由于两分支变形不一致导致间隙差消除，从而实现均载。

4. CH－53K 主减速器分扭传动

CH－53K 是在 CH－53E 基础上满足增大功率要求而重新研制的 38 t 级重型直升机，其主减速器采用了先进的分扭传动构型[4-5]，如图 3.14 所示。CH－53K 装

图 3.14　CH－53K 主减速器传动示意图

备 3 台涡轴发动机，单发功率为 7 500 hp(5 512.5 kW)，主减速器共三级减速传动，第一级螺旋锥齿轮换向，第二级两分支四路圆柱齿轮分扭，第三级共 12 对人字齿轮并车。CH－53K 中采用了独特的弹性轴均载设计技术，既能提供必要的弯曲刚度，以便协调装配时的角度和径向安装误差，又具有一定的柔度，实现大的协调变形。

3.2 变转速传动技术

直升机旋翼变转速飞行是提高直升机飞行速度、航程和载荷的关键，是当今直升机技术竞争的热点。直升机变转速传动是保证直升机实现旋翼变转速飞行的关键技术之一，国外已有直升机变转速传动的实际应用，并呈现技术研究蓬勃发展的态势。

直升机变转速传动通过采用可变传动比的新部件，使得在发动机输入转速不变的情况下，实现直升机旋翼转速多级或连续变化，更好地适用直升机的使用要求。

国外已经开展了涡轴发动机涡轮变速和传动系统变速技术的研究工作，并在相关型号中得到成功应用。V－22、BA609 运用涡轴发动机变速，使巡航状态的发动机转速为起飞状态的 84%，其变速比为 0.84。X－2 直升机亦是运用涡轴发动机变速，其变速比为 0.8[12]。美国的蜂鸟 160T 无人直升机相对于蜂鸟 160 采用传动系统和发动机共同变速代替了发动机变速，于 2007 年首飞，在 2008 年完成了空中换挡变速，实现了在起飞和巡航时旋翼轴不同转速的输出，其变速比为 0.5[13]。Athena 直升机在发动机与主减速器之间增加了变速装置，通过控制摩擦离合器实现不同旋翼转速的输出，其变速比为 0.92。

离合器变速装置利用超越离合器的差速超越性能来实现两种不同转速的输出。一般情况下，摩擦离合器与斜撑离合器并联，由圆柱齿轮或行星齿轮实现减速，利用摩擦离合器的通断来实现功率传递路线的转换。接通摩擦离合器，功率流直接从输入轴—摩擦离合器—输出轴输出，此时，斜撑离合器处于差速超越状态；断开摩擦离合器，功率流从输入轴—齿轮副—斜撑离合器—输出轴输出。还有一种通过控制齿轮啮合与否来实现不同转速的输出，其控制方式目前尚不清楚。

3.2.1 变转速传动技术研究的现状

20 世纪 50 年代，西科斯基公司便开始了变转速输出直升机的研究，将有两挡转速输出的主减速器(内装有变速单元)安装在 H－5 直升机(见图 3.15)上，实现了直升机旋翼两挡转速(173 r/min 和 223 r/min)的成功飞行。后因技术不成熟，未继续飞行。

2007 年，NASA 研究了一种双发并车直升机的圆柱齿轮分路变速方案(见图 3.16)，在发动机和主减速器之间设置变速单元，通过控制离合器实现功率的分路传动，从而实现旋翼轴两挡转速变速输出。此种方案存在类似汽车 AT 变速箱的功

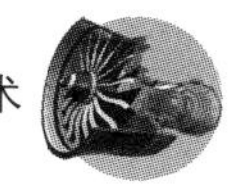

图 3.15　西科斯基公司的 H-5 直升机

率短时间丢失的情况，为了解决此类问题，通过控制发动机的输出转速来实现转速的平稳切换，发动机的控制策略如图 3.17 所示，当在一侧需要变速时，先将该侧发动机的转速降低至地慢转速，待摩擦离合器完全结合上后再将转速升上来[14]。

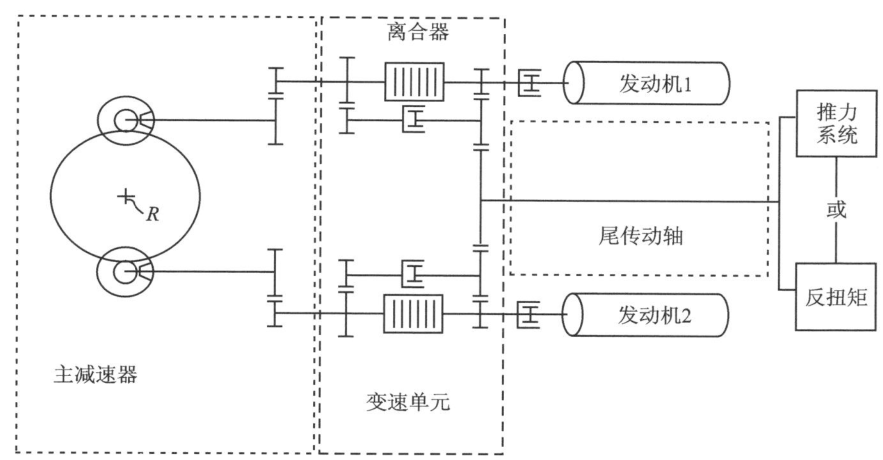

图 3.16　圆柱齿轮分路变速方案

2009 年，NASA 开展了变速单元的理论、试验研究。研究了多种变速单元的方案，选择了两种变速方案进行试验验证：行星惰轮变速方案（见图 3.18）和偏置行星齿轮变速方案（见图 3.19）。这两种变速方案均为摩擦离合器与超越离合器并联的形式，试验时，行星惰轮变速方案选择干式摩擦离合器，偏置行星齿轮变速方案选择湿式摩擦离合器，通过控制摩擦离合器来实现输出端的两挡转速切换输出。试验结果表明，两种变速方案均可实现输出端的两挡转速切换输出，但在速度切换时（摩擦离合器接合时）存在一定的冲击[15-16]。

2010 年，NASA 开展了双驱动变速方案的研究。变速单元由两个动力驱动，即由太阳轮和齿圈共同驱动，如图 3.20 所示，发动机 1 和发动机 2 共同驱动一个行星

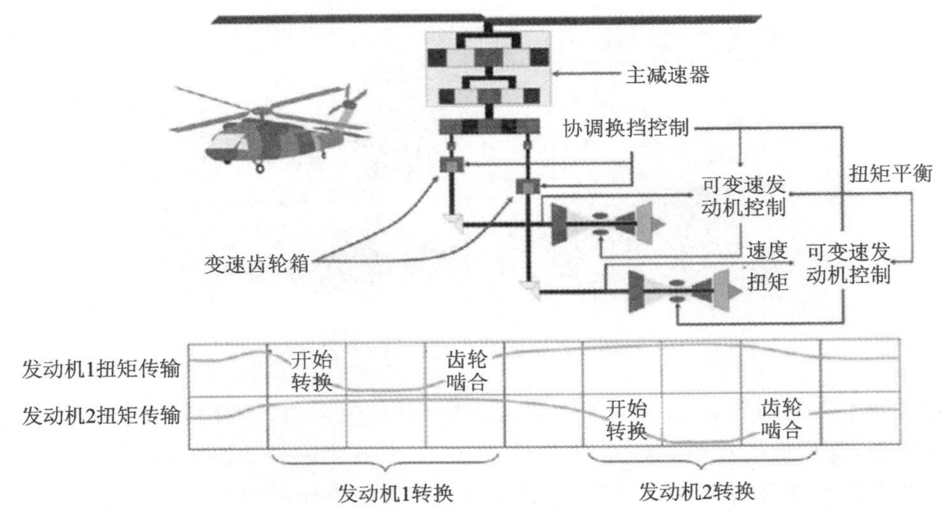

图 3.17　发动机的控制策略图

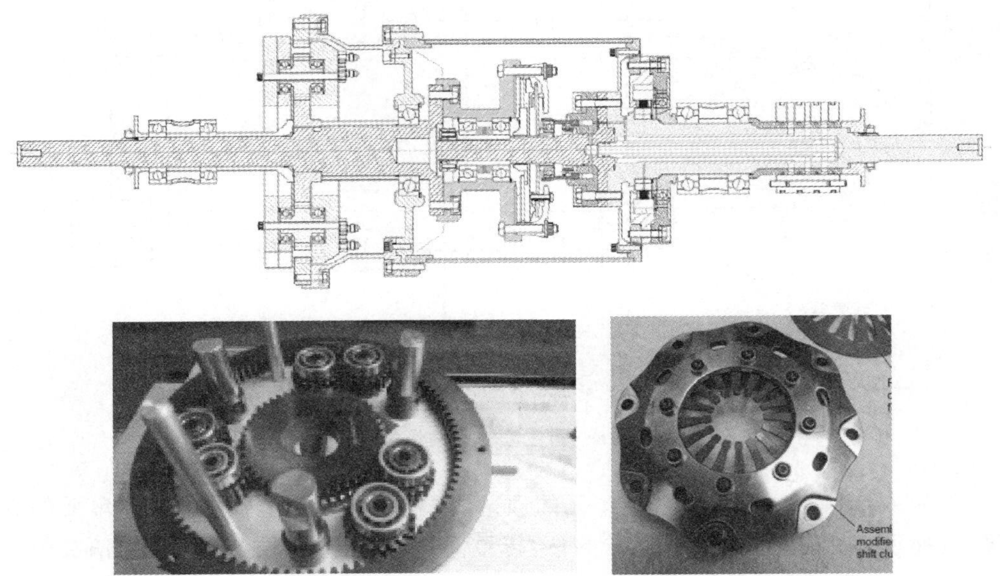

图 3.18　行星惰轮变速方案

轮系，当发动机 1 工作时，处于低速状态；当发动机 1 和发动机 2 同时工作时，处于高速状态。图 3.21 为双驱动变速传动系统，通过控制两台发动机的启停来实现转速的变速输出。后来，经过多次演变和优化，形成了如图 3.22 所示的差动行星齿轮变速方案。

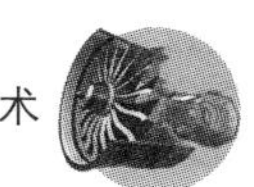

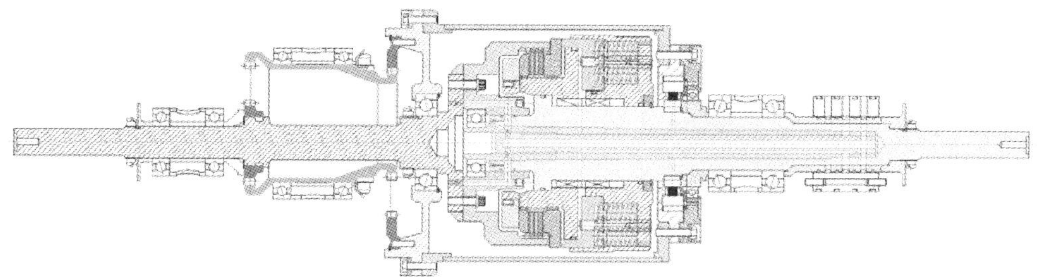

图 3.19　偏置行星齿轮变速方案

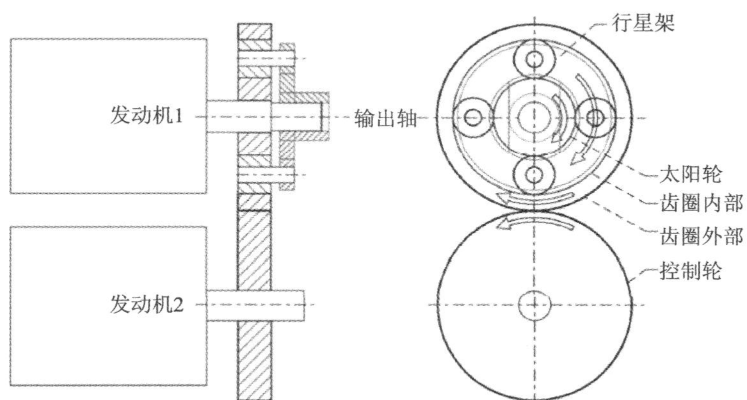

图 3.20　双驱动变速方案

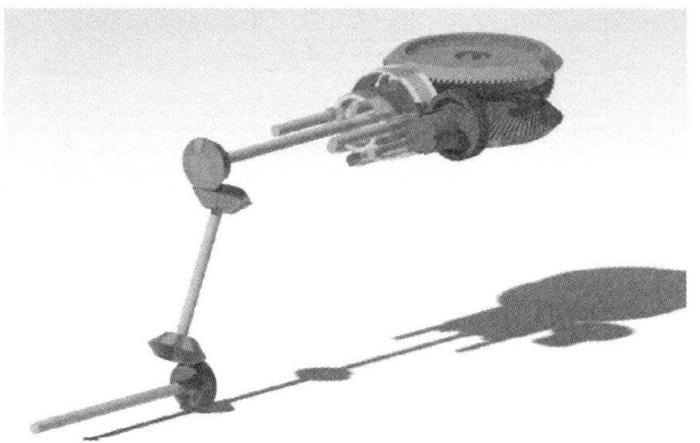

图 3.21　双驱动变速传动系统

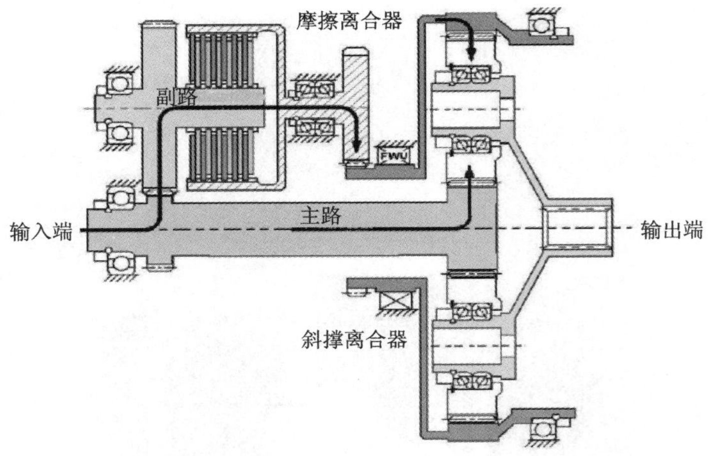

图 3.22　差动行星齿轮变速方案

3.2.2　变速装置

1. 双路圆柱齿轮传动变速装置

美国专利描述的双路圆柱齿轮变速装置如图 3.23 所示，离合器 B 为超越离合器，离合器 C 为摩擦离合器。通过控制离合器 C 的接合或脱开来实现整个装置输出转速的变化。当离合器 C 接合时，离合器 B 处于差速超越状态，功率流从输入轴通过离合器 C 传递，此时输出转速与输入转速相同；当离合器 C 断开时，功率流从输入轴通过离合器 B 传递，此时，输入转速通过两级圆柱齿轮减速输出。尾减速器输出可选择由 A 处或 B 处输出。恒速尾传输出由 B 处输出，变速尾传输出由 A 处输出[14]。

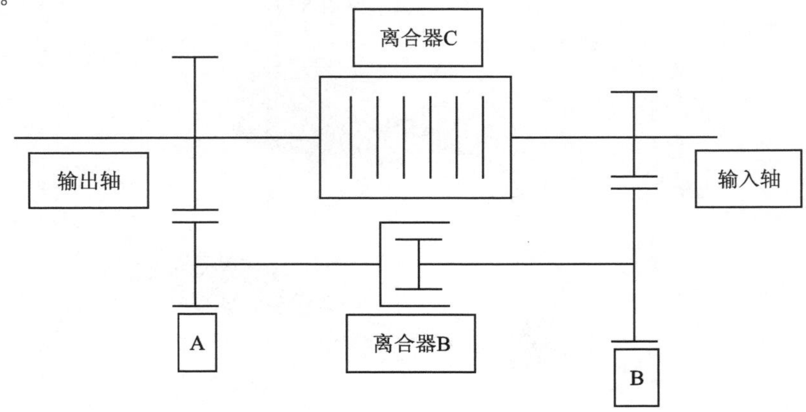

图 3.23　双路圆柱齿轮变速装置

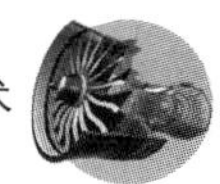

2. 行星齿轮变速装置

行星齿轮变速装置如图 3.24 所示，接通摩擦离合器后，功率流直接通过摩擦离合器输出，超越离合器处于差速超越状态；断开摩擦离合器后，功率流通过齿圈—超越离合器输出。NASA 研究了该变速装置。Athena 直升机也运用了类似的变速装置，其摩擦离合器设置于外端，斜撑离合器布置于内端，以便于操纵机构的布置[15]。

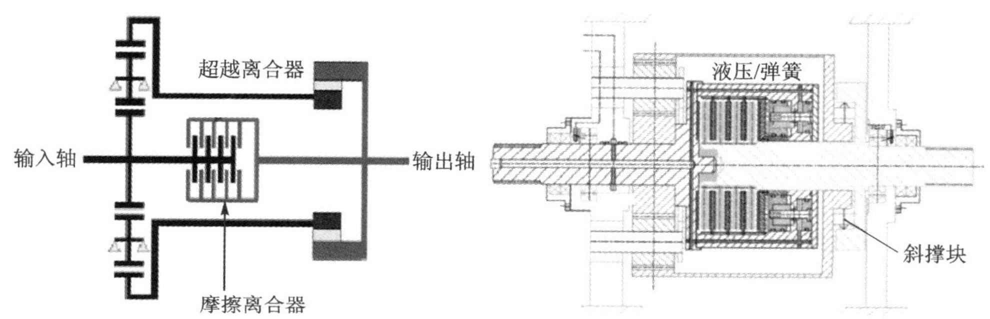

图 3.24　行星齿轮变速装置

为了实现输入轴与输出轴的转向不同，还可以通过设置惰轮或二级行星结构来实现不同转向的速度输出，如图 3.25 和图 3.26 所示。

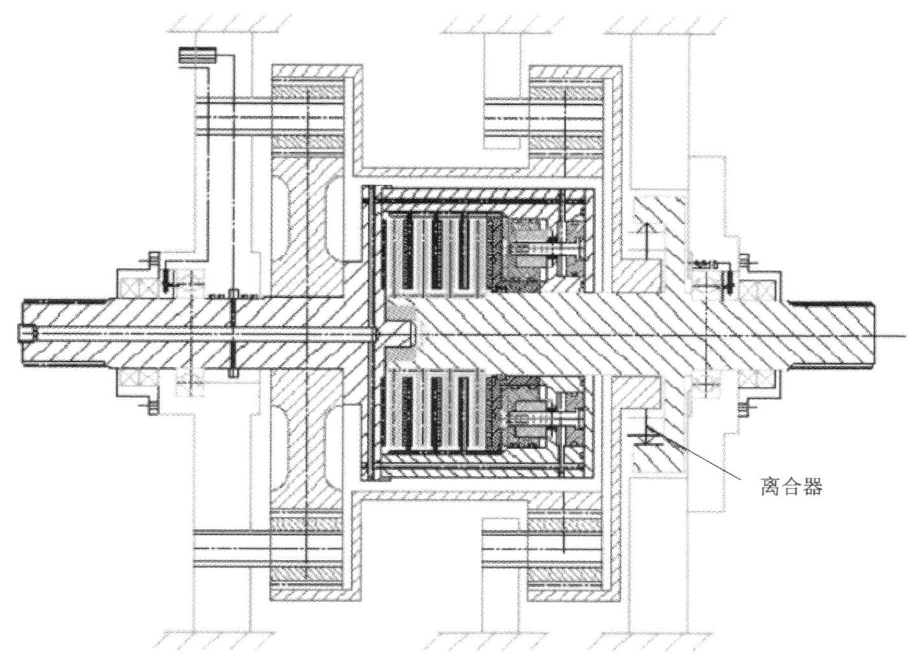

图 3.25　二级行星变速装置

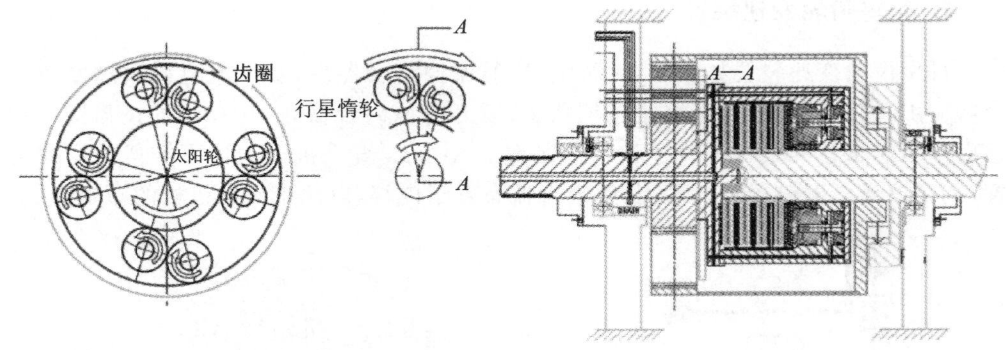

图 3.26　行星惰轮变速装置

行星齿轮变速装置也可以采用将多片式离合器设置于外端、将超越离合器设置于内端的形式，变速时功率流与图 3.23 和图 3.24 所示的变速装置相反。

3. 偏心复合齿轮变速装置

偏心复合齿轮变速装置如图 3.27 所示，输入轴与输出轴同心，偏心复合齿轮包含一个大齿圈和一个小齿圈，通过控制摩擦离合器来实现高速度的转换。接通摩擦离合器，功率直接通过摩擦离合器传递，输入轴转速与输出轴转速相同，此时超越离合器处于差速超越状态；断开摩擦离合器，功率流通过大小齿圈与输出轴齿轮的啮合，实现减速输出[16]。

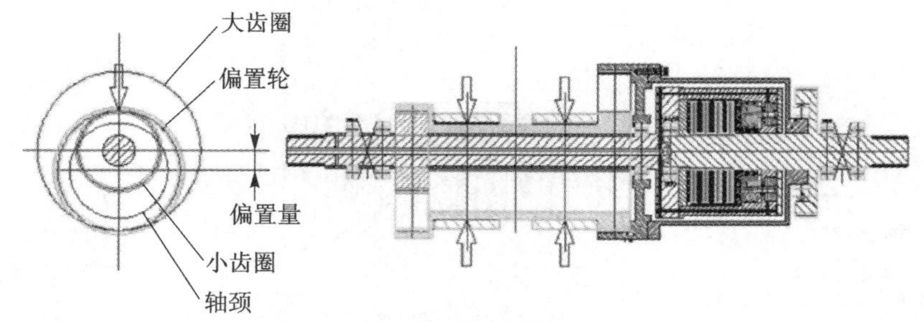

图 3.27　偏心复合齿轮变速装置

4. 开关式操纵变速装置

开关式操纵变速装置[17]如图 3.28 所示，在齿轮 1 和 2 中设置了超越离合器，通过控制离全器 4 和 5 来实现变速。接通 4 和 5，功率流通过 3 传输给旋翼和尾桨，此时为高速输出，超越离合器处于差速超越状态；断开 4 和 5，功率流通过齿轮 1a 和 1c 传递，此时为低速输出。

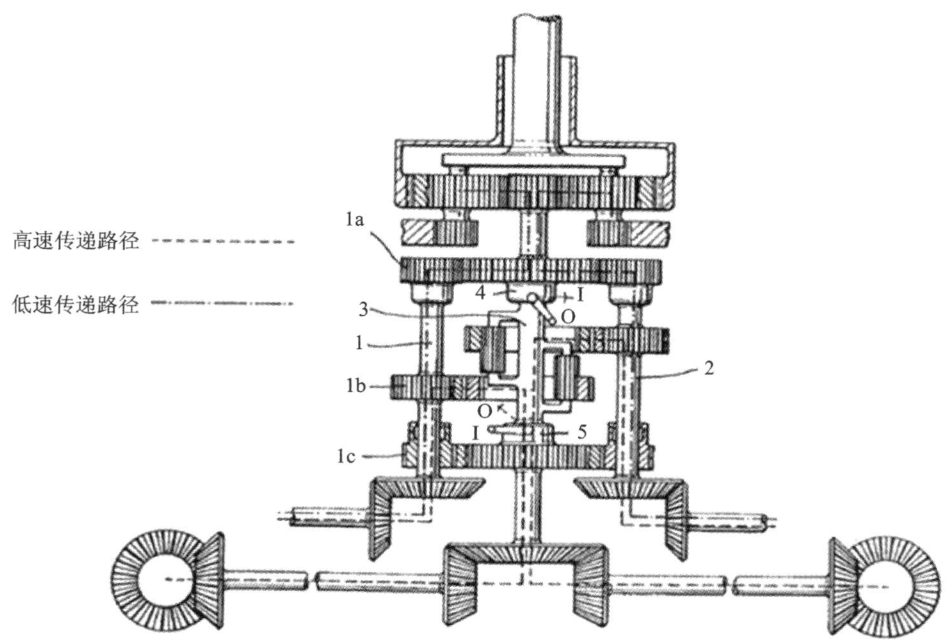

1，2—齿轮轴；1a，1b，1c—齿轮；3—中间轴；4，5—离合器

图 3.28　开关式操纵变速装置

5. 齿轮操纵变速装置

NASA 研究的齿轮操纵变速装置如图 3.29 所示，通过操纵输出行星齿轮（out planet gears）与齿圈的啮合或脱开来实现两种速度的输出。推动输出行星齿轮与齿圈结合，此时超越离合器处于差速超越状态，功率流通过输出行星齿轮实现功率输出；断开输出行星齿轮与齿圈的结合，功率流通过中心行星齿轮（central planet

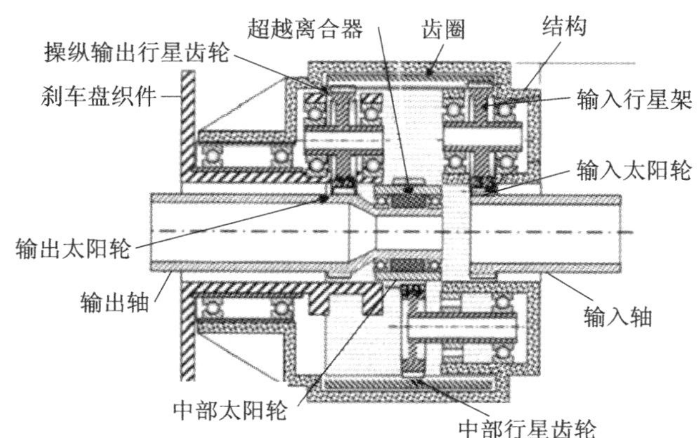

图 3.29　齿轮操纵变速装置

gears)实现功率输出。但是,具体如何操纵齿轮与齿圈啮合尚不清楚[18]。齿轮操纵变速装置功率流如图 3.30 所示。

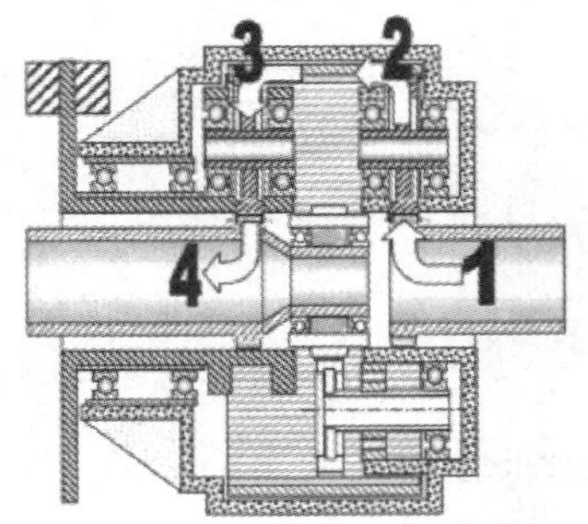

(a) 变速比1:1，功率流传输路径1—2—3—4

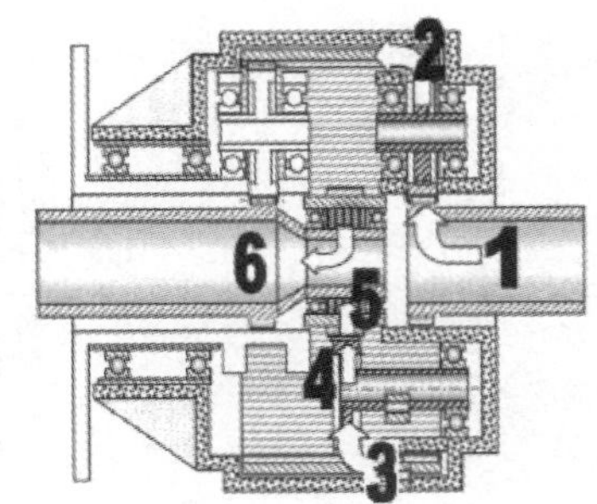

(b) 变速比1:0.85，功率流传输路径1—2—3—4—5—6

图 3.30　齿轮操纵变速装置功率流

6. 差动行星齿轮变速装置

NASA 提到了一种无级变速装置——差动行星齿轮变速装置。与离合器变速装置的变速相比,差动行星齿轮变速装置无须设置离合器。差动行星齿轮变速方案如图 3.22 所示,太阳轮输入,行星轮输出,通过控制齿圈的速度来实现行星轮的变速输出。齿圈通过一个动力源驱动,速度可以从 0 变化到最大值,从而实现行星轮速度的无级变化。同时也可以在齿圈与驱动齿轮间设置惰轮,实现行星架转向的变化[18],如图 3.31 所示。

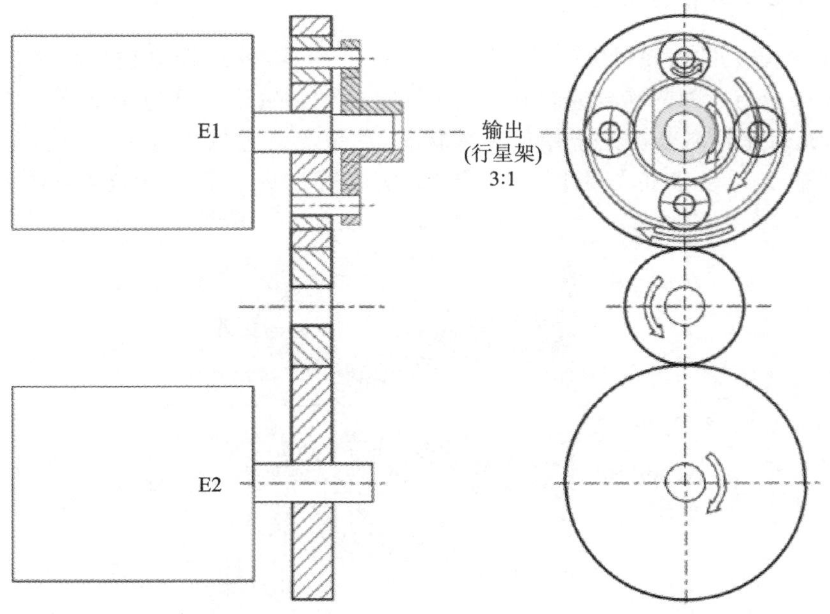

图 3.31　惰轮+差动行星齿轮变速装置

3.2.3 结构特点分析

根据变速方案的结构特点进行分析，除了双摩擦离合器变速方案外，所有变速方案都是利用摩擦离合器或者刹车与超越离合器的组合来实现转速切换，其中摩擦离合器控制通断，超越离合器一般是控制某个零件的转动或静止。通过控制摩擦离合器的接合或脱开来实现两挡传动部件转速的变速切换输出。

几乎所有的变速方案都是基于行星轮系实现的，技术方案中的核心内容是双自由度的差动行星齿轮系。如图3.32所示的单差动行星齿轮系，动力由太阳轮输入，可由行星架和内齿轮(齿圈)输出，或者由行星架或内齿轮单输出。当固定行星轮时，相当于普通圆柱齿轮传动，传动比为内齿轮(齿圈)齿数与太阳轮齿数之比；当固定内齿轮(齿圈)时，相当于普通行星传动；当行星架和内齿圈处于自由状态时，行星架和内齿圈均输出，此时需要太阳轮、行星架及内齿圈的力、扭矩、转速均达到平衡。

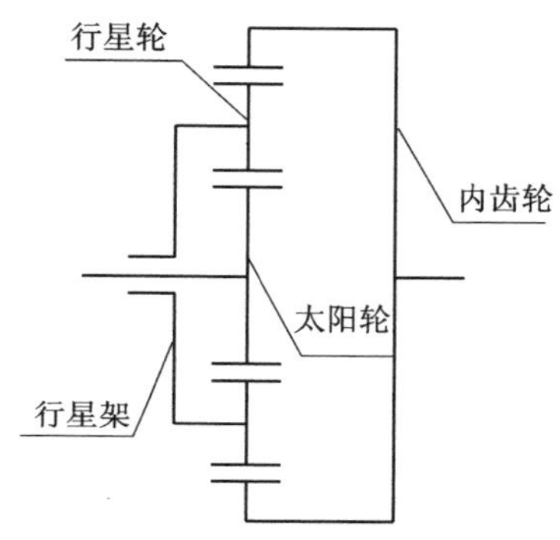

图3.32 单入双出差动行星齿轮系

差动行星齿轮系的转速关系为

$$n_{太阳轮}+\frac{Z_{齿圈}}{Z_{太阳轮}}n_{齿圈}-\left(1+\frac{Z_{齿圈}}{Z_{太阳轮}}n_{行星架}\right)=0 \tag{3.1}$$

太阳轮与行星架的传动比最大值为 $i_1=1+\dfrac{Z_{齿圈}}{Z_{太阳轮}}$，太阳轮与齿圈的传动比最大值为 $i_2=\dfrac{Z_{齿圈}}{Z_{太阳轮}}$。太阳轮、内齿轮(齿圈)、行星架三者之间的转速比不是唯一的，可在0至单传传动比之间连续变化。

3.3 动静旋翼轴传动技术

旋翼轴是直升机传动系统的关键零部件，其功能是将直升机的升力载荷传递至主减速器及机身。传统的主旋翼轴通常设计为带伸出端的双支点梁结构，由于在飞行过程中主旋翼轴的受载极其复杂，其疲劳寿命与轻量化很难同时兼顾，同时由于主旋翼轴露在机身外面，一旦被击中将导致致命后果。因此，提高可靠性和抗弹击能力成为当前主旋翼轴的研究热点。

动静旋翼轴传动是一种新型旋翼轴构型，其为独立的单元体结构，外轴为静轴，

支承升力系统并传递载荷；内轴为动轴，仅传递扭矩[19]。通过内、外轴各自承受特定的升力载荷来实现将载荷分流的效果，使内轴（主旋翼轴）的受载简化，有利于零件设计和减轻重量；同时，外轴对内轴起防护作用，从而提高了可靠性和抗弹击能力[20]。

国外航空发达国家一直都十分重视直升机动静旋翼轴技术的发展，20 世纪 70 年代美国陆军与美国航空航天局 Lewis 研究中心合作开展了一系列先进传动部件和先进技术的研究计划，其中就包括动静旋翼轴技术的探索与研究。1989 年美国提出高速旋翼机的研究计划，该计划同时安排了先进旋翼机传动系统（ART）研究计划，20 世纪末又开展了先进旋翼机传动系统（ART－Ⅱ）计划，其中主要的研究内容就有动静旋翼轴等先进传动技术，AH－64D“阿帕奇”直升机和 CH－53K 重型直升机的传动系统就采用了动静旋翼轴技术。他们认为，相比传统旋翼轴结构，动静旋翼轴具有如下优点[19-20]：

① 动静旋翼轴实现了旋翼载荷分离，旋翼载荷传递路线清晰，零件受载得到简化，有利于零部件设计和减轻重量。

② 静轴加强了对桨毂的支撑作用，且对旋翼轴（动轴）起到一定的防护作用，提高了直升机的可靠性和抗弹击能力。

③ 当采用动静旋翼轴时，在传动系统被卡死导致动轴断裂时，能够保证旋翼自由转动，使飞机自转着陆；同时，能防止因旋翼系统在坠毁事故中松脱和桨叶撞击而穿透空勤人员座舱。

④ 当采用动静旋翼轴时，主减速器装拆方便，装拆时不需要拆下旋翼轴、桨毂、操纵系统和旋翼组件。

3.3.1 动静旋翼轴传动技术研究的现状

自 20 世纪中期，国外直升机公司已陆续开展动静旋翼轴传动技术的研究，并于 20 世纪 60 年代最先于 OH－6A 直升机上得到应用。随着直升机可靠性和抗弹击需求的提高，动静旋翼轴传动技术越来越受到国外各直升机公司的重视，并在当代的部分先进直升机传动系统中得到应用，如波音公司的 AH－64D“阿帕奇”直升机和西科斯基公司 ART 计划中的主减速器方案均采用了动静旋翼轴。

1. OH－6A 动静旋翼轴

图 3.33 为 OH－6A 动静旋翼轴结构图，它由动的旋翼轴（动轴）和静止的旋翼支柱（静轴）组成。支柱固定在一个锻造的底座上，并通过底座上的四个支点固定在机身上，从而保证当任一支点被损坏时仍是安全的。旋翼支柱上端与旋翼系统连接，它们之间装有一对圆锥滚子轴承，旋翼升力和力矩通过轴承传到机身上。旋翼轴上端通过螺栓与桨毂连接，下端通过鼓形花键与主减速器输出轴连接，它只传递发动机扭矩，不承受其他旋翼载荷。该结构能防止旋翼系统在坠毁事故中松脱和桨叶撞击而穿透空勤人员座舱；同时由于旋翼轴采用剪断破损安全设计，因此，当传动系统被

卡死时，能够保证旋翼自由转动，使飞机自转着陆。

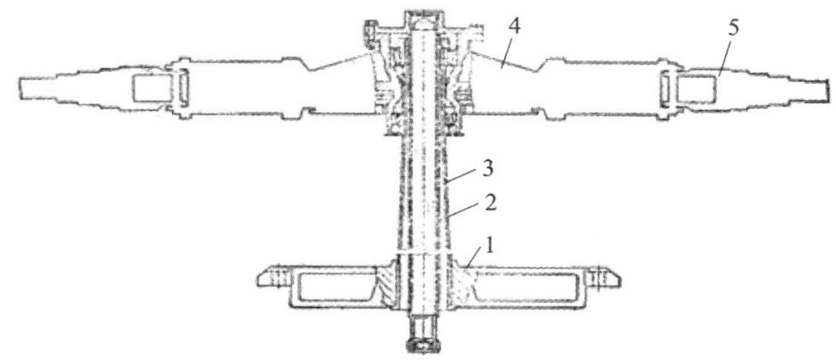

1—底座；2—旋翼轴（动轴）；3—旋翼支柱（静轴）；4—桨毂；5—旋翼

图 3.33　OH－6A 动静旋翼轴构型

2. AH－64D“阿帕奇”动静旋翼轴

图 3.34 为 AH－64D“阿帕奇”旋翼系统安装图，图 3.35 为 AH－64D“阿帕奇”动静旋翼轴结构图，其总体设计理念与 OH－6A 直升机基本一致，动轴（旋翼轴）按传扭轴设计，动轴上端通过花键与旋翼桨毂相连，动轴下端通过花键与主减速器末级传动轴相连。静轴设计在动轴外面（轴套形式），静轴上端通过一对圆锥滚子轴承与桨毂相连，静轴底部通过螺栓固定在主轴支撑架上，主轴支撑架固定在机身结构上。静轴本身主要承受主旋翼传来的各种载荷，但不传递扭矩，它使主旋翼的载荷不通过主减速器而直接传到机身：旋翼桨毂通过两个轴承安装在一根固定的轴套上。轴套不承受“旋转梁”的疲劳载荷，位于轴套内的主旋翼轴则只承受扭矩[21-25]。

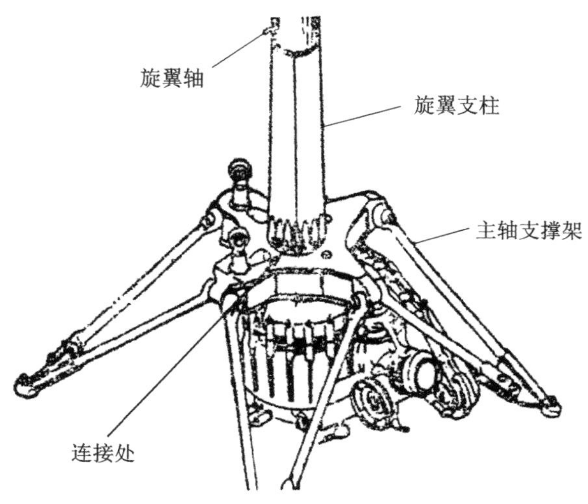

图 3.34　AH－64D“阿帕奇”旋翼系统安装

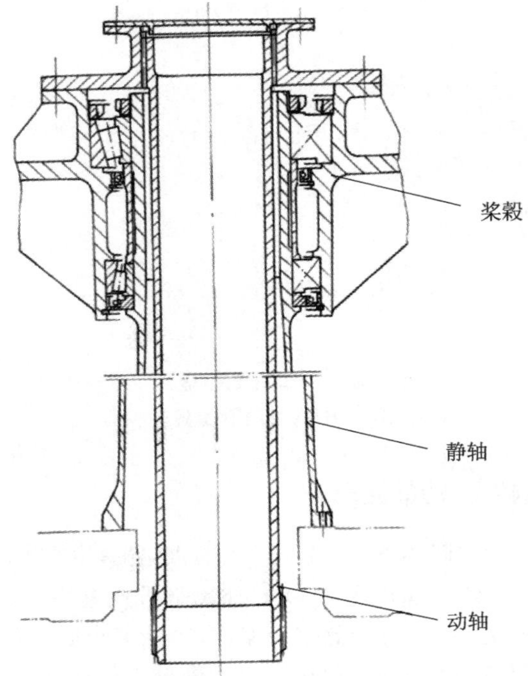

图 3.35 AH－64D“阿帕奇”动静旋翼轴结构

动轴由上花键轴、中段轴和下花键轴这 3 段轴通过惰性气体保护焊接制造而成。花键轴经过渗氮，使其具有良好的耐磨特性；中段轴由 18Ni 高强度钢制成，具有良好的疲劳强度特性，因此允许用很薄的内壁使轴的质量减轻 15.1 lb(1 lb=454 g)。经过疲劳试验表明，该动轴(包括焊接部位)具有大于 4 500 h 的疲劳寿命。

主轴座与主轴支撑架通过 4 根螺栓相接。主轴支撑架用 4 根螺栓与机身相连，能承受标准所要求的 20g 载荷因数的严重撞击而不会失效。该结构采用损伤容限设计理念，可保证在疲劳情况下或任一支撑杆因战斗损伤失效的情况下都能承受极限载荷而不失效，在倾斜坠毁的情况下，主轴与驾驶舱结构一起能保持驾驶舱内的安全环境，提高直升机的抗坠毁性。

主旋翼轴进行了抗弹击理论分析和专门的抗弹击试验，主旋翼轴在 12.7 mm 子弹或 23 mm 炮弹的弹击后进行了性能、疲劳试验，确保了在弹击后仍可继续运转，并且在 AH－64D 的飞行中从未出现主轴失效的情况。

3. 西科斯基公司 ART 计划中的动静旋翼轴

图 3.36 为西科斯基公司在“先进旋翼机传动系统(ART)计划”中设计的动静旋翼轴结构方案[26-31]。其动轴采用内外轴结构设计，内外轴通过法兰盘相连接，动轴上端通过法兰盘与旋翼桨毂相连，下端由一对圆锥滚子轴承支承在锥形机匣上；静轴

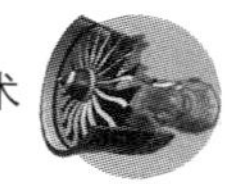

设计成锥形机匣形式，机匣通过六根支架与机身相连。旋翼的拉力、弯矩等由外轴经锥轴承传至锥形机匣及支架上再传至机身，扭矩由内轴传递(由于这是一个超静定结构，故旋翼的气动载荷不可避免地有少部分要传到内轴上)。此结构方式不仅拥有与AH-64D"阿帕奇"动静旋翼轴相同的结构优点，而且进一步提高了抗坠毁安全性。但加工工艺较AH-64D"阿帕奇"复杂，如桨毂法兰盘制造精度难以保证，锥形机匣和支架制造工艺仍需探索。

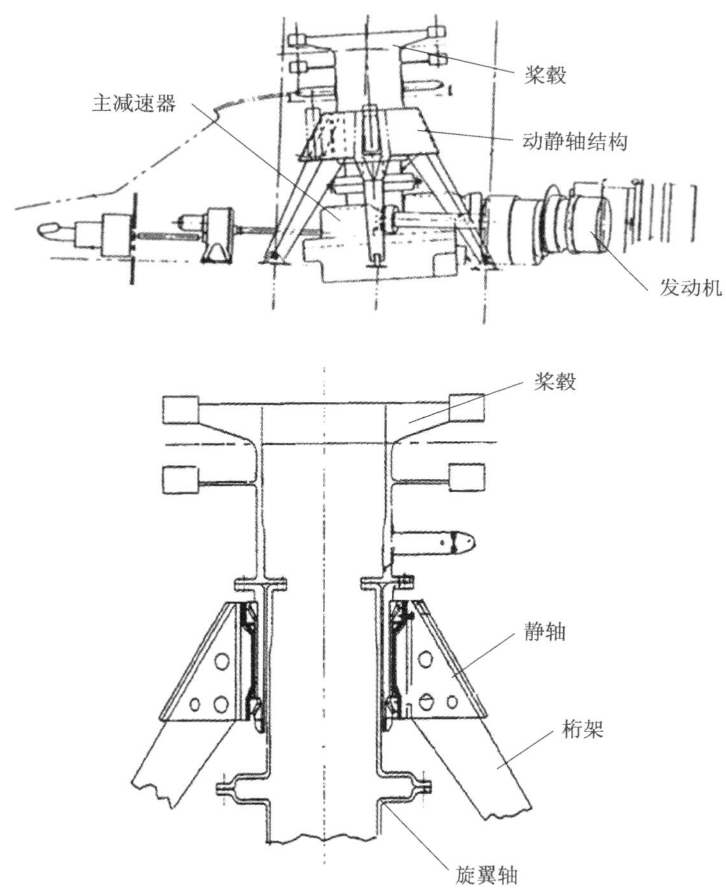

图 3.36　西科斯基公司 ART 计划主减速器方案中的动静旋翼轴组件

3.3.2　动静旋翼轴结构特点分析

1. 动轴结构特点

动轴为转动轴，动轴上端与桨毂相连，下端与主减速器末级输出轴相连，其功能是传递气动载荷中的扭矩。

动静旋翼轴实现了载荷分离，动轴只承受扭矩，其通常按照传扭轴（如动力传动轴）方式设计，设计过程较传统旋翼轴大大简化。典型的动轴构型有花键结构动轴、法兰连接动轴、膜盘联轴器结构动轴和端齿联轴器结构动轴，如图 3.37 所示。

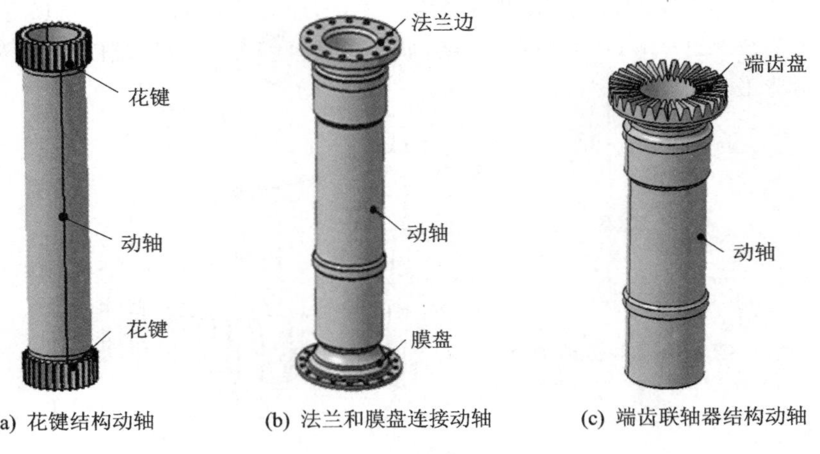

(a) 花键结构动轴　(b) 法兰和膜盘连接动轴　(c) 端齿联轴器结构动轴

图 3.37　典型动轴构型

花键结构动轴（见图 3.37(a)）指动轴通过花键（通常为鼓形花键）与桨毂和主减速器输出轴连接的结构形式。该形式在传统旋翼轴中应用最为广泛，花键连接形式具有承载能力高、对中性好、结构紧凑、技术成熟等优点，同时通过采用鼓形花键结构及浮动定心等技术手段，可最大限度地补偿动轴与静轴之间的相对变形，有利于实现动静轴载荷充分分离；缺点是采用非固定花键结构，容易造成磨损失效，故对花键表面质量要求较高。

法兰连接动轴（见图 3.37(b)）指动轴通过法兰安装边与桨毂和主减速器输出轴连接的结构形式。该形式的主要优点是拆卸方便、强度高；缺点是加工困难，特别是桨毂连接端法兰的加工精度难以保证。

膜盘联轴器结构动轴（见图 3.37(b)）指动轴通过膜盘与桨毂和主减速器输出轴连接的结构形式。该形式的主要特点是结构简单、挠性大，且具有对中补偿及轴向、径向和角向位移补偿能力强等优点，有利于实现动静轴载荷充分分离；缺点是设计和制造较困难。

端齿联轴器结构动轴（见图 3.37(c)）指动轴通过端齿盘与桨毂和主减速器输出轴连接的结构形式。该形式的主要优点是可实现自动对中、结构紧凑和承载能力强；缺点是设计计算和高精度磨削加工都较困难。

2. 静轴结构特点

静轴为支承轴，静轴上端通过轴承与桨毂相连，下端与机身固定连接，其功能是传递气动载荷中的拉力、弯矩和剪力载荷。

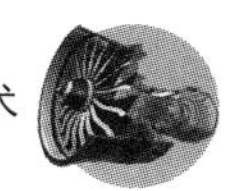

静轴的功能是支撑旋翼系统并承受其升力载荷(除扭矩外),其功能与减速器机匣相似,因此可按照传统减速器机匣等支撑结构的设计理念进行设计。典型的静轴构型有轴套形式、锥形机匣形式和桁架支撑形式,如图 3.38 所示。

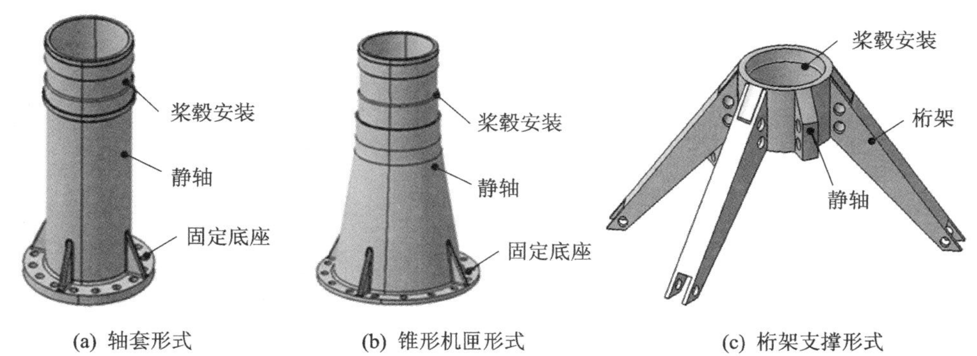

(a) 轴套形式　　(b) 锥形机匣形式　　(c) 桁架支撑形式

图 3.38　静轴构型

轴套形式(见图 3.38(a))的静轴与传统的轴套结构类似,其上端通过轴承与桨毂相连,下端通过螺栓与机身或主减速器固定。该形式的主要优点是结构简单,设计和制造方便;缺点是随着长度增加,其刚度和承载能力下降明显,不利于载荷分离。

锥形机匣形式(见图 3.38(b))的静轴与传统的锥形机匣结构类似,其上端通过轴承与桨毂相连,下端通过螺栓与机身或主减速器固定。该形式的主要优点是底座直接与机身固定,稳定性高,承载和防护能力较轴套形式强;缺点是重量较轴套形式大。

桁架支撑形式(见图 3.38(c))的静轴由桁架和桨毂安装座组成,桨毂安装座通过轴承与桨毂相连,桁架上端与桨毂安装座相连,下端与机身固定。该形式的主要优点是底座通过桁架支撑在机身上,重量轻,抗坠毁能力强,适用于长轴形式的旋翼轴结构;缺点是结构较前两种形式复杂,设计和制造困难。

3. 载荷分布特点

传统的旋翼轴通常采用带伸出端的双支点梁结构,如图 3.39 所示,旋翼轴上端与桨毂相连,下端通过拉力轴承与主减速器相连,同时为了实现与主减速器和旋翼系统各零件的配合,通常不得不设计为变截面梁结构。在飞行过程中,直升机的气动载荷通过桨毂传递给旋翼轴,旋翼轴再将载荷通过拉力轴承传递给主减速器,旋翼轴需同时承受所有的气动载荷,包括扭矩、拉力和弯矩,如图 3.39 所示。同时,由于气动载荷的复杂性(多为交变载荷),使得旋翼轴的受载极其复杂,容易在各截面突变位置出现应力突变,使得旋翼轴的疲劳强度难以满足设计要求,设计难度较大。

动静旋翼轴的内轴为动轴,动轴上端与桨毂相连,下端与主减速器末级输出轴相连,中间无其他配合,仅传递气动载荷中的扭矩,如图 3.40 所示,载荷分布均匀。外轴为静轴，支承旋翼系统并传递升力载荷。与传统的旋翼轴结构相比，动静旋翼轴结构的载荷分布路线更加清晰合理，有利于零件设计。

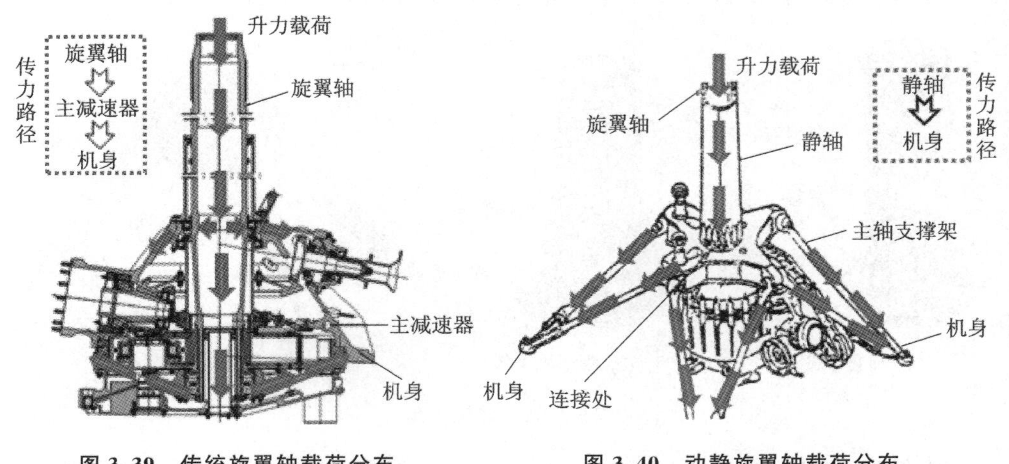

图 3.39　传统旋翼轴载荷分布　　　　图 3.40　动静旋翼轴载荷分布

3.4　齿轮-轴-轴承一体化设计技术

齿轮-轴-轴承一体化设计指将齿轮、轴和轴承（通常情况下为圆柱滚子轴承）的内跑道进行集成设计或通过电子束焊将它们焊接成为一个零件。齿轮轴作为直升机减速器的主要组成部分，其作用是减速、换向、传递扭矩和运动，采用齿轮-轴-轴承一体化设计技术可减少零件数量，从而减轻减速器的重量，实现直升机减速器轻量化设计的目的。

为了使结构紧凑，减轻重量，国外直升机公司对齿轮-轴-轴承一体化设计技术已开展了多年的研究，并成功应用于多个产品型号。目前，国外直升机公司在主减速器设计中广泛采用了齿轮-轴-轴承一体化结构，例如 SA365“海豚”主减速器、A129 主减速器和“虎”主减速器等；又如阿古斯特公司的 AW139 直升机的主、中和尾减速器的主要齿轮（见图 3.41～图 3.43）均采用该种结构设计。在这类结构中，齿轮轴上的轴承滚道表面应按轴承的技术要求设计和加工，一般采用渗碳工艺。

国内首次在直-10 传动系统的减速器中采用了齿轮-轴-轴承一体化设计技术，并完成了设计、试制及所有验证。目前单台减速器的最长使用时数超过 1 300 h，使用情况良好。

在齿轮-轴-轴承一体化设计中，齿轮通过辐板与轴体实现一体化，轴承内跑道直接设计在轴径上。目前，齿轮-轴-轴承一体化主要有两种类型：一种是直接将齿轮、轴体和轴承内跑道设计在一个零件上，该类型结构设计的前提是在齿轮加工过程中，

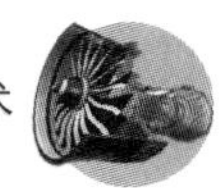

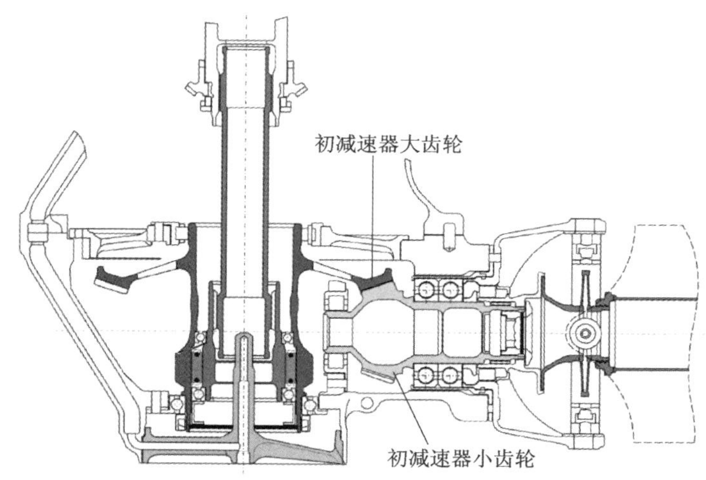

图 3.41　AW139 主减速器的初减速器小、大齿轮结构图

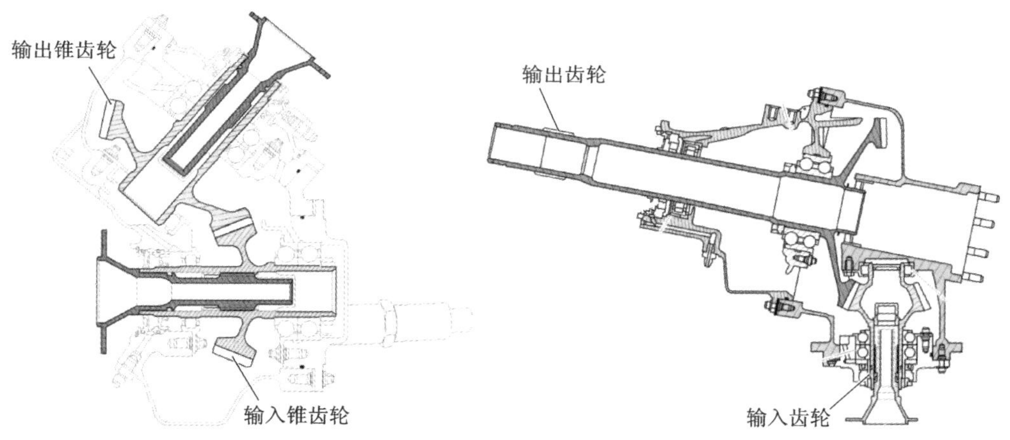

图 3.42　AW139 中减速器的齿轮结构图

图 3.43　AW139 尾减速器的齿轮结构图

其刀具与轴体不会发生干涉，通常情况下齿轮副中的小齿轮采用该结构（见图 3.44）；另一种是轴体与齿轮通过电子束焊将它们焊接为一体，可避免齿轮加工时刀具与轴体干涉的问题，通常情况下齿轮副中的大齿轮采用该结构（见图 3.45）。采用电子束焊的一体化轴体在设计时，其焊缝部位尽量不要传递扭矩，而仅承受齿轮啮合产生的轴体的弯矩。

采用齿轮-轴-轴承一体化设计可以减少零件数量，消除圆螺母、圆螺母止动板和孔用螺旋挡圈等紧固零件对组件不平衡量的影响，避免紧固件连接的不可靠性；可以减轻零件重量，这是直升机轻量化设计的一种有效措施；可以提高旋转组件的动平衡精度，避免轴承内圈与相配轴之间的相对转动。但是，一体化设计的加工要求较高，

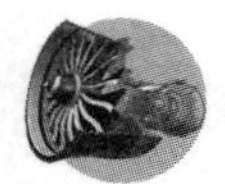

尤其对轴承跑道的行为公差要求较高，这在一定程度上增加了生产成本；一旦轴承跑道受损或轮齿受损导致无法修复时，将无法实现单个齿轮、轴承或轴体的更换，整个零件需做报废处理。

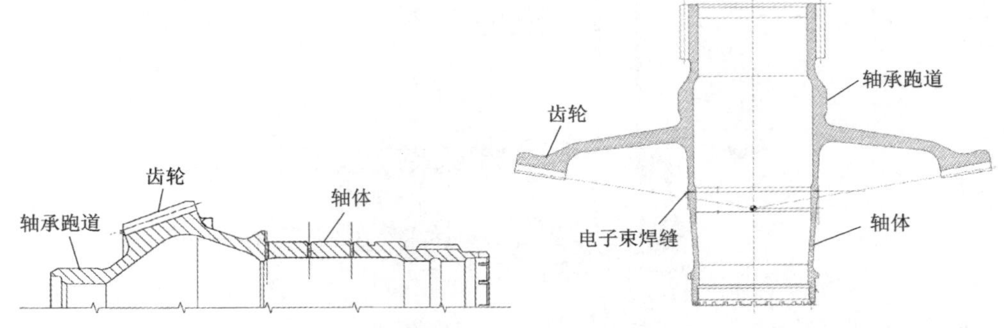

图 3.44　直接设计为一体的齿轮轴　　图 3.45　采用电子束焊焊接为一体的齿轮轴

3.5　先进离合技术

传统直升机传动系统仅需设置单向超越离合器，一般安装在主减速器输入级的主动或从动齿轮上。超越离合器仅在一个方向上传递扭矩，依靠主、从动部分的相对运动速度变化或旋转方向的变换能够自动接合或脱开。当发动机失效时，离合器将发动机与旋翼脱开，从而保证直升机能安全飞行或自旋下滑着陆。超越离合器按楔紧元件结构可分为滚柱离合器、斜撑离合器和弹簧离合器，目前在役直升机传动系统上基本采用滚柱离合器和斜撑离合器。弹簧离合器相对于滚柱离合器和斜撑离合器，其使用转速高(可安装于高速输入级主动锥齿轮内)、体积小、可靠性高，可有效减轻主减速器的重量，提高可靠性，是未来先进直升机的选项。目前美国已将弹簧离合器技术应用于“科曼奇”直升机。

随着高速直升机、长航时无人机以及垂直起降固定翼飞机的发展，对变速传动和主动离合技术提出了迫切需求。变速传动和主动离合技术均采用多片式摩擦离合器，相对于汽车和坦克上使用的普通多片离合器，由于其工作转速高、传递扭矩大、耐高温，因此对离合器的重量和可靠性提出了极高的要求。

3.5.1　弹簧离合器

1. 弹簧离合器技术发展

19 世纪 30 年代，W. C. Starkey 和 D. T. Brownlee 等提出了超越弹簧离合器

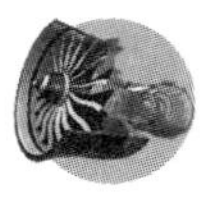

的构想，阐述了超越弹簧离合器的工作原理，初步介绍了离合器的工作过程，其所设计的弹簧为恒截面弹簧，能够实现离合的功能。W. C. Starkey 等对弹簧进行了后续研究，提出了单弹簧、多弹簧及组合弹簧等多种形式的弹簧。经过几十年的发展，相继出现了扩张式、收缩式弹簧离合器，其中收缩式弹簧离合器已运用到船舶、汽车等相关工业产品中。1960 年，C. R. Sacchini 对弹簧提出了改进思路，研究了变外径的弹簧，并提出了弹簧两端与输入、输出轴过盈配合的设计思想。

弹簧离合器根据结合时的状态，可以分为扩张式、收缩式两种形式。图 3.46(a)为扩张式弹簧离合器结构示意图。弹簧离合器由主动轴、从动轴和矩形截面弹簧组成。主动轴与从动轴由矩形截面弹簧连接。矩形截面弹簧左、右两端的两圈弹簧以过盈配合胀紧在主、从动轴内侧上，其他部分与主、从动轴内侧以间隙配合安装。当主动轴传递工作扭矩时，从动轴带动主动轴逆着弹簧的卷绕方向旋转，此时主动轴与胀紧的弹簧产生摩擦力矩，使其余弹簧圈扩大扭开，并与轴胀紧接触，弹簧与轴间产生压力，工作时靠弹簧与轴之间的摩擦力传递扭矩。当主动轴反向转动时，主动轴顺着弹簧卷绕方向旋转，弹簧自动放松，弹簧外径减小，弹簧与轴间压力降低，摩擦力减小。当主动轴与弹簧间的摩擦力矩小于从动轴上的阻力矩时，主动轴便从弹簧表面上滑过，形成“超越”，随之主动轴与从动轴自行分离。

收缩式超越弹簧器的工作原理与扩张式基本相同，只是在离合器结合时主动轴顺着弹簧的卷绕方向旋转，如图 3.46(b)所示。

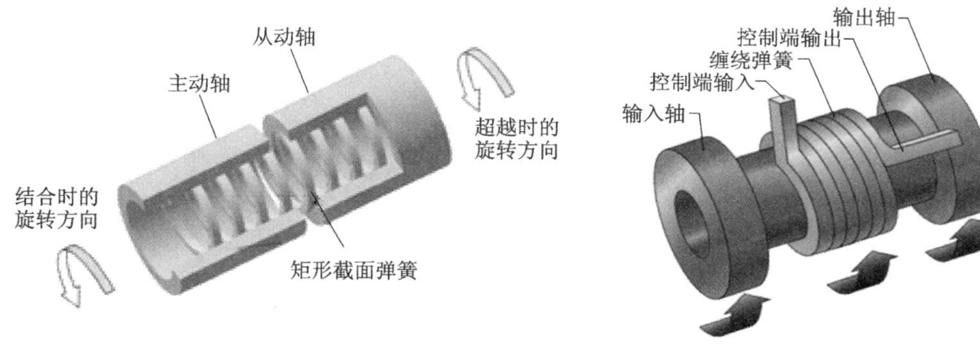

(a) 扩张式弹簧离合器　　(b) 收缩式弹簧离合器

图 3.46　弹簧离合器分类

20 世纪 70 年代，美国航空宇航局(NASA)开始对各种高速超越离合器进行系统的研究，高速超越离合器是 NASA ART－1 计划的主要研究内容之一。1977 年，Kish 经过多年的研究，设计了转速达 20 000 r/min 的弹簧离合器。Kish 等人提出了变截面弹簧的设计思想和设计模型，整理出了具体的弹簧离合器的设计数据，并对变截面弹簧的加工和制造技术进行了研究。国外直升机制造公司相继开展了斜撑离

合器、弹簧离合器和滚柱离合器等高速超越离合器的设计与验证工作。

西科斯基公司研究了弹簧离合器的设计方法，图 3.47 为弹簧结构简图，图 3.48 为 ART 主减速器输入轴。为了减小弹簧尺寸，实现等应力，各圈弹簧截面厚度呈指数规律变化。ART 弹簧离合器的弹簧截面呈矩形，位于同心的输入、输出轴内，将输入、输出轴相连接。弹簧两端激励线圈外径与输入、输出轴孔为过盈配合，中部为间隙配合。在 ART 设计中，若输入轴受到沿逆时针方向的外加力矩，则弹簧沿直径方向扩张，弹簧外径与轴孔箍紧并传递扭矩。在轴孔与弹簧配合处，扭矩由轴与弹簧共同传递。在输入、输出轴间的缺口处，所有扭矩通过弹簧传递。当扭矩反向时，弹簧将被压缩，弹簧末端与轴孔间相对滑动，呈超越状态。

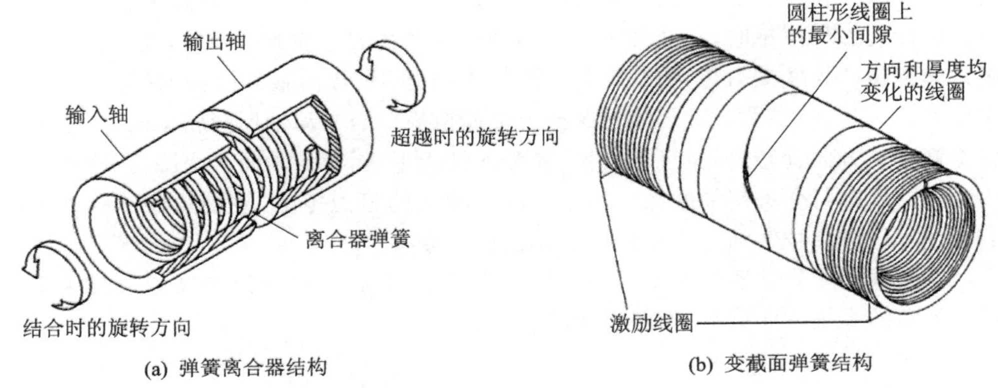

(a) 弹簧离合器结构　　(b) 变截面弹簧结构

图 3.47　弹簧离合器的弹簧结构示意图

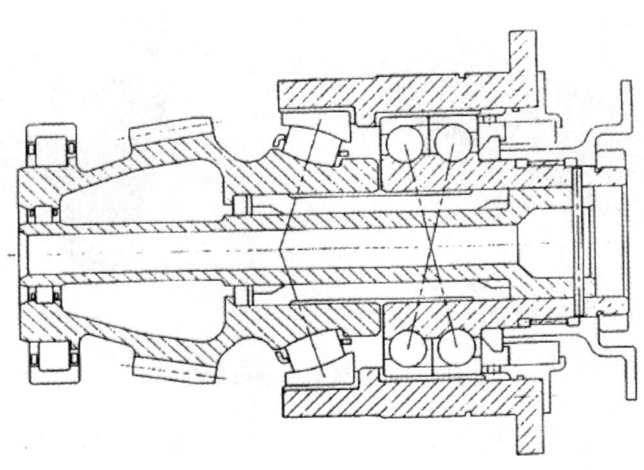

图 3.48　ART 主减速器输入轴

ART 主减速器弹簧内侧装配了心轴，起支撑作用。当不传递扭矩时，弹簧内径与心轴过盈配合。在超越状态下，心轴作为引导，防止弹簧失稳。心轴另一端由圆柱

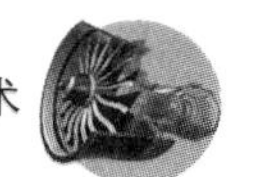

滚子轴承支承，该轴承与双列球轴承共同支撑离合器输入轴。主减速器的输入小齿轮即离合器的输出轴，一端由单列角接触球面圆锥滚子轴承支承，承受径向力和轴向力，另一端由圆柱/滚子轴承支承。

贝尔公司在 ART 计划中的主减速器输入级上设计了两种离合器：弹簧离合器和斜撑离合器，如图 3.49 和图 3.50 所示。虽然弹簧离合器的质量比斜撑离合器小约 1.5 kg，但是试验表明，还需进一步改进才能用于主减速器，最终贝尔公司因技术成熟度问题选择了斜撑离合器方案。

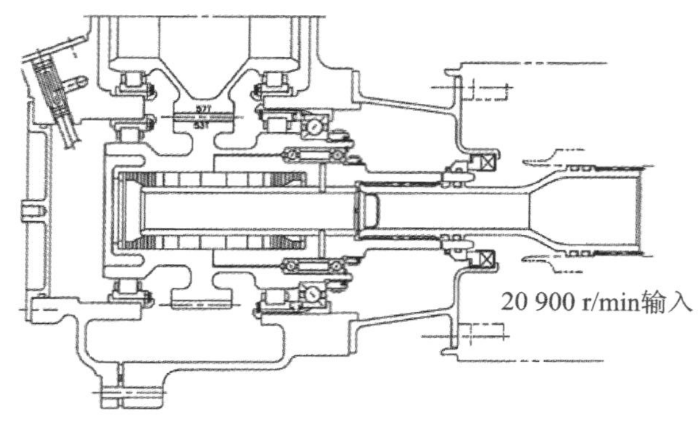

图 3.49　输入弹簧离合器

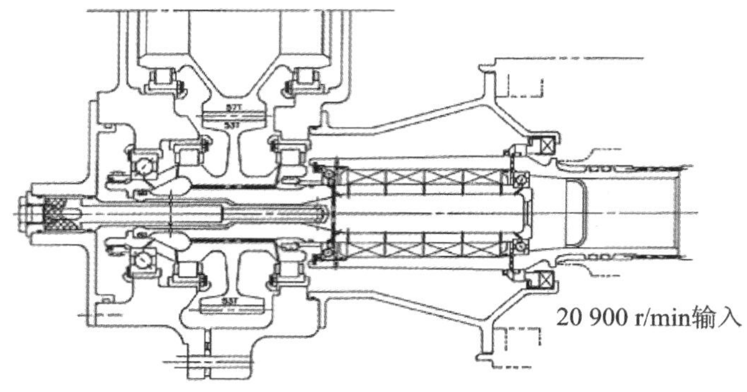

图 3.50　输入多排斜撑离合器

2. 弹簧离合器的优点

20 世纪 70 年代，美国航空宇航局开始对高速先进超越离合器进行研究，西科斯基公司按照 UH－60A“黑鹰”主减速器的界面要求，研究了将超越离合器布置在高速输入轴上的方案，并分别设计了弹簧离合器、斜撑离合器和滚柱离合器，构成三种不同的输入单元体进行分析和对比试验。三种输入单元体的质量、零件数(反映可靠性)、成本及轴承寿命的比较如表 3.1[32]所列。

表 3.1　三种输入单元体的比较

对比项目		原 UH－60A“黑鹰”	按照 UH－60A“黑鹰”界面重新设计		
			弹簧离合器	斜撑离合器	滚柱离合器
输入单元体质量/kg		54.65	46.36	49.99	48.87
输入单元体成本/美元		9 028	7 318	7 818	7 150
输入单元体零件数		204	179	205	198
轴承B10寿命	小轮前滚子轴承/h	12 800	12 900	11 620	11 620
	小轮后滚子轴承/h	28 620	14 290	19 540	19 540
	小轮后球轴承/h	14 750	8 550	9 160	9 160
	大轮滚子轴承/h	19 510	60 070	60 070	60 070
直升机任务能力(平均任务载重(吨)×时速(节),根据质量分析)		181.72	184.23	183.13	183.47
全寿命周期成本/美元		—	9 000	6 000	10 000

结果表明,采用弹簧离合器的输入单元体质量为 46.36 kg,质量最小,相对于斜撑离合器方案的质量减轻 3.63 kg。采用弹簧离合器的输入单元体的零件数目最少,斜撑离合器输入单元体零件数为 205 个,滚柱离合器输入单元体零件数为 198 个,而采用弹簧离合器的输入单元体零件数量仅为 179 个,大大提高了离合器部件的可靠性。

弹簧离合器的使用转速可高达 20 000 r/min 以上,因此可直接安装于主减速器输入级主动锥齿轮内,使离合器的传递扭矩、体积和质量都小,有效减小主减速器的质量。

斜撑和滚柱超越离合器依靠成组的楔紧元件(斜撑块和滚柱)传递扭矩和实现超越;而弹簧离合器仅需 1 个弹簧,故零件数目少,离合器的可靠性高。

3. 弹簧离合器的应用

RAH－66“科曼奇”直升机是波音公司和西科斯基公司为美国陆军联合研制的双座侦察/攻击直升机,其主减速器采用圆柱齿轮分扭传动构型,三级传动,第一级为圆锥齿轮换向传动,第二级为圆柱齿轮分扭传动,第三级为人字齿轮并车传动。

弹簧离合器安装于圆锥齿轮换向传动主动轮内,输入转速为 23 000 r/min。由于采用了弹簧离合器技术,使得主减速器离合器的零件数从 33 个(斜撑离合器)减少到 8 个,在质量、可靠性和维护性方面取得了明显的成效。

3.5.2 摩擦离合器

1. 摩擦离合器的结构和分类

摩擦离合器是一种应用最广也是使用历史最久的离合器,其一般由主动部分、从动部分、压紧机构和操纵机构四部分组成。主、从动部分和压紧机构是保证离合器处于接合状态并传递动力的基本结构,操纵机构主要是使离合器分离。

摩擦离合器按照摩擦面的数量进行分类可分为单片式和多片式。单片离合器由两个摩擦盘组成,一个摩擦盘固定在主动轴上,另一个与从动轴连接。单片离合器结构简单,但是传递扭矩较小,因此实际上应用的离合器以多片式为主。根据摩擦片的材料及润滑冷却方式的不同,摩擦离合器又分为干式和湿式。

图 3.51 是湿式离合器的结构图,其由多片环状相间布置的对偶钢片和摩擦片组成。当离合器接合时,控制油压作用于活塞,推动活塞运动,减小摩擦副间隙,此时动力由传动轴经过摩擦副和传动齿轮输出到输出轴。当油缸与系统回油相连,油缸实现泄油时,在回位弹簧的作用下活塞回到原始位置,摩擦片与对偶钢片分离,实现动力传递中断。润滑油通过润滑油道流经摩擦副接触面,起到润滑冷却的效果。

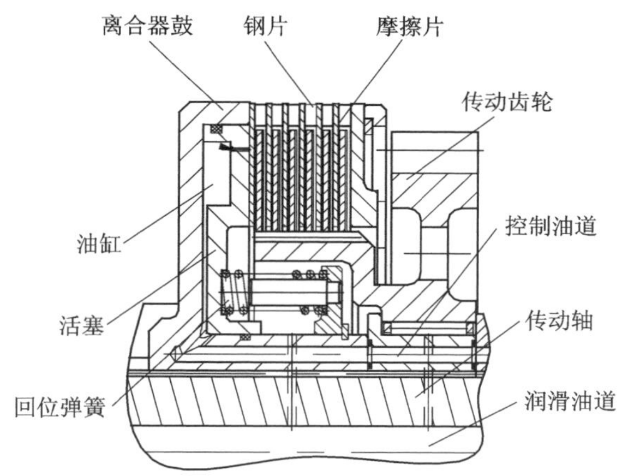

图 3.51　湿式摩擦离合器结构组成

目前,履带装甲车上应用的湿式换挡离合器多为液压加压弹簧分离的湿式多片离合器。湿式离合器指离合器摩擦副在摩滑过程中,摩擦接触表面处于液体和半液体摩擦状态。在摩滑过程中,摩擦表面被一层油膜隔开,保证了摩擦副在很大的压力下有小的磨损和稳定的摩擦系数。

2. 摩擦离合器的应用

摩擦离合器在汽车、船舶等领域应用广泛,由于使用需求和可靠性等问题,在航空传动领域的应用较少，目前欧美航空强国已逐渐将摩擦离合器应用于 A160T“蜂鸟”和 F35－B“短垂”等先进装备上。

(1) “蜂鸟”变速传动

波音公司已开发出带摩擦离合器的两挡变速结构，并应用于 A160T 长航时直升机传动中。A160T 采用摩擦离合器实现旋翼 50％和 100％两挡转速转换输出，减小了飞行阻力和噪声，提高了前飞速度和续航能力。A160T 已于 2013 年首飞，并在空中实现了换挡。由于前飞时旋翼转速只有起降、悬停的 50％，因此其续航能力大大提升，可在空中连续飞行 20 h。

图 3.52 是 A160T 传动系统主减速器的原理图，发动机功率通过复合行星变速机构传递给主减速器，功率一路通过圆柱齿轮传递给尾传动，另一路通过锥齿轮换向后进行行星级减速，最后驱动主旋翼。摩擦离合器变速机构的原理图如图 3.53 所示，变速机构由摩擦离合器、斜撑离合器和复合行星轮系等元素组成。摩擦离合器采用多片离合器和润滑油冷却，通过液压油进行操纵控制，其中齿圈 2 与摩擦离合器连接，齿圈 1 与斜撑离合器连接，当摩擦离合器断开，齿圈 2 处于自由状态时，变速机构处于低速挡；当摩擦离合器接通，齿圈 2 固定时，变速机构处于高速挡[33]。

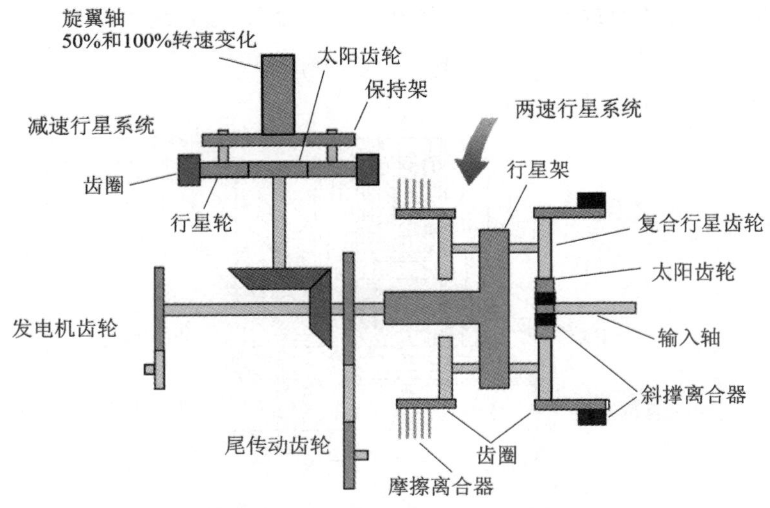

图 3.52　A160T 主减速器原理图

(2) “短垂”离合传动

F35－B 是美国装备的一种短距起飞/垂直降落战机，其使用的 F135－PW－600 发动机采用了两级对转升力风扇和三轴承旋转喷管、滚转喷管等部件，在飞机垂直起降时发动机通过一个摩擦离合器接通升力风扇，同时三轴承旋转喷管朝下旋转 90°，通过风扇升力和三轴承喷管的升力将飞机升起，离合器结构示意图和 F35－B 离合器外形照片分别如图 3.54 和图 3.55 所示。

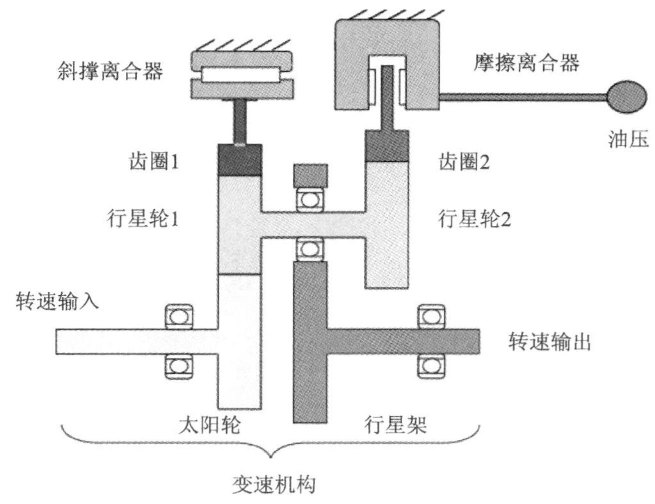

图 3.53　摩擦离合器变速机构原理图

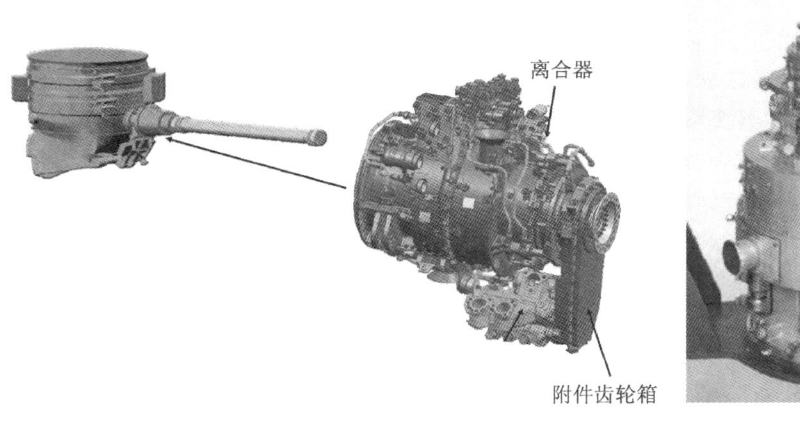

图 3.54　离合器结构示意图

图 3.55　F35－B 离合器外形

在垂直起降状态下，离合器传递的功率峰值超过 20 MW，转速约为 8 500 r/min，该离合器体积较大，直径约为 0.5 m，长度约为 0.8 m。离合器的啮合由两个阶段完成，第一阶段，在发动机低转速（约为 5 000 r/min）时啮合离合器，使得发动机与升力风扇转速匹配，期间离合器传递的功率约为 3 MW；第二阶段，待转速完成匹配后，离合器启动一个机械锁紧机构，在摩擦片无滑移状态下最高可传递超过 20 MW 的功率[34]。

该干式多片摩擦离合器的设计目标为可持续啮合 1 500 次，每次啮合的时间为 9～12 s，由于离合器在啮合过程中会产生大量热量，因此其设计的主要问题是磨损和冷却，离合器啮合产生的大量热量通过冷却滑油带走。F35－B的飞行试验证明，该离合器不仅在啮合期间产生大量热量，而且在离合器脱开状态下，由于旋转轴驱动离合器动摩擦片不停旋转，因此也将产生热量。由拖曳力矩产生的热量通过冷却气进行冷却。为了防止离合器过热，该飞机在离合器内部安装了一个温度传感器，当飞行员发现超温后会短时间爬升高度来冷却离合器。

3.6 尾梁折叠技术

舰载直升机是20世纪50年代出现的一种全新的舰载航空装备，由于其在海上担负着侦察救护、反潜反舰、两栖突击、空中预警以及电子战、水雷战等多种使命，因此，在美、俄、英、法、日等海军强国的主力水面作战舰艇上几乎都装备有舰载直升机。随着现代海战向着立体化、多层次发展，各国海军迫切需要维护海洋权益，保障领海安全，并在竞相发展航空母舰和其他舰艇的同时，也在大力发展性能优良的舰载直升机[35-37]。

作为舰载直升机，为了减小其在舰上停放时所占用的空间，往往要求其旋翼和尾梁等具备折叠功能[38]。尾传动轴组件是直升机传动系统的关键部件，其功能是将主减速器尾传输出的转速和功率传递给尾桨，进而驱动尾桨运转。传统构型的尾传动轴组件因功能需要，其传动链跨距较长，导致直升机尾梁过长、过高，影响直升机在舰上的存放，不满足舰载装备的空间使用要求。折叠型尾传动轴组件是尾传动轴组件的一种构型，通过尾传动轴组件所配装的折叠机构来实现尾传动轴组件随尾梁折叠的功能，从而有效减小舰载直升机在舰上的存放空间。

目前，我国现役国产舰载直升机采用尾斜梁折叠方式，即在尾斜轴组件与中间减速器输出端之间增加一个端齿离合器，以实现尾传动轴组件随尾斜梁折叠的功能。相关技术属于20世纪60年代水平，相对比较落后，尾斜梁折叠后所节省的空间很有限，且该折叠结构采用单根弹簧提供端、凸齿盘啮合弹力，弹簧对中要求较高，使用过程中易出现弹簧变形，进而摩擦闭锁套筒，产生间歇性异响及“顶齿”（需用手动盘尾桨复位啮合）等情况，影响该折叠型尾传动轴组件正常运行及使用寿命，尚不能完全满足新时期海军的战技指标要求。

目前，EH101直升机是英国韦斯特兰公司和意大利阿古斯塔公司根据英国海军的需求联合研制的一款新型舰载直升机，1990年11月完成首次着舰飞行试验，1995年交付使用[39-40]，其舰载存放时为尾水平梁折叠，在其尾传动轴组件的尾水平轴系上安装了折叠机构，该折叠机构区别于传统的端齿连接折叠机构，是弧齿花键连接折叠结构，其主要由弧齿离合器和卡盘闭锁机构两部分组成，如图3.56所示，其中弧齿离合器主要由花键轴1、刚性支座2、支撑法兰盘3、弹簧套筒4、弹簧5、外花键轴6和弧齿盘7组成，卡盘闭锁机构由卡盘8、刚性支座9、输出法兰盘10和闭锁机构11组成。

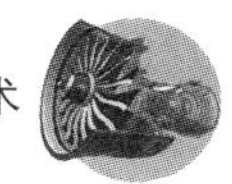

弧齿花键连接折叠结构的工作原理如下。

工作时，弧齿盘 7 与卡盘 8 在弹簧 5 的弹力作用下通过弧齿花键进行啮合，功率和转速通过花键轴 1 输入，通过渐开线花键配合传递给支撑法兰盘 3，再通过渐开线

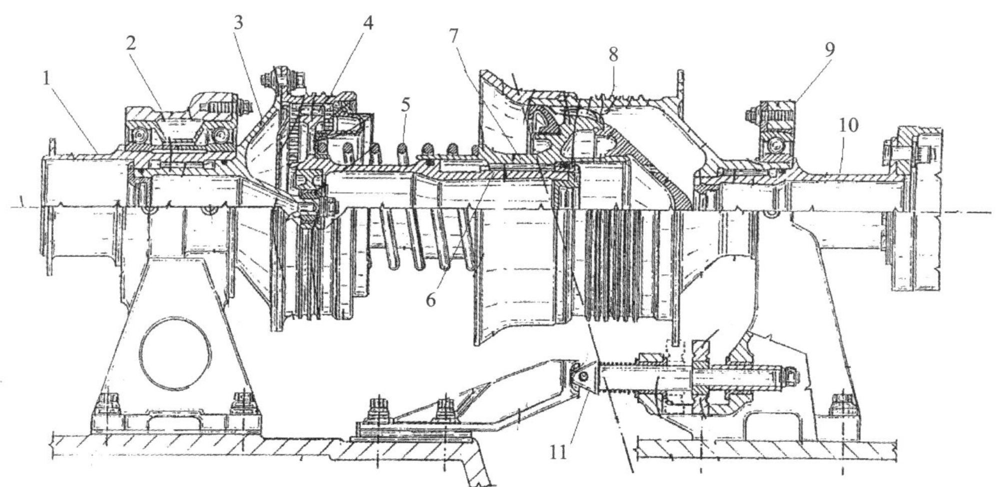

(a) 折叠组件结构示意图

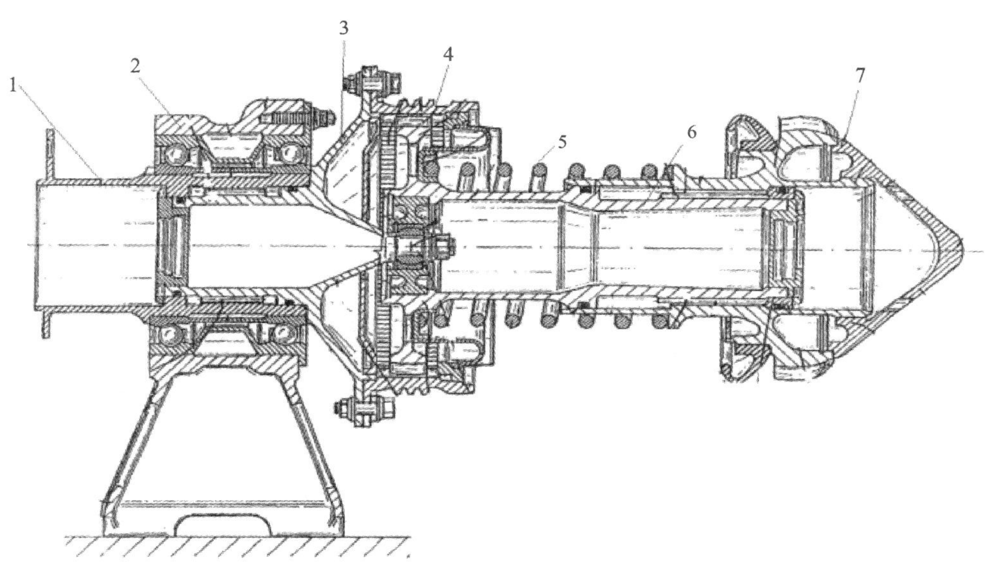

(b) 弧齿离合器结构示意图

图 3.56　弧齿花键连接折叠组件

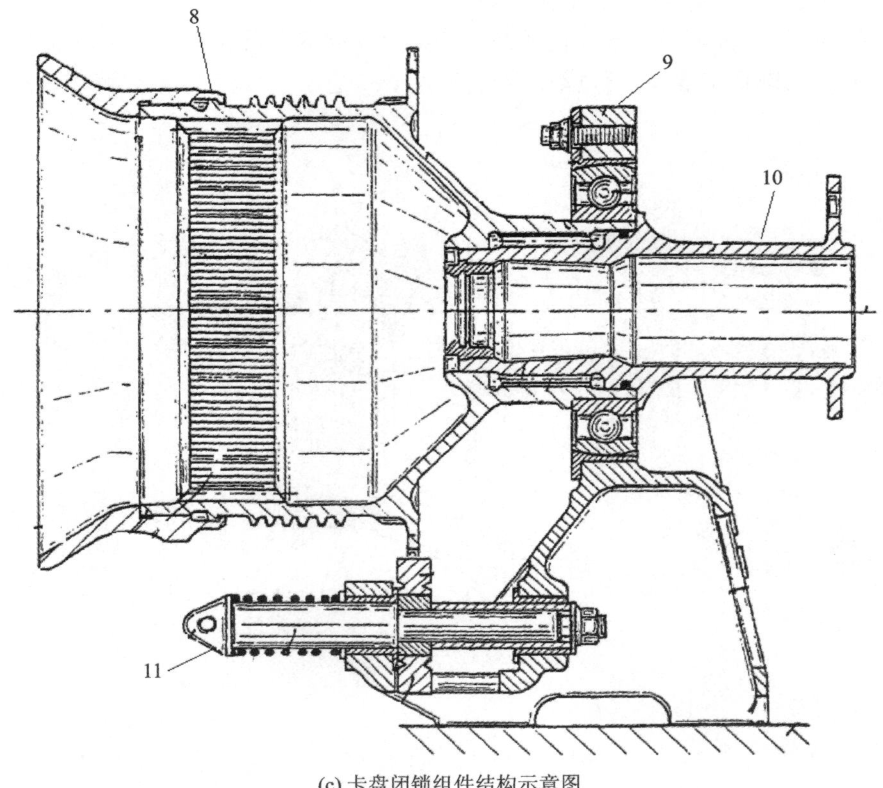

(c) 卡盘闭锁组件结构示意图

1—花键轴；2—刚性支座；3—支撑法兰盘；4—弹簧套筒；5—弹簧；6—外花键轴；
7—弧齿盘；8—卡盘；9—刚性支座；10—输出法兰盘；11—闭锁机构

图 3.56 弧齿花键连接折叠组件(续)

花键配合传递给外花键轴 6，外花键轴 6 与弧齿盘 7 之间采用螺旋花键配合进行功率和转速传递，弧齿盘 7 与卡盘 8 通过弧齿花键配合进行功率和转速传递，再通过渐开线花键配合传递给输出法兰盘 10，最终由输出法兰盘 10 将功率和转速传递出去，实现尾传动轴组件的正常工作。舰载直升机停放不工作，尾梁折叠时，弧齿盘 7 与卡盘 8 脱开，从而尾传动轴组件跟随尾梁一起分离、折叠。在尾传动轴组件折叠期间，卡盘 8 外有一锯齿圆盘，通过与闭锁机构 11 的凸块啮合锁住尾传动轴组件，以防止尾传动轴组件转动。

通过对弧齿花键折叠组件的整体结构进行分析可知，该新型折叠机构具有承载能力强、自动定心、使用寿命长、可靠性高、刚性好等特点，主要表现为：

① 压缩弹簧 5 为整体外露部件，无外物遮挡，不存在与其他零部件靠、磨的情况。

② 自定心啮合设计，其原理是：

➢ 弧齿盘 7 上的定心弹头的锥面与卡盘 8 上的导入体的喇叭口接触，自动引导弧齿盘 7 与卡盘 8 进行啮合定位，实现自定心啮合功能。

➢ 若弧齿盘 7 与卡盘 8 配合的弧齿花键出现“顶齿”情况，则通过外花键轴 6 与弧齿盘 7 配合的螺旋花键自动调整啮合，使得弧齿盘 7 边后退边旋转到一定角度，弧齿盘 7 的弧齿花键与卡盘 8 的齿槽达到完全啮合，进而实现接合。

③ 偏心补偿设计，其原理是：通过采用外花键轴 6 与弧齿盘 7 之间的螺旋花键设计、弧齿盘 7 与卡盘 8 之间的弧齿花键设计、支撑法兰盘 3 与外花键轴 6 之间的关节轴承设计等多余度偏心补偿设计技术，来保证该折叠机构接合、脱开时的平稳性，避免轮齿沿齿端的接触和干涉，从而实现自动啮合。

④ 双支撑结构使工作中受轴的动态特性的影响减小，进而使运转平稳。

3.7　高速膜盘技术

在直升机传动系统中，联轴节主要用于传动轴系与减速器之间以及轴与轴之间的连接和传扭，并承受因制造误差和所连接零部件的安装位置误差，以及因直升机飞行姿态改变导致机体变形而引起的传动轴系偏角。为了保证传动系统可靠工作，要求联轴节具有较大的偏角补偿能力以及高的强度和合适的刚度。当代先进直升机大量采用膜片联轴器和膜盘联轴器，这两种联轴器因其具有结构简单、重量轻、工作时不需润滑、运动传递平稳、可靠度高等众多优点而被不断改进和发展。

在 BA609 倾转旋翼机中，膜盘联轴器＋齿式连接机构的柔性连接具有典型应用。在 BA609 互联轴系中使用了三个不同尺寸的弹性联轴器来满足不同扭矩和位移的要求：一个安装在吊塔上，一个安装在机翼上，一个安装在中间机翼位置。在许多商业和军事应用上使用的是同一类型联轴器，包括 V－22“鱼鹰”[41]、AH－1Z 的主要驱动轴以及 AH－64 的发电机和尾部转轴驱动上。轴连接在联轴器的任一端，通过多片膜盘传递扭矩，交替作用在外直径和内直径上，角位移导致膜盘弯曲，该联轴器的关键在于膜盘的形状和厚度，适用于传递和减小弯曲应力。BA609 上的膜盘联轴器[42]由钛合金制成，以防止腐蚀并减轻重量。该联轴器不用维修，不用润滑或调整，并经过了疲劳测试验证，可以在最大偏角、最大轴向位移偏差条件下长期使用，其试样已经在 1.5 倍最大瞬变角下工作了 1 000 万个周期，完全满足疲劳寿命要求。

在 BA609 吊塔轴系[42]中，膜盘联轴器两端通过曲齿连接机构与传动轴相连。曲齿连接机构是两个凸缘或轴之间的结合处，在表面上切有相配的齿形。当表面上的齿啮合在一起时，它们可以传递扭矩和剪切力，并保证相配合轴的精确定心。膜盘联轴器和吊塔轴之间的曲齿连接机构用五个螺栓和联轴器凸缘中的自锁镶块夹紧，中心用一个螺栓夹紧。吊塔轴系连接结构如图 3.57 所示。

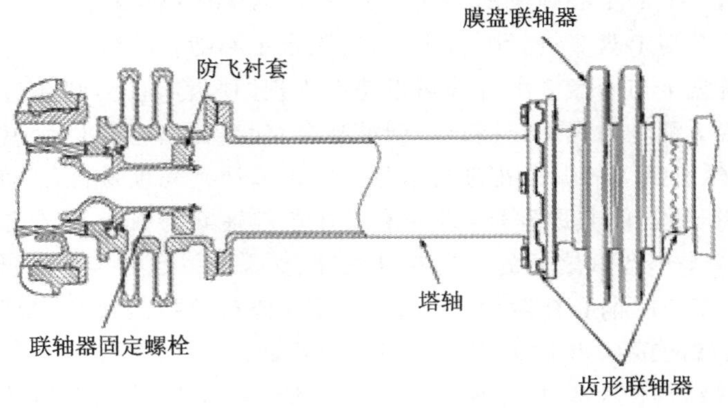

图 3.57　BA609 吊塔轴系连接结构

在 BA609 支撑组件[42]中包括一根轴、一个球轴承、外壳和一个弹性联轴器，如图 3.58 和图 3.59 所示。轴承是油脂润滑，采用迷宫式密封，在保持润滑和排除油污的条件下减少发热。为了防止因机翼偏转而引起球轴承过载变形，球轴承的外圈安装在球面轴承中。球轴承能够承受轴的径向力，当轴和支撑座之间存在角位移时也不会产生瞬时力，支撑组件通过机身支架与机翼梁连接。膜盘联轴器调节传动轴与机翼梁之间的轴向和角向偏差。

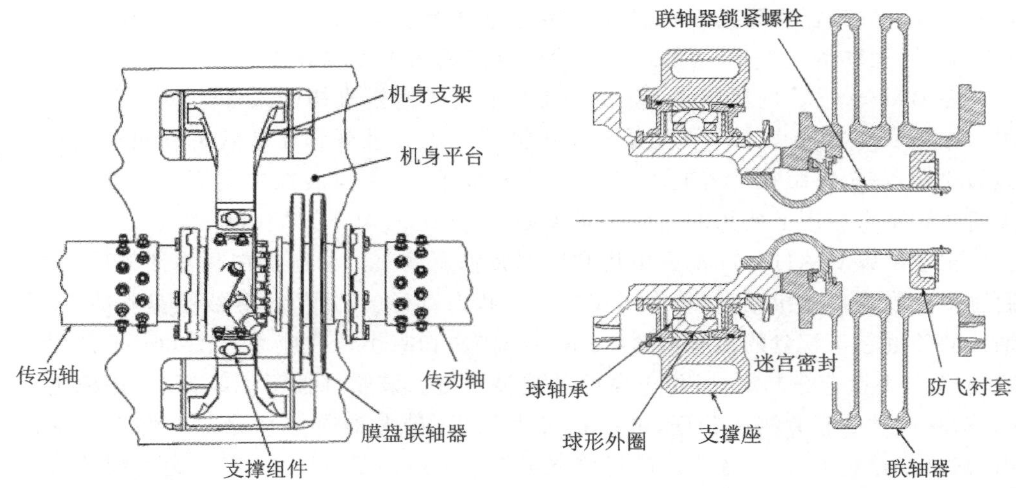

图 3.58　支撑组件前视图　　　　**图 3.59　支撑组件剖视图**

西科斯基-波音 SB－1 的技术验证机团队在联合多用途技术验证机(JMR TD)计划建造的下一代“未来垂直升力(FVL)”直升机中，设计、分析和制造了两种带有整体式复合联轴器(见图 3.60)的复合材料轴段。SB－1 尾传动轴共三段轴，其中第一种用于第一段轴，第二种用于第二段轴和第三段轴，有一个复合联轴器，如图 3.61

所示。在推进桨传动轴系统中，第二段轴和第三段轴通过花键适配器连接至依附于机身末端的悬挂轴承上。

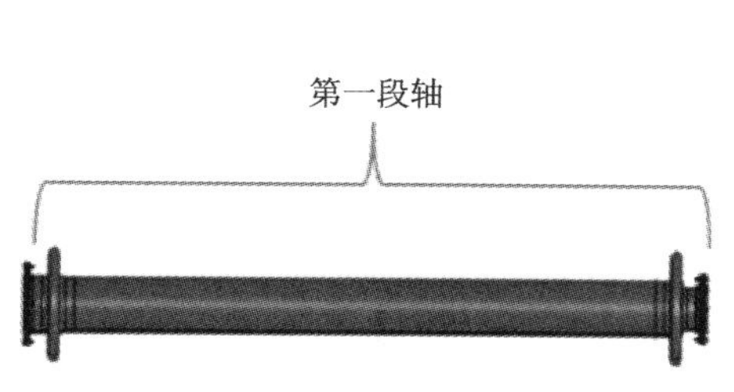

图 3.60　带整体式复合联轴器

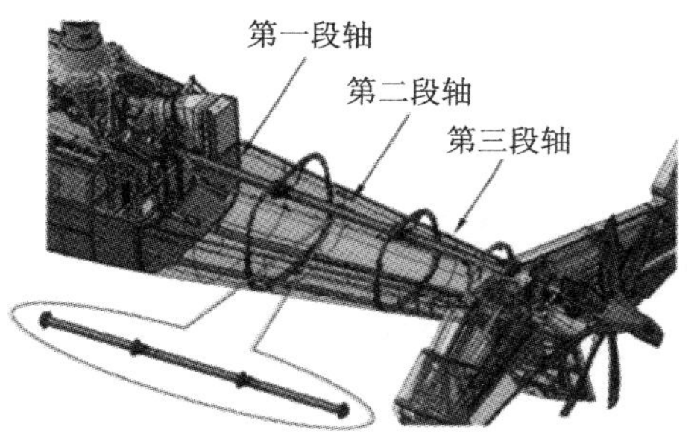

图 3.61　螺旋桨传动轴段

驱动轴部分由 IM7 编织石墨纤维、HM63 单向石墨和 RS50 环氧树脂通过 RTM 工艺制成。根据零件具有的圆形特性，选择编织石墨纤维作为主要材料。在设计的早期阶段，研究了在零件的耦合区域上覆盖单向层和编织层的能力。由于所得的叠层有太多的拼接和突起，并且只有重叠的层片才能成为可行的解决方案，因此，单向石墨仅用于直至耦合半径切点处的管段上。

3.8　智能轴承技术

统计表明，机械设备的故障 70%属于振动故障，而 30%的振动故障都与轴承有关[43]。轴承在机械设备中主要起承受和传递载荷的作用，其运行状态的好坏直接影响整个设备的性能。轴承失效通常表现为振动加剧、摩擦阻力增大、灵活性丧失、旋转精度降低、温度升高、噪声增强等。通过对轴承运转过程中的温升、载荷和振动等信息进行实时在线监测与诊断，可提前避免事故的发生。传统轴承状态监测与故障诊断是在齿轮箱壳体表面安装传感器来测量振动或温度等状态信号，这样做不仅轴承自身状态信号减弱，还包含大量其他运动结构的状态信息，使信号处理和分析困难，容易产生误诊或漏诊；在某些结构紧凑、空间狭小的应用场合，无法安装外部传感器，导致无法采集轴承状态信号。

智能轴承是一种自身具备在线参数监测和状态监测能力的轴承系统，通过将传感器模块集成到轴承上，使被测信号（如振动、温度、应力等）的发生源与传感器接近，这样采集的信号能够更真实地反映轴承的实际状态，并且利用自身的检测诊断能力实时监测轴承振动、温度、转速及载荷等物理参数，可以预知系统的异常和故障发展动向，并以光、电、声等多种形式进行信息输出，及时提醒操作人员和维修人员采取必要措施。

3.8.1 智能轴承研究的发展及现状

传统轴承监测一般是在轴承座等位置安装传感器,监测信号除包含轴承本身的工作信息外,还包含大量其他运动部件的信息,导致信号处理和分析困难,对轴承运动状态的分析非常不利。为了使传感器更接近轴承故障发生源,人们开始将传感元件集成到轴承上,“智能轴承”由此应运而生。智能轴承系统的组成主要包括四大部分:经过改进的传统轴承结构设计与分析,微传感器模块的设计与集成,信号采集与传输技术,以及信号处理与分析技术[44],如图 3.62 所示。

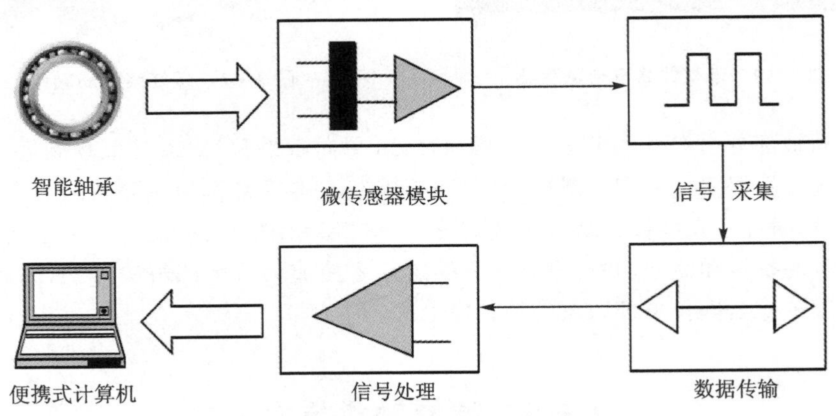

图 3.62 智能轴承系统组成示意图

早期的智能轴承主要是外挂式智能轴承,监测用的传感器组件不是嵌入到轴承内、外圈或滚动体内,而是附加在轴承上,传感器采集到的轴承信号使用有线传输(见图 3.63)。由于外挂式智能轴承改变了传统轴承的整体尺寸,因此在实际中只能应用于特定场合,如汽车轮毂轴承等(见图 3.64),该轴承内置速度传感器,减轻了系统重量,简化了装配工艺。外挂式智能轴承的优点是能够保持轴承的完整性、不降低轴承本身的承载能力;缺点是外接传感器元件使轴承的外形尺寸发生改变,安装工艺复杂,使应用场合受限。

由于外挂式智能轴承的使用场合受限,人们开始研究嵌入式智能轴承。嵌入式智能轴承将传感器及相关辅助装置嵌入到轴承体内,传感器将采集到的轴承信号进行无线传输(见图 3.65)。嵌入式智能轴承能够在不改变轴承外廓尺寸的条件下,实现对轴承状态的监测。如美国在 F135 发动机上应用了嵌入式智能轴承,将振动传感器、温度传感器嵌入到轴承体内,使状态监测的准确性大大提高。嵌入式智能轴承由经过改进的轴承本体及相关辅件,镶嵌在轴承体内或相关辅件内的微型传感器、处理传输电路(专用芯片)、采集卡、信号处理与分析软件和轴承服役状态调控装置等组成[45-47]。微型传感器实时采集轴承运转过程中的振动、温度、应力、转速等状态信息,并将监测数据传输到处理器中进行传感信号的分析与处理。嵌入式智能轴承的

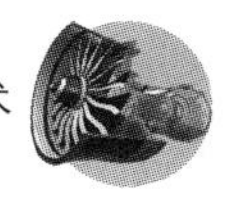

研究主要有两种思路：一种是直接在轴承套圈上开槽（见图 3.66），将传感器、信号传输模块等植入轴承体内，该方式的优点是不改变轴承接口的大小，但微型传感器的嵌入位置以及对轴承承载能力的影响需根据实际应用条件进行具体研究[48]；另一种嵌入式智能轴承的研究思路是采用近似外挂式智能轴承结构，将传感器、信号发射装置等集成到轴承端面位置（见图 3.67），该结构的优点是不影响轴承的承载能力，但额外增加了轴承的轴向尺寸[49]。

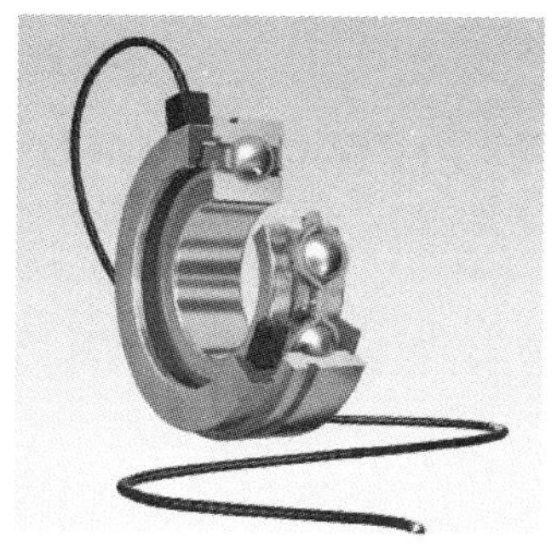

图 3.63　外挂式智能轴承

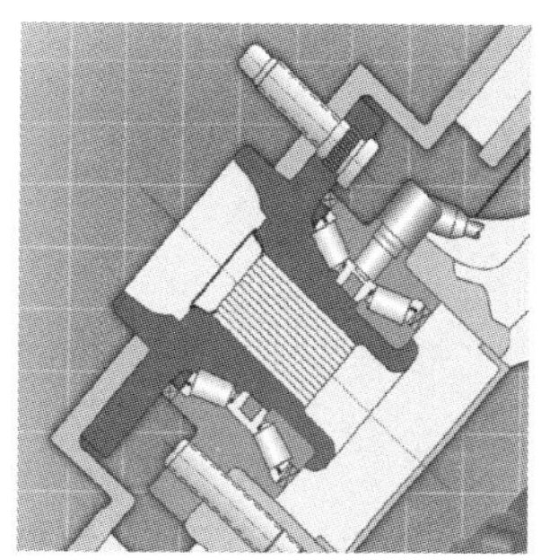

图 3.64　外挂式智能轮毂轴承

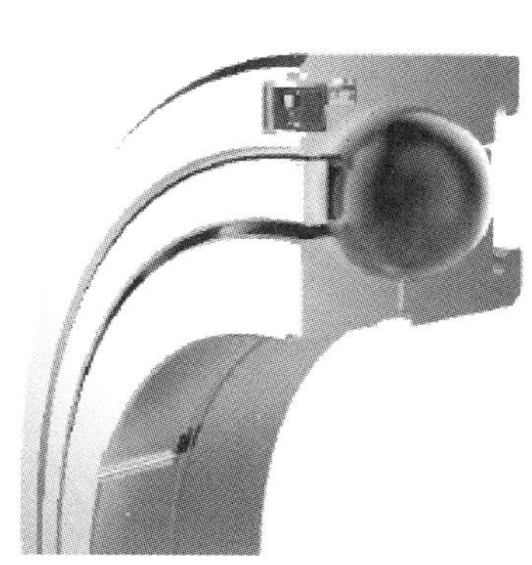

图 3.65　嵌入式智能轴承

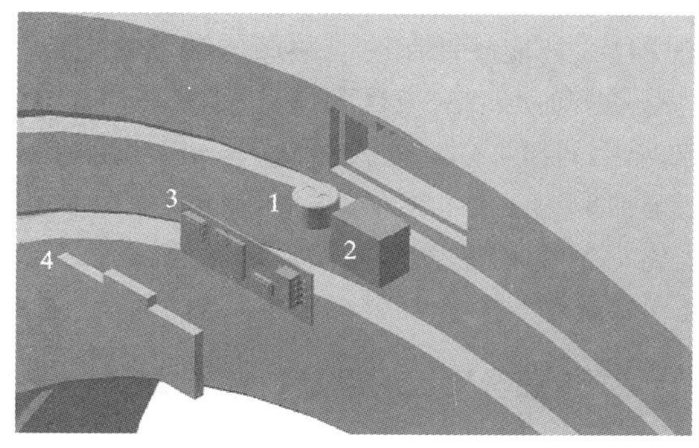

1—传感器；2—辅助模块；
3—无线采样传输模块；4—铝基板与天线

图 3.66　直接嵌入式智能轴承

现有智能轴承技术主要是具有服役状态自感知、自诊断能力的初级智能轴承技术。通过传感器监测轴承的服役状态，将轴承的声音、转速、温度、振动、载荷等状态信息发送给接收装置，经计算机处理后，实时掌握轴承的运行情况，并对即将发生的故障发生预警，以协助设计和使用人员掌握轴承信息。随着微机电技术和数据传输技术等的发展，未来智能轴承将朝着全能型智能轴承的方向发展，其将不仅具有服役状态自感知、自诊断功能，而且具有自调控、自适应和学习功能。全能型智能轴承可根据轴承的实时服役状态，通过调控装置，对轴承的工作游隙、预紧力、润滑等服役状

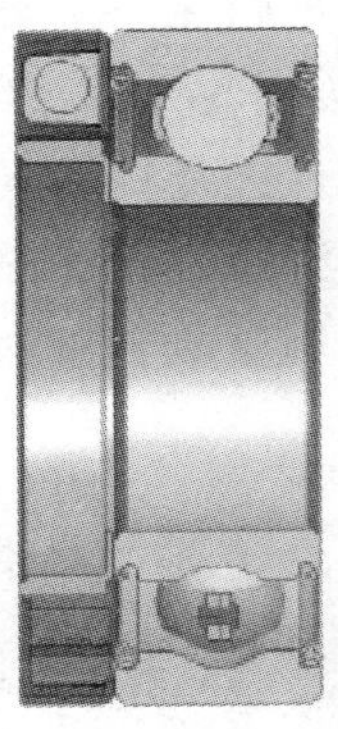

图 3.67 间接嵌入式智能轴承

态进行调控、矫正,以适应主机的运行要求,变被动接收为主动控制,大大提高机械设备的安全性。

3.8.2 智能轴承的关键技术

1. 轴承结构设计与分析

外挂式智能轴承系统能够保持轴承的完整性,轴承的承载能力基本没有变化,一般不需要对轴承结构进行改进;直接嵌入式智能轴承系统是通过改变传统轴承结构(在轴承上开槽,嵌入微传感器模块和数据传输模块等)来实现的,轴承结构的改变必将影响轴承的应力和变形,进而影响轴承的承载能力。为了限制轴承结构的改变对其承载能力的影响,需对开槽后的轴承结构进行分析,以选择合适的开槽尺寸及开槽位置。

2. 微传感器模块的设计与集成技术

微传感器模块是实现智能轴承的基础,其主要功能是对轴承状态信号进行采集、处理和分析等。首先应根据所需测量的参数来确定传感器的类型,例如测量轴承转速可以采用赫尔传感器,测量轴承振动情况可以选择加速度传感器,测量载荷可以选用压电陶瓷传感器等;其次是对传感器响应频率进行选择,应保证传感器有足够的线性响应来包含监测轴承所需要的频率范围。在智能轴承中,传感器一般都要与集成的电子元件结合使用,尤其是在信号无线传输时,需要使用信号发射器等电子装置。

3. 信号采集与传输技术

信号的采集由感知轴承状态信号的微型传感器来获取,信号传输按其性质可分为电传输、光传输和声传输等,目前在测试系统中采用最广泛的是电传输技术,可分为有线和无线两种传输方式。

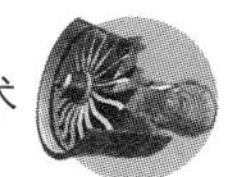

有线传输又可以分为电压和电流两种：电压传输是信号以电压的形式进行传送，由于传输的能量是电压与电流的乘积，其值很小，因此必须注意噪声的干扰；电流传输是信号以电流的形式进行传送，由于传输环节相当于是具有一定内阻的电流计，因此导线的电阻必须稳定，否则将产生噪声。可见，应用有线传输方式传送的关键是抑制噪声。

无线传输能够拓展传感器的应用范围，使其在某些不能实施有线传输的场合得以应用。智能轴承技术中的无线传输主要有信号调制和多路复用两个关键技术：信号调制技术主要是选择一定范围内某一频率的高频信号作为载波，将微型传感器采集的状态信息经过调制后发射出去；多路复用技术可以实现多个信号发射器共享一个信号接收器，充分利用通信线路的容量，将不同微型传感器采集的状态信息传递到同一个信号接收器中。

4. 信号处理与分析技术

信号处理与分析的目的是从采集的信号中提取需要的部分，排除测试过程中的干扰信号，提高信噪比，变换信号的表达方式，使其能最明显地表现出系统的某种状态和特征。信号处理与分析由信号放大、信号滤波、采样/保持电路和信号分析四部分组成，其中信号分析是最关键的部分。信号分析的方法很多，常用的分析方法如表 3.2 所列[50]。

表 3.2　常用信号分析方法

时域分析	频域分析	时频分析	统计分析	智能分析
能量分析	FFT 谱估计	短时傅里叶变化	幅值	神经网络
差分	变阶谱分析	Wigner 分布	均值	模糊分析
平滑	时序谱分析	小波分析	方差	遗传算法
滤波	—	—	斜度	非线性理论

3.8.3　智能轴承在传动系统中的应用展望

目前智能轴承仍处于研究阶段，尚未在直升机传动系统中成熟应用，但是作为一种具备在线参数监测和状态监测能力的轴承系统，智能轴承通过嵌入不同类型和用途的传感器，不仅可以实时监测轴承在运转过程中的转速、载荷、温度、振动及变形等参数，而且可以对整个传动系统内部旋转件的运转状态进行监控，从而对轴承的状态监控和改进优化设计具有十分重要的作用。同时，还可在智能轴承中集成其他传感器（如金属屑末检测传感器），结合轴承温度传感器的监测结果，实时监控轴承及传动系统的健康状况，确保飞行安全。因此，智能轴承在传动系统中具有广阔的应用前景。

直升机传动系统的滚动轴承具有转速高、载荷大等特点，如主减速器高速输入级；部分轴承还存在润滑难度较大，轴承易出现贫油润滑的情况，如尾减速器桨距操纵轴轴承。因此，从技术方面来看，在这些位置开展智能轴承应用研究是非常有必要的，例如：

① 在高速输入级中使用带转速、温度及振动传感器的智能轴承，可在服役过程中实时监测高速输入级位置的轴承的套圈转速、温度及输入齿轮位置的振动情况，及时发现可能影响传动系统工作的异常情况。

② 尾减速器桨距操纵轴轴承的润滑难度大，金属屑可达性较差，通过使用集成了温度和振动传感器的智能轴承，对尾减速器桨距操纵轴位置的轴承工作进行监测，实时监测轴承的温度和振动情况，以便出现异常时可以及时告警。

3.9 先进润滑技术

润滑系统是传动系统的一个重要组成部分，其性能的优劣往往直接影响传动系统的安全可靠性和效能。传动系统润滑系统的功能是向所有摩擦副——齿轮、轴承和花键连接处供油，以减小摩擦和对零件进行有效的冷却，避免磨损和胶合故障，保证传动系统正常工作。直升机一旦失去润滑，传动系统就会在很短时间内失效，造成灾难性事故，因此减速器干运转能力越来越受到关注并成为研究重点之一。为了提升减速器的干运转能力，润滑系统的发展主要有两个方面：一是在传统润滑系统的基础上增加一套应急润滑系统，在减速器失去正常润滑途径后，应急润滑系统继续工作；二是研究直升机减速器用固体润滑（润滑脂）代替液体润滑，当减速器中弹后，脂润滑的中、尾减速器仍能较好地维持原有润滑形式，从而显著提升传动系统的抗弹击性能和直升机的生存力。

3.9.1 应急润滑系统

1. 辅助润滑

常规润滑系统采用压力润滑系统形式，通常由两路滑油泵供油，在滑油滤或者散热器之后汇合，经管路流向喷嘴来润滑齿轮和轴承。这样，当一台滑油泵失效时，另外一台滑油泵仍可维持主减速器工作一段时间。为了提高减速器的战场生存能力，可在常规润滑系统的基础上增加应急润滑系统。应急润滑系统利用主、副滑油泵进油口油位的高度差来实现在主油池滑油泄漏完毕后辅助滑油泵发挥应急作用。应急润滑系统主要有两种实现形式：① 主、辅润滑系统通过压力调节器进行调节，正常工况下，辅助泵协助主泵工作，一旦主泵外部油路出现故障，压力下降，单向阀就关闭；滑油泄漏后，油位下降，直至主泵吸不到滑油，此时，处于油池低位的辅助泵仍可吸到

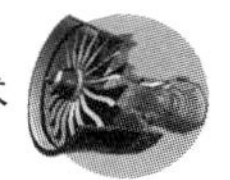

润滑油用于系统的应急润滑。② 主、辅油泵相互独立，主油泵的吸油口较高，经过散热器，喷射冷油。辅助油泵的吸油口较低，不经过散热器，喷射热油。当主油路外部管路泄漏时，辅助油路还能继续工作一段时间。由上可知，这种主、辅润滑系统提高了直升机的战场生存能力，但是付出的代价是附件增加、重量增大、结构复杂。为直升机传动系统添加辅助润滑系统，是有效解决干运转问题的技术措施之一。当系统检测到干运转情况出现时，辅助润滑系统开始工作，以继续保持对传动系统的润滑，这样就可以延长传动系统的运行时间。

国外在使用应急润滑系统延长干运转时间方面已经做了大量的研究。20 世纪 70 年代中期，贝尔公司将 AH－1G/S 传动系统使用应急润滑系统的干运转试验时间维持了 4 h[51]。2007 年 Mullen 等设计了二级润滑系统[52]，并申请了美国专利。该方案在法国某海上反潜直升机主减速器上采用。图 3.68 中的主油泵和辅助泵共用一个油箱，在正常工作状态下主油泵提供润滑油，润滑油经外部管路进入散热器冷却后再通过油滤进入主减速器内部。在外部管路或散热器被损坏后，由于油液不断泄漏使得油箱的液面逐渐降低，直至主油泵吸不到润滑油时辅助泵才单独供油，此时润滑油不经冷却直接进入油滤。

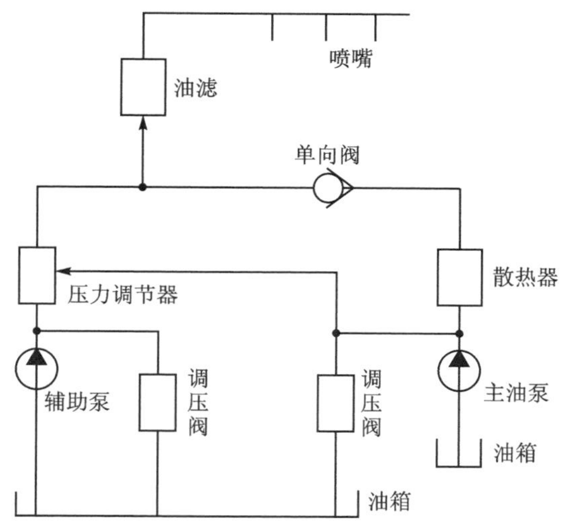

图 3.68　应急润滑系统

2. 油雾润滑

油雾润滑是一种集中润滑技术，能连续有效地将润滑油雾化为约 2 μm 大小的液体小颗粒，并将加压后的油雾输送到金属表面，从而形成一层润滑膜。油雾润滑原理如图 3.69 所示。

油雾润滑系统耗油少，在润滑的同时又起到了冷却作用，可用在直升机传动系统的应急润滑系统中，以有效延长齿轮干运转的时间，若选择合适的添加剂，还可以提

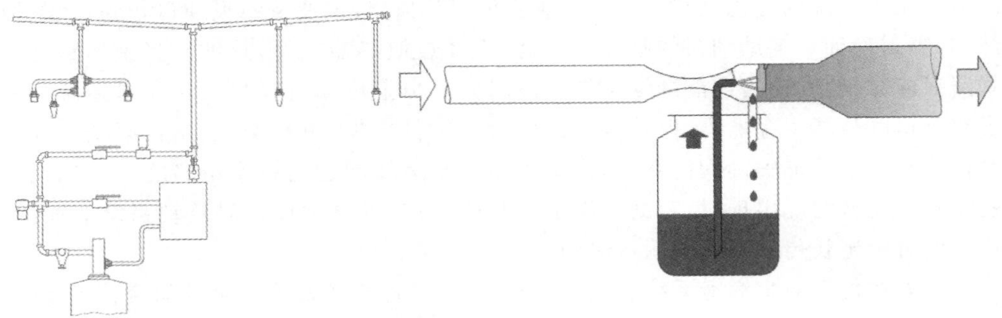

图 3.69　油雾润滑原理图

高齿轮在高温时的自润滑能力。为了提高油雾的润滑效果，可在润滑油中增加高浓度磷酸酯添加剂或抗磨剂，并运用流动的压缩空气将含磷酸酯添加剂的润滑油变成油雾送到齿轮和轴承表面，通过摩擦高温作用下的摩擦化学反应，在摩擦表面生成具有润滑作用的保护膜[53]。

国外对油雾润滑进行了大量研究，Itoigawa[54]等人提出了一种油雾润滑系统，用于润滑高转速球轴承，并总结了滑油/空气的比例对摩擦损失和温升的影响程度。Handschuh 和 Morales[55]使用合成润滑剂进行了油雾润滑的对比试验研究，并使用 X 射线光电子能谱(XPS)检查齿轮的轮齿。也有学者使用硫醚液体作为润滑油，以油雾润滑的方式对 9310 钢圆柱齿轮进行了试验，使用硫醚液体测试的试验装置如图 3.70 所示。试验结果表明，该种润滑方式的润滑效果相较于使用合成润滑油和磷酸酯润滑油有了显著提高，油雾润滑 12 h 的轮齿表面如图 3.71 所示。最基本的证据为在试验 350 h 后，齿轮轮齿表面仅有轻微的表面磨损。在持续 320 min 的试验中，齿轮温度和振动值基本维持不变。

图 3.70　使用硫醚液体测试的试验装置

图 3.71　油雾润滑 12 h 的轮齿表面

3.9.2　高温工作润滑系统

高温工作润滑系统通过提高滑油的工作温度、减少冷却滑油量来达到减重的目的。高温工作润滑系统具有如下优点：① 所需滑油流量小，从而减轻了减速器的湿重。② 主减速器的滑油温度与周围空气温度的差别越大，被主减速器机匣表面带走的热量就越多，散热器也越小，进而减重效果越明显。贝尔公司在 ART 计划中研究了高温润滑能力对减轻 ART 传动系统重量的作用，并与 XV－15 传动系统设计时采用的标准状态润滑系统做了对比，结果表明，高温润滑可减轻传动系统重量达 18.16 kg。

目前，传动系统的最高进油温度通常约为 110 ℃，高温润滑的传动系统的最高进油温度可达 140 ℃。当传动系统在高温下运转时，由于更多的热量是通过对流散出的，因此进油与回油温度的差值可以减小，进而可以减小滑油流量及油池、油泵、散热器的尺寸，以减轻润滑系统的重量。

通过采用 DOD－L－85734 滑油、高热硬性钢齿轮、轴承和 WE43 镁合金机匣，可以实现传动系统的高温工作。贝尔公司的行星部件试验和螺旋锥齿轮胶合试验验证了传动系统的高温运转能力。

1. 传动系统的温升

在最大连续功率下，基本型传动系统的温升约为 6 ℃，亦即当进油温度为 110 ℃时，回油温度为 116 ℃。ART 计划中传动系统的设计最大进油温度为 140 ℃，设温升为 28 ℃，则回油温度为 168 ℃。温升及进油温度的提高最大限度地增加了通过机匣外壁散走的热量。

2. 进油温度

ART 传动系统的 140 ℃进油温度是综合考虑既减重又避免出现齿轮胶合及滑油碳化等问题而选定的。

3. 重量分析

提高滑油工作温度可以减轻传动系统的重量；但温度提高后，油膜厚度变薄，可能降低传动系统的寿命。综合分析如下：

(1) 润滑系统减重分析

假定

$$Q_{\mathrm{T}} = Q_{\mathrm{O}} + Q_{\mathrm{A}}$$

$$Q_{\mathrm{O}} = \frac{2}{3} Q_{\mathrm{T}}$$

（贝尔公司根据 1960 年代 UH－1 的经验得出，假定减速器舱内的通风和空气流动良好）

$$Q_A = \frac{1}{3}Q_T$$

式中，Q_T 为总的功率损失，Q_O 为通过滑油散去的热量，Q_A 为通过机匣外壁和空气散去的热量。

同时，假定机匣壁面的平均温度等于回油温度，基本型传动系统的回油温度为 110 ℃，ART 传动系统的回油温度为 168 ℃，环境温度为 52 ℃，于是：

- 对于基本型传动系统，有

$$\Delta T_1 = 110\ ℃ - 52\ ℃ = 58\ ℃$$

- 对于 ART 传动系统，有

$$\Delta T_2 = 168\ ℃ - 52\ ℃ = 116\ ℃$$

由热转换方程 $Q_A = \mu A \Delta T$（式中，μ 为热转换常数，A 为散热面积，对于特定的减速器，μA 为常数）可得

$$\frac{Q_{A2}}{Q_{A1}} = \frac{\Delta T_2}{\Delta T_1} = 2$$

即 ART 传动系统经机匣的散热量增加了约 100%，总的发热量（功率损失）两者是相同的，于是 ART 传动系统经滑油带走的热量为

$$Q_{O2} = Q_T - 2Q_{A1} = Q_T - 2Q_T/3 = Q_T/3$$

亦即为原基本型的 1/2。

贝尔公司标准润滑系统的质量约为每 100 hp 的传动功率减轻 4 lb(1 lb=454 g)，按此计算，ART 传动系统(2 522 hp)的润滑系统的质量应为 45.8 kg。但是，ART 传动系统经滑油带走的热量却减少了 1/2，若按正比计算，则对应的润滑系统质量将减轻约 22.7 kg。

(2) 行星轮系增重分析

贝尔公司分析了因提高滑油工作温度而引起齿面接触疲劳寿命降低的原因，并研究了为消除这一降低而需增加的重量。在分析中引用 XV-15 低速行星级太阳轮-行星轮啮合的数据，假定齿轮啮合面间的滑油温度等于回油温度，计算了在 110 ℃和 168 ℃两种回油温度下的太阳轮寿命。

滑油温度影响齿面接触疲劳寿命计算公式中的滑油粘度和滑油压力粘度系数。经计算，与 110 ℃回油温度相比，回油温度为 168 ℃时的齿轮寿命降低了 26%。为了保持寿命不变，行星轮的齿宽需由 38.1 mm 增至 42.2 mm，对于 6 个行星轮，将增重 0.76 kg。由此推演，可以假定整个 ART 传动系统为了保持寿命不变，需要增重 4.54 kg。

(3) 小　结

根据上述分析和假设，当按照回油温度 168 ℃设计 ART 传动系统时，可比 110 ℃回油温度减重 18.16 kg。

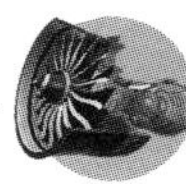

3.9.3 脂润滑

1. 研究现状

直升机传动系统的脂润滑主要应用于中、尾减速器，与其他领域的小型低速脂润滑减速器在技术上有一定的通用性，两者所面临的挑战和困难也类似，但对直升机脂润滑中、尾减速器的要求更高，发展速度也更慢。通常情况下，直升机传动系统中、尾减速器采用飞溅润滑，通过齿轮旋转将减速器油池底部的润滑油甩至其他零件，并通过机匣内部结构回油，但是油池底部的润滑油增加了减速器的重量，同时，该润滑方式对减速器的结构设计要求较高。若中、尾减速器采用脂润滑设计，则能确保减速器在不降低可靠性的前提下适当减重。

脂润滑中、尾减速器的主要发展历程如下：1973 年，John B. Christian 等人对 18 种直升机用润滑脂进行试验后，得出采用适当的润滑脂对减速器的散热能力有一定影响的结论，并提出传动系统减速器适合采用 MCG－68－83(MIL－G－83363(USAF))润滑脂。1975 年，美国休斯直升机公司研制了反坦克武装直升机 AH－64"阿帕奇"，该直升机可在复杂条件下搜索、识别和攻击目标。该型机的中、尾减速器均采用脂润滑结构，休斯直升机公司对被 12.7 mm 子弹或 23 mm 炮弹击中后的中、尾减速器进行了性能试验，试验表明，其具有良好的生存能力和抗弹击能力。1988 年，意大利阿古斯塔公司研制的全天候轻型反坦克武装直升机 A129 成功首飞，该型机具有抗弹击能力，中、尾减速器均采用脂润滑结构，在结构设计中需保证被润滑的零件周围有一定的供润滑脂进入和储存的空间，而且在机匣遇弹击损伤时不致完全漏光，试验证明能安全工作 45 min。其中，润滑脂选用美国的 SYN Fech NS－4405－FG。图 3.72 和图 3.73 为 A129 脂润滑中、尾减速器示意图。

图 3.72　A129 脂润滑中减速器示意图

图 3.73　A129 脂润滑尾减速器示意图

2008 年，美国南卡罗来纳州大学 Nicholas Goodman 等人对 AH－64"阿帕奇"脂润滑减速器进行了研究。研究以该型机尾传动系统为平台，针对中减速器产生无法解释的过热现象、中减速器通气孔喷脂现象、尾减速器输出密封泄漏等现象，开展了一系列研究和探索性试验，研究得出结论：该型机尾减速器应有一个独立的可更换的输出密封，中、尾减速器润滑脂分布不合理不但破坏了减速器的热平衡，而且增加了直升机的维护费用。目前，随着世界各国在直升机研制过程中向着载重大、重量轻、高可靠性等多方向发展，由于脂润滑中、尾减速器具有抗弹击能力强的优点，因此国外已在直升机传动系统上开展了脂润滑中、尾减速器的研究，并将其应用于成熟机型。

目前，国内尚无机型应用脂润滑减速器设计与验证技术，其成熟度较低，急需开展相关研究工作，为后续直升机传动系统的研制提供技术储备。国内有少量关于低速传动脂润滑减速器的报道，但主要集中于润滑脂的性能及对开放式齿轮、轴承及花键脂润滑的研究。目前，脂润滑结构在直升机传动系统上主要应用于轴承支座，并对中、尾减速器内部的脂润滑轴承和花键进行了设计及试验验证，而对脂润滑结构的中、尾减速器的研究仍停留在概念探索阶段。1986 年，曹光海等人对球轴承润滑脂的合理填充量及方法进行了研究，认为润滑脂不是填得越多越好，应具体分析，填脂多少由轴承所在位置和转速等决定；他还列举了轴承润滑及充脂方法的例子。1991 年，王铁等人通过对 00 号减速器润滑脂与 59 号机械油进行对比试验，说明 00 号减速器润滑脂具有良好的润滑、减振、降噪声、防泄漏和减磨损等多种功能，是良好的低、中速齿轮传动润滑材料。2003 年，武汉理工大学高慧良等人对小型开式齿轮的脂润滑进行了试验研究，在分析了齿轮失效形式的基础上，讨论了小型开式齿轮的润滑需求；选用了几种润滑脂，进行了小型开式齿轮的脂润滑试验，试验结果表明，润滑脂能够较好地对小型齿轮进行润滑。从国内研究现状可以看出，基本是对润滑脂特性进行研究，缺乏对脂润滑减速器结构的研究及散热能力的评估，也无试验数据支持。目前，国内急需突破脂润滑中、尾减速器的技术瓶颈，快速提高我国在脂润滑中、尾减速器自主创新能力方面的水平。

2. 润滑机理

目前，脂润滑的润滑机理至今还没有一个统一的认识。通过查阅相关文献，当前相关学者的学术观点有如下三种：① 作为润滑脂中基础油的主要作用，当摩擦副运动时基础油析出在摩擦副中形成油膜，当机器停止工作时，基础油恢复到原来状态；② 润滑脂作为一个不可分割的整体起到润滑的作用；③ 在工作初期，在卷吸作用下将一部分润滑脂卷入摩擦副中，大部分润滑脂在周边作为润滑的补充源。

学者通过颜色标记法来标记润滑脂的稠化剂和基础油，在封闭式轴承中进行实验，通过实验观察，润滑脂的稠化剂吸附着基础油，基础油也参与润滑，其结果显示润滑脂在轴承内转动润滑。卡隆试验探索出，在实验突然中止时，基础油会得到释放而补充到滚道中，并由此总结出了润滑剂的补充机理。在运动初期，润滑脂被卷吸到中心接触区域，参与润滑全过程；随着时间的增加，润滑脂受到负荷的挤压和摩擦副的

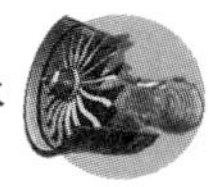

剪切作用，其物理结构逐渐被剪断破裂且被挤出滚道外面，此时滚道上的润滑剂慢慢减少，而滚道周围的润滑剂开始为滚道补充润滑剂。

王世芳将轴承润滑过程总结为是两个阶段的综合体。在运转初期，小部分润滑脂流到滚道中，其余部分润滑脂被推挤到滚道周边。但是随着工作时间的增加，滚道温度上升，滚道中的润滑脂仍有可能将周边的润滑脂带回滚道，只要机器一直在运转，润滑脂在滚道中就会不断被卷吸进入或不断排挤出去，反复进行这样的循环保证了润滑效果。杜红世、孟永钢等认为在工作开始时，皂油凝胶分子受到剪切作用，首先出现游离油，进而凝胶粒子遭到毁坏，分离出更多的基础油。他们认识到接触区域的润滑剂的来源有三部分：一是脱离出来的基础油，二是稠化剂纤维之间夹杂的润滑脂，三是被剪断的皂纤维。所以润滑脂的润滑，不仅取决于基础油，还与基础油和稠化剂结合方式有关。有学者研究了在低速重载、变速及往复摆动条件下的成膜机理及润滑特性。研究表明，在低速重载条件下有利于润滑油膜的形成；在往复摆动条件下，临界摆幅率能够影响润滑油膜的形状。

3.10　上游泵送机械密封技术

机械密封是传动系统高速输入级常见的动密封形式，但在高线速度、振动基频大的工况下，普通接触式机械密封因端面长时间摩擦而易发生高温变色、磨损失效。为了改善机械密封的摩擦状态，提高密封性能，延长密封使用寿命，通过改变端面的表面形貌，增强流体动压润滑性能是行之有效的方法。动环表面开螺旋槽的机械密封具有良好的动压密封润滑特性，其研究日益受到人们的重视。密封端面开螺旋槽的机械密封在端面流体动压槽旋转时可产生上游泵送效应，因此也称为上游泵送机械密封，其机理是通过把少量密封低压侧（下游）流体增压泵送至高压侧（上游），而在密封端面形成一层流体膜，这层稳定的流体膜不仅可以阻塞高压侧密封介质的泄漏，而且起到对摩擦副的润滑作用，与普通接触式机械密封相比，具有寿命长、能耗低、效率高、工作状态稳定及适应性强等优点。

3.10.1　密封机理

用于密封液体的上游泵送机械密封又称逆流泵送机械密封，是基于现代流体动压润滑理论的新型非接触式机械密封，其工作原理如图 3.75 所示。它是在密封端面之一开设流体动压槽，在与另一平行密封端面做相对运动时，借助动压槽的黏性剪切作用，将由高压侧泄漏到低压侧的少量密封液泵吸回高压侧，以消除密封介质由高压侧向低压侧的泄漏。同时在两密封端面间形成稳定的液体膜，建立流体动压力以平衡端面的闭合力，从而实现密封端面非接触。简单讲，就是通过在普通机械密封端面开设各种流体动压槽，使其端面成为一个具有低流量、高压力的“端面泵”，该“泵”把

少量的低压侧液体沿密封端面反输回高压侧密封腔，并在密封端面间形成一层完整的液体膜，完全阻塞高压侧密封液的泄漏通道，从而极大改善密封端面间的润滑和冷却状况[56-57]。

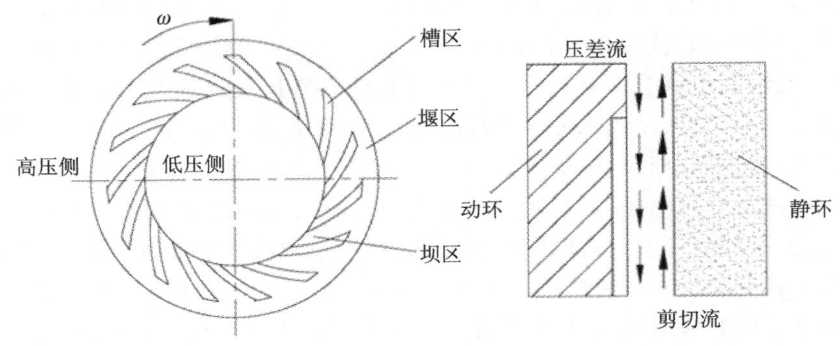

图 3.74　上游泵送机械密封工作原理图

与普通的机械密封相比，零泄漏上游泵送机械密封只是在一密封端面上简单地开出动压槽，却实现了密封介质零泄漏，从而有效保护了环境。而且由于密封摩擦副处于非接触状态，端面温升小，使得冲洗和冷却等辅助系统相应减少，能耗降低约5/6。由于端面磨损小，所以使用寿命大大延长；尤其在更高的 pv 值和含固体颗粒介质等苛刻工况下使用，可以代替普通的双端面机械密封，降低成本，提高设备运行的安全可靠性。

3.10.2　结构设计

根据机械密封的工况条件、工作参数及使用要求，可以将上游泵送机械密封的动压槽设计为不同的槽形，且槽形关于旋转轴中心对称。其端面结构可以多种多样，但工作原理都是相同的。如多圆叶台阶面型、周向雷列台阶型、直叶型和类螺旋槽型，类螺旋槽型还包括螺旋槽、圆弧槽、直线槽、曲线槽等。在工程应用中，类螺旋槽型上游泵送密封最为普遍。

上游泵送机械密封的整体结构设计与常规机械密封的结构设计类似，主要着眼于对螺旋槽参数和工况条件的匹配性设计。螺旋槽参数主要有动压槽数、槽倾角、槽径宽径比、槽区宽度比和槽深等。螺旋槽上游泵送机械密封的主要性能参数为泄漏量和流体膜刚度。在进行密封设计时，在控制泄漏量的同时应保证流体膜具有足够大的正刚度，这样可以减小由外界干扰引起的膜厚偏差，保证密封工作的稳定性。此外，密封端面的膜厚需在一定范围内才能起到有效的动压密封效果。研究表明，螺旋槽参数对膜刚度、泄漏量、工作膜厚等参数具有显著影响。因此，要根据机械密封的安装位置、润滑工况、散热条件、工作面宽度和弹簧弹力等因素，综合确定螺旋槽的结构形式和结构参数。

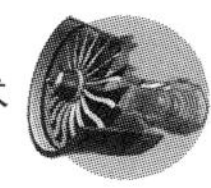

密封面材料的正确选择及合理配对，以及密封材料与密封介质的良好相容性，是上游泵送机械密封可靠性及延长其使用寿命的重要保证。常规机械密封摩擦副的硬材料主要有硬质合金、工程陶瓷和金属材料等，软材料主要有碳石墨、各种树脂和铜合金等。为了适应更为恶劣的工况，越来越多的新材料（无压烧结高性能 SiC 陶瓷材料、WC－NiP 合金材料以及混入熔点较低而自润滑性很强的纳米粒子的新型纳米复合材料 SiC－C－C 等）被开发应用于上游泵送机械密封。通过对动环进行热处理，可适当提高密封动环材料的硬度；通过对动环工作面喷涂耐磨层，可提高其耐磨性。新工艺、新材料、新结构的开发应用，为提高上游泵送机械密封的耐用性和延长其使用寿命发挥了很大作用。

3.10.3　性能评估

带螺旋槽机械密封的关键在于对其螺旋槽参数的设计和优化，传统评估上游泵送机械密封性能通常通过试验验证，由于螺旋槽涉及的参数较多，为了得到一组合适且基本匹配的螺旋槽参数，需要反复进行多轮迭代设计及试验验证，因此研制周期较长，成本较高。近年来发展了一种带螺旋槽机械密封的仿真分析方法，在进行网格划分时将膜厚和槽深分别进行划分，且在选取介质参数时模拟密封面处油气混合的状态，该仿真方法解决了目前仿真过程中因网格划分或介质参数选择不合适而导致的无法评估带螺旋槽机械密封的密封性能，或者评估精度较差的技术问题，模拟了带螺旋槽机械密封的真实工况，获得了机械密封端面处的油膜厚度、端面压力分布、泄漏量及摩擦功耗等参数，有效提高了带螺旋槽机械密封的设计效率，缩短了设计周期。

3.10.4　制造工艺

上游泵送机械密封仅仅是在普通机械密封的密封环端面上加工出动压槽而形成的。除了螺旋槽以外，各零件的加工工艺都较为常规；但由于动压槽的形状复杂，槽深为微米级的浅槽，结构精细且材质坚硬，常规的机械加工方法不能胜任其加工要求，所以开槽采用了化学腐蚀法（又称光刻法）、电化学加工法、电火花加工法（又称电蚀法）、电镀法、喷砂法、激光加工法等。这些方法一般都技术难度大、成本高、质量难于控制，因此如何在实用的密封环上经济地开槽是目前有待进一步探索的问题。根据对制造成本和加工难易程度的综合考虑，总结出电化学加工方法是较为行之有效的开槽方法。

参考文献

[1] White G. New family of high-ratio reduction gears with multiple drive

paths[J]. Proceedings of the Institute of Mechanical Engineers,1974,188(23):281-288.

[2] Krantez T L, Delgado R. A method to analyze and optimize the load sharing of split path transmissions:NASA TM-107201[R]. 1996.

[3] Kish J G. Comanche Drive System[C]. Williamsburg, VA: The American Helicopter Society Rotary Wing Propulsion Specialists Meeting,1993.

[4] Gmirya Y,He S L,Buzel G,et al. Load Sharing Test of the CH-53K Split-Torque Main Gearbox[C]. Grapevine, Texas: The American Helicopter Society 65th Annual Forum,2009.

[5] Gmirya Y,Alulis M,Palcic P X,et al. Design and Development of a Modern Transmission: Baseline Configuration of the CH-53K Drive System[C]. Virginia Beach, VA: The American Helicopter Society 67th Annual Forum, 2011.

[6] Smirnov G. Multiple power path nonplanetary main gearbox of the Mi-26 heavy lift transport helicopter[J]. Vertiflite,1990,36(3),20-23.

[7] Kish J G,Webb L G. Elastomeric Torsional Isolator:US5117704[P]. 1992-02-02.

[8] Lewicki D G,Handschuh R F,Gregory F Heath,et al. Evaluation of Carburized and Ground Face Gears[C]. Montreal,Canada: The American Helicopter Society 55th Annual Forum,1999.

[9] Robert R Filler,Gregory F Heath,Stephen C Slaughter,et al. Torque Splitting by a Concentric Face Gear Transmission[C]. Montreal,Canada: The American Helicopter Society 58th Annual Forum,2002.

[10] Chun Hon-Wai,Robert Filler,Tan Jie. Analytical Determination of Load Distribution in a Statically Indeterminate Face Gear Transmission[C]. Phoenix, AZ: The American Helicopter Society 62th Annual Forum, 2006.

[11] Ron Gilbert,Gary Craig,Robert Filler,et al. 3400 HP Apache Block Ⅲ Improved Drive System[C]. Montreal,Canada: The American Helicopter Society 64th Annual Forum,2008.

[12] Hans De Smidt,Wang Kon-Well,Edward C Smith. Variable-Speed Simulation of a Dual-Clutch Gearbox Tiltrotor Driveline: NASA/TM—2012-217212[C].

[13] Frederick Brown,Mark Robuck. Design and Development of a Dual Ratio Transmission for the A160T UAV Rotorcraft[C]. Phoenix, AZ: The Boeing Company,2010.

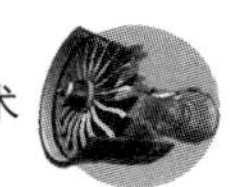

[14] Palcic P X,Garcia T,Gmirya Y. Variable speed transmission for a rotary wing aircraft:US7296767B2[P]. 2007-11-20.

[15] Stevens M A, Lewicki D G, Handschuh R F. Concepts for multi-speed rotorcraft drive system-status of design and testing at NASA GRC[C]. Virginia:The AHS 71st Annual Forum,2015.

[16] Lewicki D G,Stevens M A. Testing of Two-Speed Transmission Configurations For Use in Rotorcraft:NASA/TM—2015-218816[C].

[17] Robert J Jupe. Helicopter rotor speed changing transmission:US4783023[P]. 1988-10-13.

[18] Stevens M A,Handschuh R F,Lewicki D G. Variable/Multispeed Rotorcraft Drive System Concepts:NASA/TM—2009-215456[C].

[19] 陈铭,徐冠峰,张磊. 直升机传动系统和旋翼系统关键技术[J]航空制造技术,2010,16:32-37.

[20] 尹美,王永红,阳新元."阿帕奇"直升机传动系统结构分析[R]. 株洲:南华动力,2008.

[21] Christ R. Apache Longbow Structural Usage Monitoring System[C]. Virginia Beach, VA: American Helicopter Society 56th Annual Forum, 2000.

[22] Lu Yi. AH-64D Apache Longbow Structural Usage Monitoring System [C]. Montreal, Canada: American Helicopter Society 58th Annual Forum,2002.

[23] Sharpe K W. Integration of United States Attack Helicopters Into the Combined Arms Battle in Europe:An Analysis of Attack Helicopter Anti-Armor Employment Doctrine for a NATO Defensive Environment[R]//Army Command and General Staff Coll Fort Leavenworth Ks School of Advanced Military Studies,1986.

[24] 杨开天. AH-64 攻击直升机研制中的经验教训[J]直升机技术,1995,1:26-35.

[25] 荚淑萍. AH-64 机身结构设计及其验证[J]直升机技术,1994,3:20-28.

[26] Jules G Kish. Sikorsky Aircraft Advanced Rotorcraft Transmission (ART) Program: Final Report [R]. Stratford, Connecticut: Army Research Laboratory Technical Report ARL-CR-49,1993.

[27] Gmirya Y Z, Vinayak H, Binney D A, et al. Split Torque Gearbox: US07100468B2 [P]. 2006-09-05.

[28] Gmirya Y Z, Kish J G. Split Torque Face Gear Transmission: US06612195B2 [P]. 2003-09-02.

[29] Gmirya Y,Binney D A,Vinayak H,et al. Design and Analysis of 5100-HP RDS-21 Demonstrator Gearbox[C]. Baltimore,Maryland:The American Helicopter Society 60th Annual Forum,2004.

[30] Krantz T L,Rashidi M,Kish J G. Split Torque Transmission Load Sharing[C]//NASA Technical Memorandum 105884,1992.

[31] Krantz T L. Dynamics of a Split Torque HelicopterTransmission[C]//NASA Technical Memorandum 106410,1994.

[32] Kish J G. Advanced Overrunning Clutch Technology[J]. Advanced Overrunning Clutch Technology Design Phase,1978,1.

[33] Frederick Brown. Design and Development of a Dual Ratio Transmission for the A160T UAV Rotorcraft[C]. Phoenix, AZ:American Helicopter Society 66th Annual Forum, 2010.

[34] 李明,朱大明,等. 国外短距/垂直起降固定翼飞机推进系统分析与研究[C]. 黄山:中国航空学会,2013.

[35] 金立峰. 舰载直升机的技术特点分析[J]. 应用科技,2008(17):47-49.

[36] 崔翰明,许建华,曾庆吉,等. 世界舰载直升机的现状与发展[J]. 直升机技术,2009(2):68-71.

[37] 常斌,王海,杨林. 舰载直升机的研究现状与发展趋势[J]. 飞行力学,2016,34(3):7-12.

[38] 邹小玲. 直升机旋翼/斜梁折叠控制系统原理与改进措施[J]. 直升机技术,2011(3):20-24.

[39] 曲东才. 英国 EH101 新型舰载直升机及其启示[J]. 现代兵器,2001:17-18.

[40] 王威. 21 世纪的海军舰载直升机[J]. 武器装备,2007,(3):35-38.

[41] Charles J Kilmain,Richard Murray,Charles Huffman. V22 Drive System Description and Design Technologies[C]. Fort Worth,Texas:The American Helicopter Society 51st Annual Forum,1995.

[42] Charles Duello. BA609 Tiltrotor Drive System[C]. Montréal,Canada:The American Helicopter Society 58th Annual Forum, 2002.

[43] 张以忱,刘希东,巴德纯,等. 智能轴承用薄膜传感器[J]. 真空,2003(6).

[44] 刘浩. 基于嵌入式传感器的智能轴承关键技术研究[D]. 长沙:国防科学技术大学,2006.

[45] Holm-Hansen B T,Gao R X. Smart bearing utilizing embedded sensors design considerations[J]. Proceedings of SPIE:The International Society for Optical Engineering, 1997,3041:602-610.

[46] Gao Hang,Lu Qing,Qu Li-gang. Influence of Groove Slotting for Microsensor Embedding on Smart Bearing's Mechanical Characteristics[J]. Key

Engineering Materials,2005(11):562-566.

[47] 朱颖莉.基于 MSP430 的滚动轴承故障检测系统[D].南昌:南昌大学,2009.

[48] Holm-Hansen B T,Gao R X. Integrated microsensor module for a smart bearing with on-line fault detection capabilities[C]//Proceedings of IEEE Instrumentation and Measurement Technology Conference, 1997(2): 1160-1163.

[49] Shao Yimin,Ge Liang,Fang Jieping. Fault Diagnosis System Based on Smart Bearing[C]. Seoul, Korea(South): International Conference on Control, Automation and Systems, 2008.

[50] 李小俚,董坤.先进制造中的智能监控技术[M]北京:科技出版社,1999.

[51] 管文,戴振东,夏延秋,等.直升机减速器润滑系统应急技术研究[J].密封与润滑, 2012(3).

[52] Mullen M F,Cooper C V,Glasser AR,et al. Secondary lubrication system with injectable additive:US2007/0261922A1[P]. 2007-11-15.

[53] 管文,戴振东,于敏,等.极压抗磨剂对不同航空油的适应性[J].中国石油大学学报:自然科学版,2012,36(5):150-153.

[54] Itoigawa F, Nakamura T, Matsubara T. Starvation in Ball Bearing Lubricated by Oil and Air Lubrication System[J]. Tribology Series,1998,34: 243-252.

[55] Handschuh R F,Morales W. Lubrication System Failure Baseline Testing on an Aerospace Quality Gear Mesh[C]. Baltimore, Maryland:International Design Engineering Technical Conferences and Computers and Information in Engineering Conference,2000.

[56] Etsion I. State of the art in laser surface texturing[J]. ASME J of Tribology, 2005,127(2): 248-253.

[57] 胡丹梅,郝木明,彭旭东,等.螺旋槽上游泵送机械密封端面参数结构优化[J].润滑与密封,2003(1):35-38.

第4章
先进设计技术

随着传动设计技术的发展，一些先进的设计技术和设计理念在传动系统上得到了应用和发展，如多目标优化设计、损伤容限设计、高性能“三防”设计、抗疲劳设计等10个先进设计技术。根据传动系统重量、传递效率、强度及寿命要求进行多目标优化设计，以使传动系统达到较好的综合性能；通过振动噪声控制设计，降低传动系统工作时的噪声和振动，提高乘坐舒适性和传动系统寿命；通过参数化驱动关联设计可大大提高工作效率和关联技术状态的管理；为了保证直升机的安全性，需对传动系统重要零部件进行损伤容限设计，并制定合理的检查间隔和裂纹增长限制，以保证结构在给定的使用寿命期内，不会因为缺陷失控而造成灾难性事故；通过高性能“三防”设计，提高传动系统的防腐性能，大幅降低维护要求；通过抗疲劳设计使传动系统的零部件寿命大幅提高；在设计润滑系统时，采用润滑系统动态仿真分析、飞溅润滑流场仿真分析，可以分析润滑系统在不同姿态和工作转速下的滑油压力、滑油流量和润滑形成过程；通过抗弹击评估分析，可以评估传动系统传动轴在弹击后的强度和运转动态特性；通过基于虚拟现实的维修设计，能够准确模拟和评估传动系统维护的便捷性和可实现性。这些先进的设计技术，支撑了传动系统朝着重量更轻、可靠性更高、维护性更好、噪声更小及寿命更长等方面发展。

4.1 传动系统总体多目标优化设计

多目标优化(Multi-Objective Optimization，MOO)指在满足给定约束条件的前提下，从设计变量的取值范围内搜索最佳设计点，使由多个设计目标决定的设计对象的整体性能达到最优。多目标指单个学科的多个目标函数，或者指不同学科的多个目标函数。对于多目标设计优化问题，在很多情况下，这些目标函数都是相互矛盾的，即不存在一个最优设计点使所有的目标同时达到最优。一个目标性能的改善，往往以其他一个或多个目标性能的降低为代价。要使最优解能同时使多个目标达到最

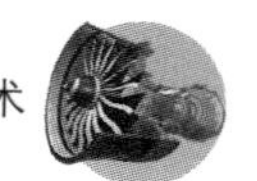

优往往是不可能的，只能对它们进行协调和做折中处理，使各个目标函数都尽可能达到最优。

4.1.1　定义及数学模型

1. 单目标优化

单目标优化问题可以表述为

$$\min f(\boldsymbol{x}),\quad \forall \boldsymbol{x}=(x_1,x_2,\cdots,x_n)^{\mathrm{T}}$$
$$\begin{cases} g_j(\boldsymbol{x})\leqslant 0, & j=1,2,\cdots,m \\ l_j(\boldsymbol{x})=0, & j=1,2,\cdots,m \\ \boldsymbol{x}^{\min}\leqslant \boldsymbol{x}\leqslant \boldsymbol{x}^{\max} \end{cases} \tag{4.1}$$

式中，$\boldsymbol{x}$ 为 n 维设计变量，$f(\boldsymbol{x})$ 为目标函数，$g_j(\boldsymbol{x})$ 为不等约束，$l_j(\boldsymbol{x})$ 为等值约束。式(4.1)为最小值优化问题。需要指出的是，最大值优化问题可以通过将目标函数乘以 -1 来转化为最小值优化问题。故式(4.1)代表了单目标优化问题的通用形式。

2. 多目标优化

对多个子目标同时实施最优化的问题称为多目标优化问题(Multi-objective Optimization Problem，MOP)，又称多准则优化问题(Multi-criteria Optimization Problem)、多性能优化问题(Multi-performance Optimization Problem)或矢量优化问题(Vector Optimization Problem)。常用的多目标优化方法如表 4.1 所列。

表 4.1　多目标优化方法

算法简称	算法全称
加权系数法	默认的多目标优化问题构造算法
MGE/MGP	基于梯度的快速 Pareto 探索算法
HMG/HMGP	基于遗传和梯度算法的全局 Pareto 探索算法
NSGA－II	第二代非劣排序遗传算法
NCGA	邻域培植多目标遗传算法
AMGA	存档微遗传算法

实际上，优化问题大多属于多目标优化问题，目标之间一般是互相冲突的，因此设计人员需要进行多目标的比较，并进行权衡和折中。多目标优化问题可以表述为

$$\min f_i(\boldsymbol{x}), \quad \forall i=1,2,\cdots,N_{\text{obj}}$$
$$\begin{cases} g_j(\boldsymbol{x}) \leqslant 0, & j=1,2,\cdots,m \\ l_j(\boldsymbol{x})=0, & j=1,2,\cdots,m \\ \boldsymbol{x}^{\min} \leqslant \boldsymbol{x} \leqslant \boldsymbol{x}^{\max} \end{cases} \tag{4.2}$$

式中，N_{obj} 为目标函数的数量，在多目标优化问题中，目标函数是一个多维空间，称为目标空间(objective space)。

在大多数情况下，各个子目标往往是相互冲突的，某子目标性能的改善可能引起其他子目标性能的降低，即一般来说，同时使多个子目标均达到最优是不可能的，否则不属于多目标优化研究的范畴。解决多目标优化问题的最终目的只能是在各个目标之间进行协调权衡和做折中处理，使各个子目标均尽可能达到最优。因此需要重新定义有关多目标优化最优解的相关概念。

采用加权平均将多目标优化问题简化为单目标优化问题是多目标求解的一种常规方法，但是加权系数 α_1 和 α_2 难以确定，且对最终优化结果影响很大。加权方程为

$$f(\boldsymbol{x})=\alpha_1 f_1(\boldsymbol{x})+\alpha_2 f_2(\boldsymbol{x}) \tag{4.3}$$

4.1.2 求解方法

1. 非归一化(non-scalar)方法

非归一化方法是采用 Pareto 机制直接处理多个目标的优化技术，它不需要将多个目标转化为单一目标，因此克服了归一化方法的缺点。

图 4.1 表示的是非归一化方法求解 Pareto 前沿的过程：使用初期值的解集作为起始点 $\text{group}^{(n)}$，然后按 $\text{group}^{(n)} \rightarrow \text{group}^{(n-)} \rightarrow \cdots \rightarrow \text{group}^{(1)} \rightarrow \text{group}^{(0)}$ 的顺序逐步改善，逼近真正的 Pareto 前沿。非归一化方法的代表是多目标遗传算法(Multi-Objective Genetic Algorithm，MOGA)等。

有 3 种较常用的多目标遗传算法 NCGA、NSGA-II 和 AMGA，其特点包括：

① 不单独求一个一个的 Pareto 解，而是一次性地得到 Pareto 前沿。

② 作为 MOGA 的基础的遗传算法，是启发式的方法，具有自组织、自适应、自学习和“复杂无关性”的特征，因此算法不用了解优化问题的全部特征就能完成问题的求解，易于操作、简单通用。

③ 能够求解复杂的 Pareto 前沿，比如凹陷部分(见图 4.2)。

在原理上，MOGA 将 Pareto 最优性条件运用在适应度(fitness)的评价上，如果某个解在 Pareto 最优这个意义上比上一代更高，那么就认为适应度得到了提高，以此进行施压进化(见图 4.3)。另外，MOGA 将种群集合作为全体向 Pareto 前沿进化，力求探索父代之外的 Pareto 最优解信息，高效率地扩大和覆盖 Pareto 前沿(见图 4.4)。

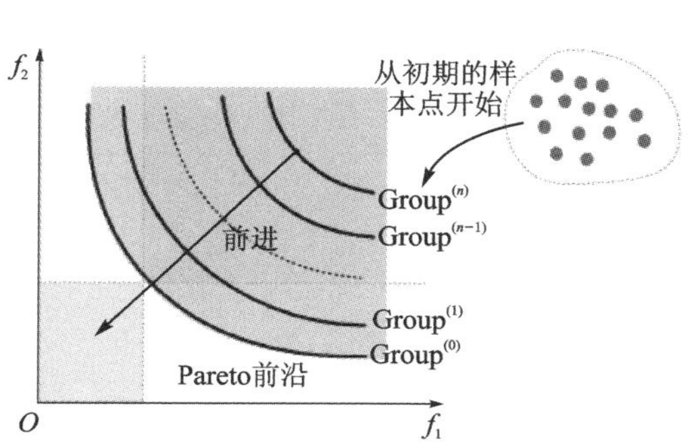

图 4.1　非归一化方法逐步逼近 Pareto 前沿的原理

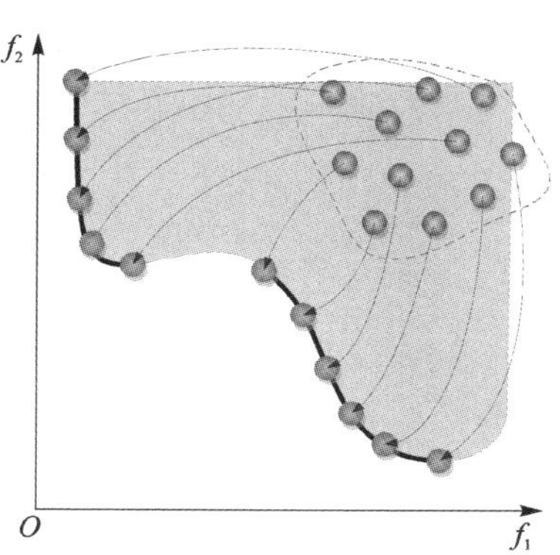

图 4.2　MOGA 方法求解凹的 Pareto 前沿

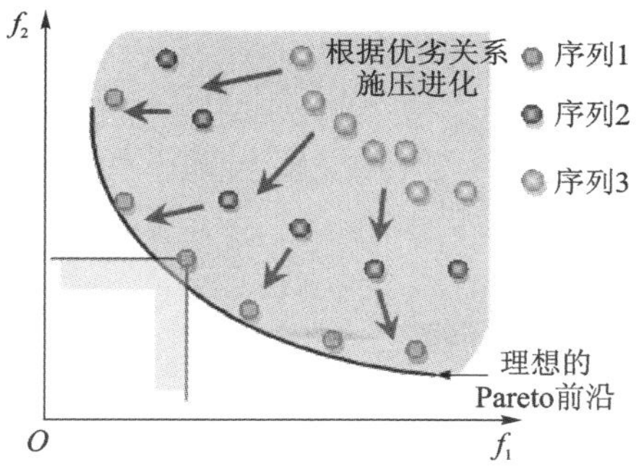

图 4.3　根据解的优劣关系施压进化

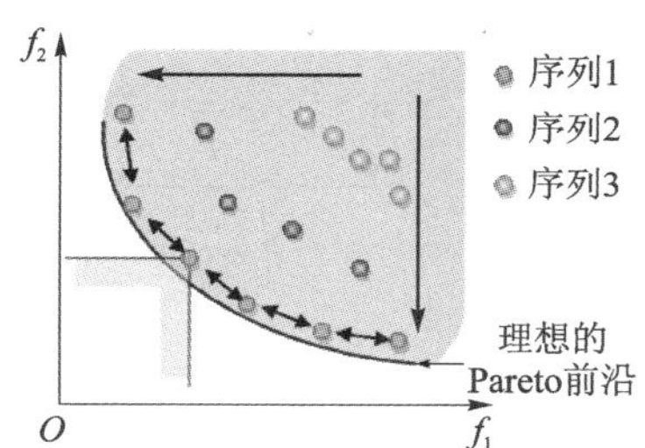

图 4.4　最大限度覆盖 Pareto 前沿

(1) 遗传算法

标准遗传算法包括选择、交叉和变异三种基本遗传算子，其遗传进化操作过程比较简单，容易理解，基本步骤包括：种群初始化(initialize population)，选择(select)，交叉(crossover)，变异(mutation)，种群适应度评价(fitness evaluation)，终止条件判断(end)。

遗传算法运行程序框图如图 4.5 所示。

(2) NSGA－II 算法

NSGA－II 作为 1994 年发布的 NSGA(Non-dominated Sorting Genetic Algorithm)的改良版，由 K. Ded 等在 2000 年提出[1]。NSGA－II 的优点是探索性能好。在非支配排序中，因为接近 Pareto 前沿的个体易被选择，所以使 Pareto 前进能力增强。

在进化过程中，将当前父代群体进行交叉和变异得到子群体，再将两个群体合并。在目标空间中，按照 Pareto 最优关系将群体中的个体两两按其目标函数向量进

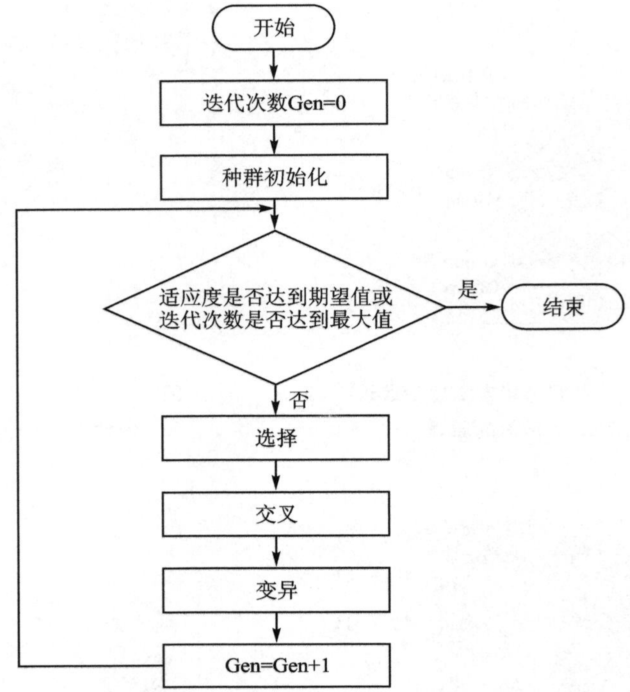

图 4.5　遗传算法运行程序框图

行比较，将群体中所有个体分成多个依次控制的前沿层。在属于不同的 Pareto 层的情况下，利用评价 Pareto 的优越性来评价个体的优劣。属于同一个 Pareto 层的个体，具有更大的拥挤距离的个体更优秀。

在 NSGA－II 中，作为交叉和突然变异的运算机制使用叫作模拟二进制交叉算子 SBX(Simulated Binary crossover)的方法。

(3) NCGA 算法

NCGA 算法是由最早的 GA 算法发展而来的。该算法视各目标同等重要，通过排序后分组交叉的方法实现"相邻繁殖"的机制，从而使接近 Pareto 前沿的解进行交叉繁殖的概率增大，加速计算收敛过程。NCGA 步骤如下：

① 初始化：令 $t=0$，设置第一代个体 P_0，种群数为 N，计算个体对应的适应值函数，记为 A；

② 令 $t=t+1$，$P_t=A_{t-1}$；

③ 排序：将个体 P_t 按朝着聚集目标值的方向进行排序；

④ 分组：将个体 P_t 根据上述排序分为若干组，每组由两个个体组成；

⑤ 交叉和变异：在每一组中执行交叉和变异操作，由两个父代个体产生两个子代个体，同时父代个体被删除；

⑥ 重组：所有子代个体组成一组新的 P_t；

⑦ 更新：将 A_{t-1} 与 P_t 组合，按环境选择(environment selection)机制，从 $2N$ 个个体中选出其中的 N 个个体；

⑧ 终止：如果满足终止条件，则终止优化程序，否则返回第②步。

(4) AMGA 算法

AMGA 算法在进化过程之外设立一个存档(archive)，用于保存进化过程中的非支配个体及相应的多目标函数值，AMGA 算法步骤如下：

① 通过支配关系选出当前代种群 $\boldsymbol{X}(t)$ 中的非支配个体 X^*。

② 将 X^* 与档案 $\boldsymbol{A}(t)$ 中的个体放在一起进行比较：若 X^* 被档案 $\boldsymbol{A}(t)$ 中的个体所支配，则 X^* 不能进入档案 $\boldsymbol{A}(t)$；若 X^* 与档案 $\boldsymbol{A}(t)$ 中的个体无支配关系，则 X^* 进入档案 $\boldsymbol{A}(t)$；若 X^* 支配档案 $\boldsymbol{A}(t)$ 中的某些个体，则 X^* 进入档案，并剔除那些被支配的个体。档案 $\boldsymbol{A}(t)$ 中的个体在进化过程中保持非支配地位。

③ 当准则终止时，档案 $\boldsymbol{A}(t)$ 中的解集即为所要求的 Pareto 最优解集的近似解集。

2. 归一化(scalar)算法

加权法是多目标归一化算法的代表算法之一，它把多个目标转化成单一目标，其指定的权重系数容易理解，可以通过成熟的单目标优化方法求解。

但是加权法也有其缺点，主要有两个：

① 当目标函数的数量增加时，权重系数 $\boldsymbol{w}$ 在目标空间里的等值面的关系不再直观。图 4.6 表示的是在三个目标的情况下 Pareto 前沿的计算机制，同时变更 $\boldsymbol{w}=(w_1, w_2, w_3)$ 的三个系数不会像两个目标情况下那么显而易见。

② 如果 Pareto 前沿形状中没有凸起的部分，则无法求到这部分的 Pareto 最优解。图 4.7 中与虚线连接的内侧凹陷部分的 Pareto 最优解，无论哪种权重，都不是最小值，无法求出。因此，可以直接利用成熟的单目标优化技术。

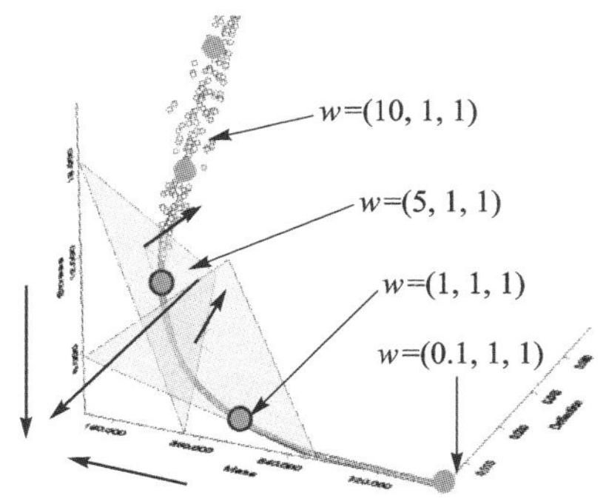

图 4.6　Pareto 前沿存在凹陷的情况

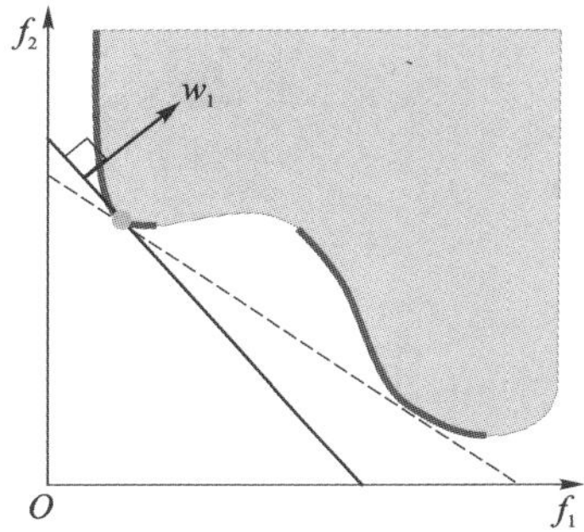

图 4.7　$p=3$ 时等值面的图示

虽然加权法在不同的权值设定下可以得到一组解来逼近 Pareto 最优解集，但其缺点是：

① 权值通常并不是由决策者设定的，而是由优化者决定的，这在很大程度上受到了优化者主观的影响；

② 对 Pareto 最优前沿的形状很敏感，不能处理 Pareto 前沿的凹部；

③ 为了获得 Pareto 最优解集，必须运行多次优化过程，从而降低了求解问题的效率。

加权法使用如下方式将多目标优化问题转化为单目标优化问题：

$$
(S_w)\begin{cases}\min\sum_{i=1}^{p} w_i f_i(\boldsymbol{x}) \\ \text{s.t.} \quad g_j(\boldsymbol{x}) \leqslant 0, \quad j=1,2,\cdots \\ \qquad h_k(\boldsymbol{x})=0, \quad k=1,2,\cdots \end{cases}
$$

式中，w_i 代表权重系数(weight factor)，默认值为 1.0，该系数不会由优化方法自动设定，而是由使用者主动指定。

4.1.3 多目标优化设计在传动系统中的应用

黄康等人[2]针对如图 4.8 所示的某型直升机主减速器行星轮系功质比的优化问题，建立含有密度和啮合摩擦因数等不确定性参数的区间多目标优化函数及相应的约束函数，利用改进的区间多目标分层优化方法，得到以主减速器行星轮系的最小质量和最大效率为目标的一组优化设计参数，优化前后的结果对比如表 4.2 所列。对优化前后行星轮系传动效率进行对比试验的结果表明，区间优化后行星轮系的传动效率明显提高，且随着载荷的波动而变化，效率变化趋势相对更加平稳，详见图 4.9 和图 4.10。

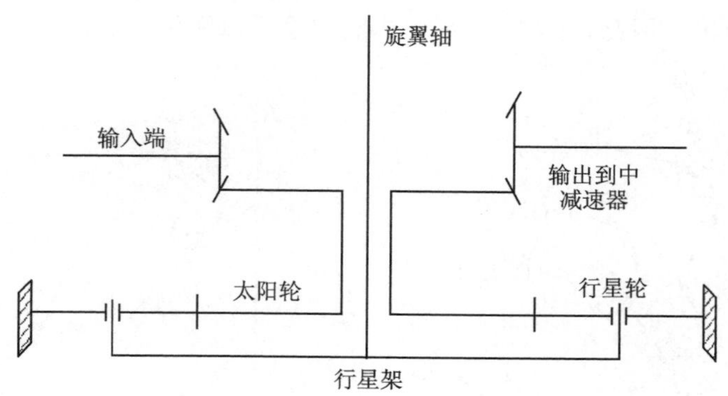

图 4.8　某型直升机主减速器的结构方案图

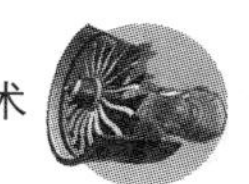

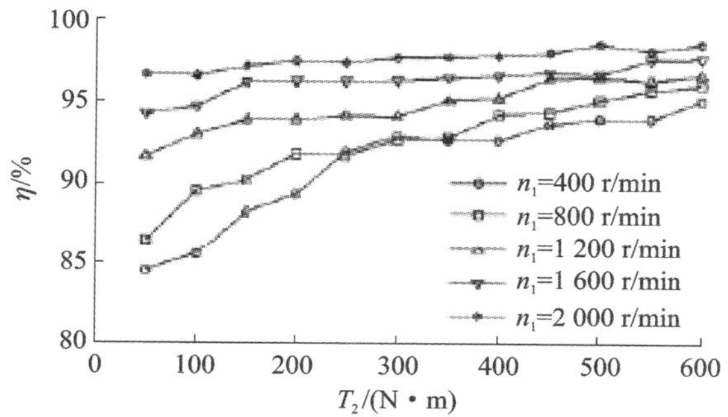

图 4.9　优化前行星轮系效率变化曲线

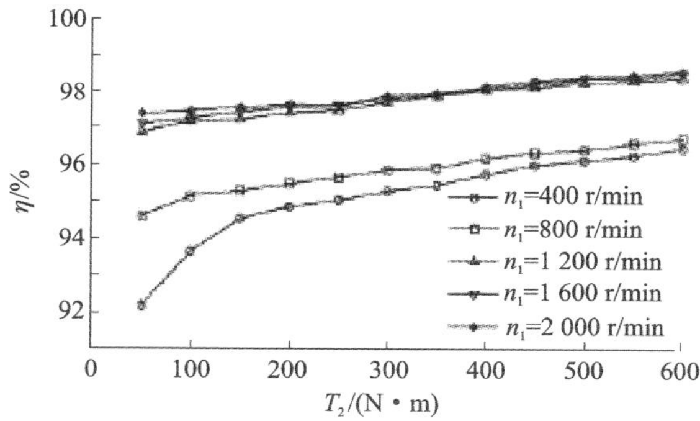

图 4.10　优化后行星轮系效率变化曲线

韩冰海[3]以最轻重量、最高传动效率和最高齿面接触强度为目标，基于 6σ 稳健设计基本理论建立了齿轮传动系统的多目标稳健设计优化模型，并采用 NSGA－II 多目标优化算法对某航空齿轮减速器中单级斜齿圆柱齿轮系统的设计参数进行了优化，优化后的设计结果如表 4.3 所列。优化后，传动系统的整体重量与优化之前相比减少了 47.4%；在工况波动和齿轮参数误差的影响下，效率相对提高了 0.08%，效率的波动降低了 44.4%；在保证弯曲疲劳强度安全系数和各个约束条件可靠性的前提下，接触疲劳强度安全系数降低了 5.6%，波动量降低了 20%。

表 4.2　某型直升机主减速器优化前后结果对比

参　数	优化前	优化后
体积/cm^3	2 476.7	2 322.9
质量/kg	19.813	18.583
效率/%	94.513	96.651

表 4.3　某航空齿轮减速器优化前后结果对比

参　数	优化前	优化后
质量/kg	$30.4^{+0.54}_{-0.54}$	$12.3^{+0.15}_{-0.15}$
传动效率/%	$2.3^{+0.05}_{-0.05}$	$2.02^{+0.04}_{-0.04}$
安全系数	$99.37^{+0.18}_{-0.18}$	$99.42^{+0.1}_{-0.1}$

4.2 参数化驱动关联设计

关联设计技术是在三维设计过程中，通过不同部件的表达式值、几何对象元素和位置关系等要素建立模型之间的相互依赖关系，从而体现产品研制中上下游专业设计输入与设计输出之间的影响、控制以及约束不同部件的相关形状、位置和尺寸等关联关系。关联设计是数字化技术应用到一定水平、将数字化设计与管理相融合的结果。

传统电子样机的设计方法为自下而上的方法，就是设计员在CAD软件中先设计出产品中的每一个零件模型，再通过装配逐级形成产品装配模型。这样，每个零件模型都是孤立的，若其中某一零件的设计发生变更，则会影响与之相关零件的结构和尺寸，进而这些相关零件的结构和尺寸也需要重新设计，这种设计方法需要不断修正各个零件的设计来满足设计要求，因此，在效率和控制设计错误等方面往往无法满足需要。

参数化驱动关联设计有效地解决了这个问题。关联设计的主题思想是将设计特征与设计参数和设计输入关联起来，通过关联和发布机制实现关联设计，目前CAD软件均具备此功能。这是一种自上而下的设计方法，它是先从整体上规划整个系统的功能和性能，然后对系统进行划分，分解为规模较小、功能较为简单的局部模块，并确立它们之间的相互关系，这种划分会一直传递下去，直至划分所得到的单元可以映射出物理实现。也就是根据初步设计方案，将传动系统总装作为整个系统，将其分解为组件、子组件等子系统，逐级分析传动系统与组件子系统之间的接口关系，评估它们之间的装配关系，分析各零部件之间的结构和尺寸关系，从而确定每个零件的设计参数，并在CAD软件中实现不同零部件之间的结构和尺寸关系的关联，这样在设计修改时只需修改不满意之处，而与之相关联零件的尺寸和结构会随着零件之间关联关系的更新而改变，进而得到满足功能要求的产品设计。

在CAD软件中实现关联设计的几何元素一般称为骨架模型(或控制结构)。

4.2.1 关联设计的基础条件

关联设计属于参数化设计技术，从参数化设计技术本身来讲是比较成熟的，目前主流的CAD软件都支持三维模型的参数化设计，关联设计技术要把三维模型的参数化设计上升为模型与模型之间的几何元素的驱动关系，另外还要有与CAD软件配套支持关联设计的产品数据管理系统。PDM(产品数据管理)系统支持关联设计是很必要的，单独使用CAD软件进行关联设计是基于文件系统实现的，它无法考虑产品结构、人员组织、权限、配置等方面的信息，只能实现设计员个人所设计零部件之间的关联，因此无法进行协同设计，不方便推广应用。PDM系统可以弥补CAD软

件管理上的不足，它以电子样机为核心的特点及上下文设计、关联设计等功能可以帮助 CAD 软件充分发挥关联设计的功能。

4.2.2　关联设计的基本要领

1. 关联设计的基本要求

关联设计时，应使用发布的几何元素，不要直接捡取图形区域的曲面、平面、曲线、直线等。

为了便于设计员对发布元素进行查找，骨架模型设计人员在发布几何元素时，应进行标识和命名，如尽量按类型和空间占位把相同类型的几何元素按占位的顺序发布。

如果出现骨架模型过大，则应该拆分成多级骨架模型。

负责骨架模型的设计人员责任重大，肩负着产品结构的组织任务，因此必须通晓产品设计和具有较高的 CAD 软件技术水平。

2. 创建关联设计上下文环境的要求

(1) 骨架模型的使用

在 CAD 软件中设计时需要注意的是：设计人员不需要加载整个骨架模型，而只需加载个人关心的骨架模型、相邻的零件和自己的零件。

(2) 参考元素的使用

在上下文设计环境创建完成后，在 CAD 软件窗口中同时打开骨架零件和需要设计的零件。设计员在设计零件时，首先激活自己的零件，在需要使用骨架零件中所发布的元素时，如根据外形曲面生成偏置面或使用占位面生成平行平面，应直接在骨架零件中选取发布的外形，而不需要把骨架零件中的曲面复制到自己的零件中，CAD 软件会自动把所参考的几何元素复制过来，放置于零件的特征结构树下。

(3) 零件设计的关联规则

关联设计不允许零件间互相参考，只允许单向传递关联关系。

PDM 环境下的数据（即数据库中的数据）不要与本地的数据关联混用，以避免 PDM 系统把本地的数据带入数据库而出现错误信息。

4.2.3　直升机传动系统的关联设计

以双发输入单旋翼带尾桨的常规直升机传动系统为例，在传动系统设计之初，直升机总体会根据直升机构型向传动系统提供包括主旋翼桨毂中心、旋翼轴前倾角、发动机输入、中间减速器交点和轴交角、尾减速器交点和轴交角、尾桨桨毂中心、主/中/尾减速器安装平台等位置的空间坐标（见图 4.11）。

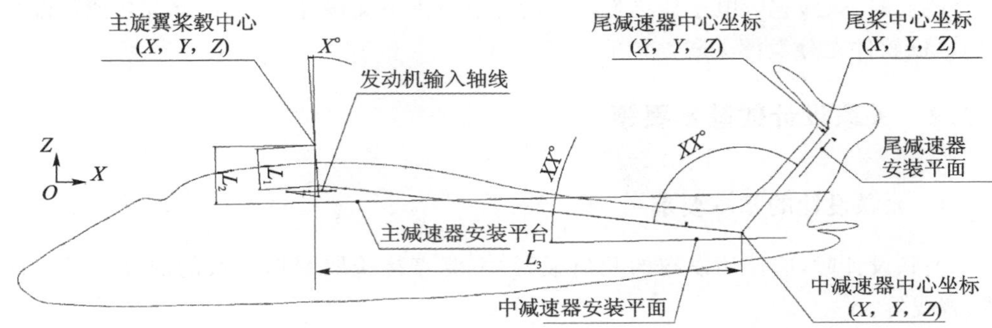

图 4.11　传动系统在直升机上的主要节点坐标

在 CAD 软件中，按照直升机空间坐标建立传动系统主要设计节点参数的骨架模型（见图 4.12），将这些直升机中不可更改的节点参数定义为一级骨架。在一级骨架的基础上，按照需求，建立便于三维建模的设计参考面，一般将这种用于多个零件建立三维模型的公共辅助面称为二级骨架（见图 4.13），在软件中将这些二级骨架予以发布（publication），各部件就可以在统一平台上进行三维设计和修改了。

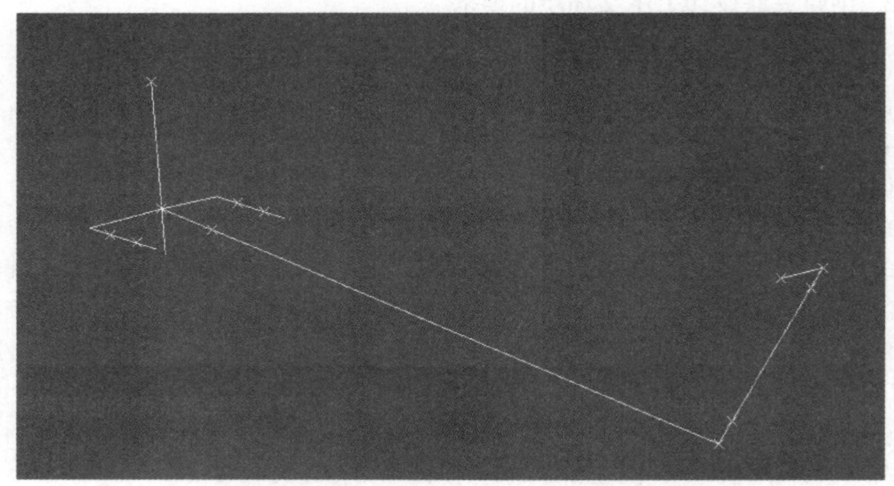

图 4.12　传动系统三维建模一级骨架模型

在 CAD 软件中进行传动系统设计时采用关联设计，在装配中为各自零部件的某些特征建立关联关系，就会使零件模型的建立更加灵活，节省设计时间，提高设计效率，还避免了零件间尺寸和位置间的设计错误。通过零部件模型特征间的前后关联关系来实现关联设计，一旦驱动特征发生设计变更，就会引起与之关联的零件特征的变更，从而实现装配体的自动更新，这会大大减少零件特征重新设计的时间，提高机械设计的效果，目前国内外知名直升机设计公司均开始采用参数化驱动关联设计方法（见图 4.14）。

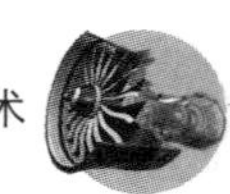

图 4.13　传动系统三维建模—二级骨架模型

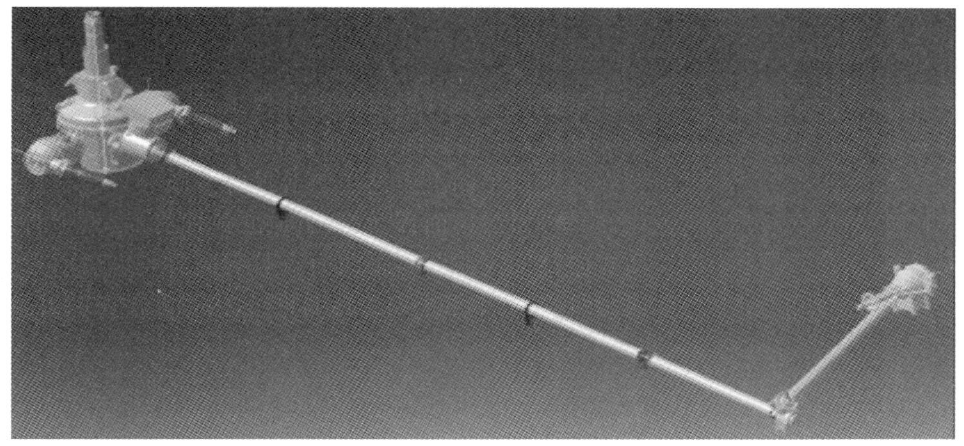

图 4.14　采用关联设计的传动系统三维建模

4.3　超临界传动轴系设计技术

尾传动轴的设计应保证工作转速避开临界转速，以免产生共振，引起构件的破坏。通常，尾传动轴的工作状态有两种情况：一种是在超临界转速状态下工作，一种是在亚临界转速状态下工作。超临界转速状态指工作转速在一阶临界转速以上。

尾传动轴组件一般由尾水平轴系和尾斜轴两大部分组成，超临界尾传动轴指的是尾水平轴系为超临界轴，一般其尾斜轴仍为亚临界轴，尾水平轴系的工作转速在一阶临界转速以上，为了抑制尾水平轴系过临界转速时的振幅，需要在相应振幅最大的位置设置阻尼器。由于超临界尾水平轴的主要振型是各段轴的一阶弯曲振型，故阻尼器一般设置在相应轴段的中部。超临界轴系的特点是每段轴的长度较长、轴段数较少，零件数量相应减少，维护性好，重量较轻。20 世纪 90 年代之后，在国外直升机传动系统尾传动轴组件设计中开始引入超临界尾水平轴系设计理念，有较多的第三代传动系统采用超临界尾水平轴，如 A129、A139、NH90、“阿帕奇”、“虎”传动系统。2000 年后，国内开始引入超临界尾传动轴设计理念，研发的直-10、直-15 直升机尾传动轴均为超临界轴，其常见的构型如图 4.15 所示。

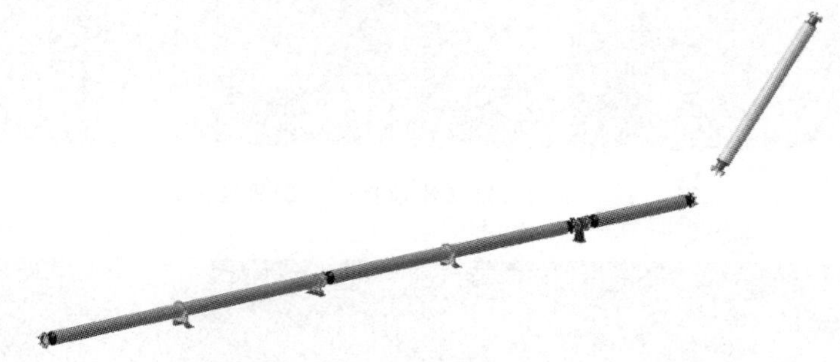

图 4.15　超临界尾传动轴结构示意图

4.3.1　构型设计

传动系统设计部门与直升机总体设计部门协调，根据直升机的节点数据、接口要求及动力学特性，按照临界转速限制及直升机总体布局，来确定尾水平轴系是亚临界轴系还是超临界轴系，以及轴段的长度和段数。

尾斜轴只有一个轴段，结构简单，一般为亚临界轴。

4.3.2　动态特性设计

在尾传动轴设计中，通常给出三个状态的转速：地慢转速、额定工作转速和最大转速。对于超临界轴，其各阶临界转速与地慢转速、额定工作转速和最大转速之间至少有 10%的裕度，并通过模态试验、临界转速试验考核，以确保其动力学特性的稳定性。同时，还需进行相应的稳定性和振动抑制技术研究，例如，CMH 传动系统地面联合试验中曾因自激振动（动力学失稳，见图 4.16）和超临界尾水平短轴的一阶弯曲频率振动分量过大而导致振幅超限，在采取了相应的抑制技术措施后解决了该问题[2]。

超临界轴临界转速计算通常可采用常规方法和有限元方法，同时，根据直升机传动系统通用规范 GJB 2350—1995 中的规定，在各阶临界转速下应保证 10%临界转

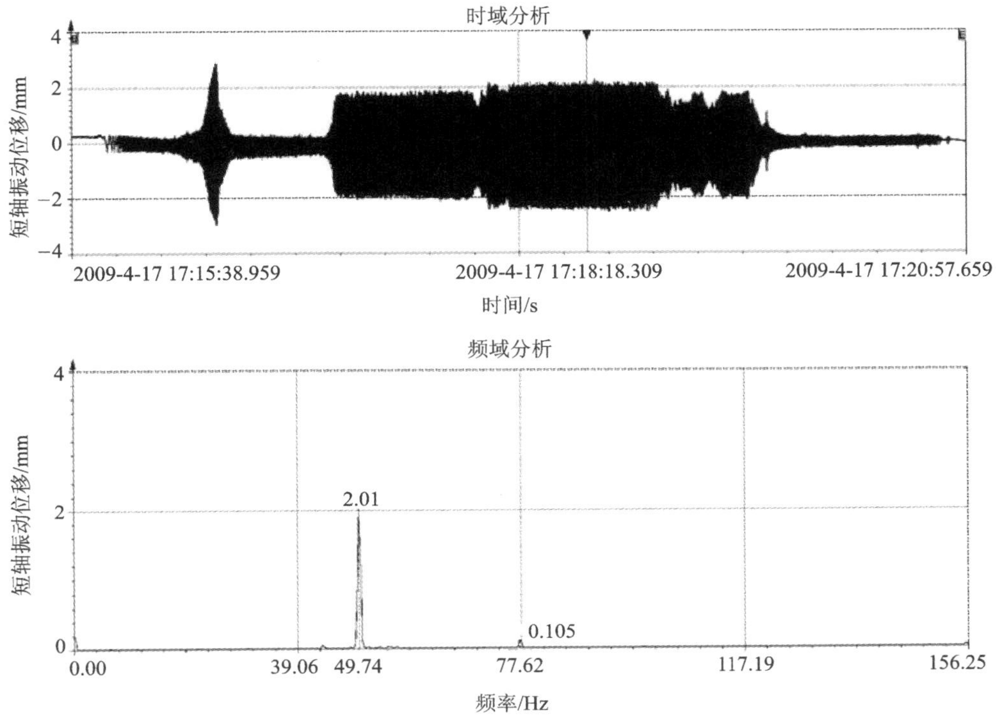

图 4.16　CMH 传动系统地面联合试验尾水平短轴振幅超限情况

速裕度，临界转速裕度定义为

$$临界转速裕度=\frac{|工作转速-临界转速|}{工作转速}\times 100\% \geqslant 10\%$$

由于超临界轴较长，且材料、加工、装配误差等会使轴的质心偏离其几何中心，导致工作时旋转中心与质心不重合（即存在动不平衡量），产生振动，过大的振动给轴及其相邻部位带来较大的附加载荷，严重时使部件破坏。因此，常对轴进行平衡校正，通过粘贴平衡块或去除金属材料等方法，将不平衡量控制在允许的范围内。

4.3.3　可随动的柔性支座设计

在超临界轴中，为了适应轴系过临界时的振幅，连接两段超临界轴的支座使它们具有随动功能。该可随动的支撑装置，由尾轴陶瓷球轴承、关节轴承、轴承座组件、支撑座组件以及连接紧固件等零部件组成（见图 4.17），通过陶瓷球轴承的球面外环来适应承受安装时的角向偏差、过临界时产生的角向位移，以及降低工作时的振动；通过支撑座组件上的 3 个关节轴承来适应安装时的轴向偏差、过临界时的轴向位移，以及降低工作时的振动。

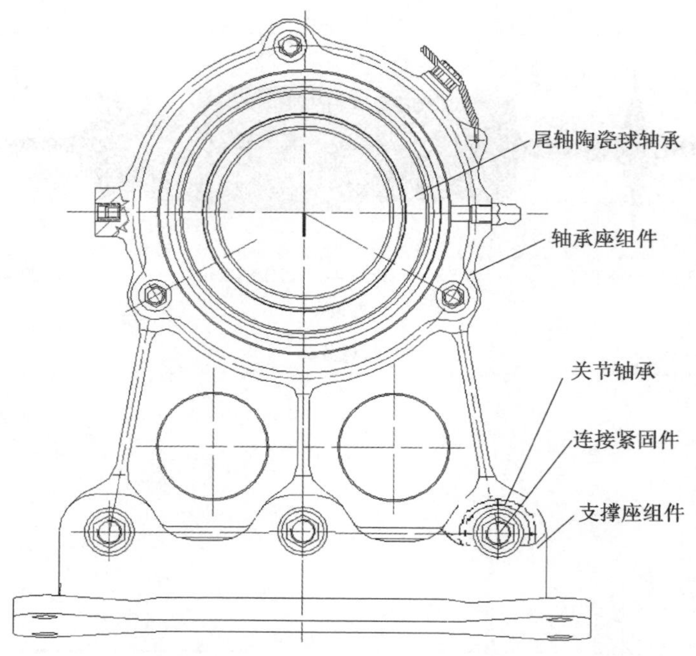

图 4.17 可随动的柔性支座

4.3.4 可随动的阻尼支座设计

为了抑制超临界轴系过临界转速时的振幅，在轴系上设置了阻尼器。阻尼器应设置在轴系相应振型振幅最大的位置。由于超临界轴系的主要振型是各段轴的一阶弯曲振型，因此阻尼器设置在相应轴段的中部。阻尼器主要由阻尼器支座、阻尼环、弹簧及其他紧固件零件组成。阻尼环由上、下两半环组成，由螺栓连接，在安装状态下，螺栓压缩弹簧，弹簧将下半环压靠在阻尼支座上，阻尼环与支座间的摩擦力通过螺栓和弹簧调节。可随动的阻尼支座的结构组成如图 4.18 所示。

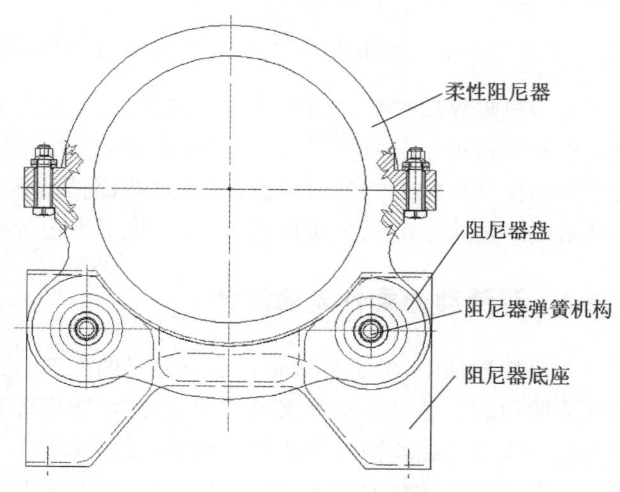

图 4.18 可随动的阻尼支座结构

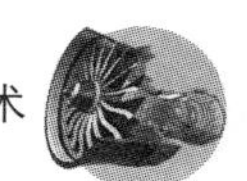

4.4　损伤容限评定技术

损伤容限指结构在规定的维修使用周期内，抵抗由缺陷、裂纹或其他损伤而导致破坏的能力，以及结构中的初始缺陷及其在使用中缺陷发展的允许程度。损伤容限设计方法在 20 世纪 60 年代末引起美国航空界的重视，主要是由于多起美空军飞机因结构缺陷导致断裂事故，使得人们认识到结构的初始缺陷和损伤必须在设计之初就引起足够的关注，并采取相应措施来尽可能降低其对飞行安全的影响。1974—1975 年，美国颁布了第一部损伤容限设计规范。1983 年，美国西科斯基公司的 HH－53 直升机完成了损伤容限评估，从而成为首个采用损伤容限方法的直升机。不久后的 1989 年，美国联邦航空局（FAA）颁布联邦航空条例（FAR29.151）要求旋翼机在设计过程中应考虑损伤容限问题，其目的是制定直升机结构的维修检查程序和检查手段，以保证直升机在寿命期内的飞行使用安全及可靠性。

长期以来，国内的传动系统结构疲劳设计主要采用安全寿命设计方法。通过对主要承载结构的疲劳关键部位进行合理选材，来开展抗疲劳结构细节设计，适当控制应力水平，改善结构细节的抗疲劳品质，进行结构飞行载荷实测，编制可靠的飞行实测载荷谱，采用高可靠性的疲劳强度和疲劳寿命缩减系数，确保结构在规定的寿命期内不会产生裂纹。实践表明，采用安全寿命设计方法设计的传动系统，即便在较短的使用寿命期内，零件裂纹也常产生，并且产生裂纹的原因多为材料和加工缺陷。针对以上状况，在传动系统疲劳设计中，采用损伤容限设计方法非常必要[4]。

4.4.1　损伤容限设计

损伤容限设计方法的实施是一个系统工程，包括设计、分析、试验及检测维修四大方面的技术内容[5]：

① 设计：包括材料的选择，避免采用裂纹扩展速率大的材料；采用多余度结构设计和易于检查的结构设计等。

② 分析：包括主要结构分析、结构危险部位分析、载荷/应力谱分析、初始损伤确定、裂纹扩展分析、剩余强度分析等。

③ 试验：包括小样断裂特性试验、结构件损伤容限试验、全机损伤容限试验等。

④ 检测维修：包括结构损伤检测方法、无损检测、检查等级和检查间隔等；检查等级和检查间隔的确定主要取决于结构的可检性、检查方法及全尺寸结构试验结果和使用经验等，典型的检查等级和检查间隔如表 4.4 所列。

传动系统损伤容限设计的目标与安全寿命方法相同，都是为了保证直升机的安全性，其关键在于通过制定合理的检查间隔和裂纹增长限制，来保证结构在给定的使用寿命期内，不致因未被发现的初始缺陷扩展失控而造成灾难性事故。

表 4.4 典型的检查等级和检查间隔

检查等级	适用范围	检查方法	检查间隔	备 注
飞行中明显可检	飞行员在飞行中能迅速无误地察觉到已发生危及飞行安全的损伤结构	飞行员目视和自身感受	1 次飞行	
地面明显可检	地勤人员可以迅速无误地判明损伤结构	地勤人员目视	1 次飞行	
环视可检	专门检查人员在一般目视检查中不会漏检损伤结构	专门检查人员对结构外部进行目视检查	10 次飞行	不需要拆下接近的壁板和窗口
特殊目视可检	专门检查人员在特殊目视检查中不会漏检损伤结构	专门检查人员拆下接近的壁板和窗口，对结构内、外部进行全面目视检查	1 年	允许使用镜子和放大镜等简单助视器
场站及基地可检	专门检查人员用无损检查技术才能发觉损伤结构	采用超声波、X 射线、渗透等无损检查技术，必要时可拆卸设计分离部件	1/4 设计使用寿命	
使用中不可检	用上述方法都查不出损伤的结构	—	设计使用寿命	

当前国内外传动系统通常采用安全寿命设计与损伤容限设计相结合的方式进行强度设计，安全寿命设计用于确定传动系统的安全寿命，损伤容限设计用于确定可检结构的损伤检查间隔、不可检结构的剩余强度要求和裂纹增长限制，如图 4.19 所示。

传动系统损伤容限设计一般须注意以下几个方面：

① 尽量将结构设计成破损安全结构。可采用多传力途径的结构布局、静不定结构形式及组合承力结构等，并使结构具有缓慢裂纹扩展特性。

② 保证结构破损安全的关键是定期对结构进行检查或考验性试验。对于易产生裂纹的重要构件，要尽量设计成可检结构，要有开敞的检查道路，以便日常维护检查、修理和更换。

③ 要求比较准确地计算对应于每一个裂纹的剩余强度和裂纹扩展速率。根据具体的结构，了解和确定合理的最小可检裂纹尺寸和破损安全载荷下的临界裂纹尺寸，尽可能获得可靠的材料裂纹扩展特性，从而使裂纹扩展寿命计算更符合实际情况。

④ 采用断裂韧度高、抗裂纹扩展性能好的材料，以保证结构具有较高的剩余强度和缓慢裂纹扩展特性。断裂韧度的提高有利于获得更大的临界裂纹尺寸。裂纹扩展速率的降低可增加不可检查裂纹以前的裂纹扩展寿命和检查周期内的裂纹扩展寿命。

⑤ 提高检测灵敏度对提高结构安全性起着非常重要的作用。从增加检查周期上看，它甚至比提高材料的断裂韧度更明显。

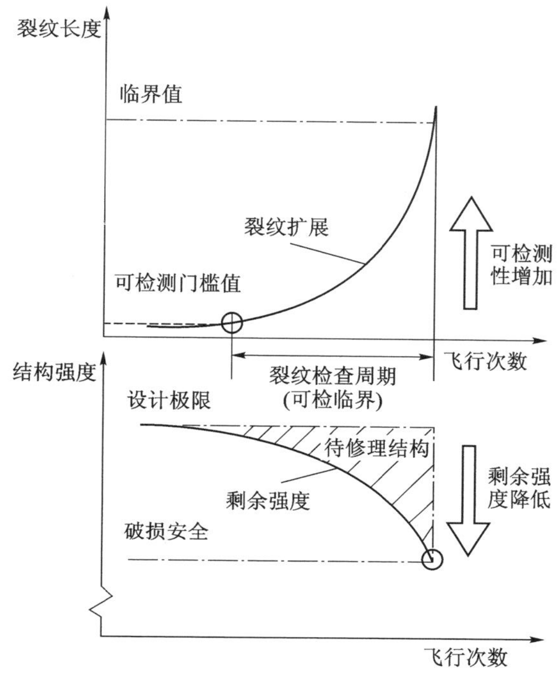

图 4.19 损伤容限设计概念示意图

⑥ 若结构允许，则可采用止裂孔、止裂带和结构分段等止裂措施，以防止裂纹快速扩展。

⑦ 由于裂纹的扩展与载荷的顺序存在非常大的关系，因此在进行损伤容限评估时，采用的载荷谱一定要考虑传动系统的实际工作状况。

4.4.2 损伤容限技术的发展方向

传动系统损伤容限设计和评定技术的发展，是未来直升机更高安全性设计的切实需要[6]。提高传动系统损伤容限设计技术并使其持续健康发展，还需在以下几个方面持续投入力量。

(1) 传动系统结构损伤数据库

联合传动系统生产单位、使用单位，建立和完善传动系统结构的缺陷及损伤位置、类型、尺寸、使用环境、维护条件数据库，收集、整理传动系统结构损伤的发生、发展和影响的统计数据，建立相应数据的统计分析方法和程序。

(2) 传动系统材料损伤容限性能数据库

研究传动系统材料损伤容限性能试验测试技术，测定其损伤容限性能，包括含各类初始缺陷材料的 S－N 曲线、断裂韧性、裂纹扩展速率、断裂门槛值和冲击损伤容限性能，观测其损伤失效模式并分析其损伤机理，构建传动系统材料损伤容限性能数据库。

跟踪国内外先进材料研究进展，搜集相应的损伤容限性能数据，必要时，可建立数据交换和共享机制，扩大传动系统材料选择范围，有利于传动系统损伤容限设计能力的提高。

(3) 传动系统损伤容限载荷谱数据库

根据直升机的任务剖面和载荷状态，测定和编制传动系统的疲劳载荷谱。研究载荷顺序、高低周载荷等因素对损伤扩展的影响，并按照损伤等效原则，建立损伤当量折算公式，发展损伤容限试验载荷谱简化技术。

(4) 传动系统结构损伤容限设计方法库

跟踪和统计传动系统典型构件损伤容限设计的实际使用数据，不断完善传动系统典型构件损伤容限设计的准则和方法，包括损伤检测程序和方法、可检度设计方法、裂纹扩展计算方法和损伤容限试验方法等。

4.5 抗疲劳设计技术

传动系统作为直升机的主要承载结构件，其主要结构的抗疲劳设计一直是传动系统设计的重中之重。传动系统抗疲劳设计主要从材料和结构两方面入手。材料方面的抗疲劳设计手段主要有：通过合金成分调整和热处理工艺优化的手段提高疲劳合金的抗疲劳性能；通过表面改性手段，如表面喷丸强化、降低表面粗糙度、渗碳、渗氮、激光冲击强化、氰化、高频电表面淬火等提高零件表面的抗疲劳能力。结构方面的抗疲劳设计手段主要是通过优化结构承载路线，尽可能避免应力集中，来降低结构应力水平。

4.5.1 齿轮渗碳技术

齿轮是传动系统中的重要基础零件，其疲劳特性是实现传动系统寿命设计和可靠性设计的关键基础数据。已有的研究结果表明，齿轮的疲劳强度与其材料的化学成分、渗碳层深度、淬火回火工艺以及显微组织类型、形态等多方面因素都有密切的关系。虽然渗碳钢的不同热处理类型、工艺、渗碳层深度等对其疲劳性能的影响并不具有明确一致的关系，但可以确认的是，对于同一种材料，通过调整渗碳工艺参数，如碳浓度、渗碳速度、渗碳层深度，以及其他热处理工艺，一般均能使其疲劳性能获得显著提升，因此渗碳工艺已经成为传动系统齿轮抗疲劳设计中的重要手段。

国外有关研究资料[7]表明，渗碳齿轮疲劳性能除受硬度影响外，主要还受渗碳表层发生的内氧化和出现非马氏体组织情况的影响。渗碳表层出现非马氏体层越深，其疲劳抗力越低。渗碳钢的表面淬火出现过冷奥氏体分解产物是降低疲劳抗力的根本原因，而发生内氧化只是促进淬火时易出现过冷奥氏体分解产物的一个条件。

当其他条件一致时，渗碳层深度对齿轮弯曲疲劳极限和辐板多轴疲劳极限都有重要影响。表 4.5 所列为某型齿轮通过轮齿弯曲疲劳试验获得的一组数据，由表可见，渗碳层深度并不是越深越有利，在该齿轮的渗碳层深达到 1.2 mm 后，由于脆性提高、韧性降低，在大载荷下，表面微损伤极易扩展为可见裂纹，其疲劳极限不升反降。

表 4.5　某型齿轮不同渗碳深度的疲劳性能

渗碳层深度	脉冲疲劳极限/MPa
低渗碳层深	847
高渗碳层深	784

齿轮辐板是驱动轮齿运转和传递轮齿载荷的通道，其在工作中的疲劳应力水平一般均较高。图 4.20 列出了几种典型齿轮结构的应力分布情况。由图可见，齿轮辐板应力关键区域一般包括轮齿根部所在轮缘、减重孔、辐板与轴转接区域，基本包括了整个辐板区域。因此在进行强度设计时，一般均将整个齿轮辐板作为齿轮的强度关键部位。为了提高齿轮辐板关键区域的抗疲劳性能，在辐板的关键区域进行渗碳以提高其疲劳性能，已经越来越多地成为齿轮强度设计的重要手段。

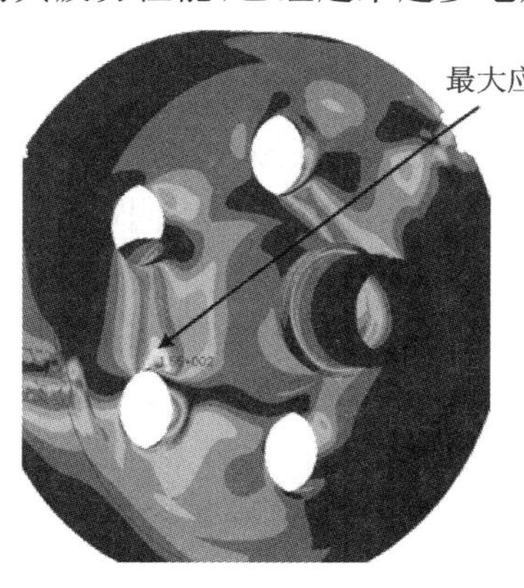

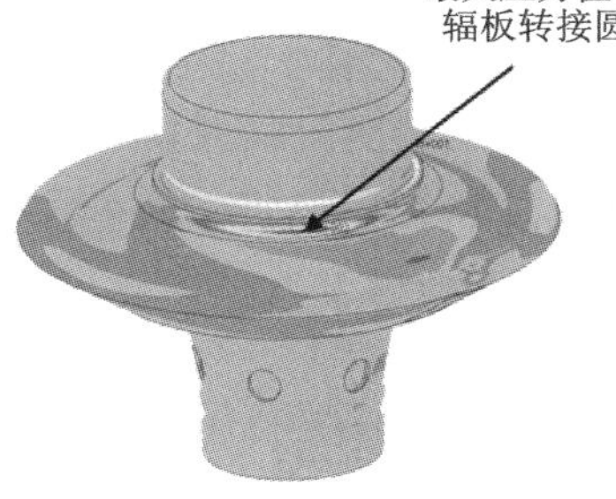

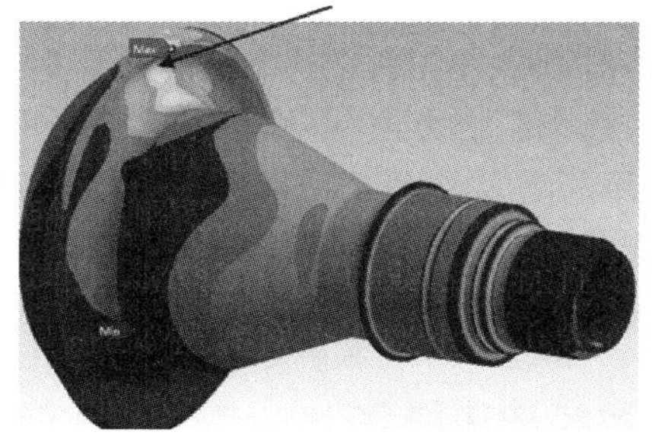

图 4.20　典型齿轮结构的应力分布

4.5.2 表面喷丸强化

喷丸处理技术起源于20世纪20年代。1948年，美国就已经颁发了SAE J808a喷丸手册。2014年9月，在德国Goslar举办的第十二届国际喷丸会议促进了喷丸技术的交流和推广应用。60年代，由于飞机构件因疲劳失效而断裂的现象不断发生，而对飞机的一些重要构件进行喷丸处理的效果十分显著且成本较低，因此被广泛应用于空客、波音、庞巴迪的客机机翼等结构件的成形上。目前美国波音、普惠、通用电气以及英国罗罗等航空知名企业均制定了一系列严格的喷丸工艺要求和技术规范。

从20世纪50年代开始，我国科研人员在喷丸处理技术各方面做了大量的研究工作。在国内航空应用领域，原航空航天工业部分别在1981年、1988年发布了《航空零件喷丸强化通用说明书》(HB/Z 26—81)、《航空材料喷丸强化手册》。2006年，喷丸技术被应用于国产ARJ21支线客机机翼的预应力整体壁板成形上。西飞公司采用大直径弹丸及超声波喷丸方法，解决了超临界、加厚蒙皮、高筋壁板的技术问题；利用陶瓷丸喷丸、旋片喷丸技术，分别解决了薄壁件变形、复杂半封闭区域的缺陷。90年代，我国在传动系统设计领域大量采用喷丸强化处理技术，显著提高了主要承载结构件如齿轮、机匣、法兰盘等的疲劳强度，一般疲劳强度提高不低于20%。

喷丸处理技术的强化机理主要分为两个方面：

① 残余应力。表面未喷丸处理的构件，其疲劳源一般萌生于表面，在外载荷的作用下，当表层外加的拉应力高于疲劳极限时，易导致材料断裂失效。喷丸后，构件表层形成的残余压应力对表层裂纹的萌生及扩展产生抑制作用，从而提升了构件的耐腐蚀和抗疲劳性能。

② 组织强化。从微观机理来说，当材料未喷丸时，由于内部的位错运动及晶粒滑移，容易在构件表面产生错位并形成应力集中源；而在材料喷丸后，表面喷丸区域会产生塑性变形层，导致位错密度增大，晶格产生畸变，出现亚晶界和晶粒细化，从而提高了材料的抗疲劳和耐腐蚀性能。在高温环境服役的零件，喷丸形成的残余压应力场容易松弛消失，这时组织强化会对疲劳性能的改善起到主要的作用。

随着科技的发展和创新，喷丸技术经过几十年的研究和推广，出现了如超声喷丸、高压水射流喷丸等新型技术。这些新型技术与传统喷丸技术相比，喷丸区域的压应力深度、残余压应力值、表面粗糙度都会更高更好。为了满足喷丸技术在航空航天等尖端领域的需求与发展，需要提升喷丸技术的研究水平，在工艺、设备等方面朝着高效化、多样化等方向发展，因此出现了高能喷丸、双面喷丸和湿喷丸等新型工艺方法。

4.5.3 激光冲击强化

在20世纪60年代，国外科学家发现了激光诱导冲击波，而后西方国家，尤其是

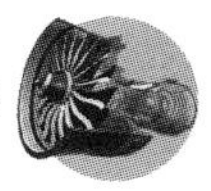

美国，从 70 年代开始对利用激光进行表面处理做了大量试验研究。1998 年，美国 GE 公司采用激光对 F110、F404 发动机风扇叶片和压气机叶片进行了强化处理，解决了叶片高周疲劳断裂问题，并使其抗外物损伤能力提高 15 倍[8]。2004 年，美国 LSPT 和惠普公司采用激光冲击强化（Laser Shock Processing，LSP）技术对出现裂纹的整体叶盘进行了强化处理（见图 4.21），使得损伤后的叶片疲劳强度由 206.85 MPa 上升到 413.7 MPa。试验表明，LSP 技术能将缺口整体叶盘的疲劳强度提高 1 倍以上[9]。

图 4.21　国外采用激光冲击强化的发动机叶片和其他飞机结构件

国内激光冲击强化技术的研究始于 20 世纪 90 年代初，其发展主要分为两个阶段：从 90 年代初到 2007 年为实验室研究阶段，从 2008 年开始为该技术的应用发展阶段。国内在曲轴过渡圆角区采用 LSP 的经验表明，冲击区与未冲击区相比，显微硬度提高了 65%～75%，残余应力提高了 80%～100%，而寿命则提高了 150%[10]。

激光冲击强化的实质是激光诱导等离子体冲击波作用于材料表面的一种表面强化方式，其基本原理如图 4.22 所示。材料表面需要先后覆盖一层吸收层（如铝箔）和约束层（如水）。当短脉冲（几十纳秒）高峰值功率密度的激光照射到靶材表面上时，吸收保护层吸收激光能量并瞬间气化蒸发，形成高温、高压的等离子体；由于受到约束层的阻碍，这些等离子体形成高压冲击波并向靶材内部传播，由于冲击波的力学效

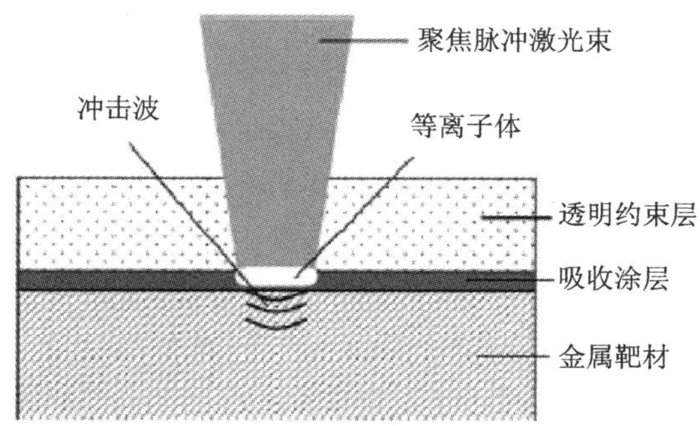

图 4.22　激光冲击强化原理图

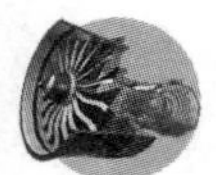

应使材料表层产生塑性变形，从而改变材料的原始组织并形成残余压应力场，进而达到显著提高材料抗疲劳、耐磨损和耐腐蚀等性能的目的[11]。

激光冲击强化是一种利用冲击波的力学效应对金属部件表面进行改性，提高部件的抗疲劳与耐损伤等特性的技术，其加工过程对部件基本没有热影响。与机械喷丸、滚压、表面热处理等传统表面强化技术相比，激光冲击强化具有以下明显的技术优势[12]：

① 高压高能。在约束层的约束作用下，等离子体冲击波压力可达数吉帕，激光束能量可达数十焦耳，峰值功率可达吉瓦量级，在短时间内将光能转换为机械能，实现了能量的高效利用。

② 可控性好。在激光冲击强化过程中，激光光斑大小、冲击路径等工艺参数可精确控制，能够处理一些传统工艺难以处理的复杂结构，如倒角、焊缝、沟槽和小孔等部位，也易于对强化部位的应力分布进行控制，防止部件强化后变形。

③ 强化效果好。激光冲击强化形成的残余压应力更大，形成的残余压应力层更深，可达 1～2 mm，是机械喷丸的 5～10 倍，并能细化材料表层的晶粒，使材料疲劳强度进一步提高。

④ 强化质量高。激光冲击零件表面后留下的冲击坑深度为微米级，基本不改变表面粗糙度，而经传统工艺加工后，零件表面的粗糙度往往很大，严重削弱强化效果。

⑤ 应用范围广。激光冲击强化对各种铝合金、钛合金、镍基合金及粉末冶金等均有良好的强化效果。

4.6 抗弹击评估技术

武装直升机在执行任务时，需在机载武器有效射程内实施低空低速俯冲或悬停攻击。由于现代战争中所使用的防空力量有所加强，因此武装直升机被发现、被击中和被毁伤的可能性越来越高。直升机的生存能力直接影响和决定着武装直升机作战任务的完成及乘员的人身安全。在战场环境中，武装直升机的生存能力除要依靠强大火力系统击毁敌方目标外，还必须提高自身的生存能力。直升机的抗弹击能力对提升直升机的生存能力和战斗力起着关键性作用。

尾传动系统是直升机传动系统抗弹击设计的弱点，尾传动系统跨距长、目标大，很容易遭受敌人的炮弹打击。此外，在尾传动系统外面只有一层薄薄的蒙皮防护，不具备装甲式防护能力，极易被击穿，进而损伤尾轴和中、尾减速器，在战场中常有尾梁和尾传动轴被击中的情况。根据 GJB 2350—95 的要求，军用直升机传动系统的尾传动轴应具备抗弹击能力，即在被 1 发 12.7 mm 口径子弹击中后，能够安全飞行 30 min，或被 23 mm 爆破弹击中后，能够安全降落。

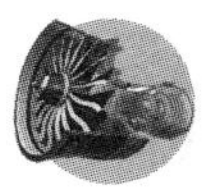

4.6.1 研究现状

20 世纪 70 年代，国外已将抗弹击设计融入武装直升机整机设计理论中，并进行了大量的理论分析计算和实际弹击试验验证，形成了一套完整的直升机整机弹击容限设计体系。

美国西科斯基公司为显著提高“黑鹰”直升机在高危战场环境下的生存能力，在设计理念和机身材料设计中对整机各部件进行了抗弹击设计，使直升机核心部件能够最大限度地承受速度为 1 600 ft/s(1 ft=30.48 cm)的 12.7 mm 穿甲弹的攻击，以及速度为 1 600 ft/s 的 23 mm 高爆燃烧弹的攻击，另外，将 30 mm、37 mm、57 mm 高爆燃烧弹威胁的影响降至最低。“黑鹰”直升机尾传动轴采用 2024 - T3 铝合金，尾水平轴的直径为 88.9 mm，尾斜轴直径为 133.35 mm，壁厚为 2.4～2.8 mm，在被 1 发 12.7 mm 口径穿甲弹击中后，能够安全降落。

“猫鼬”(A129)直升机尾传动轴采用大直径铝合金管轴，具有抗弹击能力和在承受打击后仍能传递扭矩的能力，在受 12.7 mm 弹击后仍能飞行至少 30 min。同时，主减速器及中、尾减速器都考虑了在弹击损伤后，对润滑油、润滑脂储存的空间设计，从而保证了断油或少油润滑情况下直升机的安全工作时间，大大提高了弹击后的生存力。

在“阿帕奇”直升机传动系统设计中充分考虑了生存力的要求。其主旋翼轴采用动静轴结构，动静旋翼轴结构为独立的单元体，动轴(内轴)主要传递扭矩，静轴(外轴)支承升力系统并传递其载荷。主减速器设计采用弹击容限和故障安全准则(质量由此增加约 20 kg)，传动系统的部分动部件(如尾传动轴组件)采用 70/49 号铝和电渣重熔钢制造，关键传动部位(如轴承)采用电渣重熔钢外套保护，可抵抗 12.7 mm 子弹或 23 mm 口径炮弹的打击，主旋翼轴能在承受 12.7 mm 或 23 mm 弹击后继续运转。关键传动部位在受 12.7 mm 或 23 mm 弹击后可坚持工作 1 h。主减速器润滑系统为多裕度设计，润滑系统由两套回路独立的系统组成，在任一回路遭受弹击失效的情况下，仍能提供润滑，保证主减速器正常运转。中减速器和尾减速器采用 MIL - G - 83363 润滑脂润滑，试验表明“阿帕奇”的这种设计在被 12.7 mm 子弹击中后仍可在承受载荷的条件下运转 2.5 h。

同时，国外先进武装直升机传动系统还进行了抗弹击理论分析和专门的抗弹击试验。特别对主旋翼轴、尾传动轴以及中、尾减速器等关键部位在受 12.7 mm 或 23 mm 弹击后进行了性能和疲劳试验，以确定传动系统的弹击容限。

4.6.2 尾传动轴抗弹击评估

在对尾轴进行弹击分析时，需进行动态仿真分析，模拟尾轴受弹击的碰撞过程，模拟弹击孔的破损形貌。尾传动轴抗弹击设计和评估的主要内容如下。

1. 损伤模式确定

图 4.23 所示为某型传动轴完成的 12.7 mm 子弹不同弹击模式下的损伤形貌图，由各图可见，不同的弹道情况，轴的损伤差异非常大，其中，弹道 1、3、7、9 为子弹通过被弹面中心的模式，其对应的损伤明显较小；而弹道 2、8、10、12 为子弹通过被弹面边缘的模式，其对应的损伤非常大，几乎将轴切断。在进行轴的弹击损伤分析时，应对各种损伤模式分别进行评估。

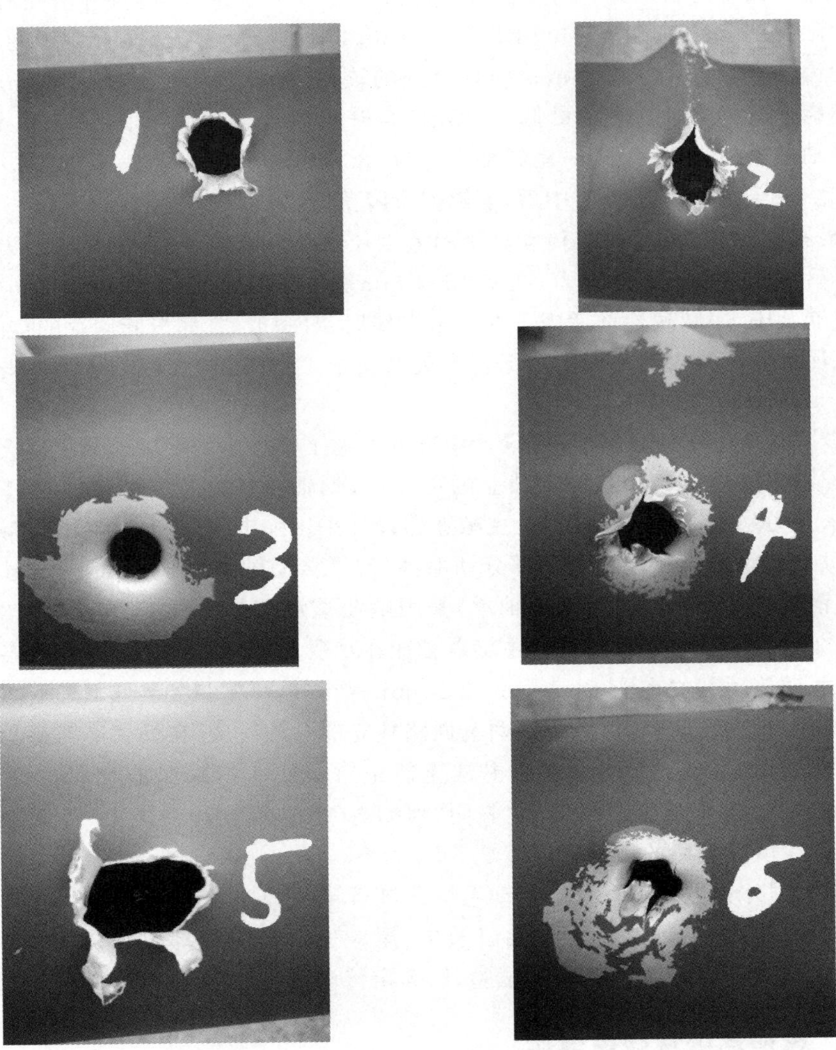

图 4.23　不同弹道对尾轴损伤的形貌图

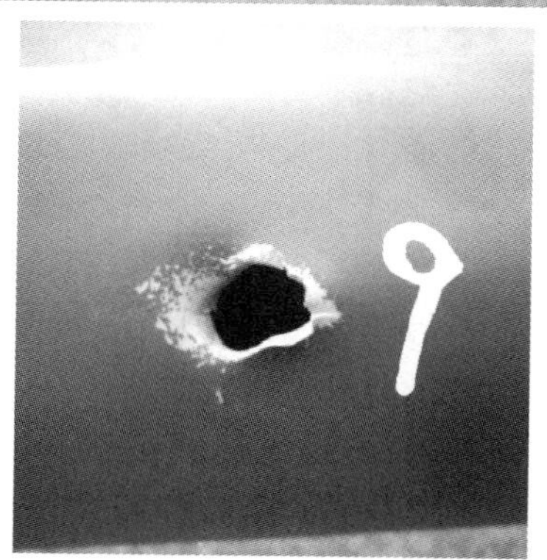

图 4.23　不同弹道对尾轴损伤的形貌图(续)

2. 弹击过程分析

尾传动轴受弹击的过程本质上是一种瞬态冲击响应的过程，在损伤模式确定后，其结果主要受弹体即尾传动轴的材料特性、子弹速度的影响。除采取实弹弹击测试手段外，可通过瞬态冲击响应仿真手段来分析弹击的过程及弹击后的形貌。在弹击分析过程中,可以忽略轴本身转速的影响。图 4.24～图 4.27 为一组典型的弹击损伤仿真分析结果,可以看出,弹击后的轴管形貌与图 4.23 中标号为 2 的弹击损伤形貌类似。从上述分析结果可以看出,该方法能够较好地模拟尾传动轴被弹击的全过程。

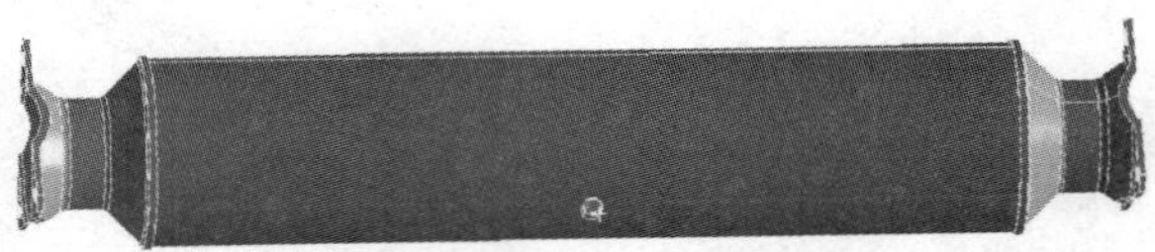

图 4.24　弹击初始装配模型

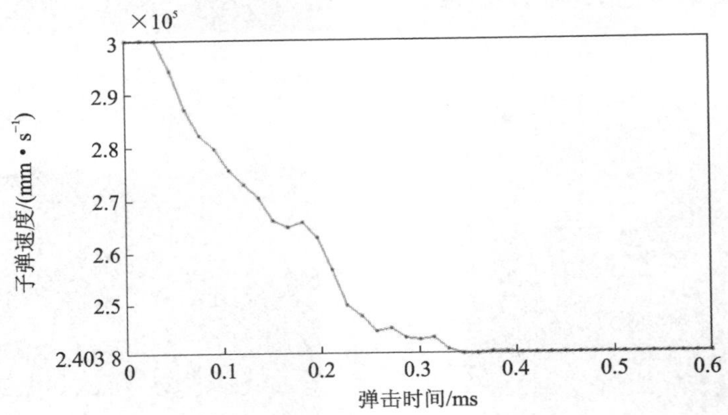

图 4.25　弹击过程中子弹速度变化曲线

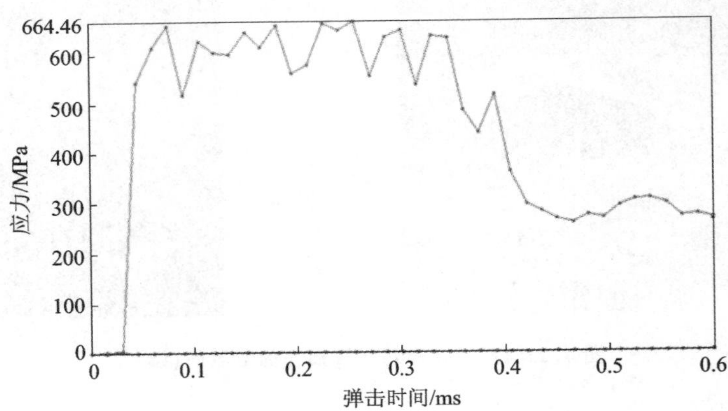

图 4.26　尾传动轴弹击过程中的应力变化曲线

3. 尾传动轴弹击后的剩余强度分析

尾传动轴弹击过程仿真分析或弹击试验的结果,只有通过剩余强度检验才能证

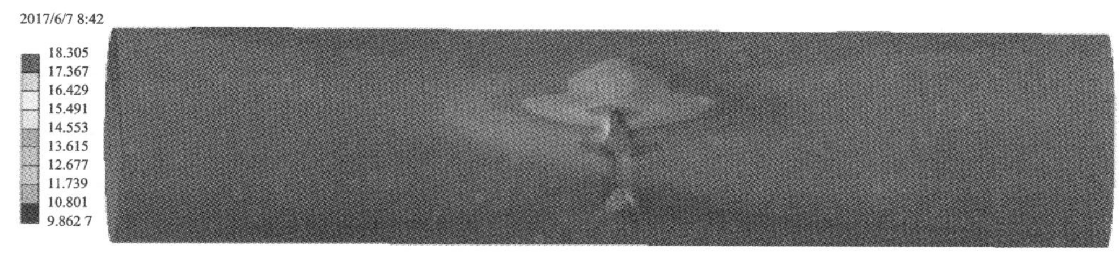

图 4.27 尾传动轴弹击后的破坏形貌变形量(单位:mm)

明尾传动轴的耐弹击能力。由于弹击后轴的变形会破坏轴的平衡状态,因此,对于剩余强度的检验,不仅需要考虑传递扭矩的能力,还需要考虑轴的运转稳定性。

4.7 润滑系统动态仿真技术

采用仿真技术对高性能计算资源、流体、传热等学科知识的集成,可有效支撑减速器润滑系统的正向研发体系,快速实现减速器润滑各环节的设计迭代优化,从而提高研发效率,降低研发成本,提高减速器产品的一次设计成功率。同时,传统的航空减速器研制过程主要还是依靠试验来暴露设计技术问题,使得航空减速器的研制周期长、耗资大、风险高,而高水平的仿真可以通过精确的数学模型、仿真分析和虚拟现实技术来透视减速器润滑系统的特性,提前发现设计缺陷和运行期间可能出现的故障,从而使大量的研发工作可以在计算机上实现,进而大幅减少物理试验量,缩短设计与试验验证的时间,加快研制进度。

4.7.1 主减速器润滑系统的动态仿真

减速器润滑系统是传动系统不可或缺的重要组成部分,润滑系统性能指标(如滑油压力)是监控直升机减速器工作状况的重要技术指标之一,外场试飞经验表明,减速器润滑系统的性能受飞行姿态变化的影响较大。例如,曾出现过在大姿态侧滑时减速器滑油压力低的现象,甚至出现滑油压力低报警的故障,导致直升机不得不改变当前动作,从而直接影响直升机的作战性能。传统的润滑系统分析主要集中于对润滑系统静态性能的仿真与计算,在不考虑飞行姿态及加速度对油位影响的情况下,计算有限个离散状态的润滑系统性能,无法获得整个时间历程的润滑系统性能。近年来逐渐发展了一种润滑系统动态仿真分析方法,可获得减速器变姿态工况下的动态油位数据及各润滑点的流量分配和压力分布,为设计高性能润滑系统及优化润滑系统动态性能提供了理论依据。

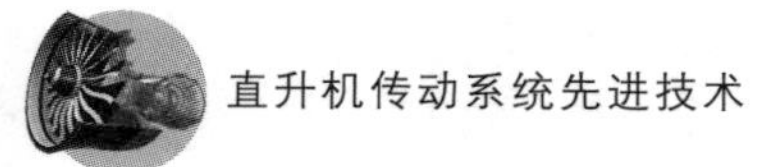

1. 研究现状

20 世纪 70 年代美国 Ford 公司首次提出了使用计算机模拟润滑系统的方法，随后，Cummins 公司发表了用网络解法进行润滑系统模拟。80 年代后，英国 Perkins 公司开发了通用的润滑系统油路网络模拟程序，能对润滑系统作细致的分析。目前，国外对润滑系统的仿真分析研究已日趋完善，各大公司都有自己开发的软件，借助软件可以精确求出润滑系统内任何给定点的压力和流量等参数。

国内关于润滑系统仿真分析的研究主要集中在润滑系统静态性能仿真研究方面。苏立超等人针对航空发动机的润滑系统，利用对该系统稳态情况下的滑油压力分布情况进行了仿真。之后结合实验测试数据，分析了影响润滑系统压力特性的结构因素。郁丽等人针对某型发动机滑油系统在中间状态下，系统内部的压力、流量等参数的分布情况进行了仿真，分析了供油温度对系统流体阻力特性产生的影响，并根据仿真结果推出的规律，为该系统的结构改进提供了参考。马壮和程礼针对滑油系统进口、出口的压力变化与发动机转子转速之间的关系，以及滑油压力的计算方法进行了研究，建立了滑油系统各主要元件的数学模型，并基于实验测试得到的数据建立了滑油系统在稳态情况下的压力模型，为滑油系统的性能评价和故障判断提供了参考。考虑到发动机润滑系统与减速器润滑系统类似，因此将发动机润滑系统的动态仿真分析方法逐渐推广应用于减速器润滑系统的性能评估。

2. 动态仿真原理

动态仿真分析在常规的静态仿真分析的基础上，并考虑姿态变化和油位变化对润滑系统性能的影响，其实现原理如下：

① 引入变姿态条件下动态油位分析中，以滑油泵吸油口处的滑油油位高度参数为变量，模拟变姿态条件对润滑系统的影响。

② 基于对自由液面形成机理的研究，引入姿态角、加速度等位姿态参数建立自由液面方程，考虑不规则油池形状和时变复杂边界环境条件，计算得到变姿态条件下动态可视化油位数据。

③ 利用一维润滑系统仿真分析软件，建立润滑系统仿真分析模型，将动态滑油油位数据作为润滑系统参数化仿真模型的输入条件，仿真分析获得润滑系统动态压力分布和流量分配等参数。

3. 动态仿真实现

(1) 参数化仿真模型建立

先对润滑系统的实际物理模型进行抽象及参数化，再在 Flowmaster 热流体系统仿真分析软件中建立仿真分析模型。润滑系统元器件主要包括喷嘴、直管、弯管、油箱、滑油泵、调压阀、滑油滤和散热器等，Flowmaster 仿真分析模型考虑喷嘴孔径、

喷孔数量、管路通径、管路连接形式、油箱形状、吸油口位置、滑油泵流量-压力特性、调压阀压力调定特性、滑油滤流阻特性、散热器流阻-流量特性、散热器流阻-温度特性等。通过设置仿真分析模型的参数，模拟实际物理模型。主减速器润滑系统额定压力较低，属于低压系统。主减速器内部铸造管路和外部连接管路的流阻对润滑系统的影响较大，仿真分析中需详细考虑管路参数对润滑系统的影响。

(2) 动态油位高度计算

在传统润滑系统设计过程中，将姿态角作为影响滑油池内滑油分布的主要参数，这种分析方法无法考虑加速度对滑油池液面的影响。由于滑油系统的实际物理结构在过载发生变化时，油箱内的油面及各测压点相对过载方向的投影也将不断发生变化，因此，在润滑系统动态仿真分析动态油位计算中需加入过载参数。采用液面角来模拟不同的飞行姿态和过载，根据以地面坐标系为参考系时液面角直接由加速度的方向决定，并由飞行参数中三个方向的加速度大小来计算油面方程。

在 CATIA 软件中建立主油箱腔体与小油箱腔体的三维实体模型，对 CATIA 软件进行二次开发自动实现油位计算。经过姿态分析，计算出过载条件下液面相对油箱的倾斜状态，即其法线方向。当以此法线所做的平面包络的箱体体积与油箱实时油量相等时，此平面就为液面。CATIA 软件中自带求解实体的体积功能，通过采用二分法调整平面高度，逐步切割油箱实体来求解其包裹的体积，直至其体积与已知的实时油量相等，此时得出的液面就是实时液面，测出其液面高度以供 Flowmaster 使用。

(3) 动态仿真分析

获得的动态滑油油位数据传递至润滑系统仿真模型中，设置仿真参数和边界条件，仿真获得润滑系统内各润滑点的动态压力分布和流量分配。具体实现方式如下：由于系统状态在不断改变，需要在每一时刻改变参数进行计算。使用 VBscript 对 Flowmaster 进行二次开发，自动读取飞行参数，设置仿真和边界条件参数后，按仿真流程不断计算各时刻的仿真结果(如各喷嘴的压降、流量，减速器压力，滑油泵出口处压力、流量，液面高度等)，并根据仿真结果更新滑油量结果，用于下一次仿真计算中，并一直在滑油油位计算和仿真计算压力、流量中迭代进行，直至结束仿真。

4. 动态仿真分析案例

某型传动系统主减速器润滑系统在外场试飞中出现了左侧飞状态滑油压力突降的现象，由于常规的润滑系统分析手段未考虑飞行姿态对润滑系统性能的影响，因此需要通过润滑系统动态仿真分析，从原理上解释某型主减速器左侧飞时滑油压力低的原因，为主减速器润滑系统的改进设计提供依据，同时为后续型号的润滑系统改进设计和新型号润滑系统设计奠定基础。

仿真的主要步骤如下：

① 将主减速器油池和管路内腔转化为三维实体，采用布尔运算去除机匣、齿轮、

轴承等实体所占的空间，以获得油池模型(见图 4.28)。

② 将油池模型导入 FLOW-3D 中，采用有限差分法划分网格，设置姿态角、加速度等边界条件，在 FLOW-3D 软件中获得变姿态条件下油池内的动态油位。由动态油位仿真结果可以看出，当进行 30°左侧飞时，油位低于滑油泵吸油口(见图 4.29)。

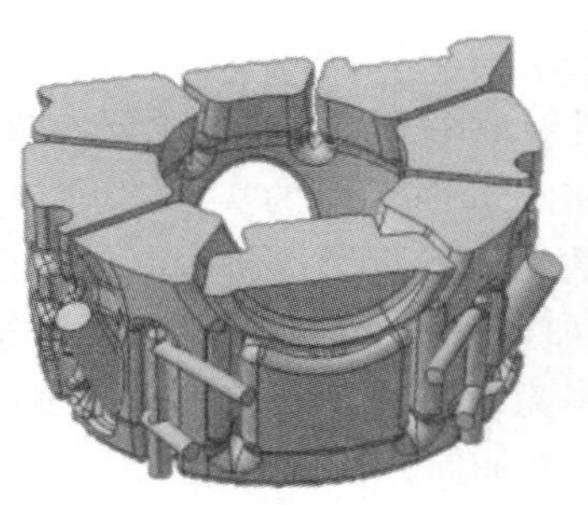

图 4.28 某型减速器油池模型

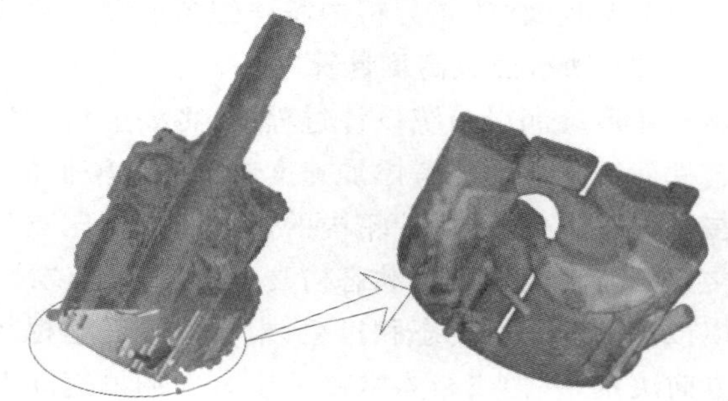

图 4.29 液位低于吸油口示意图

③ 根据主减速器润滑系统的管路构型，模拟滑油泵、调压阀等主要元器件的压力、流量特性，在 Flowmaster 中建立润滑系统仿真分析模型。

④ 将步骤②中获得的动态滑油油位导入 Flowmaster 中，仿真分析获得润滑系统内各润滑点的动态压力和流量分布。采用该技术对某型主减速器润滑系统进行了仿真，得到在 30°左侧飞时出现滑油压力突降，与试飞测试数据基本吻合，并根据仿真分析结果对润滑系统参数进行了优化，并经过试飞验证，消除了滑油压力突降现象。

4.7.2 飞溅润滑流场仿真技术

飞溅润滑流场仿真技术是一种基于计算流体动力学(Computational Fluid Dynamics，CFD)的数值仿真分析方法，该方法是用电子计算机和离散化的数值方法对流体力学问题进行数值模拟和分析的一种分析方法，相当于“虚拟”地在计算机上做实验，用以模拟仿真实际的流体流动情况，其基本原理则是数值求解控制流体流动的微分方程，得出流体流动的流场在连续区域上的离散分布，从而近似模拟流体的流动情况[13-14]，以获得减速器内部的滑油分布云图及流线图，为飞溅润滑减速器储油结构设计提供指导。

近几十年来，随着计算机技术的发展，CFD 方法被广泛应用于齿轮箱飞溅润滑研究，其中包括飞溅润滑流场仿真和试验验证。

2007 年，Strasser、Wayne[15] 利用动网格技术模拟齿轮泵内流场的流动特性，研究采用了高精度算法进行黏性流体的运动情况仿真，以 Newtonian 流体和 VHTST 流体及 Additive Feed Stream 为变量，监测 TA Outlet Additive COV 百分比，得出其变化规律，证明了动网格方法的有效性。

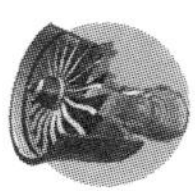

同年，František、Karel[16]等人直接将动网格技术应用于飞溅润滑齿轮甩油的两相流模型中。该研究首先提出将齿轮简化为圆盘结构的思想，并分别对单齿甩油、啮合齿轮甩油以及多对啮合齿轮甩油进行了模拟，同时考虑了油箱在特定工况时刻的倾斜现象及油液粘度受温度的影响，在证明方法有效性的同时，为之后同类型的流场仿真研究提供了思路。

2011 年，Torbjorn Kvist[17]在《Splash Lubrication Simulation Using CFD》一文中介绍了 CFD 方法应用于两相流齿轮甩油的发展背景和理论依据，如不同的技术手段和有效的实验设计，并就目前的研究现状进行了概括性的总结。该篇文章综述性地提供了从建模到实验，再到仿真的完整思路，为补充完善减速器润滑系统整场仿真分析技术路线做出了重要贡献。

2013 年，Yinhui Lin，Zhihua Hu 等人[18]率先将动网格方法应用于实际的双中间轴七档变速器润滑系统仿真分析，对箱内不同区域的润滑效果进行了详细描述。该论文通过实验验证的润滑仿真探究，将啮合齿轮副中较小的齿轮简化为圆盘，最终得以实现对变速器箱内整场飞溅润滑和喷油润滑过程的模拟。虽然缺乏整场的有效实验支持，但将仿真路线应用于工程实际的案例使得该论文的研究具有极大的参考价值。

2014 年，陈黎卿、张栋等人[19]对飞溅润滑齿轮仿真进行了实验验证，建立了透明的分动器壳体，采用高速摄像机记录下油液面的波动，并与数值模拟结果进行对比，最大误差为 12.2%，表明实验与数值模拟的分析结果基本吻合，证实了飞溅润滑 Fluent 仿真技术路线的正确性和有效性。

无论是国内还是国外，飞溅润滑的研究脉络主要是从单齿轮单相流起步，逐步增加模型的复杂程度至双齿轮两相流，甚至多齿轮两相流。目前国内单相油泵模拟具有较丰富的研究成果；然而，两相流的飞溅润滑研究才刚刚起步，目前还停留在单纯的仿真与润滑现象的描述上。

气液两相流指液体、气体两相结合在一起，具有相间界面的流动体系。由于两相的存在及相间相对分布状态不同，除了流体与减速器壁面及内部转动轴系之间存在作用力外，两相界面之间也存在作用力，这将导致气液两相始终处于瞬态变化之中，滑油在减速器内的分布及运动轨迹也呈现一定的变化趋势，增加了飞溅润滑动态仿真的难度。

1. 飞溅润滑流体仿真技术的优点

CFD 计算流体三维仿真技术具有成本低、速度快且可模拟各种不同工况等的独特优点，可以在研发初期获得宏观的流场信息，进而以较低的成本指导飞溅润滑系统的正向设计。目前，流体力学的研究和分析手段分为理论分析、试验研究及数值计算(CFD)三种。与理论分析和试验研究分析手段相比，CFD 具有以下优点：

① CFD 只使用计算机和 CFD 软件，所以具有花费低、耗散小等优点。

② 可以在计算机上方便地改变几何数据和流动条件，因此容易实现各种条件下的流动计算。

③ 可以给出流体运动区域内的离散解，定量给出各个物理量的流动参数，细致描述局部或总体的流场，定量表征某油孔随时间变化的流动特性，并可对流场进行局部重构、改善优化和诊断分析等。

2. 飞溅润滑流体仿真技术的应用

相对于喷油润滑来说，飞溅润滑减速器具有结构简单、重量轻等特点，因此广泛应用于直升机传动系统传递功率较小的减速器，如中、尾减速器。目前，飞溅润滑减速器的储油结构（如油路、油兜和集油槽等）的设计大多凭经验，在设计过程中无分析手段，往往在后期试验中发现设计的油兜不能有效收集到滑油，导致该处轴承温度偏高的问题。因此，利用计算流体或计算流体动力学开展减速器气液两相流飞溅润滑仿真分析研究，可获得减速器内部的滑油分布云图及流线图，为飞溅润滑减速器储油结构设计提供指导。

下面以传动系统某中间减速器为例介绍飞溅润滑动态仿真分析的步骤。该减速器的润滑主要是通过一对啮合螺旋锥齿轮的旋转运动把润滑油搅起来，搅起的油飞溅至输入、输出端盖处的油兜位置，然后通过指定的润滑油路来润滑轴承。

仿真分析研究中重点关注的内容是：减速器内润滑油的飞溅、流动，以及由此产生的润滑油对齿轮的啮合表面、轴承的内外圈及滚动体等的润滑情况。具体而言，齿轮飞速旋转引起的润滑油的飞溅，箱体内油气混合流体的搅拌，轴承导油槽、进油孔等处润滑油的流动情况，以及轴承内部的润滑情况等，是必须要考虑和重点仿真的对象。其仿真分析步骤如下。

(1) 减速器流场仿真分析有限元模型的建立

通过简化减速器几何模型及划分减速器内部区域，并运用网格软件进行区域网格划分，建立减速器流场有限元模型，其具体步骤如下：

① 在保证不影响机匣内流场分布的前提下，使用 ANSA 软件对减速器机匣及其内部整个传动部件的几何模型进行简化（机匣、轴系、齿轮等），并根据实际情况对各个面进行连接，使其成为一个封闭的几何体，以获得封闭的机匣流体域，该流体域应能够尽可能真实地反映实际的油气两相流作用环境。简化后的模型如图 4.30 所示。

② 运用网格划分软件对上述简化后的封闭几何体进行网格划分，同时以相应的质量标准监控网格质量（见图 4.31）。

(2) 仿真模型的建立与求解

运用 Fluent 软件定义减速器内部的各区域及边界条件，实现对气液两相流飞溅润滑的动态仿真，其具体步骤如下：

① 将网格模型导入 Fluent 软件，并依次定义齿轮旋转域（包括旋转轴、转速、材

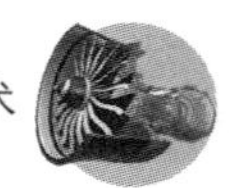

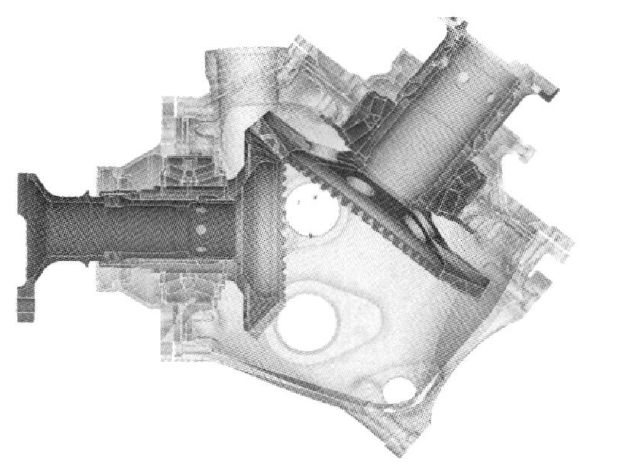

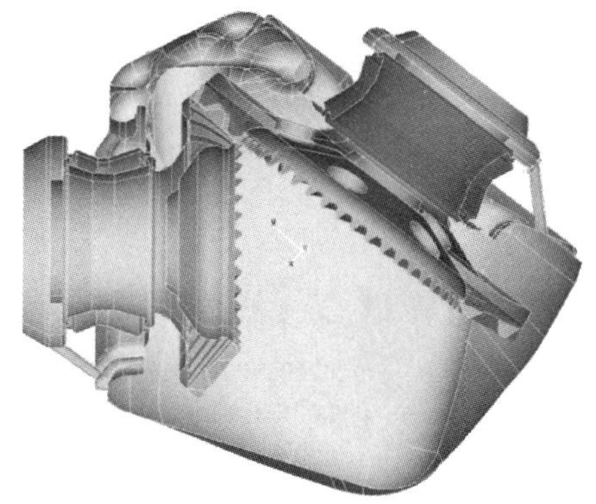

图 4.30　模型简化前、后对比图

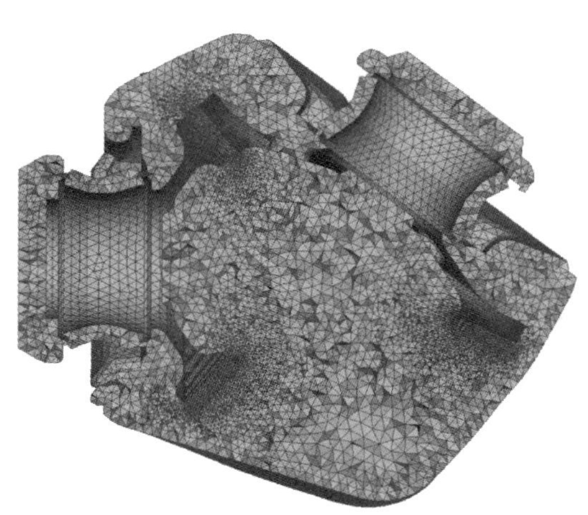

Name: CFD criteria

Shells | Solids | Graph Parameters | Presentation Par

	Criteria	Calculation	Color	Failed
☑	aspect ratio	FLUENT		10
☑	skewness	FLUENT		0.85
☐	warping	IDEAS		50.
☐	squish			0.95
☐	jacobian	ANSA		0.4
☐	min length			0.
☐	max length			0.
☑	min angle pentas	FLUENT		30.
☑	max angle pentas	FLUENT		0.95
☑	min angle hexas	FLUENT		30.
☑	max angle hexas	FLUENT		0.95
☑	non orthogonality	FLUENT		0.5
☑	growth ratio	ANSA		1.2
☑	negative volume	PARTIAL		
☐	left handed			

图 4.31　网格划分后的模型及网格质量控制标准

料属性、湍流模型等)和油气两相混合域(主要由空气域和液体域组成,考虑齿轮的风阻影响);

② 施加边界条件,如定义参考压力、流体壁面交界等;

③ 设定最大迭代步数和收敛残差及时间步长,同时设置求解监控变量,输出.cas 求解文件,在 Fluent 求解器中进行求解。

(3) 仿真结果分析与改进

使用 Fluent 软件提取关键区域的油液润滑油含量、流场分布图及速度云图等结果(见图 4.32),具体分析方案如下:

① 将关键区域(如轴承座、油兜等)的润滑油含量、流场分布等作为本次分析的评价指标;

② 获得机匣内润滑油、空气的分布云图及速度云图等；

③ 对关键区域的润滑油含量进行重点分析，并结合润滑油含量分布云图和速度云图，通过改进润滑系统的结构和位置，来改善轴承的润滑状态，并通过再分析进行评价。

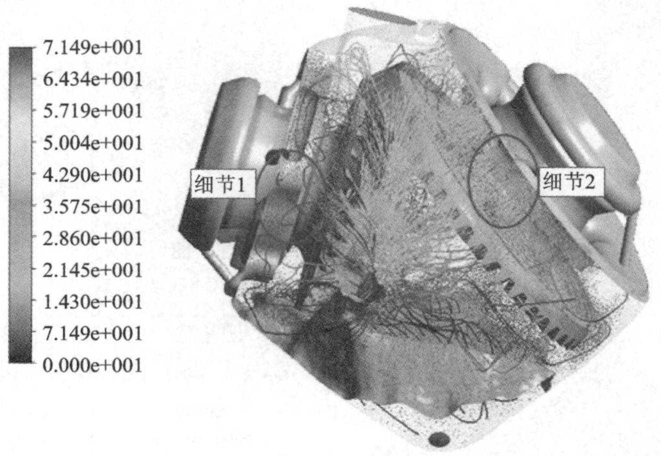

(a) 速度矢量图(单位：m/s)

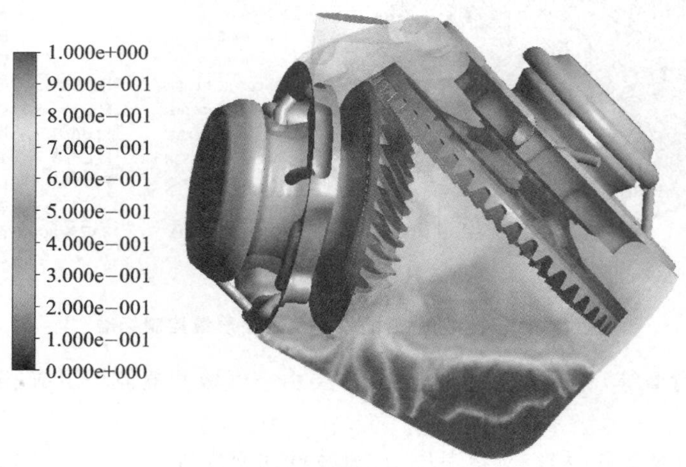

(b) 油气比例图

图 4.32 飞溅润滑仿真分析结果

(4) 气液两相流飞溅润滑仿真分析验证方法研究

通过飞溅润滑试验，可以得出减速器内部滑油的流态分布和油兜收集的滑油量，并将试验结果与仿真结果进行对比分析，以获得仿真分析的精度。目前主要有两种验证方法：其一是流态分布的验证，采用高速摄像机对准减速器的透明观察窗记录内

部滑油的流态分布图，该方法是一种定性的分析方法，较容易得到试验与仿真分析一致的结果。其二是滑油量的验证，具体实施方案是：对减速器进行改制，即堵住轴承的进油孔，在进油路上打孔将滑油引出到减速器的外部进行收集，以获取轴承润滑的油量，该方法是一种定量的分析方法，因验证和仿真分析中各种因素的影响，目前很难获得试验与仿真分析一致的结果。

综上所述，飞溅润滑仿真分析的基本技术路线图如图 4.33 所示。

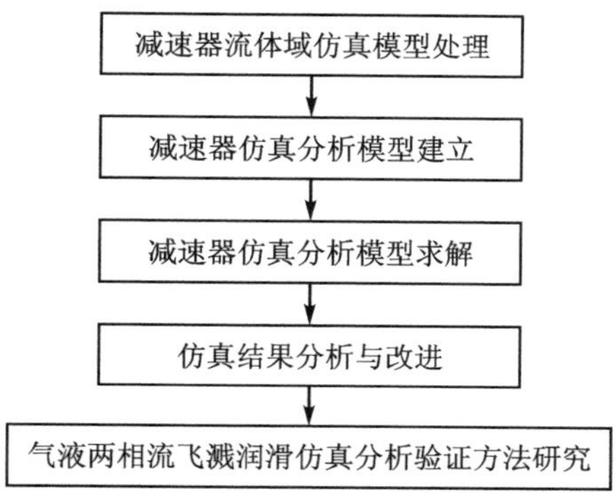

图 4.33　飞溅润滑仿真分析的技术路线图

4.8　振动噪声控制技术

造成直升机高振动与噪声水平的激振噪声源多且复杂有关，在振动与噪声控制研究中不仅要考虑各系统本身的结构特性，还必须综合考虑它们之间的相互影响，这就给直升机减振降噪带来了很大的难度。所幸的是，通过研究发现，除去一些临时的或次要的激振噪声源，如起飞着陆时的地面、武器发射时的武器系统和发电机等以外，直升机在正常飞行状态下的主要激振噪声源只有旋翼系统、传动系统和发动机，也就是直升机的三大动部件。因此，对传动系统的振动噪声进行有效控制是降低直升机振动与噪声水平的重要途径。

4.8.1　传动系统振动控制

传动系统的振动控制主要可以从以下 3 个方面进行考虑。

1. 齿轮动力特性优化设计

齿轮激振力载荷主要来源于轮齿之间的周期性啮合激励。当这种周期性的激振力频率与齿轮自身固有频率接近或重合时，齿轮容易发生共振，产生高周疲劳损伤甚至失效(见图 4.34)，严重威胁飞机的飞行安全；同时，齿轮系统的啮合冲击载荷很容易通过减速器机匣传给机舱壁，成为直升机舱内振动的主要激振源。因此，在振动设计之初就应通过动力学分析优化，确保齿轮各阶固有频率有足够的安全裕度，从而能够安全平稳运转。

图 4.34　某齿轮高周疲劳失效图

优化过程中通常采用改变齿轮辐板、轮缘和齿轮轴等的结构与几何尺寸来实现对固有频率的调节。但具体的评定方法随不同的齿轮结构和载荷形式会存在一定的差异。如对于直辐板的直齿圆柱齿轮，啮合过程中的轴向激振力很小，因此评定时主要关注其周向和径向的振动模态；而对于斜辐板齿轮或锥齿轮来说，由于轴向激振力的存在，使得轴向振动模态同样需要被关注。

目前，国内外对于单个齿轮的振动分析方法已经非常成熟，在工程上得到了广泛的应用。但是，单纯的动力特性分析优化并不能完全保证齿轮振动的高可靠性。因此，在试验测得齿轮的振动应力水平较高的情况下，需要对齿轮采取一定的阻尼减振措施，如增设弹性阻尼卡圈和弹性阻尼衬筒等，或采用附加内阻较大的材料涂层和复合材料阻尼片等(见图 4.35)。同时，还应严格控制齿轮的加工装配精度，并保证减速器机匣的局部刚度。实践证明，不合理的齿形误差和机匣刚度控制均有可能对齿轮的高周疲劳寿命产生不利影响。

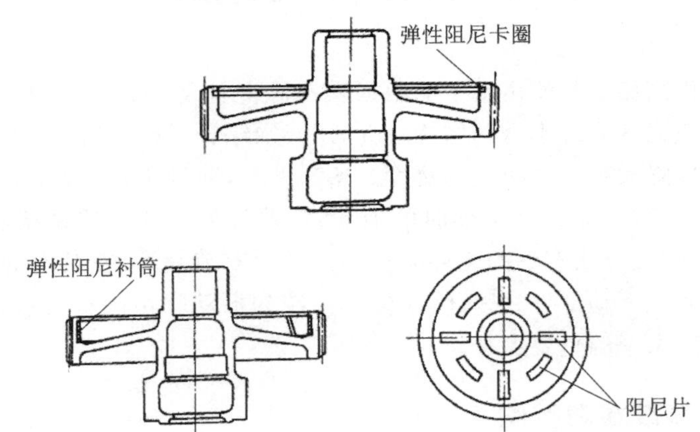

图 4.35　齿轮阻尼结构示意图

2. 传动轴动力特性设计

直升机传动轴系是由多个轴段、联轴器及支座等组成的传动链。在轴系的横向弯曲振动设计上有亚临界设计和超临界设计两种形式。随着直升机技术指标的不断提高，对传动轴系重量轻、结构简单的要求也不断提高，从而使得超临界设计成为一

种趋势[20]。

直升机传动轴系在结构上一般采用薄壁圆筒形式，这样大大降低了系统的弯曲刚度，进而一方面降低了系统的临界转速，另一方面使得传动轴成为柔性轴。由于柔性轴在转速增长过程中有自动定心作用，使得传动轴在未引入任何附加阻尼的情况下进行超临界工作成为可能。超临界设计比亚临界设计存在更多的振动问题，超临界设计的轴系不仅要求有较大的临界转速裕度，而且在运转过程中必须满足苛刻的振动限制要求，以保证有足够的疲劳寿命，因此必须采取限幅措施（如阻尼器）来确保安全通过低于工作转速的临界转速，同时保证传动轴系的稳定性。

3. 旋翼-传动系统-发动机扭转振动设计

前面 2 个方面是从单个齿轮和传动轴系角度分析传动系统的振动控制方法。然而，仅靠这些手段无法在设计初期达到对整个直升机动力传动系统机械扭振动力学参数进行有效控制的目的。GJB 720 要求[21]，动力传动系统在全部设计使用状态下，不应在旋翼、尾桨和发动机的交变扭矩作用下发生有害的扭转共振和过度振动；动力传动系统与旋翼（含尾桨）耦合扭振固有频率应避开旋翼激振频率 $k\Omega$ 和 $k_{T}\Omega_{T}$ 及发动机扭转激振频率。针对旋翼-传动系统-发动机扭振问题，国内学者开展了相关理论研究。邵忍平[22]等通过试验研究了直升机旋翼传动系统的固有特性。薛海峰、顾仲权等从整机角度出发，研究了直升机传动系统的扭振特征[23-24]。

4.8.2　传动系统噪声及其控制

直升机噪声可分为机外噪声与舱内噪声。直升机的机外噪声主要由三部分组成，即主旋翼噪声、尾桨噪声和发动机噪声。与机外噪声稍有不同，传动系统主减速器齿轮系统的噪声对直升机的舱内噪声同样有很大的贡献。

1. 减速器噪声的产生机理

一般而言，减速器的振动噪声产生的原因主要有以下 4 个方面：

① 齿轮设计方面：参数选择不当，重合度过小，齿廓修形不当或者没有修形，齿轮箱结构不合理。

② 齿轮加工方面：基节误差和齿形误差过大，齿侧间隙过大，表面粗糙度过大等。

③ 轮系及齿轮箱装配方面：装配偏心；接触精度低；轴的平行度差，轴、轴承、支承的刚度不足，轴承的回转精度不高及间隙不当等。

④ 其他方面：输入扭矩、负载扭矩的波动；轴系的扭振；电动机及其他传动部件的平衡情况等。

上述 4 个方面主要导致减速器产生动态激振，是齿轮传动本身产生振动噪声的主要原因。由动态激励导致减速器振动噪声的机理示意图如图 4.36 所示。齿轮刚度的周期性变化及齿轮装配误差等将使齿轮产生圆周方向的扭转振动，同时轴、轴承、轴承座的变形或齿向误差等会导致齿轮产生径向和轴向振动，从而形成轴承座的扭曲振动。

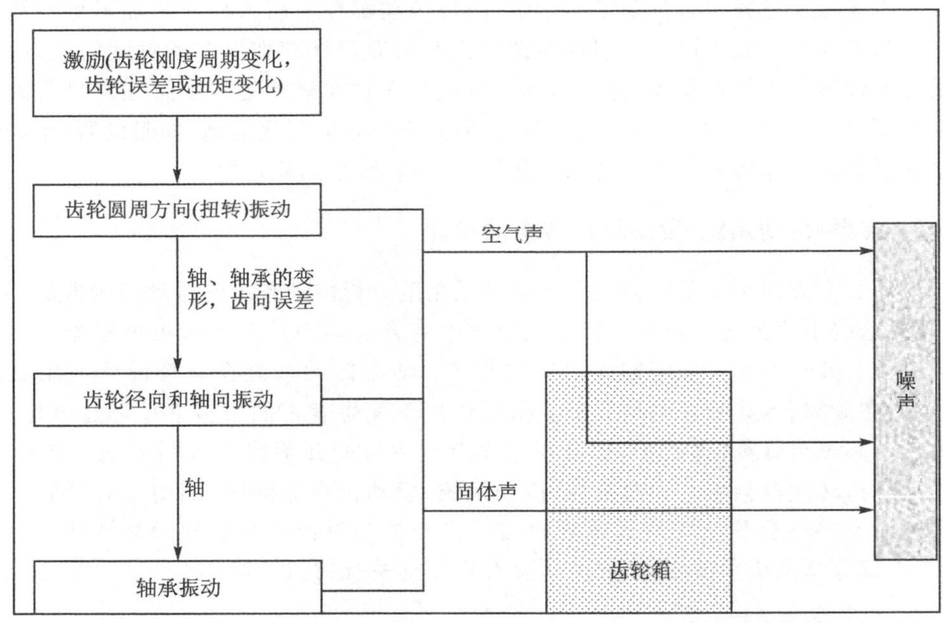

图 4.36　由动态激励导致行星齿轮减速器振动噪声的机理示意图

此外，减速器噪声对人的听觉或探测仪器所产生的效应不仅取决于声源，而且取决于传播。因此，除动态激励外，改变减速器的振动噪声传递特性，也可以有效实现减振降噪。减速器的各种传动件，如齿轮副、轴承、轴等都是其噪声源。各种噪声源辐射出的声波在减速器箱体各结构中传递，当遇到箱壁或其他结构时，一部分被反射，重新回到箱体内；另一部分被箱体或其他部件吸收；还有一部分透过箱壁产生折射或穿过箱体缝隙辐射到箱体外面。由于齿轮的振动传递到箱体导致箱体表面振动，使得箱体起到了“喇叭”的作用，因此，减速器的振动噪声是振动发声与声波传播之和，其产生和传播的机理如图 4.37 所示。

减速器的振动噪声主要由动态激励导致，并根据系统本身的传递特性进行辐射和传播。因此，要想控制减速器的振动噪声，主要可从减小动态激励和改善系统的传递特性 2 个方面寻求解决方法，可通过参数、结构和材料等方面进行改进来实现减速器的噪声控制。

2. 减速器噪声的控制方法

(1) 齿轮结构

齿轮传递的噪声大小主要不是由振源能量所决定，而是由辐射面积所决定。控

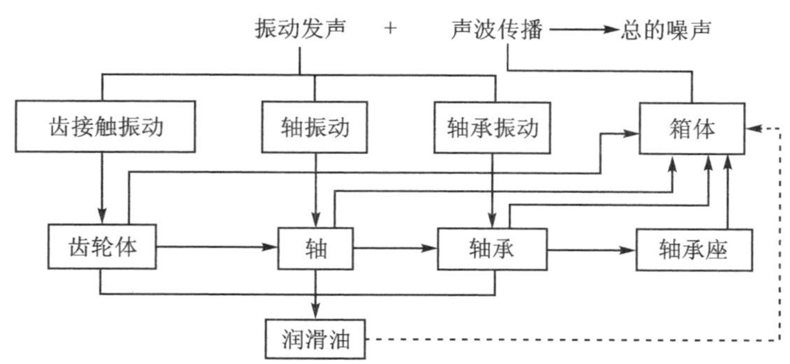

图 4.37　行星齿轮减速器振动噪声产生和传播的机理示意图

制噪声的主要方法有：

1）减小表面积

由于噪声大小主要不是由振源能量所决定，而是由辐射面积所决定，因此，应减小齿轮的表面积，即减小噪声的辐射面积。目前，主要采用的方法有：

- 减小齿轮的直径；
- 在齿轮上设置减载孔：在轮齿上合理钻孔可以降低齿轮副的振动，如图 4.38 所示。

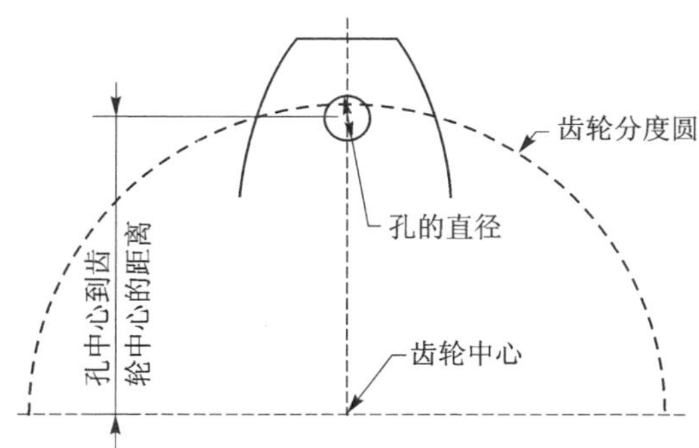

图 4.38　孔在轮齿上的位置示意图

2）改变齿轮的形状

齿轮形状与振动噪声之间存在着关系，因此可通过改变齿轮的形状对振动噪声进行控制，主要采用的方法有：

- 改变轮体结构；
- 附加轮体阻尼材料等。

对于改变轮体结构，主要通过改变齿坯的形状和在轮体上附加加强筋等方法来实现。图 4.39 为开展的不同截面形状的齿轮与噪声的关系研究，图 4.40 为在齿轮侧面布设加强筋对噪声影响的研究结果。

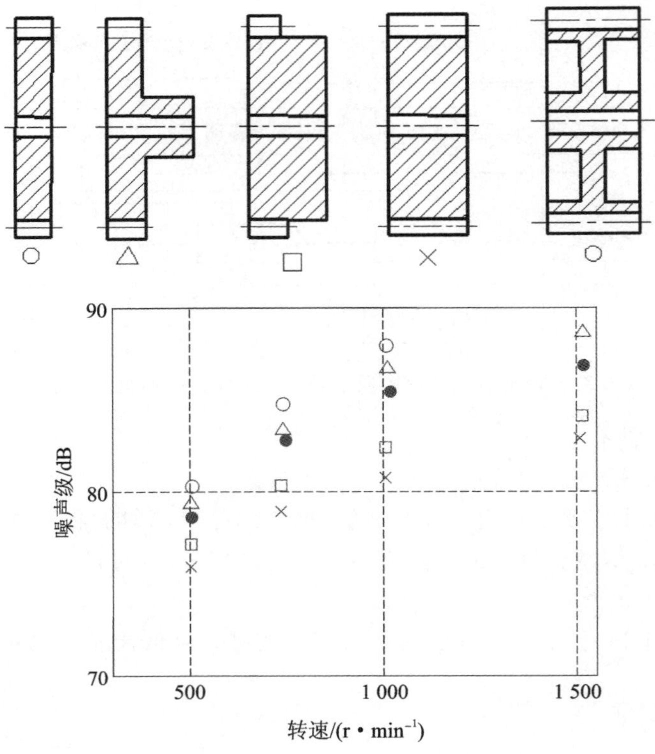

图 4.39　不同截面形状齿轮的噪声比较

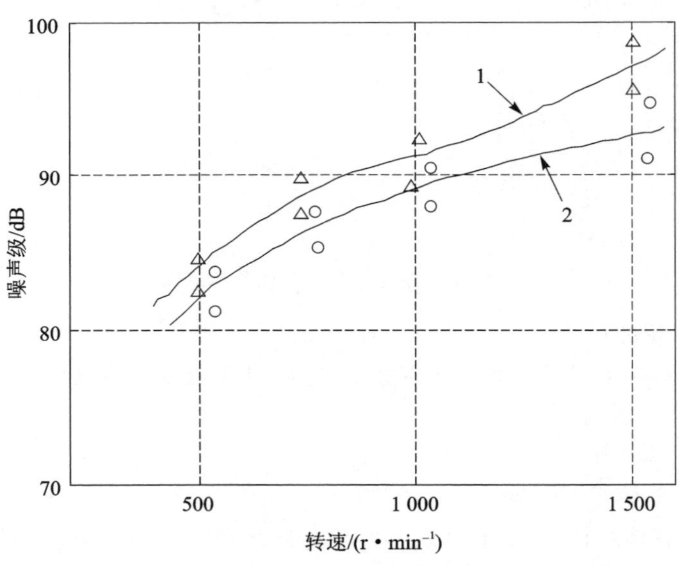

△—布设筋；○—无筋

图 4.40　布设了三角形加强筋齿轮的传动噪声与不带筋齿轮的传动噪声的比较

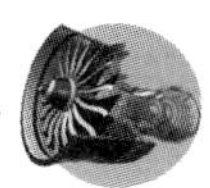

对于附加轮体阻尼材料，主要方法有：

- 复合结构轮体：将齿圈采用钢质材料，幅板采用铸铁材料，热压制成复合结构的齿轮；改变复合轮体结构能够有效减小动态啮合激励的传递。
- 轮体附加振动衰减材料：在齿轮体中间填入振动衰减材料，增大齿轮的阻尼效应，弥补钢质齿轮内阻尼的不足。阻尼环提高了齿轮的阻尼，即系统阻尼、结构阻尼和材料阻尼。阻尼环嵌入齿轮轮缘下面机械加工出的内部沟槽内，两者为过盈配合，如图 4.41 所示。

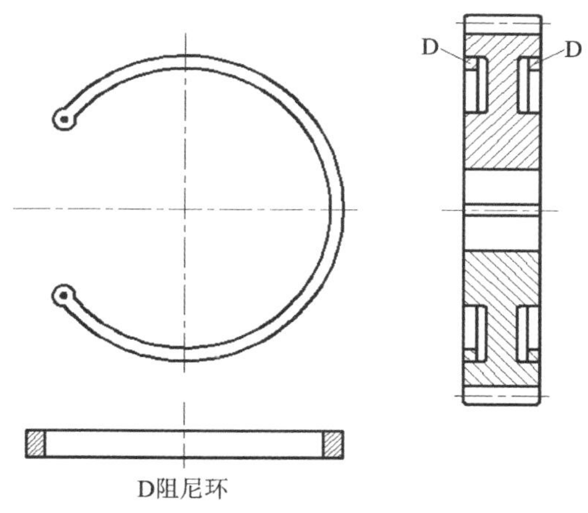

图 4.41 阻尼环在轮体上的镶装

- 利用阻尼材料的弹性滞后特性来达到减振降噪的目的。其降噪机理为：当机器或薄板发生弯曲振动时，振动能量迅速传送给紧贴在薄板上的阻尼材料，引起薄板和阻尼材料的摩擦和错动，使振动能量转化成热能消耗掉；阻尼材料反复拉伸或压缩引起阻尼材料内部发生分子相对位移，内摩擦耗损大，使振动能量转化为热能被消耗掉，噪声因振动减小而相应降低。图 4.42 为一种带有阻尼材料的齿轮结构，在齿轮体两侧装有直径小于齿根圆直径的铸铁圆盘，在铸铁盘和轮体之间加入阻尼材料，然后用螺栓拧紧。

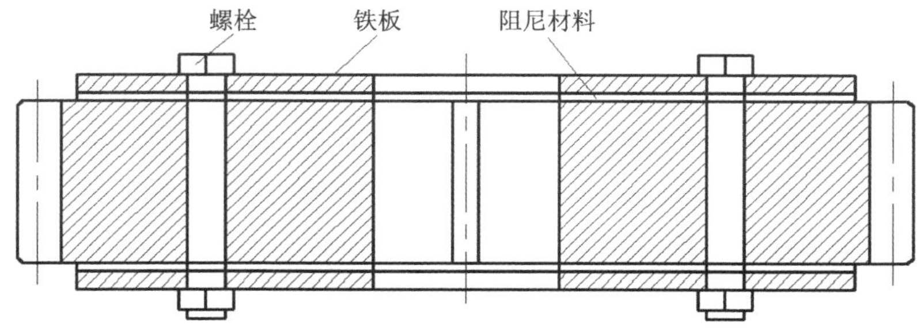

图 4.42 加阻尼材料的齿轮结构

(2) 支承结构

齿轮传动系统的轴承类型和支承形式(即支承结构)对传动系统的振动噪声也存在影响。图 4.43 表示采用推力球轴承与采用深沟球轴承的主轴振动比较,图 4.44 表示轴承径向间隙与噪声的关系。

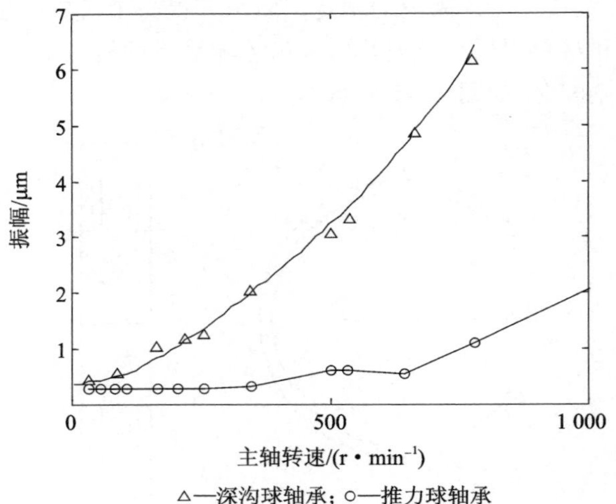

图 4.43　不同类型轴承对振动的影响

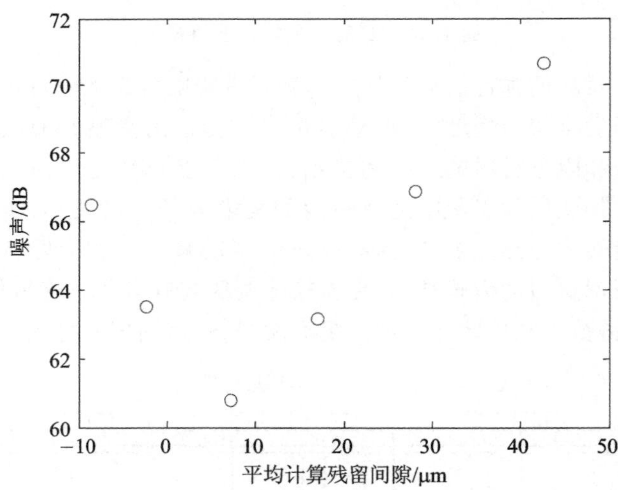

图 4.44　轴承径向间隙与噪声的关系

(3) 箱体及其安装结构

齿轮箱体对振动噪声的影响往往起到"喇叭"的作用。由声学原理可知,箱体的声辐射功率与箱体的辐射面积成正比。因此,目前主要采用有限元方法解决小箱体面积与结构强度和刚度的匹配问题。张琳等人通过对主减速器的机匣结构进行拓扑优化[25],在机匣相应位置布置加强筋(见图 4.45),使最大节点处的频率响应峰值下降了 36%,位移响应峰值下降了 30.9%(见图 4.46),噪声最大值由 175 dB 下降至 170 dB,下降了 5 dB,降噪效果良好(见图 4.47)。

(a) 优化前的下机匣

(b) 优化后的下机匣

图 4.45　下机匣优化前后模型

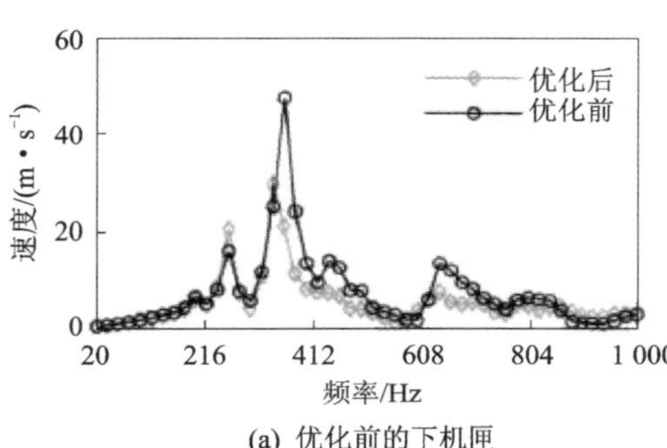

(a) 优化前的下机匣

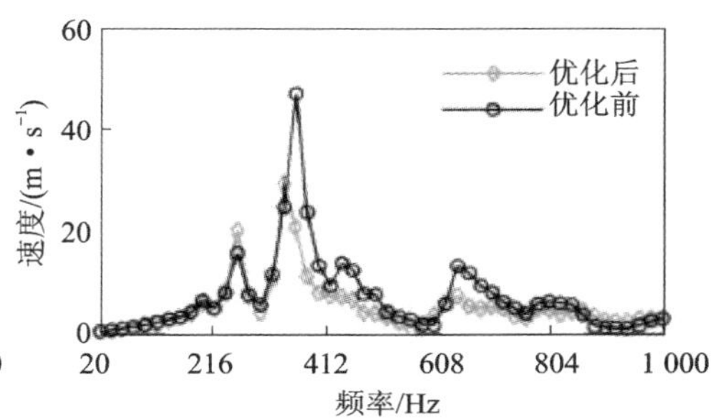

(b) 优化后的下机匣

图 4.46　优化前后频率响应图

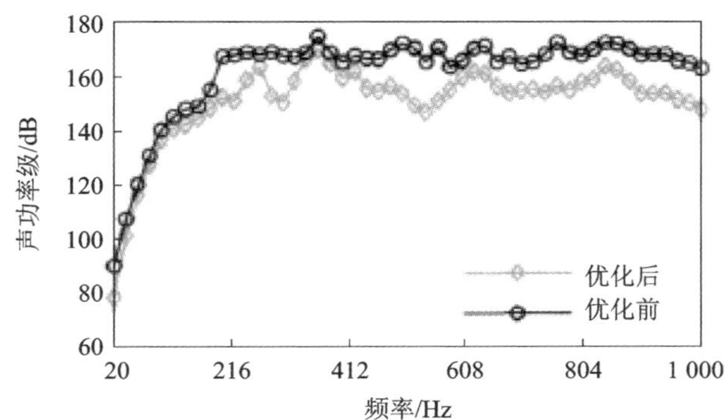

图 4.47　优化前后机匣声功率级对比图

4.9 健康管理系统

4.9.1 状态监控与故障诊断

直升机状态监控和故障诊断系统亦称直升机“健康与使用监测系统(HUMS)”,对其的研究已有40多年历史,现在,这种系统已广泛用于各类先进的军用直升机和民用直升机。目前,国外还在不断研究新的状态监控和故障诊断系统,包括直升机机载实时诊断系统、智能状态监控和远程故障诊断系统。

传动系统状态监控和故障诊断系统对监控传动系统的工作状态、变化趋势和寿命消耗具有重要作用,它是传动系统可靠性设计和管理的重要组成部分,也是传动系统维修从定期维修转变为视情维修的前提和基础。因而,对于新设计的军用直升机,其传动系统状态监控和故障诊断系统是直升机不可缺少的组成部分,并列入战术技术要求。其研制计划应与传动系统本体的研制计划并行制订。

1. 状态监控和故障诊断系统的结构、种类、功能、手段及发展情况

(1) 结　构

直升机状态监控和故障诊断系统 HUMS 从设备组成来说,主要由传感器、数据采集器、数据处理与分析软件、计算机、数据存储与检索软件和告警装置等单元组成。HUMS 的组成结构参见图 4.48。从功能划分来说,主要由机载采集系统和地面诊断平台组成。HUMS 的工作流程参见图 4.49。

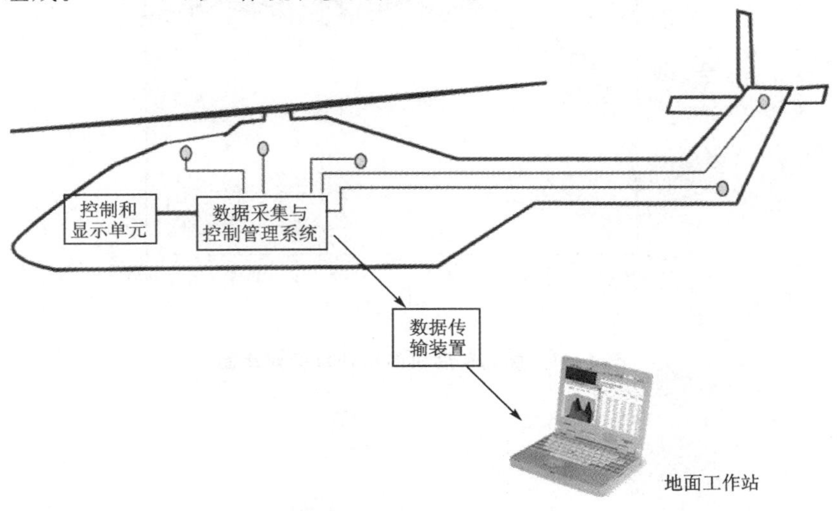

图 4.48　HUMS 的组成结构

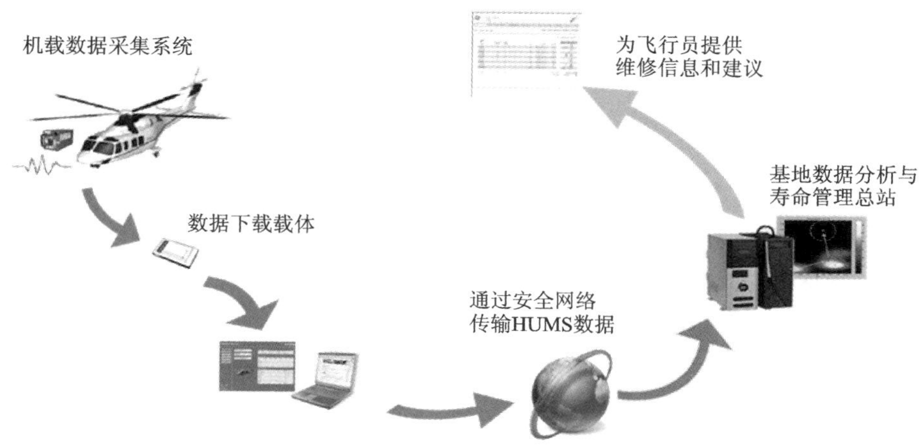

图 4.49　HUMS 的工作流程

机载采集系统由机上传感器和机载数据采集处理单元组成。通过传感器及对安装位置的选择，可以确定需要监测的部位和参数，机载数据采集处理单元负责采集和分析传感器的信号，并将存储的数据提供给地面诊断使用。

地面诊断系统平台由高性能计算机、数据处理与故障诊断分析软件和数据管理软件组成。地面诊断系统平台下载机载采集系统存储的原始数据文件，在地面显示回放，并对这些数据做进一步分析，以诊断、评估直升机各部件的状态及对直升机传动系统进行故障预测。

(2) 种　类

传动系统监控有短期、中期和长期三种类型。短期监控是对一个起落或地面试车数据进行监测，当传动系统参数超限时会及时向驾驶员告警；中期监控是对一段时间内传动系统参数的状态变化进行监测；长期监控能给出性能衰退和寿命消耗情况，对监控系统进行自标定和自检，并将数据反馈给设计和制造部门。

(3) 功　能

HUMS 的监测对象主要包括直升机的三大动部件：发动机、传动系统、旋翼系统。因此，传动系统的状态监控和故障诊断是 HUMS 的重要功能部分。传动系统状态监控和故障诊断系统的功能主要包括：

① 监控传动系统的使用，评定传动系统工作的完好状况；

② 监控传动系统状态的变化趋势，进行分析并作出预报；

③ 探测和隔离故障并验证排故情况；

④ 确定有限寿命零件的寿命消耗和剩余寿命；

⑤ 提出维修建议和决策；

⑥ 支持传动系统管理和后勤决策。

(4) 手　段

现代直升机传动系统状态监控和故障诊断的手段有两类：

1) 机械状态监控

常用的有：滑油监控（包括滑油压力、温度、消耗量、屑末收集和光谱分析）和振动监控、低周疲劳监控（低周疲劳计数）、结构件疲劳寿命消耗、齿轮啮合动应力检测和声谱检测等。滑油监控是一种非常有效的监控方法，可诊断滑油系统和与滑油接触的零部件，如轴承、齿轮等的故障；其诊断故障和隔离的精度都很高，但不足之处是目前技术水平的实时性很差，特别是作为滑油监控的重要方法——光谱分析和铁谱分析。振动监控是分析诊断传动轴、滚动轴承、齿轮等故障的有效方法。此外，还有寿命监控，也称寿命管理，现在该方法越来越受到重视；它能严格监控传动系统零部件的寿命消耗，对保证工作安全和正确使用零部件的使用寿命具有重要作用。

2) 无损检测

一般只作为地面检测使用，常用的有孔探测仪检查、超声波检查、声发射探测、X射线检查、磁粉检查、荧光检查、着色检查、流体渗透检查等。

(5) 直升机状态监控和故障诊断的发展情况

直升机产业界大约在20世纪60年代提出了状态监测的概念，其主要关注直升机某个部件的性能。随着对飞机安全性的日益关注，诞生了飞机综合数据系统（AIDS）和新一代飞机条件监测系统/飞机数据获取系统（ACMS/ADAS）。后来，随着电子技术和计算机技术的迅速发展，大大促进了直升机传动系统状态监控和故障诊断技术的发展。

初期，监控系统只在飞行中记录传动系统的重要参数，飞行后对数据进行提取和处理，然后绘制参数变化趋势图。监控人员对趋势分析研判后，推断传动系统的工作是否正常。如发现异常，则研判可能发生的故障。这种办法存在如下缺点：工作量大，数据不能及时处理，人工判读结论不精确，制约监控系统作用的发挥。

随着计算机技术和计算机诊断方法的进步，飞行数据在地面计算机上可很快被处理并提出诊断报告，提高了诊断的实时性和准确性。为了进一步缩短诊断的滞后时间，民机采取了在飞行中将记录数据发送到地面维修中心进行处理的办法。在发现故障时，一方面可及时通知机组，另一方面可通知目的地机场，在飞机到达前做好维修准备。随着传动系统及其部件数值仿真水平的提高和传感器及测试技术的发展，促使传动系统的故障诊断向着实时化和综合化方向发展。故障诊断的进步提高了传动系统的监控水平，同时还有利于传动系统工作中的性能优化。

监控系统实现实时化和综合化之后，传动系统的监控将降低驾驶员的工作负担，减少人为因素，传动系统发生故障时可及时做出正确决策。实时化和综合化的传动系统状态监控和故障诊断系统是发展中的智能传动系统的主要组成部分。

现在，传动系统状态监控和故障诊断系统已成为直升机不可缺少的组成部分。国外已将这种系统广泛用于各类先进的直升机传动系统。

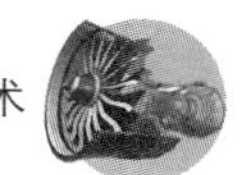

(6) 国外直升机 HUMS 的发展情况

30 年前,国际直升机行业兴起了一种名为"健康与使用监测系统(HUMS)"的核心技术。在直升机中使用该技术,一是可以提前发现故障的征兆,提高直升机的可靠性、安全性;二是可以减少甚至取消零部件使用寿命的限制,实时监测传动部件的工作状态,充分发挥零部件寿命的潜能,以达到减少寿命全周期成本的目的。目前,对这一核心技术的研究仍方兴未艾。

英国自 20 世纪 90 年代初期便开展与直升机 HUMS 有关的大量研究工作,以实现对转子轨迹和平衡、发动机性能、齿轮箱和传动副完好状态以及结构使用情况等参数的监控,并实现疲劳寿命跟踪和提供维修趋势信息。随后,第一代 HUMS 主要安装于英国北海油田的直升机上。

90 年代后期至今,美军成为 HUMS 发展规范化的主要驱动力。美国国防部高级预研局规划相关研究,为美国海军研制直升机 HUMS,以实现对关键机械部件的在线监控、自动桨叶的跟踪与平衡、使用寿命和材料寿命的计算等任务。此外,美国海军启动了 IMD (Integrated Mechanical Diagnostics)- HUMS 项目,目的是研究先进的故障诊断技术并集成到通用 HUMS 平台上,这些先进技术包括基于神经网络的传动系统故障诊断、虚拟传感器和智能监控等。美国海军航空系统司令部已在海军陆战队的 CH - 53E"超级种马"和 MH - 53E"海龙"直升机机群中使用了 IMD - HUMS,在直升机飞行过程中实时收集直升机的状态信息,一方面可用于自诊断,另一方面可在飞行结束时将数据传送给地面计算机进行分析,并据此更好地确定维修计划。在伊拉克战争中,装备了 IMD - HUMS 的直升机以良好的维修性和使用安全性带来了巨大军事和经济效益。迄今,美军的各直升机机型几乎都要求安装 HUMS 系统,安装了 HUMS 系统的美国陆军直升机战备完好性提高了 10%。陆军已向装备了 HUMS 的飞机颁发了适航证或维修许可证,并批准在全部 750 架"阿帕奇"直升机上安装 HUMS。美国国防部新一代 HUMS——JAHUMS 具有全面的 PHM 能力和开放、灵活的系统结构。

与此同时,英国也在研究通用 HUMS,以实现桨叶平衡与跟踪、传动系统振动监控和发动机振动监控等。最近,英国史密斯航宇公司正在为英国国防部的 70 架"未来山猫"直升机开发一种 HUMS 和机舱声音与飞行数据记录仪的组合系统。"未来山猫"HUMS 将连续不断地监测直升机的各种安全关键性部件的健康状态和性能,以对存在潜在隐患的设备进行预警,同时也能提供连续的旋翼跟踪和平衡能力,并为每架直升机的日常维护收集有价值的数据。另外,史密斯航宇公司也将为韩国直升机项目(KHP)提供价值超过 2 000 万美元的直升机 HUMS 系统。

由澳大利亚国防科技组织发起成立于 1999 年的 HUMS 工作组,针对直升机 HUMS 技术进行了深入研究。而以色列 RSL 电子设备公司开发的一种世界领先的军民两用的全面状态与使用管理系统,具有可靠的诊断和预测能力,可实现视情维修和改进飞机可靠性,从而显著提高飞机的飞行安全、任务效能和机队的战备完好性,

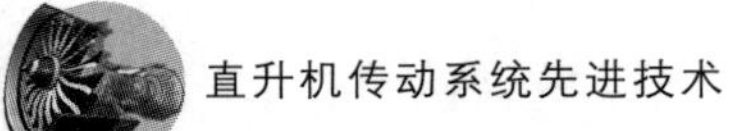

同时降低机队的使用费用。

目前的 HUMS 主要体现了监控与诊断功能，其早期预警和故障预测能力还很不完善。为此，美国很多大学和研究机构针对直升机 HUMS 的故障预测与健康管理技术开展了一系列的研究工作。

宾夕法尼亚州立大学应用研究实验室针对直升机传动链的诊断与预测，在基于信息融合的诊断与预测、模型基诊断等方面开展了卓有成效的研究工作。该实验室在考虑突发和渐变故障中，研究了增强故障模式影响及危害度分析技术，从历史实验数据建立装备寿命历程曲线，利用预测参数值估计系统状态，在此基础上估计系统的剩余寿命。

美国马里兰大学 Alfred Gessow 直升机中心参加了由 DARPA 资助并由 Northrop Grumman 公司负责的有关直升机结构完整性预报、先进诊断与预测技术项目的研究工作，针对直升机传动系统的故障机理、诊断和预测开展了深入的研究工作，主要体现在传动链故障机理的动力学分析与表征、状态特征信号感知、特征提取、故障识别与预测等方面。

南卡罗来纳大学的 CBM 研究中心在美国军方的支持下，针对各种飞行器，特别是直升机，开展了大量故障诊断、预测与健康管理技术研究工作。该大学以磨损、摩擦、油液、磨粒、温度和振动等参数为输入建立了基于数据驱动模型的轴、轴承和齿轮的预测模型，通过直升机传动试验台的测试数据来改进和完善其算法。

佐治亚理工学院研究了基于粒子滤波(Particle Filtering，PF)的疲劳损伤故障预测方法和基于盲反卷积算法的特征提取与失效预测算法，并将这两种方法应用于植入故障的直升机主减速器齿轮箱试验台中进行振动信号处理。在以上研究的基础上，提出了直升机传动部件在线故障诊断和失效预测的整合框架设计方案，实现了传动部件裂纹的最小虚警检测及无故障工作时间的预测，并利用 UH－60 直升机行星轮保持架植入轴向裂纹故障数据进行了验证。

随着高速微处理机技术、信号处理技术和系统集成技术的发展，HUMS 系统的处理能力越来越强大，监测功能进一步得到完善。如为了适应不同吨位直升机的使用要求，系统功能可按需求进行扩展或剪裁，从而易于系统维护，同时进一步将功能从监测扩展到具备管理能力，英国 Smiths Industries 公司与 Bristow 公司共同开发了模块化的 HUMS，即 MHUMS。这样，用户可根据需要配置功能模块，使成本显著降低，在“海豚”、NH90 和 EH101 直升机上得到广泛应用。

2. 状态监控与故障诊断技术的未来发展趋势

正如上面所说，新研制的军、民用直升机传动系统都装备了完整的状态监控和故障诊断系统，但这种系统的发展是一个不断改进和完善的过程。现在，国外仍在继续研究新的状态监控和故障诊断系统，并有以下重要方向。

(1) 机载实时诊断系统

目前使用中的直升机传动系统状态监控和故障诊断系统的不足之处在于：未实现在线故障诊断，飞行中记录的数据要在飞行后回到地面处理，实时性很差；诊断方法不够自动化，主要靠有经验的技术人员完成，误诊率高；传动系统与控制系统的诊断综合性能不够好。

针对上述问题，今后的趋势是开发出将机械结构和飞机性能的故障诊断与寿命管理结合在一起，并与控制系统综合的机载实时诊断系统。发展这样的系统要解决的关键技术有：

① 提高测量数据的有效性，可利用人工神经网络和模糊逻辑解决这个问题；

② 提高监控和诊断的实时性；

③ 提高综合性，一方面是状态监控与机械故障诊断的综合，另一方面是传动系统监控与飞机发动机监控的综合；

④ 实施寿命监控，按传动系统的实际使用情况和工作条件计算寿命消耗；

⑤ 实施滑油实时监控，在滑油系统中安装小型传感器，对滑油实施实时监控。

(2) 智能传动系统状态监控

这是为军用传动系统研究和发展的状态监控与故障诊断系统。美国空军在若干年前就开始研究和发展智能传动系统状态监控。在其后继的计划中，智能传动系统是核心。智能传动系统的特点是可以全面了解传动系统的工作状态，通过传动系统状态监控和故障诊断，能够进行自动故障诊断和维修预报，从而提高传动系统的可用性和经济承受性。

传动系统状态监控和故障诊断系统首先用传感器提供传动系统工作状态下的各种参数数据。这些数据一般在座舱仪表上显示，并用于传动系统的状态监控。传动系统的监控功能在传感器级别上进行综合，其输出再与部件、传动系统和机队的维修历史相结合，为使用和维修人员提供关于传动系统状态的最佳信息。信息综合对先进传动系统的状态监测是关键。采用信息综合技术后，每台传动系统就是一个网站。传动系统一旦发生问题就能及时发现，实时利用余度技术做出正确决策，并通过网络通知有关的使用和维修部门。

传动系统状态监控和故障诊断系统可进一步扩展到“先导机队管理”。在美国空军，有不同的机构各自管理和维修机队，它们有各自的规章制度、日程安排和经费预算。这些机构之间的沟通是复杂的、多变的，许多使用部门感觉到这种互不通气的“条条”式组织结构的存在。如果能通过一个横向通信网络将这些“条条”沟通，就能使使用部门以最低的成本使用传动系统。对此，通信和数据的传递和处理速度是十分重要的。未来的通信网络必须将保障机构统一起来，为部队司令部提供手段，使其能够选择恰当的方法完成任务。

据报道，美国研制的新一代直升机传动系统监控系统(包括激光、雷达、声学传感器和粒子探测器)非常完善。此系统和发动机健康监测(EHM)系统能够提供自动后勤保障,自动提供备件,通知合格的维修人员。这种理念就是为了以正当的理由在恰当的时间获得正确的保障和维修。

(3) 远程故障诊断系统

直升机的使用遍布世界各地,而每个直升机公司都在各个机场设立完善的技术支持体系不仅是不经济的,也是不现实的,这就需要各个直升机公司之间和直升机公司与科研机构之间实现技术手段和技术人员的共享。具体地说就是存在这样一些需求:现场采集的结果需要做进一步分析;各个直升机公司需要互相借助技术资源;需要借助专家的经验;需要得到传动系统或有关零部件制造商的技术支持。

解决上述问题的一个有效途径是利用网络技术实现远程故障诊断。而 Internet 技术和传动系统诊断技术的发展为传动系统实现远程故障诊断提供了良好的发展机遇。传动系统故障诊断技术的发展趋势是从传统的单机现场诊断方式向分布的远程方式发展,而远程方式也逐渐从第一代的专用网络和专线连接向第二代的基于因特网的方式发展。采用远程诊断带来的好处是信息集中、资源共享、效益提高,而基于因特网的远程故障诊断则更具有良好的性能价格比、开放性及有利于技术发展的优点。

远程诊断系统的建立需要解决以下关键技术:建立远程故障诊断的体系结构,诊断设备的网络化,基于 Web 数据库的远程故障专家系统,创造协同诊断工作环境。

4.9.2 寿命管理

1. 寿命指标

传动系统的寿命指标一般包括首次翻修期限、翻修间隔期、总寿命和使用期限四个指标。

(1) 首次翻修期限(TTFO)

首次翻修期限(简称首翻期)指在规定条件下,产品从开始使用到首次翻修的工作时间或日历持续时间。部件在到达首翻期规定的期限之前,必须从直升机上拆下进行返厂翻修。

(2) 翻修间隔期(TBO)

翻修间隔期指在规定条件下,部件两次相继翻修之间的工作时间或日历持续时间。部件在到达翻修间隔期规定的期限之前,必须从直升机上拆下进行返厂翻修。

(3) 总寿命(ALL)

总寿命指在规定条件下,部件从开始使用到规定报废的工作时间或日历持续时间。总寿命期间可能经过了若干次翻修。部件在到达总寿命规定的期限之前,必须从直升机上拆下做报废处理。

(4) 使用期限(SLL 和 OTL)

使用期限指在规定条件下,不可修复部件从开始使用到规定报废的工作时间或日历持续时间。部件在到达使用期限规定的时间之前,必须从直升机上拆下做报废处理。

此外，还有日历寿命、储存期等寿命指标，因其管理相对简单，这里不作详细说明。

2. 寿命管理的一般要求

传动系统寿命管理的一般要求主要有以下四点：

① 新研机种在型号研制开始前，根据订购方要求，经与承制方商定，在型号规范中规定寿命指标的要求值，研制单位根据上述要求值进行设计。研制单位与直升机总体设计部门协调确定传动系统的设计载荷和载荷谱，对传动系统的零部件进行详细的强度计算和疲劳分析，初步分析传动系统部件的使用期限。

② 在设计定型阶段，产品承研部门给出寿命潜力和初始寿命。通过飞行载荷测量和数据处理，编制实测载荷谱，完成全尺寸结构疲劳试验，确定结构的疲劳特性；并通过疲劳评定，确定结构件在实测载荷谱下的寿命潜力。对于翻修间隔期，目前我国的做法是，以齿轮和轴承的接触疲劳强度为基础，按均立方根功率等效原则，进行 TBO 验证试验（台架等效加速持久试验），给出减速器的 TBO 能力（在设计定型时根据实测载荷谱/功率谱确定）。

③ 减速器整机的翻修间隔期需由承制方根据内场有关试验，以及订购方和承制方提供的使用信息进行综合分析后逐步给出。随着使用数据的积累和翻修间隔期的逐步延长，使使用寿命达到目标值所规定的要求。此后，随着使用数据的积累和技术的进步，翻修间隔期还将逐步延长。维护大纲和修理手册将及时更新落实最新的控制要求。采用载荷实时监控系统后，传动系统的使用期限和翻修间隔期可能会远高于设计定型时的寿命。

④ 给出首次翻修期限的产品，若首次翻修期与翻修间隔期不一致，则承制/承修部门应发出《服务通报》并随产品一并提供给使用部门，同时在产品履历本上注明，以便后续对该件进行寿命控制。在大部分情况下，首次翻修期限与翻修间隔期是一致的。

3. 结构件寿命潜力和初始寿命的确定

在原型机研制阶段，研制单位与直升机总体设计部门协调确定传动系统的设计载荷和载荷谱，对传动系统零部件进行详细的强度计算和疲劳分析，以初步分析传动系统部件的可能使用期限。

在设计定型阶段，应通过飞行载荷测量和数据处理来编制实测载荷谱。对于通过疲劳评估的原型机产品，应完成全尺寸结构疲劳试验，以确定结构的疲劳特性；并通过疲劳评定来确定结构在实测载荷谱下的使用寿命。对于通过疲劳评定的原型机重大产品，应进行设计定型和工艺定型。确定结构件寿命的流程如图 4.50 所示。

4. 翻修间隔期的确定

传动系统的翻修间隔期（TBO）指两次大修之间的时间间隔。确定传动系统翻

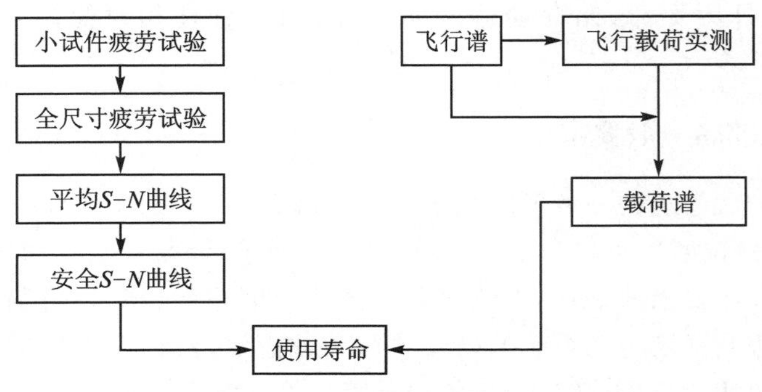

图 4.50　确定结构件寿命的流程

修间隔期的依据和流程如下：

① 按均立方根功率等效原则，通过台架加速等效试验来验证减速器潜在的翻修间隔期；

② 通过对研制阶段的传动系统（包括铁鸟和原型机上的传动系统）的分解检查来确定实际的初始翻修间隔期。

初始翻修间隔期是基于以下几方面的有用信息来作出全面评估：

① 当时已验证的潜在的翻修间隔期；

② 全部台架试验的经验；

③ 全部铁鸟发展试验的经验；

④ 在铁鸟上进行的正式的、耐久性验证试验结果；

⑤ 全部飞行试验的经验；

⑥ 初始翻修间隔期低于潜在的翻修间隔期，不过，正确地说应该是：保守的初始翻修间隔期始于一个低的间隔期。同时作为一个完整的信息，传动系统的检查和维护计划应该与初始翻修间隔期同时提交。

台架加速等效试验程序、潜在翻修间隔期和初始翻修间隔期的确定应遵循适航规范或相关的军用标准。

5. 使用阶段的寿命管理

设计载荷谱、实测载荷谱、外场实际使用情况的差别，甚至外场同一批次飞机在不同地区、不同使用环境下完成不同飞行任务的差别，以及不同飞行员操作习惯的不同，都会导致传动系统的实际寿命长短不一，从而给科学的寿命管理带来难度。目前在使用阶段的寿命管理分为两类，一类是无载荷实时监控的寿命管理，另一类是有载荷实时监控的寿命管理。

(1) 无载荷实时监控的寿命管理

设计定型阶段确定的结构件在实测载荷谱下的寿命及各减速器的 TBO 能力均明确在维护大纲和修理手册中。在产品投入使用后，应按照维护大纲和修理手册的

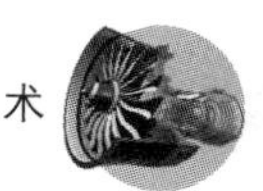

要求进行检查、维护、修理或更换。

1）结构件使用期限的管理

虽然没有载荷实时监控，但承制方和用户也应尽可能掌握传动系统的状态和实际使用情况。一般来讲，设计定型时的零件状态具有最强的抗疲劳能力，且设计定型时的任务谱及实测载荷已经反映了飞机用法的最佳估计和实际载荷，除了以下几种情况，一般不改变维护大纲和修理手册中结构件的使用期限：

① 设计更改（含尺寸和材料的改变）；

② 生产厂家及其工艺的改变；

③ 飞机用法及其使用环境发生改变；

④ 延长使用寿命等。

2）翻修间隔期的管理

首批直升机交付用户使用时，应给出减速器的初始翻修间隔期，并按照一定程序，逐步延长返厂检查的时间。例如，可以分解检查一定数目台份（如 3 台）使用到初始返厂检查时间的减速器，若检查结果符合要求，则可对翻修间隔期进行一次增长，给出新的返厂检查时间；然后，检查一定数目台份（如 2 台）到达新的返厂检查时间的减速器，若符合要求，则可以对该返厂检查时间予以确认；再分解检查一定数目台份（如 1 台）使用到超过新的返厂检查时间一定时数的减速器，若检查结果符合要求，则可再进行一次增长；以此类推，直至达到试验验证的翻修间隔期能力。

（2）有载荷实时监控的寿命管理

随着寿命管理技术的发展和 HUMS 系统的使用，已开始在先进直升机上进行实时载荷监控，以便在每架直升机上实现逐个架次地计算疲劳损伤和评估剩余寿命，进而做到一机一寿命的管理。

但需要说明的是，目前这种载荷实时监控的寿命管理方式即使在最先进的直升机厂家寿命管理中，还只是一种参考，仍需按使用维护大纲和修理手册的要求进行检查、维护、修理或更换，并按确定的翻修间隔期对减速器进行翻修。

对于传动系统的寿命管理，HUMS 的主要功能是：

① 监测传动系统的真实使用情况，包括任务剖面、飞行状态、飞行载荷及其历程等；

② 计算有寿件的剩余寿命。

根据传动系统寿命管理的需要，HUMS 的记录数据包括（但不限于）以下参数：旋翼从启动到停止的时间；发动机从启动到停止的时间；轮载时间（轮子离地时间）；姿态（俯仰、侧倾、偏航角及角加速度）；飞行速度；加速度；旋翼转速、飞行高度、三向过载（航向、侧向、法向）、操纵杆量（主旋翼总矩、主旋翼周期变矩、尾桨总矩）等。

当采用 HUMS 系统进行寿命管理时，系统分析机负责采集数据和收集由客户返回来的所有数据，以比较定型阶段定寿用载荷谱与实际使用谱之间的差别；对每个疲劳关键件在各个状态下的损伤进行计算，逐个架次地计算疲劳损伤和评估剩余寿命;在此基础上,评估有寿件增加寿命的可能性,并在维护大纲和修理手册中修改和延长使用寿命,最终做到每架飞机的传动系统都有自己单独的使用寿命。

有载荷实时监控的寿命管理程序如图 4.51 所示。

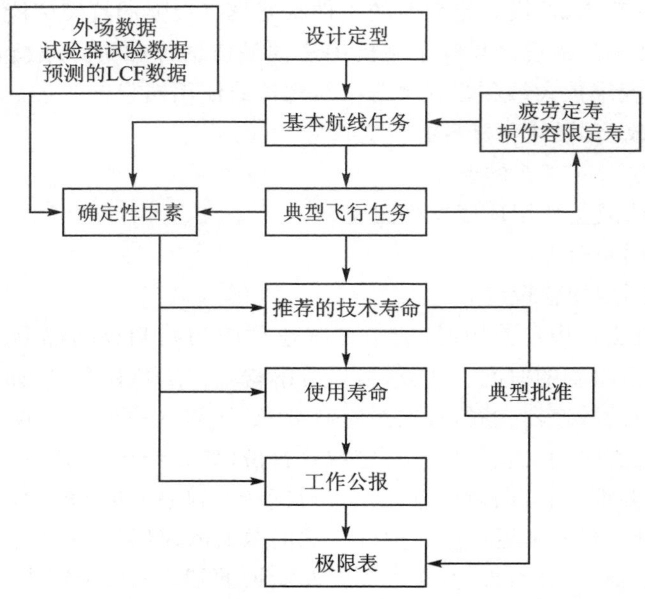

图 4.51 有载荷实时监控的寿命管理程序

利用有载荷实时监控的寿命管理(如 HUMS)能更好地实时了解直升机的使用情况,这不仅有可能大幅提高寿命,同时还能保持并改进飞行安全。无载荷实时监控的寿命管理一般比较保守。而由 HUMS 系统获得的数据,将及时准确地提供有关的关键部件的使用信息,从而有可能更有效地使用整机和零部件的剩余寿命。这样,不仅可以基于成本来改善管理决策,而且还将通过防止关键部件故障来改善飞行安全性;所形成的全机群的数据库,不仅有助于对飞行剖面进行分析,而且还可以给设计、制造部门提供重要的数据反馈,是部件改进的重要依据。同等重要的是,使用 HUMS 系统还能为传动系统的报修决定提供依据。利用由零件跟踪系统处理过的数据,可以更有效地保证传动系统及其零件的调度和计划,从而改善相关的管理决策。总之,有载荷实时监控的寿命管理对于减少全寿命周期费用等具有显著效果。法国官方机构曾在“美洲豹”上进行了载荷实时监控的寿命管理工作,使主桨叶的寿命提高了 1 倍,使主要操纵零件的寿命提高了 2 倍,获得了明显的经济效益。

4.10 虚拟维修设计技术

维修是产品保障的重要内容,而产品是否便于维修却是由产品的维修性决定的。

维修性是由产品设计赋予的使其维修简便、迅速和经济的一种固有特性。维修性的严格定义是：当产品在规定的条件下和规定的时间内，按规定的程序和方法进行维修时，保持或恢复其规定状态的能力。把维修性纳入产品研制过程，并通过设计与验证来实现维修性的要求，已成为提高产品质量水平的客观要求[26]。

因为维修性是产品的一种设计属性，所以关于维修性的许多问题都需要在开发过程的前期得到解决。但是，由于与维修性有关的装配、操作和维修等问题，通常在产品开发的后期甚至在投入使用一段时间后才能暴露出来，而目前人们对产品维修性的认识还不足，使得产品的维修性设计只有小部分是在设计阶段完成，而有相当一部分工作是在研制完成之后，依托实物样机或实际装备进行的，从而出现使分析时机大大滞后于装备设计等弊端[26]。

虚拟现实是在计算机技术支持下的一种人工环境，是人类与计算机及其复杂的数据进行交互的一种技术。虚拟现实技术是一门以系统科学、计算机科学和概率论与数理统计学为基础，结合各应用领域的技术特点和应用中的需要，逐渐发展起来的边缘性技术，同时它也是一门实验性科学，随着各门学科的发展，虚拟现实仿真也得到日新月异的发展，已成为近年来十分活跃的新兴技术[27]。

应用虚拟现实技术，维修工程师可以进入到虚拟环境中，对虚拟产品进行维修。这样，部件的可达性、部件分配空间的合理性以及完成特定维修任务所需的大概时间等信息均可借助虚拟现实技术来评估。

4.10.1　虚拟维修仿真技术的定义

虚拟维修仿真技术是以应用虚拟仿真技术和相关计算机技术，在计算机上生成的含有虚拟维修仿真对象或附有虚拟维修人员三维人体模型的虚拟场景中，采用操作人员在回路，或者驱动三维虚拟化身的方式，通过人机交互来仿真整个维修过程，并从维修性、人机功效、维修过程培训效果等角度对仿真结果进行分析与评估，以此改进虚拟维修对象的性能、优化维修流程及工艺；辅助管理人员进行分析和决策；提高维护人员的业务能力和维修效率为实现目标的一门综合性技术科学[28]。

4.10.2　虚拟维修仿真技术的发展现状

虚拟维修仿真技术常以虚拟样机或复杂装备作为仿真对象，它在研发阶段为设计者提供一个设计产品及其维修工艺过程的支撑环境来进行产品的维修性设计、分析、验证与评估，以便从维修性的角度及早发现设计中存在的缺陷，从而改进产品功能和结构设计，提高产品的可维护性，缩短研发周期，节约开发成本。虚拟维修仿真技术对数字化工业生产具有重要的意义[29]。

洛克希德·马丁战术飞机系统分部(LMTAS)于 1995 年将虚拟维修仿真技术应用于 F－16 战机设计，首次淘汰了金属样机，建立起虚拟数字样机，并结合

DEPTH 和 Jack 软件对其进行维修性和人机功效分析，从中发现设计缺陷并进行修正，从而极大压缩了研发时间和费用。此项技术先后应用于 F－22“猛禽”战斗机和 F－35(JSF)联合攻击机的研发过程[30]。

英国索尔福德大学虚拟环境研究中心基于 CAD 模型研发了针对大规模机械产品装配、维修任务仿真和分析需求的沉浸式虚拟环境，建有设备部件之间的约束库，以此实现精确操作，设置维修库可据此自动生成设备的拆、装序列，且与 VICON 光学式动作捕捉系统相结合，使研发人员在设计阶段就能切身体验到维修操作流程，将不可预见的缺陷消除在设计阶段[31]。

达索公司研发的虚拟生产软件 DELMIA 以及现所属西门子公司旗下的 Jack 软件均支持人机工效分析进行维修性设计，并已应用到生产制造领域的各个行业。国内大多数系统都是基于上述两款商用软件进行的二次开发。

王占海在飞机维修性设计中使用 DELMIA 软件平台中的 Human Builder 模块创建虚拟人，使用 Human Task Simulation 模块构建虚拟场景进行维修过程仿真，并通过选择该软件所设置的相关分析功能来进行人机工程分析，在进行飞机设计的同时并行考虑其维修性的问题[32]。

北京航空航天大学的周栋针对维修活动中存在协同交互工作的需要，利用 Jack 软件提供的三维环境和人体模型，并结合高层仿真技术 HLA 的基础框架，创建了分布式虚拟维修仿真系统，以此提高维修活动仿真的控制性和灵活性[33]。

4.10.3 虚拟现实系统的特点

虚拟现实系统一般应使用户在虚拟空间中能对所研究的系统进行看、听、触、闻、嗅等感知活动，并将所得到的感受反馈给系统，以达到控制系统运行的效果。根据 G. Burden 提出的虚拟现实技术三角形(3I)概念，虚拟现实系统通常具有以下特征[27]：

① 沉浸性(Immersion)：使用户感觉到自身已融合到虚拟现实环境中，并能在三维图像的虚拟空间中有目的地漫游、观看、触摸、听取和闻嗅各种虚拟对象的特征，仿佛自己离开了自身所处的外部环境而沉浸在所研究的虚拟世界之中，成为系统组成的一部分。

② 交互性(Interaction)：用户在虚拟世界中所感受到的信息，经过大脑的思考和分析，形成自己想要实施的动作和策略，通过输入界面反馈给系统，实现与系统的交互和独立自主地控制系统运行的功能。

③ 想象(Imagination)：用户在虚拟世界中根据所获取的多种信息和自身在系统中的行为，通过联想、逻辑推理判断等思维过程，随着系统运行状态的变化对系统运动的未来进展展开想象，以获取更多的知识及认识复杂系统深层次的运动激励和规律性。

用于维修性分析的虚拟现实系统的目的就是要利用虚拟现实技术，建立一个包

含装备虚拟样机、维修人员、维修工具、维修设备、维修设施、维修过程信息的虚拟环境，并在该环境下模拟产品的维修及其相关过程，对产品维修性，如维修过程中的可视性、零部件的可达性以及零部件的拆卸与装配，进行分析研究，发现产品维修性设计中的缺陷，并做出评价和提出改进意见等，以便将有关产品维修性方面的潜在问题在设计阶段的早期就予以解决[26]。具体讲，其意义主要体现在：

① 可以通过虚拟样机或模型，来模拟与装备维修有关的活动或过程，从而提高维修性和保障性设计的预测与决策水平，使得维修性及维修保障分析和评价走出主要依赖于经验的狭小天地，进而发展到全方位预报的阶段；

② 从根本上改变设计—试制—分析评估—修改设计的传统模式，增强过程控制能力，以帮助做出前瞻性决策，避免因维修及相关问题而引起的回溯性修改；

③ 可以实现与产品其他性能、过程设计的集成，除了考虑产品本身的信息集成，还要实现维修过程的建模与信息集成；

④ 可以在设计阶段体验产品的维修难易程度，使用户能充分参与到产品设计中。

4.10.4　虚拟维修技术在传动系统中的应用

传动系统的虚拟维修主要是通过计算机虚拟仿真技术构建虚拟维修环境，将在设计环境中建立的传动系统三维电子样机安装到直升机上，然后将其转换成虚拟维修环境中的模型，并在虚拟维修环境中建立虚拟人体模型、工具模型和模拟维修作业过程的方法，在传动系统设计过程中同步进行维修性设计与评价，找出影响维修性设计的因素并及时改进，以改善传动系统的维修性[34]。图 4.52 为传动系统尾传动轴的维修可达性仿真应用实例。

图 4.52　基于虚拟现实的尾传动轴维修可达性仿真

参考文献

[1] Deb K, Pratap A, Agarwal S, et al. A fast and elitist multiobjective genetic algorithm: NSGA-II[J]. IEEE Transaction on Evolutionary Computation, 2002, 6(2): 182-197.

[2] 黄康,马加奇,夏公川,等. 某直升机主减速器行星轮系功质比的区间多目标优化[J]. 航空动力学报,2017,32(10):2447-2455.

[3] 韩冰海. 航空齿轮减速器稳健优化设计研究[J]. 航空工程进展,2018,9(2):281-287.

[4] 云新尧,付裕,熊峻江. 直升机结构损伤容限技术研究现状与展望[J]. 航空科学技术,2013,5(2):66-70.

[5] 王晓军. 损伤容限设计方法[R]. 北京:北京航空航天大学航空科学与工程学院固体力学研究所,2014.

[6] Lazzeri L, Mariani U. Application of Damage Tolerance Principles to the Design of Helicopters[J]. International Journal of Fatigue, 2009, 31(6): 1039-1045.

[7] 刘云旭,刘澄. 提高渗碳钢件疲劳抗力的研究[J]. 国外金属热处理,1996,4(17):79-87.

[8] Thompson S D, Branch C M. Laser Shock Peening vs Shot Peening: A Damage Tolerance Investigation[C]//Proceedings of Surface Performance of Titanium Conference, Cincinnati, Ohio, Oct 6-10, 1996: 239-251.

[9] Sokol D W, Clauer A H, Dulaney J L, et al. Applications of laser peening to titanium alloys[C]//Proceedings of Photonic Applications Systems Technologies Conference. Optical Society of America, 2005: PTuB4.

[10] 鲁金忠,孙益飞,张雷洪,等. 激光斜冲击对 S1100 型曲轴疲劳强度的影响[J]. 农业机械学报,2007,38(11):167-169.

[11] Rubio-González C, Ocaña J L, Gomez-Rosas G, et al. Effect of laser shock processing on fatigue crack growth and fracture toughness of 6061-T6 aluminum alloy[J]. Materials Science & Engineering A, 2004, 386(1-2): 291-295.

[12] Montross C S, Wei T, Ye L, et al. Laser shock processing and its effects on microstructure and properties of metal alloys: a review[J]. Inrernational Journal of Fatigue, 2002, 24: 1021-1306.

[13] 孙丽,黄少青,仲俊峰. 基于 FLUENT 的多回路泵流场数值模拟[J]. 制造

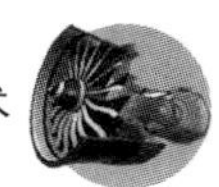

技术与机床,2010(1):72-73,78.

[14] 张永学,李振林.流体机械内部流动数值模拟方法综述[J].流体机械,2006,34(7):34-38,14.

[15] Strasser Wayne. CFD investigation of gear pump mixing using deforming/agglomerating mesh[J]. Journal of Fluids Engineering, 2007, 129: 476-484.

[16] Lemfeld František, Fraňa Karel. Numerical simulations of unsteady oil flows in the gear-boxes[J]. Journal of applied science in the thermodynamics and fluid mechanics, 2007, 1: 1-5.

[17] Torbjorn Kvist. Splash lubrication simulation using CFD[J]. Delivering drive line technologies, 2011: 1-17.

[18] Lin Yinhui, Hu Zhihua. Research of flow field simulation for lubrication system and effect evaluation on a 7-speed dual clutch transmission[J]. Lecture Notes in Electrical Engineering 2013, 195: 285-298.

[19] 陈黎卿,张栋,陈无畏.基于流固耦合的分动器齿轮两相流动数值模拟与实验[J].农业工程学报,2014,2(30):54-61.

[20] 梅庆.直升机传动轴系的动力学设计[J].机械传动,2005:19-22.

[21] 军用直升机强度规范:第 5 部分 振动、气动机械及气动弹性稳定:GJB 720.5A—2012[S].

[22] 邵忍平,沈允文,刘更,等.直升机旋翼传动系统固有振动特性的研究[J].机械科学与技术,1997,16(3):523-526.

[23] 薛海峰,向锦武,张晓谷.直升机旋翼/动力/传动系统模型及耦合影响[J].北京航空航天大学学报,2004,30(5):438-443.

[24] 顾仲权,杨景新.直升机传动系统扭转振动特性分析[J].南京航空航天大学学报,1997,29(6):674-678.

[25] 张琳,李书,张韬.直升机主减机匣结构振动噪声分析与优化[J].航空动力学报,2016,31(2):323-329.

[26] 杨宇航,苏曼迪,王金川.基于虚拟现实仿真技术的直升机维修性评估与验证技术研究[C]//第二十三届全国直升机年会论文汇编,2007:66-72.

[27] 姚本君.基于虚拟现实技术的飞行视景仿真平台的设计与实现[D].长沙:湖南大学,2011.

[28] 王文举,李光耀.虚拟维修仿真技术的研究与进展[J].系统仿真学报,2011,23(9):1751-1757.

[29] 郝建平,蒋科艺,王松山.虚拟维修仿真理论与技术[M].北京:国防工业出版社,2008.

[30] Abshire K J, Barron M K. Virtual Maintenance Real-world Applications

within Virtual Environments[C]//Proceedings of Annual Reliability and Maintainability Symposium. New York, USA: IEEE, 1998: 132-137.

[31] Murray N, Fernando T. An Immersive Assembly and Maintenance Simulation Environment[C]//Proceedings of the Eighth IEEE International Symposium on Distributed Simulation and Real-Time Applications, 2004: 159-166.

[32] 王占海，翟庆刚. DELMIA 人机工程在飞机虚拟维修中的应用[J]. 长沙航空职业技术学院学报，2009，9(4)：36-41.

[33] 周栋，吕川. 基于 HLA 的分布式虚拟维修仿真研究[J]. 科技广场，2005，1(1)：69-73.

[34] 沈亚斌，张洋，李洁民. 基于动态虚拟现实技术的维修性评估验证系统研究[J]. 直升机技术，2011(3)：36-41.

第 5 章
新材料与新工艺应用技术

随着直升机对传动系统在寿命、可靠性和重量方面要求的不断提高，以往型号所采用的材料和加工工艺已无法满足先进直升机传动系统的设计要求，20 世纪 90 年代，欧美等发达国家率先在一些新材料和新工艺领域取得了突破，并应用于直升机传动系统。在新材料方面，先进复合材料已逐渐在直升机传动系统的动力传动轴、尾传动轴、减速器机匣等零部件上获得了应用，使抗疲劳性能提升近 30%，重量减轻 15%～20%；陶瓷材料在轴承滚动体上的应用，高强度结构钢在齿轮、轴上的应用，以及高强度变形镁铝合金在减速器机匣上的应用都极大地提升了传动系统的寿命与可靠性。在新工艺方面，先进的热喷涂、气相沉积、激光表面熔覆等新表面喷涂工艺的应用极大地改善了摩擦副表面的抗磨损能力，提高了结构件的寿命；精密熔模铸造、真空调压铸造等先进铸造工艺的应用，有效地改善了机匣铸造的缺陷，特别是 3D 打印技术的发展，极大地提高了材料利用率，降低了成本，缩短了产品加工周期。

5.1 复合材料工程应用技术

先进复合材料的研究开发源于对飞机效率的提高和性能改善的要求，因此，在飞机结构上的应用取得了显著的效益，并随着复合材料技术的日益成熟，还在不断扩大。在国外飞行器中，复合材料的用量已占到结构重量的 24%～30%，目前，先进直升机如 RAH－66、“虎”、NH－90、EH101 机体结构上复合材料的用量已达到结构重量的 50%左右，甚至更高。

在传动系统中，通常采用的成形工艺有手糊成形工艺，该工艺具有成本低、操作灵活，不受结构尺寸和形状限制，以及可在产品任意部位任意增补增强的优点，适宜制造结构形状复杂的产品。虽然手糊工艺操作灵活、制造成本低，但构件的力学性能不理想。为了优化复合材料的结构性能，热压罐成形工艺受到越来越多的关注。预浸料作为热压罐成形工艺的原料，最早是从手工叠层技术发展而来的，由于自动连续

预浸渍过程通常可以减少复合材料内的空气含量，降低气孔率，同时预浸料生产过程允许高的增强纤维含量，因此使用预浸料作为复合材料的成形原料可以提高构件的性能。由于热压罐成形工艺的设备投资大，且预浸料的原料成本及成形过程必须保持高温高压，这就导致投资及运行成本相对较高，进而限制其在直升机中的扩大应用。RTM（树脂传递模塑成形）作为一种成本低、灵活性强的复合材料成形工艺，在20世纪90年代广泛应用于汽车行业。由于RTM工艺可以制备出高增强纤维含量的复合材料（可以高达65%），因此适用于刚度、强度和疲劳性能要求较高的飞机主要承力结构，且可以设计制造结构形状复杂的结构件。随着近些年技术的发展，RTM工艺已经成为一种实用的航空航天复合材料成形工艺。

目前在飞机结构上，我国将复合材料广泛应用于垂直安定面、水平尾翼方向舵、前机身等构件上；在直升机结构上，主要应用于旋翼系统桨叶和机体等结构件上。但在直升机传动系统领域，主要材料体系仍停留在镁铝合金、合金钢和钛合金等金属材料上，与飞机总体大幅度开展复合材料的预研与应用的局面相比，传动系统在复合材料等非金属材料的应用上严重滞后。而在国外的先进直升机上，复合材料已逐步应用于转动件和承力件上。

1. 复合材料动力传动轴

动力传动轴采用轴与联轴节一体化设计，复合材料树脂传递模塑法成形，使用金属花键胶铆接在复合材料轴管上。轴与联轴节的内表面覆有干纤维编织布，采用编织法加工工艺以提高其抗弹击能力。一体化动力传动轴可以在整个寿命期外场使用中始终保持其原始平衡状态，以致不会因零件的松动或更换而影响平衡。动力轴适应角向偏斜的能力及其临界转速可以通过改变材料的刚度来提高。

一体化复合材料轴和联轴节的最终设计尺寸[1]如图5.1所示。经有限元分析（见图5.2）可知，一体化复合材料传动轴和联轴节满足转速要求。

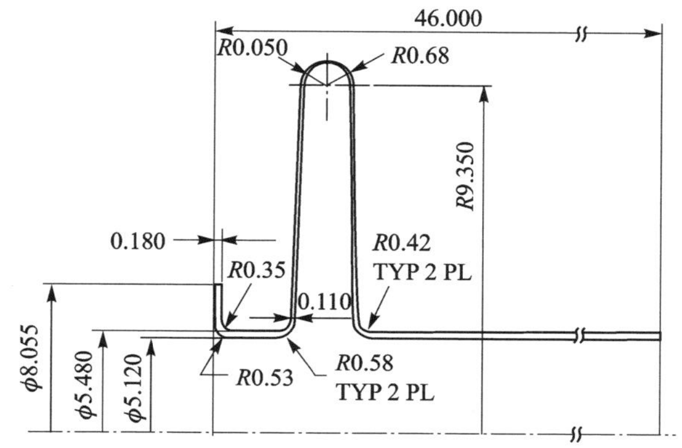

图 5.1　一体化复合材料轴和联轴节设计尺寸

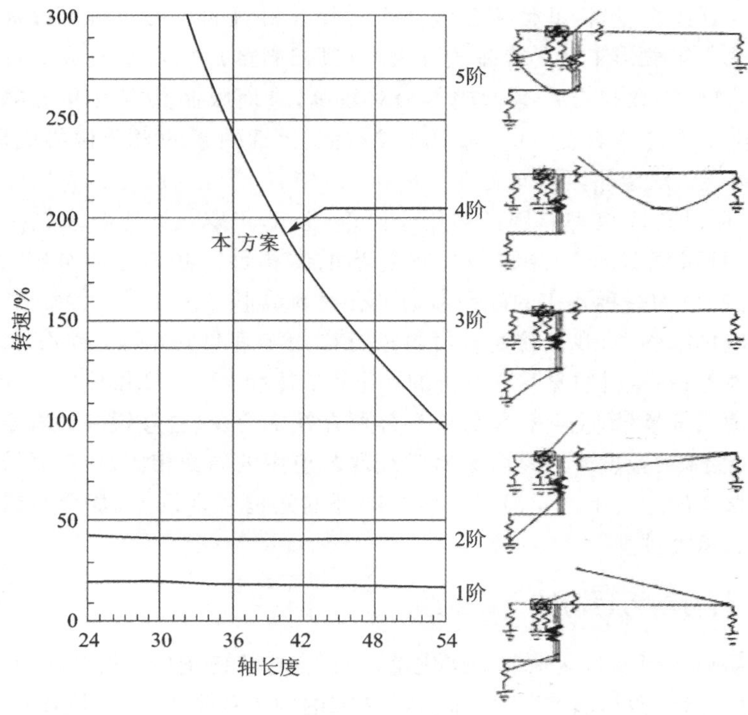

图 5.2　动力传动轴动力学分析

2. 复合材料尾传动轴

由于先进复合材料具有比强度高、比模量高、可设计性强、抗疲劳性能好、耐腐蚀以及可大面积整体成形等独特优点，因此可将复合材料应用于尾传动轴，以满足现代直升机对传动系统尾传动轴重量轻、强度高的要求。西科斯基直升机公司在 UH-60M 的升级计划中为其换装了复合材料尾传动轴[2]（见图 5.3），提高了尾传动轴的强度和抗腐蚀能力等，并进行了有限元分析（见图 5.4）、静力试验及疲劳试验验证，证明了方案的可行性。

贝尔 429 直升机是民用直升机领域处于领先地位的轻型双引擎直升机，其 427 型传动系统尾传动轴（见图 5.5）由 2 段钢制风扇轴和 5 段铝轴组成，而 429 型传动系统尾传动轴[3]（见图 5.6）将后面 5 段亚临界铝轴改成了 2 段超临界复合材料尾传动轴。贝尔 429 型机与贝尔 427 型机的转速一致，但其尾传连续功率提升了 40%，提升后的贝尔 429 型机尾传动轴组件的零件数量减少，结构简单，同时重量减轻 11%。两种机型的对比如表 5.1 所列。

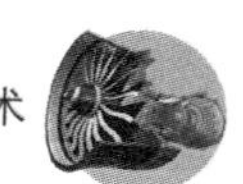

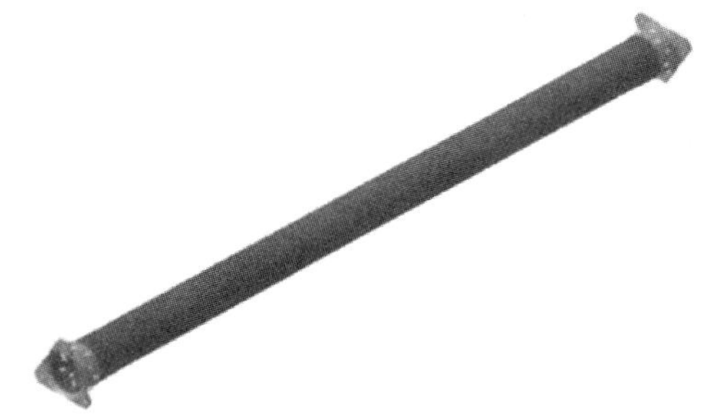

图 5.3　UH－60M 复合材料尾传动轴

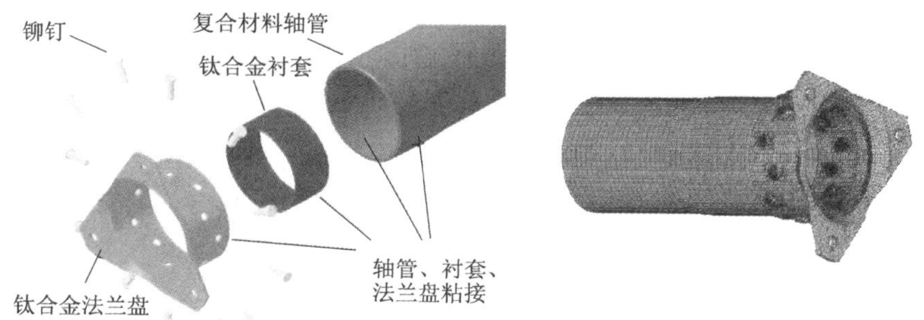

图 5.4　复合材料轴端口结构和轴的有限元模型

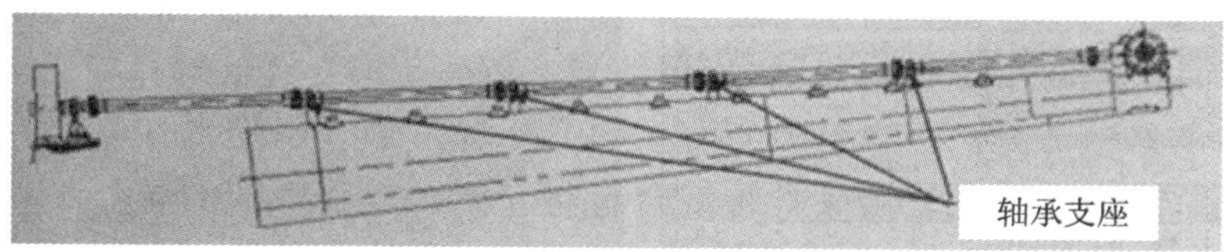

图 5.5　427 型机尾传动轴组件结构

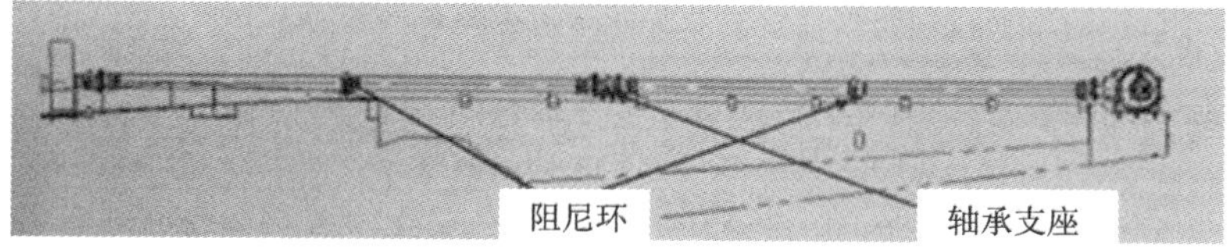

图 5.6　429 型机尾传动轴组件结构

表 5.1　429 型机和 427 型机的尾传动轴结构对比

机　型	额定转速/(r·min^{-1})	连续功率/kW	瞬态功率/kW	轴段数量	轴承座数量	联轴器数量
429	6 000	171	224	4	3	3
427	6 000	119	164	7	6	6

3. 复合材料旋翼轴

在西科斯基公司 ART 项目中[4]，主减速器旋翼轴采用动静旋翼轴构型，其中以支架代替静轴，传递旋翼载荷。支架为复合材料结构，通过 6 条腿安装在机身上，支架腿为截面尺寸均匀变化的矩形管（见图 5.7），复合材料构件采用树脂传递模塑，组合粘接固化。

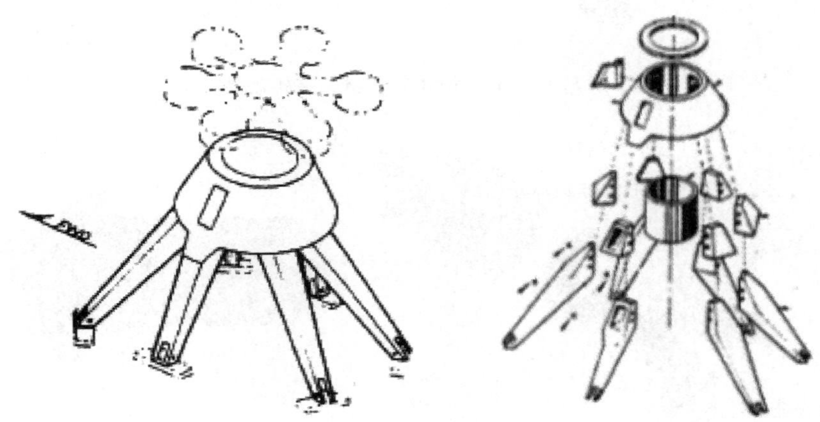

图 5.7 ART 项目中的主减速器旋翼轴支架

贝尔公司针对 XV-15 钢旋翼轴（见图 5.8）设计了承载能力相同的复合材料/钢旋翼轴（见图 5.9）。复合材料/钢旋翼轴与 XV-15 钢旋翼轴外径相同，外轮廓不变，内径做了修改，减小了壁厚（在薄壁区域减小到原壁厚的约 1/2，最小壁厚为 3.556 mm），孔内热固化安装碳纤维复合材料套筒。复合材料套筒共计 12 层铺层，

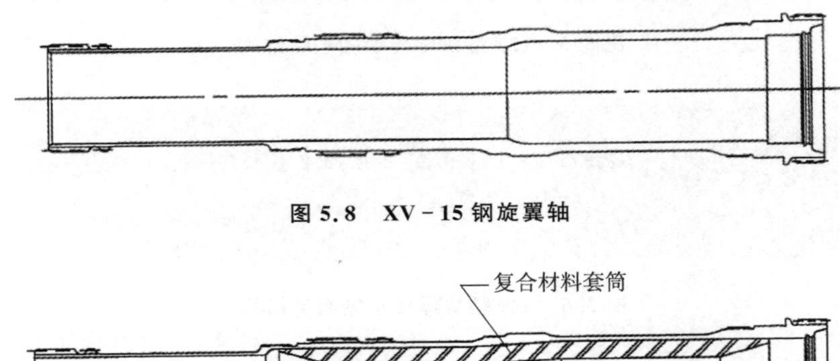

图 5.8 XV-15 钢旋翼轴

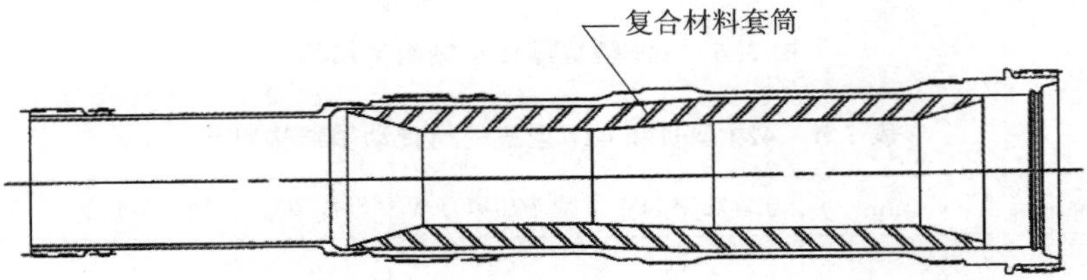

图 5.9 复合材料/钢旋翼轴

每层的纤维方向相同，主要由±45°交替铺层构成，总厚度为 13.716 mm，此外还使用了几层 15°方向的预浸带以提高轴向刚度。

经分析，钢旋翼轴与复合材料/钢旋翼轴的钢轴部分的应力分布、静强度和疲劳强度基本相同，两轴的扭转刚度相同。复合材料/钢旋翼轴的复合材料套筒部分的应力相对较低，最大纤维应变小于 0.2%。由于复合材料的固化温度为 350 ℉(1 ℉=−17.2 ℃)，以及钢的热膨胀系数高于复合材料，因此复合材料与钢之间总是处于压缩状态，排除了复合材料与钢分离的可能。当复合材料/钢旋翼轴的钢轴部分出现故障时，复合材料纤维承受应力，并有足够的安全裕度。当复合材料套筒出现故障时，钢轴仍能承受最大载荷，但疲劳寿命仅为 30 min。XV－15 钢旋翼轴的质量为 9.9 kg，复合材料/钢旋翼轴的质量为 8.5 kg。

4. 复合材料驱动轴

AW609 是由 Agusta 和贝尔直升机公司联合生产的轻型、双发可变翼多用途倾转旋翼机。该旋翼机中的轴和联轴器统称为互连驱动系统，发动机将动力传递给互连驱动系统，以带动安装在倾斜轴变速箱和中间机翼变速箱上的附件运动，此时互连驱动系统上转子之间的转矩瞬变连续不断地传递。除了传递轴动力外，互连驱动系统作为飞机的组成部分，将转子产生的力转移到机身上，同时它也可作为飞行控制制动器的前发动机机架。AW609 互连驱动系统[5]（见图 5.10）由 2 根主轴（见图 5.11）、6 根侧轴（见图 5.12）组成，这些轴均由复合材料轴管和花键接头/端齿盘组成。

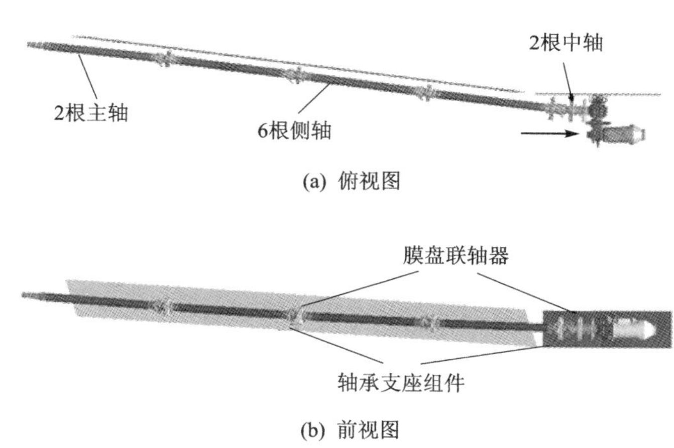

图 5.10　AW609 互连驱动系统

5. 复合材料机匣

减速器壳体的形状复杂，承受振动，且要求其耐疲劳、耐高温、耐油等；主要由高

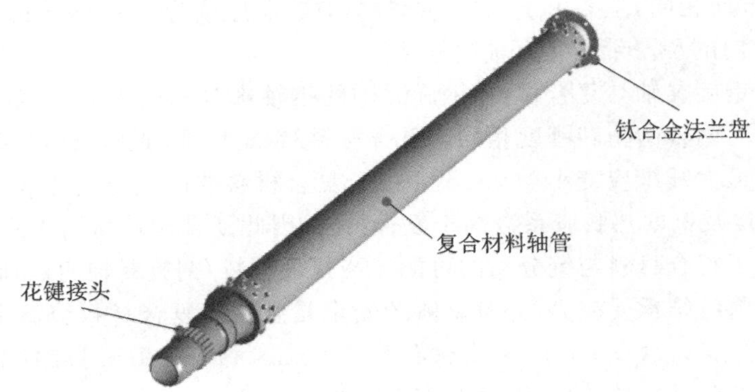

图 5.11　驱动轴主轴

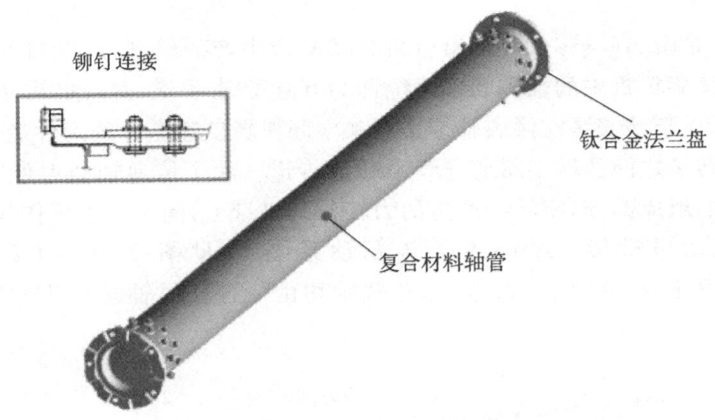

图 5.12　驱动轴侧轴

强度镁铝合金材料精铸而成，重量大，加工难度大。目前，复合材料广泛应用于贝尔、波音、韦斯特兰和欧直等公司的直升机传动系统机匣中。而复合材料具有很好的可设计性、耐腐蚀性、长的疲劳寿命和耐弹击损伤等优点，应用于减速器壳体时，不仅可有效减重，还可提高壳体的性能，相比铝镁合金，具有很大优势。

CH－47 型直升机曾用复合材料纤维缠绕法进行了设计制造研究，取得了很大进展，壳体样件如图 5.13 所示。通过材料力学设计，可充分发挥纤维拉伸强度高的特性，可承受内/外压、弯曲、扭转及轴向载荷，具有比强度高、耐腐蚀、成本低、质量稳定等优点，而且易于实现机械化和自动化，生产效率高。

惠·普公司在树脂基复合材料风扇机匣技术方面已发展得比较成熟。F119 和 F135 发动机采用了树脂基复合材料外涵机匣，通过应用可知，其重量减轻和成本降低的效果比较明显。F119 发动机外涵道机匣采用碳纤维增强聚酰亚胺基复合材料，其工艺采用 Dow-UT 公司研发的先进树脂传递膜塑技术，工作温度为 316 ℃，重量减轻 15％～20％，成本降低 30％～35％。这种制造技术可以制造形状复杂的进气机

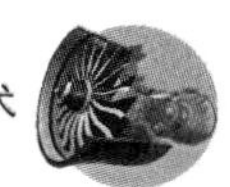

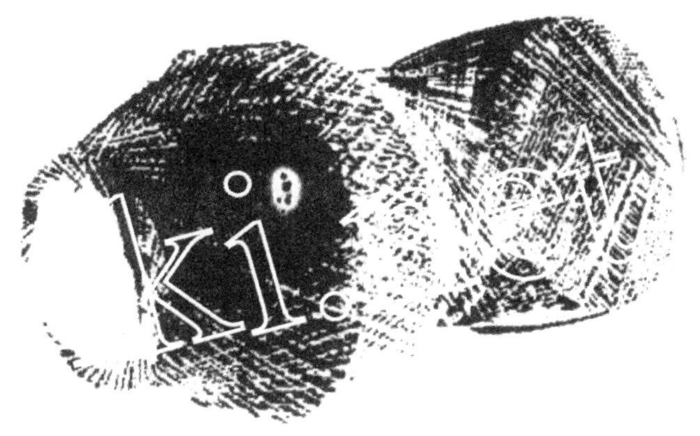

图 5.13　纤维缠绕的 CH－47 型直升机主减速器复合材料壳体样件

匣，其所有外部气流通道的表面粗糙度和最终尺寸精度都可与经机械加工的钛合金进气机匣相媲美，并可使进气机匣减少零件总数和取消许多劳动密集的装配工序，从而大幅减轻结构重量和降低成本。

在 ART 项目中，传动系统采用碳纤维复合材料机匣[6]，如图 5.14 所示。复合材料机匣重量轻、耐腐蚀，可以解决镁合金机匣普遍存在的腐蚀性问题。所选用的材料可在润滑油环境且较目前采用的镁合金机匣温度高的条件下工作。与具有高的耐腐蚀性，能在较高温度下工作的 WE43 镁合金相比，复合材料具有重量上的优势。ART 机匣采用树脂传递模塑法成形，轴承及其他机加工表面附近采用短纤维(chopped fiber)及热弹性树脂注射成形(如 PEEK)。西科斯基公司对复合材料机匣建立了有限元模型，如图 5.15 所示，并计算了复合材料机匣应变，机匣的变形如图 5.16 所示，最大变形出现在机匣上盖输入端连接部位，如图 5.17 所示，输入机匣应变如图 5.18 所示。

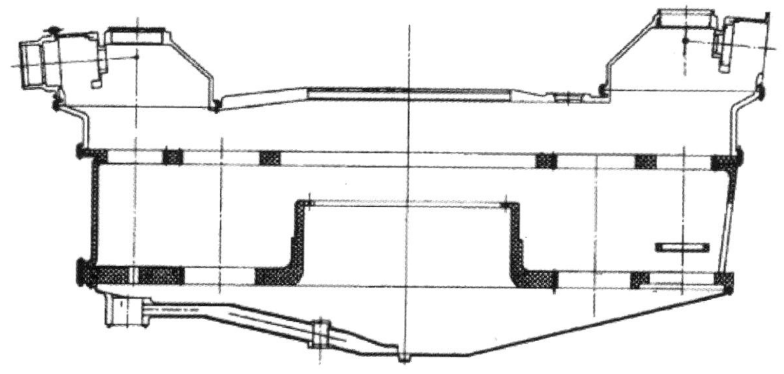

图 5.14　ART 复合材料机匣

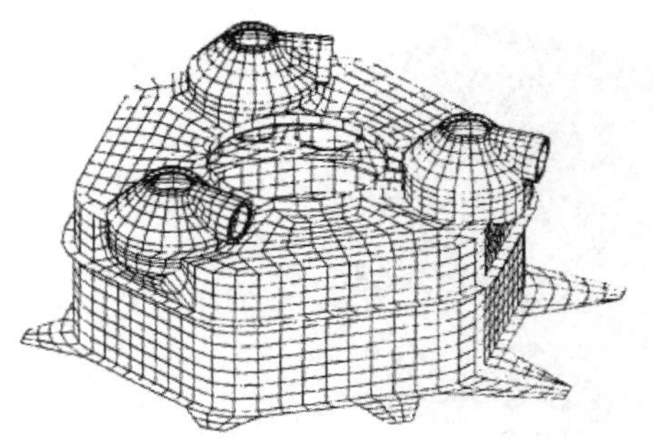

图 5.15　复合材料机匣有限元模型

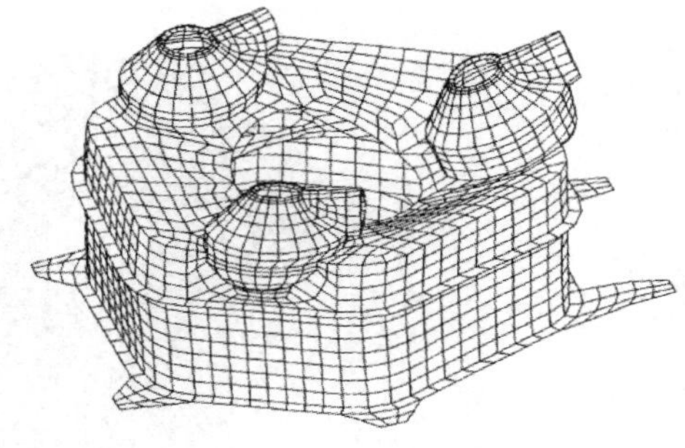

图 5.16　复合材料机匣变形示意图

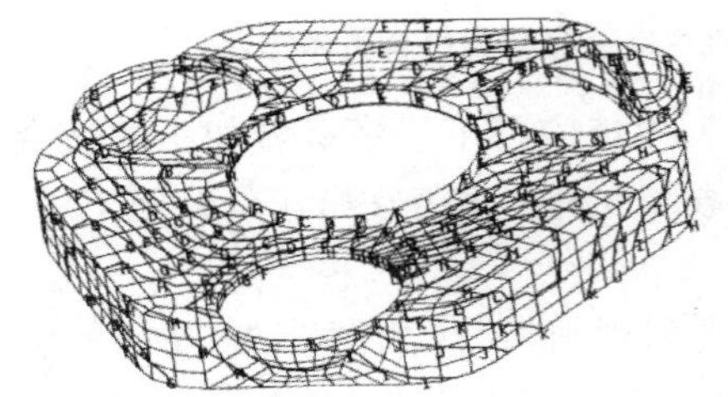

图 5.17　机匣上盖主应变图

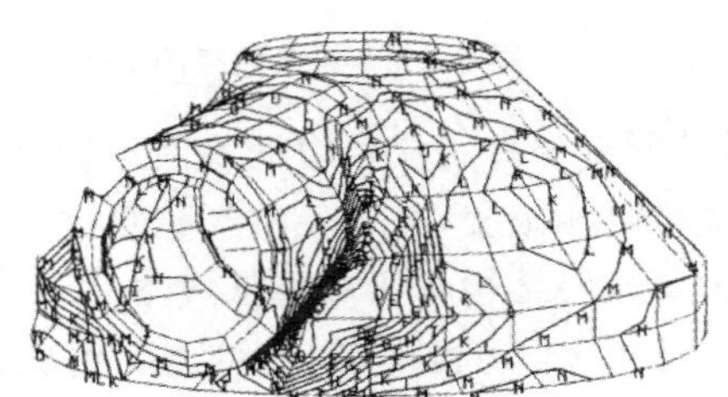

图 5.18　输入机匣主应变图

5.2　陶瓷材料工程应用技术

随着直升机对传动系统重量、传递效率、噪声和可靠性要求的不断提高，具有低密度、高强度、高硬度、耐高温、耐腐蚀等优异性能的陶瓷材料受到了研究人员的高度重视，并开始在直升机传动系统上进行了应用。目前，陶瓷材料主要用作直升机传动系统滚动轴承的滚动体、关节轴承的陶瓷球面，另外还在进行陶瓷铝合金的基础研究和应用研究。

5.2.1　陶瓷滚动体轴承

1. 陶瓷滚动体轴承的优异性能

采用陶瓷材料制造轴承，是对传统轴承的一次革命。陶瓷材料具有优异的性能，可以承受金属材料和高分子材料难以胜任的严酷的工作环境，并且又具有轴承材料所要求的全部重要特性。氮化硅陶瓷具有最佳的机械物理综合特性，是制造陶瓷滚动体轴承的主要材料，Si_3N_4 的密度是轴承钢的 40%，硬度是轴承钢的 2～3 倍，热膨

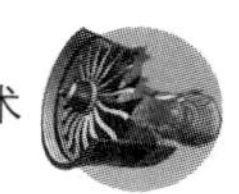

胀系数大约为轴承钢的 1/4[7]。Si_3N_4 与轴承钢的材料性能对比如表 5.2 所列。

表 5.2 氮化硅与轴承钢的材料性能对比

材料性能		Si_3N_4(热等静压氮化硅)	100Cr6 轴承钢
材料属性	密度/($g \cdot cm^{-3}$)	3.2~3.25	7.8~7.85
	热膨胀系数×10^{-6}/K^{-1}	3.2	11.5
	弹性模量/($kN \cdot mm^{-2}$)	315~320	200~210
	硬度 HV10	1 400~1 600	700
	热导率/($W \cdot mK^{-1}$)	30~35	40~45
	电阻率/($\Omega \cdot mm^2 \cdot m^{-1}$)	10^{17}~10^{18}	10^{-1}~1
机械性能	滚动接触/疲劳	优异	优异
	可达到的表面粗糙度 Ra/μm	优于 0.05	优于 0.1
	抗腐蚀性	良好	低

(1) 氮化硅陶瓷滚动体轴承的优异性能

氮化硅陶瓷滚动体轴承与钢制轴承相比,具有如下优异性能[8-10]:

① 低密度:氮化硅陶瓷的密度为 3.2~3.25 g/cm³,仅为轴承钢(7.85 g/cm³)的 40%。高速运转时的离心载荷小,从而减小了接触应力和减少滑动,使运动学性能更好。氮化硅陶瓷滚动体轴承具有更高的速度极限能力和更小的重量。

② 较高的弹性模量:氮化硅陶瓷的弹性模量是轴承钢的 1.5 倍,可使轴承的刚度提高,从而减小了系统的振动;同时轴承运转时具有更小的接触椭圆,从而减少了滑动,降低了摩擦。

③ 热膨胀系数小:氮化硅陶瓷的热膨胀系数仅为轴承钢的 1/4,因此轴承随温度变化的尺寸变化量小,且产生的热预载较低,从而避免了因过多热量聚集而引起疲劳剥落失效,有助于防止卡死,有益于在温度变化较大的环境中使用。

④ 表面粗糙度更好:氮化硅陶瓷的加工可达到较好的表面粗糙度,大约是标准轴承钢的 30%,使得轴承运转摩擦减小,降低了轴承温度,减小了轴承的功率损失,并尽可能减少了润滑油量;同时轴承滚动接触面之间的相对油膜厚度增大,使得在供油减少及完全断油的情况下可靠性更高。

⑤ 良好的抗滚动接触疲劳特性:氮化硅陶瓷具有与轴承钢相同或略高的接触疲劳寿命,此性能对轴承滚动体的要求至关重要。

⑥ 剥落失效形式:轴承滚动体的失效形式通常为疲劳剥落,氮化硅陶瓷滚动体具有与钢制滚动体类似的疲劳剥落失效形式,使得轴承在卡死前有预兆,是一种危害较小的失效形式。

⑦ 耐高温:温度变化对轴承的滚动疲劳寿命产生较大影响。通常作为耐热材料使用的M50钢制轴承在250 ℃时的额定寿命约为常温下的1/10。而对于陶瓷轴承,由于陶瓷材料具有优异的高温性能,因此在高温工况下具有很好的滚动疲劳强度。氮化硅陶瓷具有良好的温度特性,远远超过M50耐高温轴承钢的使用极限温度400 ℃,当达到800 ℃时,氮化硅的硬度和强度才开始下降,且陶瓷材料在高温条件下具有良好的尺寸稳定性。

⑧ 耐腐蚀:氮化硅陶瓷具有优异的耐腐蚀性能,使轴承可在氧化和腐蚀环境下,尤其在反复滚动而挤压掉接触区上的表面油膜的情况下具有抗氧化和腐蚀稳定性。

(2) 高速工况下陶瓷滚动体轴承的优势

在高速运转条件下,陶瓷球轴承比钢轴承的寿命长3～6倍。陶瓷球轴承的转速比钢轴承提高60%,轴承温升降低35%～50%,刚度提高11%。另外,由于陶瓷与钢分子的亲和力很小,摩擦系数很小,而且有一定的自润滑性能,因此陶瓷滚动体轴承可有效防止因油膜破坏而引起的烧黏。

对一般轴承而言,当DN值在2.5×10^6以上时,其滚动体的离心力便会随转速的升高而急剧增大,使轴承滚动接触表面的滑动摩擦加剧,轴承寿命随之缩短。试验结果已证实:采用低密度氮化硅陶瓷滚动体轴承的寿命可比钢制滚动体轴承提高3～6倍,同时,滚动体的离心力大大减小,由滚动体离心力引起的高速打滑现象也大大减少,从而使滚动体、保持架组件的惯性力显著减小[11]。

在高速运转条件下,陶瓷球轴承的旋滚比小,与钢制轴承相比,陶瓷球轴承的旋滚比低约30%,因此陶瓷球轴承的接触状态更好,自旋摩擦更小。

对于陶瓷滚子轴承,在高速工况下,采用氮化硅陶瓷滚动体具有如下优势:

① 减轻滚子重量从而有利于解决打滑问题,同时使轴承整体重量降低。

② 表面粗糙度更好,减小了摩擦从而降低了轴承温度,减小了轴承功率损失,并使润滑油量尽量减少,且使滚动表面之间的相对油膜厚度增大,从而在供油量减少及完全断油的情况下可靠性更高。

③ 更高的硬度和刚度,有利于提高抗胶合能力。

(3) 润滑不良情况下陶瓷滚动体轴承的优势

在润滑不足或润滑失效的状态下,陶瓷球轴承的最低运转时间至少为钢轴承的1倍。陶瓷球轴承表现出三方面的明显特性:

① 润滑不足或失效后,轴承温度急剧升高。由于陶瓷材料的热膨胀系数为轴承钢的25%,因此轴承游隙变化量更小,轴承旋转稳定性更好。

② 由于钢/陶瓷匹配的亲和性低于钢/钢的亲和性,因此当润滑膜未能很好地形成或接触表面缺少润滑时,较低的亲和性可有效发挥作用,有效降低黏着摩擦的风险。

③ 由于陶瓷球的硬度高,因此在严重摩擦情况下,陶瓷球具有很好的尺寸和形状精度保持性及对沟道的修复性,以保持轴承运转。

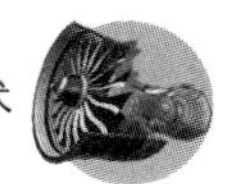

相比全钢轴承，陶瓷滚动体轴承更不易出现表面损伤，原因在于轴承利用了氮化硅滚动体的低边界摩擦和有利的粗糙度形状。在出现油膜破损的压痕周围的区域，显示出对与表面疲劳和边界润滑条件有关的损伤的良好抵抗性，从而使陶瓷混合轴承的压痕寿命延长。

2. 陶瓷滚动体轴承的应用

随着我国直升机传动技术的不断发展，陶瓷滚动体轴承以其优异的性能逐渐被应用于传动系统的高速输入端、离合器、尾传动轴、尾减速器桨距操纵杆及行星轮系等部位。高速输入端轴承的转速高，而因陶瓷滚动体轴承的密度小，故可显著降低离心力，从而减小了接触应力；且因其摩擦系数低，故发热量也可大幅度减小。离合器轴承正常工作时的内、外圈转速和转向相同，轴承相对静止，使得润滑油膜难以形成，而陶瓷滚动体轴承以其优异的表面粗糙度及高硬度来降低磨损。尾传动轴轴承为密封脂润滑，当润滑脂泄漏或失效时，陶瓷滚动体轴承具有更高的可靠性。桨距操纵杆轴承难以得到充分润滑，而陶瓷滚动体轴承对润滑的需求量较小，因此仍能保持优良的使用性能。

(1) 高速输入端位置的应用

直升机传动系统高速输入端轴承的工作特点是转速高、发热量大，在润滑系统故障或失效时，轴承在规定的工况下运转 30 min 的难度非常大。而在高速运行条件下，陶瓷滚动体轴承具有较小的离心力、陀螺力矩、温升及较稳定的轴承沟道间隙[12]，从而更有利于轴承在高速、贫油或无油条件下工作。为了对比钢轴承与陶瓷滚动体轴承的性能，在专用轴承试验器上进行钢轴承和陶瓷滚动体轴承(两组轴承的类型和尺寸相同，但滚动体的材料分别为 M50 钢和 Si_3N_4 陶瓷)的转速试验、润滑试验及断油试验，并进行了分析。

对比试验说明，在高速工况下，Si_3N_4 陶瓷滚动体轴承相比钢轴承的发热量明显减小，对润滑的需求也有所降低。当润滑失效时，Si_3N_4 陶瓷滚动体轴承相比钢轴承可显著降低温升，从而保持长时间的良好运行，陶瓷滚动体轴承的这种优异性能对于其处于直升机传动系统高速输入端的位置无疑是非常适用的。图 5.19 是应用于某高速输入端的陶瓷球轴承。

(2) 尾传动轴位置的应用

直升机传动系统通过尾传动轴将主减速器的动力传输至尾减速器，其支承轴承通常为密封脂润滑结构。由于轴承失效的主要原因为润滑脂泄漏失效，因此要求轴承在少量润滑脂的情况下仍能保持正常工作，并在无润滑脂的情况下具备较好的热稳定性。

研究表明，Si_3N_4 陶瓷滚动体轴承对润滑的需求少，仅用极少量润滑脂就能在允许的温度范围内长时间正常运行。另外，Si_3N_4 陶瓷滚动体轴承的热稳定性较好，即使在没有油脂的情况下，轴承运行约 105 min 的时间也没有出现抱死现象。

图 5.19　某高速输入端的陶瓷球轴承

(3) 桨距操纵杆位置的应用

桨距操纵杆轴承通常为双列角接触球轴承，它安装于尾桨桨距操纵轴内，工作时需承受助力器操纵的动态轴向载荷。由于直升机传动系统的尾减速器采用飞溅润滑，滑油流经的路径较长，因此桨距操纵杆轴承的润滑非常困难。采用密封油脂润滑 Si_3N_4 陶瓷滚动体双列角接触球轴承，可以减少润滑需求。因为 Si_3N_4 陶瓷滚动体轴承具有摩擦小、润滑需求较小和发热小的特点，所以在桨距操纵杆位置可以应用陶瓷滚动体轴承。

(4) 行星轮系上的应用

陶瓷材料的滚动体还可用在行星轮系的调心滚动体轴承上。行星齿轮调心滚动体轴承在自转和公转的共同作用下，离心载荷较大，且须在润滑系统失效的情况下满足 30 min 干运转的要求。如图 5.20 所示，调心滚动体轴承的鼓形滚动体采用 Si_3N_4 陶瓷材料，外圈与行星齿轮成为一体，由于 Si_3N_4 陶瓷混合轴承具有密度小、摩擦小、耐磨损、热稳定性好、润滑需求小等优点，因此在运转过程中将减小由离心力造成的附加应力，且在润滑系统失效的情况下具有比钢轴承更高的可靠性，同时可有效降低轴承的重量，这对于提升传动系统的可靠性和使用性能都十分有益。

图 5.20　陶瓷滚动体行星轴承

(5) 国外研究应用介绍

美国先进旋翼机传动系统项目(ART)对陶瓷滚动体轴承也进行了深入的研究。西科斯基公司针对角接触 Pyrowear 53 钢制和 Si_3N_4 陶瓷球面滚动体轴承进行了扭

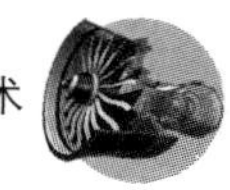

矩和转速性能试验，以及 250 h 持久试验和断油试验。试验结果表明：在高速工况下，陶瓷滚动体与钢制内外圈材料组配轴承的工作性能优于钢制滚动体与钢制内外圈的轴承，陶瓷滚动体轴承的温度和振动水平低于钢制轴承，陶瓷滚动体轴承产生的热量少，运转时间长，在改进其保持架后还可进一步提高其生存力。波音公司对陶瓷滚动体轴承的最小润滑量进行了试验研究，试验表明，陶瓷滚动体轴承具有较好的润滑性能裕度，使轴承降低了摩擦，提高了疲劳寿命和抗腐蚀能力，并能显著减小滚动体离心力和提高高速轴承寿命。

FAG 公司为了模拟陶瓷滚动体轴承在苛刻工况下的运行性能，利用碎屑摄入试验和预制缺陷套圈试验，对全钢轴承（内外圈、滚动体均为 M50 材料）、二次淬硬钢轴承（内外圈、滚动体均为 M50NiL 材料）和混合陶瓷轴承（滚动体为 Si_3N_4 材料）进行对比试验，所用碎屑为 Al_3O_2 颗粒（颗粒尺寸为 0.1～0.2 mm），预破坏后的轴承外圈三维表面扫描如图 5.21 所示，碎屑摄入试验过程中监测滑油金属屑中的铁含量如图 5.22 所示。由图 5.21 可见，外圈滚道预制缺陷的长度达到 0.03 mm，深度达到 3 μm。由图 5.22 可知，混合陶瓷轴承比全钢轴承更能抵抗碎屑的污染，而二次淬硬全钢轴承也表现出其优异性。在碎屑摄入试验中，相比于标准全钢轴承，混合陶瓷轴承的使用寿命有很大提升——超过 6 倍（到试验暂停时），二次淬硬全钢轴承的使用

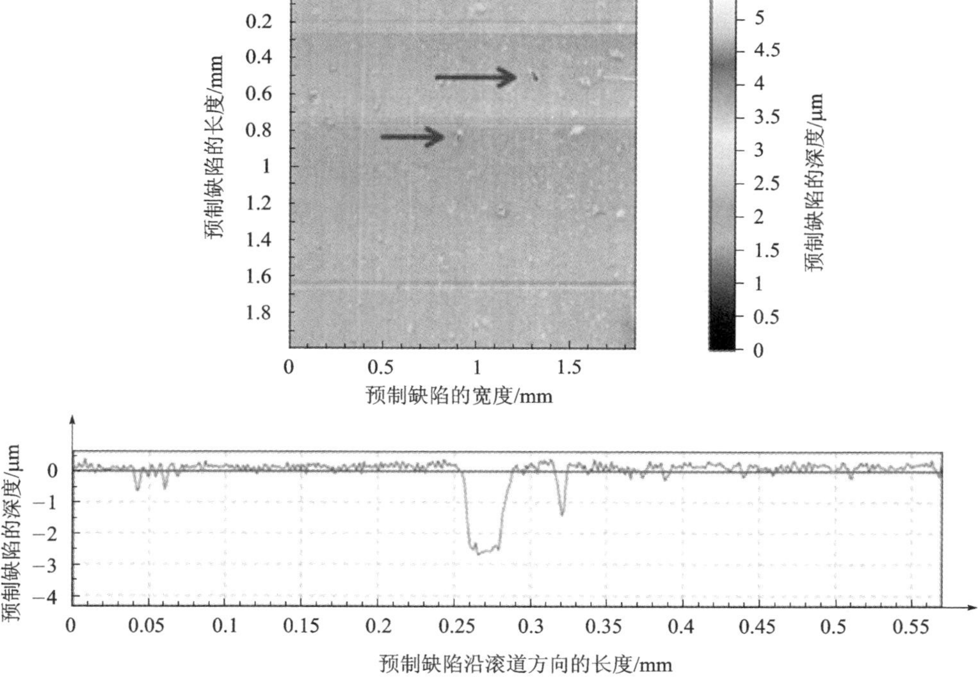

图 5.21　预制缺陷的混合陶瓷轴承外圈三维表面扫描

寿命提升超过3倍(到试验暂停时),二次淬硬钢套圈+氮化硅陶瓷球的混合陶瓷轴承的使用寿命得到极大提升——超过10倍(到试验暂停时)。

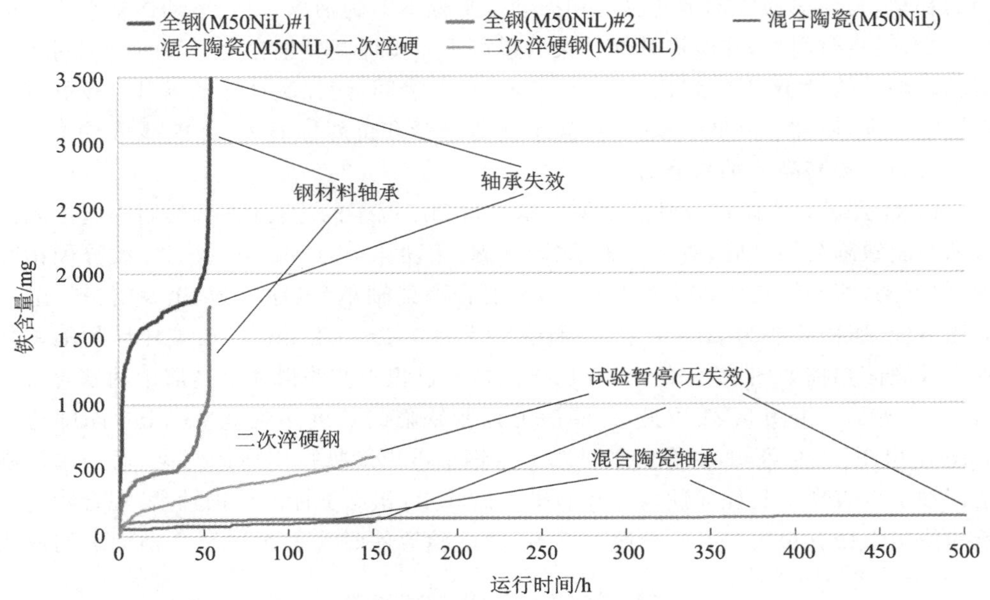

图 5.22 滑油金属屑监测——铁含量的比较

3. 陶瓷滚动体轴承的未来发展

目前,航空轴承的速度指标已经突破 2.5×10^6 mm·r/min,航天和武器装备中高速轴承的速度指标已达到 3×10^6 mm·r/min,新一代航空轴承的速度指标将为 $(3\sim4)\times10^6$ mm·r/min,高性能的陶瓷轴承将是应对航空装备高速化发展的有效途径之一。

未来航空陶瓷轴承的技术发展趋势包括:

① 全陶瓷轴承,即滚动体与内外圈均由陶瓷材料制造。与陶瓷滚动体轴承相比,全陶瓷轴承更耐腐蚀、耐高温、耐磨损,并具有高刚度等性能。在航空航天工业中,全陶瓷轴承具有极其优良的高速性能。航空航天飞行器采用全陶瓷轴承可减轻重量和提高飞行速度。

② 高韧高强材料技术。采用高纯、高球形度和粒径分布相对集中的氮化硅粉,经过脱氧和脱碳等预处理,去除粉体中的有害成分,进行热等静压烧结,通过工艺优化,提高烧结助剂分散的均匀性和陶瓷晶粒的长径比,以达到制备显微结构均匀、抗弯强度达1 000 MPa以上、断裂韧性达8~9以上的优质陶瓷毛坯材料。

③ 低成本批量稳定生产技术。总体上,陶瓷轴承技术还远未成熟,真正发挥陶瓷的优异性能主要集中在极限工况专用陶瓷轴承上。与其他机械部件一样,陶瓷轴

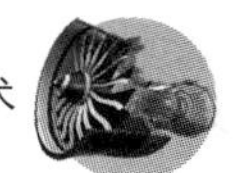

承的成本包括全寿命期研发费用、产品费用和维修费用，目前高成本依然是制约深入研究高端陶瓷轴承系统的重要因素，致使现在在应用中还主要依赖全钢轴承。此外，高成本还源于主机技术复杂、对轴承需求量小和对可靠性要求高等因素。

④ 轻质化结构，精确设计技术。航空传动系统的技术要求是结构轻、可靠性高。为此，基于轴承接触力学性能、热学性能、摩擦学性能匹配与分析、轴承动力学性能、轴承-转子系统动力学性能以及轴承-基座结构力学分析的轴承精确设计技术依然是重点发展趋势；此外，通过极限性能的精确设计，发展先进的表面抗疲劳技术、高速高温固体润滑技术、脂润滑技术、C－C 型轻型保持架技术，改善轴承的内部冲击，降低轴承发热，简化轴承润滑系统，可以进一步减少零件数量和减轻主机重量，对有限寿命和异常情况下航空装备的安全带来突破性技术变革。

⑤ 陶瓷轴承的运行健康状态监控技术。现代航空器的转速、温度和载荷越来越高，而轴承性能的波动和轴承失效都会导致严重的系统问题或失效，智能健康监测系统(intelligent health monitoring systems)是航空装备技术监测的总体发展趋势，轴承和齿轮的健康状态监测是其核心技术之一，美国通用航空发动机公司智能发动机系统(intelligent engine systems)计划中就包含了对主轴 No. 3 支点轴承的智能化监测技术的研究。

根据对陶瓷轴承的材料和失效模式的研究结果，传统上对钢轴承的温升、振动和光谱的时域监测技术依然可用于陶瓷轴承，只是需要通过研究，重新确定判据的阈值，但对陶瓷轴承的阻尼和振动频率监测需要重新考虑轴承的振动特性；目前对于航空发动机和直升机传动系统润滑油路上正在使用的颗粒计数器，因其依赖颗粒磁性敏感技术而不能检测陶瓷损伤的发生和发展，因此，特别需要开发既能检测金属滚道磨损颗粒，又能检测陶瓷滚动体磨损颗粒的传感器技术和方法，同时还需要研究开发早期预警的系统诊断技术；采用微机电系统 MEMS(Micro-Electro-Mechanical Systems)技术的集成接触式温度传感器和多传感器数据融合技术(multi-sensor data fusion techniques)将在陶瓷轴承和航空齿轮传动等状态监测中发挥重要作用。

⑥ 无损检测和可靠性评价技术。陶瓷滚动体是多相烧结材料，其滚动接触疲劳寿命受原材料、工艺、工况等因素的影响，因此轴承寿命的离散度大，可靠性评价还存在技术难度。发展对表面和次表层缺陷和损伤的无损检测技术，特别是快速可靠的无损检测技术，控制陶瓷元件的成品质量，定量研究损伤模式和规律、极限抗损伤能力，建立可靠性评价模型，是陶瓷轴承高可靠性应用的重点关注技术。

5.2.2　陶瓷球面关节轴承

关节轴承属于滑动轴承，主要由一个外球面内圈和一个内球面外圈组成。一般用于速度较低的摆动运动、倾斜运动和旋转运动，具有自调心的作用。相对于滚动轴承，其结构简单、体积小、承载能力大。由于关节轴承在工作时，内外圈做相对滑动，因此如何有效减小摩擦、减轻磨损、延长使用寿命是研究的热点之一。

自润滑关节轴承是在轴承外圈的内球面或内圈的外球面粘贴一层自润滑衬垫材料，轴承内圈与外圈之间的自润滑衬垫起到隔离金属、减少轴承运动摩擦、降低机械动力消耗，以及抗冲击、减振、降噪声和延长轴承寿命等作用。自润滑关节轴承除了具有结构紧凑、重量轻、耐冲击、耐腐蚀、承载大、使用寿命长等特点外，在使用过程中还具有免维护和无须添加润滑剂等优异特性，因此广泛应用于航空航天领域[13]。

关节轴承的主要失效形式是磨损，磨损使轴承内部的游隙明显增大，从而引起轴承支承部位的振动和噪声增加，使机械运行状态变差，导致轴承不能正常工作。为了减少摩擦，延长自润滑衬垫的寿命，可在轴承滑动表面采用陶瓷基涂层来降低摩擦系数，提高耐磨性能。陶瓷涂层具有高硬度、高强度、高刚度、低密度和优异的化学稳定特性，也具有良好的减摩耐磨特性，并且使用环境温度高，在高温下仍具有优良的力学性能，所以是高温耐磨部件用材料的最佳选择之一。通过采用等离子喷涂方法，在关节轴承内圈球面喷涂陶瓷涂层，然后对表面进行磨削和研磨，控制球面的形状精度和表面粗糙度，以改善轴承内圈球面的耐磨性能和温升。试验证明，使用陶瓷涂层后，轴承的耐磨损和承载能力均有显著提高，使用寿命大大延长。有关陶瓷球面关节轴承的结构如图 5.23 所示。

图 5.23　陶瓷球面关节轴承

5.2.3　陶瓷铝合金材料工程应用

轻质高强是结构材料发展的永恒主题。国防装备的作战能力、民用装备的节能减排都与构件重量密不可分，航空航天器更为减少每克重量而努力。铝合金以其低密度、高比强和易加工成形的优异特性成为轻合金中应用最广的结构材料，但是，经过近百年的发展，其性能潜力已近极限。在铝合金中加入陶瓷颗粒形成铝基复合材料，是实现跨越其性能极限的有效途径。

国际上制备铝基复合材料的传统方法是先将陶瓷粉碎成陶瓷颗粒，然后以搅拌铸造或粉末冶金的方法混入铝合金中获得铝基复合材料[14]，来提高材料刚度和硬度，目前，该方法已在美军战机如 F16 战隼战斗机的燃油检查口盖和腹鳍中，以及 F18 大黄蜂战斗机的液压制动器缸体等部位上获得应用。陶铝新材料在提高材料综合性能的同时，保持了铝合金易成形、易加工的特性。将纳米陶瓷颗粒引入铸造系铝合金中，提高了材料的模量和强度，同时保持了铝合金良好的铸造性能，能够实现大型、复杂、薄壁构件的铸造成形；引入变形系铝合金中，在提高模量和强度的同时，与常规铝合金一样，能够进行挤压、锻造、轧制和拉拔等处理。

国内应用陶铝新材料的直升机桨毂夹板的强度比法国进口的高能球磨粉末冶金

SiC/Al 复合材料的疲劳极限提高了 100 MPa，达到 280 MPa，台架试验寿命已超过 4 500 h。目前，已经开始了陶瓷铝合金材料在直升机传动上的应用研究，准备应用于传动系统的机匣和盖板等部件。

5.2.4 陶瓷材料在传动系统中的发展方向

由于陶瓷材料具有密度小、高硬度、强度高、耐温和耐腐蚀等特性，因此陶瓷材料在传动系统中的发展方向主要有：

① 应用于轴承滚动体的陶瓷滚子发展迅速，目前国外已有直升机传动系统全部应用陶瓷滚动体的示例，这将进一步减轻重量和减少润滑需求，延长传动系统在贫油或断油情况下的工作时间。

② 目前国外已经开发了套圈采用陶瓷材料的轴承，并开展了一定的试验验证，因此未来传动系统的轴承套圈和滚动体都可能采用陶瓷材料，即全陶瓷轴承。

③ 由于陶瓷具有高硬度和高强度的特点，因此陶瓷涂层将越来越广泛应用到传动系统的零部件上，以提高传动系统零部件的耐磨性能和寿命，如自动倾斜器导筒表面、动密封面或相互接触的摩擦面。

④ 陶瓷基复合材料。陶瓷基复合材料在传动系统上的应用将越来越多，它不仅能减轻重量，还能提供高强度、耐磨、耐温等综合性能，如陶瓷铝合金机匣和盖板等。

5.3 高强度结构钢工程应用技术

直升机传动系统的关键构件要求具备高强度、长寿命、高可靠性及轻量化等特点，特别是近年来直升机传动系统的功率密度不断增大，从而对传动部件提出了较高要求，例如高抗塑性变形，高旋转精度，抗摩擦磨损性能，高尺寸精度及稳定性，高耐久性与高可靠性等。以往提高功率密度、可靠性和耐久性的努力包括研究硬质摩擦涂层、粉末合金和表面强化技术等，然而这些技术都有一定的局限性，如涂层结合力差、粉末合金孔隙率高、表面强化不能改善基体性能等，因此开发高性能结构钢是最有效的途径[15-20]。

航空传动部件(例如轴、齿轮、花键)一体化设计是重要的发展方向，同时对材料提出了高强度、高韧性、耐疲劳、高硬度、耐高温和耐腐蚀等要求。

由于 9310 钢的回火温度只有 150 ℃，其高温性能受到很大限制；而 4340 钢作为中碳钢，不能用于齿轮轴，只能用于旋翼轴等传动轴，其耐蚀性能不是特别优秀。因此目前广泛使用的 9310 钢、4340 钢等航空传动用材料已无法满足设计需求，亟须发展新一代先进钢铁材料。

5.3.1　C61、C64、C69 钢

C61、C64、C69 钢是二次硬化型超高强度钢，属于重载传动系统用高强韧性耐蚀钢，其表层硬度与现有齿轮钢（如 AISI 9310 等）为同一级别，基体硬度、强度与断裂韧性显著提高，同时大幅提高了中温强度，满足新一代传动轴的设计需求。

1. 特点分析

C61、C64、C69 钢淬火深冷后形成高位错密度板条马氏体。在进行 482 ℃回火时，形成细小弥散分布的纳米级 M_2C 碳化物，大幅提高了强度。较高的 Co 含量有助于抑制马氏体位错亚结构回复，同时降低 Mo 和 C 的固溶度，提高 M_2C 的形核率和体积分数，提高基体强度和渗碳层硬度。较高的 Ni 含量有助于回火时马氏体板条间生成薄膜状逆转变奥氏体以提高韧性。图 5.24 展示了 C61、C64、C69 钢热处理过程中金相组织的转变情况。

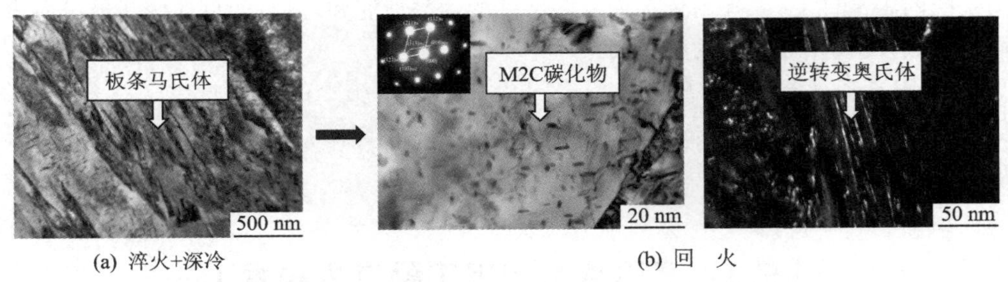

(a) 淬火+深冷　　(b) 回　火

图 5.24　C61、C64、C69 钢热处理过程中金相组织的转变情况

2. 工艺与力学性能

相对于 9310 钢，C61、C64、C69 钢大幅提高了基体的室温强韧性、中温强度、疲劳强度和渗层硬度，同时提高了淬透性，简化了渗碳工艺；并且，C61、C64、C69 钢的回火温度（482～496 ℃）远高于 9310 钢（150 ℃），其中温强度远高于 9310 钢（在 427 ℃下，C61 钢的抗拉强度和屈服强度依然高于室温下的 9310 钢），具体的力学性能对比详见表 5.3。在应力集中系数 $K_t=1.0$、可靠度 $R=0.9$ 的测试条件下，C61 钢的疲劳强度（1 034 MPa）相对于 9310 钢（785 MPa）提高了 36%。

与 9310 钢相比，C61 钢的渗碳工艺大幅简化。由于 C61 钢的合金元素含量较高，淬透性显著强于 9310 钢，因此可用渗碳后气淬代替渗碳后正火和油淬等流程，C61 钢的整体渗碳和热处理流程仅需 32 h，相对于 9310 钢（42.5 h）减少了 30%。渗碳后，C61 钢的表层硬度可达 HRC 60～62，且表层近似全固溶，无粗大一次碳化物。

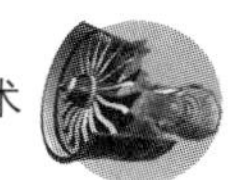

表 5.3　C61、C64、C69 钢与 9310 钢力学性能对比

项目 \ 材料牌号	C61				C64	C69	9310
测试温度	室温	204 ℃	316 ℃	427 ℃	室温	室温	室温
抗拉强度 σ_b/MPa	1 655	1 517	1 517	1 379	1 579	1 620	1 206
屈服强度 $\sigma_{0.2}$/MPa	1 551	1 379	1 344	1 207	1 372	1 344	1 068
断后延伸率 δ/%	15	15	15	15	18	19	16
断后伸长率 ψ/%	68	68	68	68	75	65	53
断裂韧性 K_{IC}/(MPa·$m^{1/2}$)	143	—	—	—	94	45	94
基体硬度(HRC)	48～50	—	—	—	48～50	48～50	34～40
表面硬度(HRC)	60～62	—	—	—	62～64	65～67	58～62

据国外相关文献报道，C61 钢已替代 9310 钢用于波音 CH－47 直升机的主旋翼轴，使其减重 15%～25%[15]；由于 C64 钢所具有的优异的力学性能和高温性能，使得美国计划在下一代传动装置中替代 X53(AMS6308)。

5.3.2　N63 钢

N63 是美国 Questek 公司近期开发的二次硬化渗氮超耐蚀高强度钢，基体中的 Cr 含量较高(13%)保证了耐蚀性，使用时表面经过渗氮处理形成全固溶渗氮层，其耐蚀能力相对于现有超高强度不锈钢(如 CSS－421 等)有显著提升，同时由于其渗氮层是全固溶的，与基体结合力良好，故有望应用于新一代耐蚀航空发动机传动部件。

1. 特点分析

合金基体中 Cr 的较高含量(13%)保证了耐蚀性，基体采用低 C、Ni 含量，确保在渗氮之后全固溶且具有淬火后转变为全马氏体的能力。经固溶渗氮处理后，形成全固溶渗氮层。采用 Cu 促进了 M_2X 形核，Cu 在时效过程中弥散度极好，可为碳氮化物形核提供大量位置；同时，Cu 的时效峰温度较低，可保证渗层达到硬度峰值时基体具有较高强度。固溶 Cr 和 N 能够显著提高钢的耐点蚀能力，其中 N 的作用是 Cr 的 16～30 倍，因此渗氮可显著提高钢的耐点蚀能力。

2. 力学与耐蚀性能

经固溶渗氮处理后，N63 钢的表层硬度可达 HRC 62，距离表面 1 mm(0.04 in)处的硬度为 HRC 51。经渗氮处理后，N63 钢基体与渗层组织为马氏体，渗层全固溶，无一次氮化物析出，可保证渗层的耐蚀性；同时与基体的结合过渡良好，提高了抗剥落能力。耐蚀能力相对现有超高强度不锈钢(如 CSS－42L 等)有显著提升,同时由于其渗氮层全固溶,与基体的结合力良好,故适用于新一代耐蚀航空传动部件。N63 钢与 9310 钢、4340 钢的力学性能对比详见表 5.4。由于 N63 钢优异的耐蚀性能和表面硬度,美国计划在 F35B 战斗机传动系统中应用,以提高飞机的耐久性,降低使用成本。据美国海军评估,当装备耐久性提高 20%时,仅国防后勤局每年就能节省 1 700 万美元的成本[21]。

表 5.4　N63 钢与 9310 钢、4340 钢的力学性能对比

项　目 \ 材料牌号	N63 标准	N63 实测	9310	4340
抗拉强度 σ_b/MPa	>1 520	1 730	1 206	1 510
屈服强度 $\sigma_{0.2}$/MPa	>1 170	1 350	1 068	1 350
断后延伸率 δ/%	>10	18	16	11
断后伸长率 ψ/%	>45	63	53	45
断裂韧性 K_{IC}/(MPa·$m^{1/2}$)	>65	—	94	—
冲击韧性 a_{ku}/(J·cm^{-2})	—	100	—	40
基体硬度(HRC)	>45	49	34～40	44
表面硬度(HRC)	>58	—	58～62	—

5.4　新型镁铝合金工程应用技术

镁合金作为目前可用的、最轻的金属结构材料,具有比强度高,阻尼减震性能好,电磁屏蔽和导热性能优异,易于切削加工和回收等一系列独特的优点,在航空航天、武器装备、交通运输及电子信息等领域具有广阔的应用前景。在航空航天领域使用轻量化镁合金材料可有效提高飞行器的推重比,降低发射成本,提高机动性能和射程。

目前,国内外已工业化应用的常规变形镁合金主要有 AZ31、AZ80、ZK60 等,这类镁合金的加工技术成熟,成本相对较低;但强度低,室温抗拉强度为 250～350 MPa,并且使用温度在 100 ℃以上时的抗拉强度大幅下降(见图 5.25),不能满足新型飞行器结构件对力学性能和服役温度的使用需求。因此,开发新型耐热镁合金材料成分体系是扩展镁合金应用范围的关键途径之一。

在过去几十年的发展中,国外民用飞机从波音 707 到现在的波音 787 和空客 A380,材料设计过程从单纯地追求静强度,到现在的进行损伤容限设计、疲劳强度设计、耐腐蚀性保障等,促进了 7000 系列航空铝合金的发展:一是进行了成分体系的优

化设计，包括主合金元素的调整和微合金元素的添加，其先后研发和应用的顺序为 7075—7475—7050—7150—7055—7085 等；二是通过调整热处理工艺来对微结构进行调控，包括对基体相和第二相结构的调控设计，如 T6—T73—T74—T76—T77 等。

7050 铝合金是近 30 年来航空航天工业中应用最广泛的航空铝合金材料，具有高强、高韧和耐蚀等优良的综合性能。但由于 7050 铝合金具有高的淬火敏感性，因此当其锻件和预拉伸板厚度达到 120 mm 以上时，经热处理后，其表层与芯部的强度相差高达 15%以上，远远不能满足当代飞机对大厚度整体式结构件各方面的要求。为此，2003 年美国铝业公司率先在国际上推出具有高强、高韧和低淬火敏感性的 7085 铝合金。

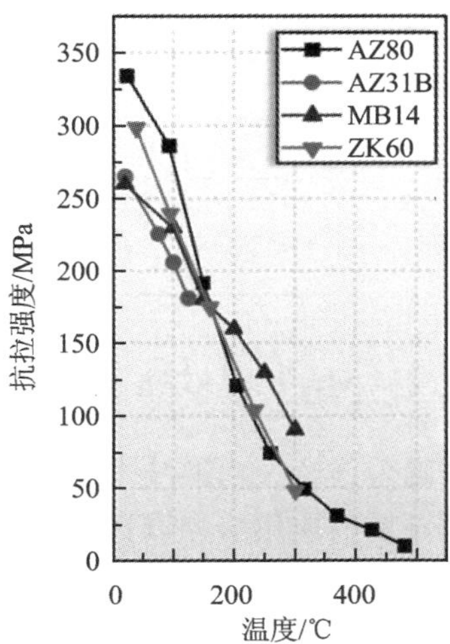

图 5.25　常规镁合金在不同温度下的抗拉强度

5.4.1　Mg - Al - Zn 系和 Mg - Gd - Y - Zr 系镁合金

中南大学系统地研究了 Mg - Al - Zn 系和 Mg - Gd - Y - Zr 系中各个合金元素及微量元素 Ag、Zn、Ca、Er 等对合金在室温及高温下的力学性能的影响规律，开发了 AQ80M[22-23] 中强耐热镁合金(化学成分见表 5.5)，其室温抗拉强度为 350 MPa，150 ℃时的抗拉强度超过 200 MPa，在 100 MPa/100 ℃ 的条件下蠕变寿命超过 375 h；开发的稀土镁合金 VW64M[24](化学成分见表 5.6)的室温抗拉强度最高可达 400 MPa，在 200 ℃时的抗拉强度超过 350 MPa。

表 5.5　AQ80M 化学成分

Mg	Al	Zn	Mn	Ag
剩余	8%	0.3%	0.3%	0.15%

表 5.6　VW64M 化学成分

Mg	Gd	Y	Zn	Zr	Ag
剩余	6%	3.5%	0.7%	0.4%	0.3%

在 VW64M 的基础上通过调整稀土元素 Gd、Y 的总含量及 Gd/Y 的含量比值，优化设计出具有良好室温及高温力学性能的 Mg - Gd - Y - Zr - Ag 系镁合金材料成分体系，并已注册牌号 VW93M[25]，与 VW64M 相比，其热加工塑性好，成材率得到提高。该合金经过多向锻造和时效处理后的抗拉强度超过 450 MPa，在 250 ℃时，抗拉强度超过 300 MPa，具有良好的高温稳定性。AQ80M、VW64M、VW93M 三种合金材料力学性能对比如表 5.7 所列。

表 5.7 AQ80M、VW64M、VW93M 三种合金材料力学性能对比

种　类	温度/抗拉强度	
AQ80M	20 ℃/350 MPa	150 ℃/200 MPa
VW64M	20 ℃/400 MPa	200 ℃/350 MPa
VW93M	20 ℃/450 MPa	250 ℃/300 MPa

5.4.2 Mg-Al-Zn 系和 Mg-Gd-Y-Zr 系镁合金应用情况

随着镁合金模锻技术的迅速发展,西方发达国家加速了镁合金模锻技术在航空航天领域的应用研究,研发的航空航天用镁合金模锻件包括:AZ80 镁合金压缩机转子(见图 5.26(a)),WE43 镁合金压缩机叶轮(见图 5.26(b)),AZ31 镁合金直升机天线支承(见图 5.26(c)),AZ80/AZ31 镁合金民航客机窗口结构(见图 5.26(d)),镁合金变速箱盖(见图 5.26(e)),WE43 镁合金压缩机上匣体(见图 5.26(f))。

(a) AZ80镁合金压缩机转子　(b) WE43镁合金压缩机叶轮　(c) AZ31镁合金直升机天线支承
(d) AZ80/AZ31镁合金民航客机窗口结构　(e) 镁合金变速箱盖　(f) WE43镁合金压缩机上匣体

图 5.26　镁合金模锻件

针对航空航天领域的应用需求,我国研究机构及生产企业在镁合金的模锻方面也进行了大量研究。环轧是制备金属无缝环形件的有效方法,具有生产效率高、产品性能稳定的特点,是钢、钛、铝等金属环形件制备的主要方法之一。但国内外在镁合金环轧方面研究较少,中南大学研究团队率先将环轧技术用于大规格镁合金环形件制备,已制备出外径为 ϕ780～1 700 mm 的环形件(见图 5.27),其中 ϕ780 mm 的 AQ80M 镁合金环形件已成功应用于某型导弹的壳体材料。

中南大学采用多向锻造工艺制备了某型号机匣用的 AQ80M 镁合金锻坯(见

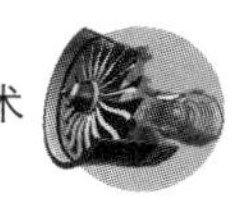

图 5.27　大直径镁合金环形件实物图

图 5.28)以及某型号支架用的 VW64M 镁合金锻坯(见图 5.29)。

图 5.28　AQ80M 镁合金锻坯

图 5.29　VW64M 镁合金锻坯

5.4.3　7085 铝合金应用情况

据报道,与 7050 - T7451 合金超厚板(152 mm)相比,7085 - T7651 合金超厚板(152 mm)的芯部强度性能至少提高了 10%以上,断裂韧性 K_{IC} 值与抗应力腐蚀性能基本相当;与 7050 - T7452 合金锻件相比,7085 - T7452 合金锻件具有更高的淬透性,强度提高 12%左右,断裂韧性 K_{IC} 值提高 15%～20%。由于 7085 铝合金的总体性能表现优异,淬透性出色,锻件厚度允许高达 300 mm,因此目前已在波音 787 飞机起落架支撑件和空客 A380 飞机的翼梁、肋等重要承力构件制造中获得成功应用。采用 7085 铝合金材料较好满足了对飞机厚截面重要部件承载大、长寿命、抗疲劳等的需求。其中,用 7085 铝合金制造的 A380 翼梁,是目前世界上最大的模锻件(尺寸为 6.4 m×1.9 m,质量约 3.9 t);7085 铝合金整体大锻件还被用于美国五代先进战机 F35 主舱壁的制造。近来,美国 Alcoa 公司放宽了对 7085 铝合金中 Fe、Si 等杂质含量的控制要求,并于 2010 年注册了 7185 铝合金,其主合金成分的控制范围基本无

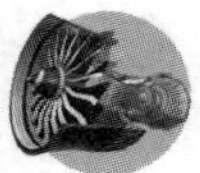

变化。与美国铝业公司7085铝合金同期发展且性能相近的，还有法国铝业公司的7140铝合金、德国爱励铝业公司的7081铝合金等。

7085铝合金模锻件的物理和力学性能如表5.8所列。

表5.8　7085铝合金的物理与力学性能

屈服强度/MPa	抗拉强度/MPa	弹性模量/GPa	伸长率/%	剪切强度/MPa
448～462	496～503	69.6	7～10	282
剪切弹性模量/GPa	泊松比	断裂韧性/(MPa·$m^{1/2}$)	R=0.1时光滑试样10^7次疲劳强度/MPa	R=0.1时开孔(K_t=2.3)试样10^7次疲劳强度/MPa
26.9	0.33	137～214	289～344	165～193

虽然7085铝合金受到学者的关注，并已在大型飞行器上得以应用，但由于该合金的注册时间短，合金成分及加工工艺难以获取，故在我国还未实现产业化，需要继续开展研究工作。目前，我国科研工作者就热处理工艺、合金元素、预拉伸工艺等因素对7085铝合金性能的影响规律开展了较多研究工作，主要研究结果如表5.9所列。

表5.9　国内对7085铝合金的部分研究结果

产品尺寸及加工方式	热处理状态	抗拉强度/MPa	屈服强度/MPa	伸长率/%	参考文献
2 mm轧板	430 ℃/12 h＋475 ℃/24 h双级均匀化退火，470 ℃/120 min固溶＋120 ℃/24 h时效处理	592	541	13.85	[26]
26 mm轧板	120 ℃/24 h预时效＋200 ℃/8 min回归处理＋120 ℃/24 h再时效	735	698	8.5	[27]
添加0.15%Sc，1 mm轧板	470 ℃/2 h固溶＋120 ℃/24 h时效	598.5	188.9	—	[28]
厚板上截取试样，预拉伸2.5%	121 ℃/900 min＋155 ℃/780 min时效	545.4	505.2	13.6	[29]
0.12% Zr，锻造后挤压	480 ℃/1 h固溶＋室温水淬＋时效(110 ℃/6 h预时效＋160 ℃/8 h淬火＋120 ℃/24 h再时效)	568.2	—	12.5	[30]
热压缩＋等通道挤压(ECAP)	预回复—固溶—T6时效(120 ℃/24 h)	509.99	468.30	26.9	[31]
	预回复—固溶—T76时效(121 ℃/5 h预时效＋153 ℃/16 h再时效)	544.83	524.43	19.1	

续表 5.9

产品尺寸及加工方式	热处理状态	抗拉强度/MPa	屈服强度/MPa	伸长率/%	参考文献
80%轧制量	450 ℃/3 h 固溶+水淬+120 ℃/24 h 峰值时效+空冷	553.8	509.5	12	[32]
添加 0.1%Sn,轧板	470 ℃/2 h 固溶+120 ℃/36 h 时效	511	468	14.8	[33]
350 ℃等温压缩 85%	470 ℃/1 h 固溶+水淬+120 ℃/24 h 时效	587.6	549.6	16.7	[34]
添加 0.1%Sc 和 0.1%Zr,35 mm 轧板	470 ℃/2 h 固溶+水淬+121 ℃/24 h 时效	606	573	13.9	[35]
180 mm 淬火态板材	121 ℃/5 h+163 ℃/12 h 双级时效	530	483	14.2	[36]
2 mm 轧板	470 ℃/1 h 固溶+水淬+121 ℃/30 h 时效	561	526	12.81	[37]

5.5　先进表面处理与防护技术

对于直升机传动系统来说,黏着磨损、磨粒磨损、微动磨损等磨损形式较为常见,而且往往以几种形式混合出现。直升机传动系统的工作条件恶劣(高转速、振动、高负荷),容易产生磨损,使得传动系统的寿命受到影响,磨损发展严重时还会导致零件失效。在目前在研/在役的航天航空飞行器中,各类具有相对接触运动的部件多不胜数,而因磨损失效产生的故障占全部故障总数的首位,致使单一材料已不能满足使用要求,需通过高技术手段赋予材料新的更高的表面性能,在部件表面制备高性能耐磨减摩涂层来减少磨损,提高部件寿命。

近些年,材料表面工程技术得到了迅速发展,已成为国际认可的十大关键技术之一[38],与污染大、能耗高的传统表面处理工艺(如电镀和化学处理等)相比,现代材料表面技术具有技术新、能耗低、效果好和绿色环保等特点,主要包括热喷涂技术、气相沉积技术、激光表面技术和表面改性技术等。

5.5.1　热喷涂技术

目前,在航天航空领域用于制备耐磨涂层的热喷涂技术几乎包括了所有的方法,如电弧喷涂、火焰喷涂、大气等离子喷涂、低压等离子喷涂、爆炸喷涂、超声速火焰喷涂等。

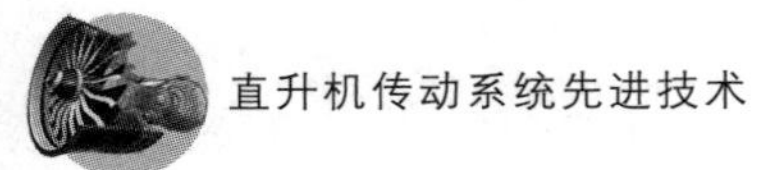

1. 电弧喷涂和火焰喷涂

电弧喷涂和火焰喷涂用来制备要求不高的非关键部件，这类部件的工作条件相对稳定，磨损不严重。

2. 等离子喷涂

等离子喷涂的焰流温度很高，适合于高熔点材料如氧化物的喷涂。真空等离子喷涂过程中采用惰性气体保护或真空喷涂，可喷涂易氧化粉末，如制备抗高温氧化和热腐蚀的 MCrAlY 涂层，也可以制备金属陶瓷涂层，广泛应用于航天航空密封端面。等离子喷涂工艺在直升机和直升机发动机各种关键部件上都有应用，是保障关键零部件服役寿命的不可或缺的工艺。等离子喷涂主要用于制备耐磨减摩用氧化铬涂层、耐磨用氧化铝涂层、隔热用热障涂层等陶瓷涂层。目前，常规等离子喷涂工艺存在的主要问题是工艺稳定性不够好，主要存在以下不足：等离子喷涂过程中瞬时电压波动大，使得涂层中同时存在过熔和未熔颗粒，影响了涂层质量；电极寿命短，导致使用过程中电压随使用时间变化快，也影响了涂层质量的批次稳定性。针对以上问题，近年来出现的新型串级等离子喷涂技术，以低电压和高电流的工作方式，显著提高了电极的使用寿命，并显著降低了喷涂过程中的瞬时电压波动，因而改善了粉末在等离子火焰中的熔化情况，提高了涂层质量，从而可以方便地调控涂层结构，进而既可以制备致密涂层，提高氧化铝和氧化铬等涂层质量，也可以制备多孔涂层，获得高质量的隔热涂层。

3. 爆炸喷涂

爆炸喷涂已有 50 多年的历史，曾经广泛应用于航空领域。爆炸喷涂涂层与基体的结合强度高，涂层致密，喷涂时工件表面温度低。爆炸喷涂作为一种制备耐磨耐蚀涂层的主要技术方法，在航空发动机上一直得到大量应用；但随着喷涂工艺技术的发展，爆炸喷涂存在生产效率低和无法由机器人持枪喷涂复杂零件等缺点，因此，美国航空标准 AMS 2435 在 2007 版中已将爆炸喷涂工艺列为过时工艺，不推荐在新设计中采用。最先进的爆炸喷涂设备由美国联合碳化钨公司生产，一直以来禁止出口。

4. 超声速火焰喷涂

超声速火焰喷涂是最近 20 多年发展起来的一种热喷涂工艺，它制备的涂层质量与爆炸喷涂相当，而且喷涂效率高(10 倍左右)，涂层厚度受限少，因此迅速得到了广泛应用，并取代了爆炸喷涂在航空领域的地位；在制备耐磨涂层方面，它已经逐步成为首选工艺。GE 公司的发动机试车表明，采用等离子喷涂的 CuNiIn 涂层在 3 000 h 后已经完全磨损，而采用超声速火焰喷涂制备的 CuNiIn 涂层在 10 000 h 后仍然保持在榫头上。目前，采用超声速火焰喷涂制备的耐磨涂层在新研型号上的应用可以

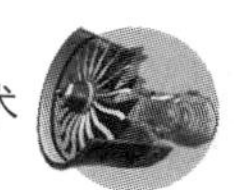

说是最为广泛的一种技术方法。美国和欧洲等先进国家在“黑鹰”、“虎式”、NH90 等先进直升机传动系统上采用了碳化钨涂层作为防护涂层。碳化钨涂层避免了阳极氧化和电镀硬铬工艺的耐磨性差、使用寿命低等缺陷。例如波音公司 CH－47 重型直升机原设计的阳极氧化涂层无法满足设计要求，而在改用超声速火焰喷涂碳化钨涂层后，导筒的使用寿命超过了 10 年。

碳化钨涂层的主要工艺是爆炸喷涂和超声速火焰喷涂。近年来，随着超声速火焰喷涂技术的发展，它已成为制备碳化钨涂层的首选工艺；由该工艺制备的碳化钨涂层的结合强度高、硬度高，涂层性能与爆炸喷涂的涂层性能相当。近年，国外先进国家新设计的机型都采用超声速火焰喷涂工艺，原来使用爆炸喷涂工艺的零部件也都逐步更换为超声速火焰喷涂工艺。波音 737、747、767、777 等机型飞机的起落架都采用超声速火焰喷涂碳化钨涂层来替代电镀硬铬，波音 787 和空客 A380 等新型飞机的设计就采用了超声速火焰喷涂碳化钨涂层。美国的 F－15、F－16、F－18、C－5、E－2C、P－3、KC－135、B－1、A－10、F－22 飞机的起落架均开始采用超声速火焰喷涂碳化钨涂层来替代电镀硬铬，F－35 战斗机的起落架设计采用了超声速火焰喷涂碳化钨涂层。波音公司现在的维修指南允许用超声速火焰喷涂碳化钨涂层来修复原来的电镀硬铬部件，其最大允许厚度为 0.38 mm。此外，“黑鹰”、“阿帕奇”、CH－46、CH－47 等直升机的主旋翼轴、倾斜器导筒、起落架和其他大部分需要电镀硬铬防护的部件都开始采用超声速火焰喷涂碳化钨涂层来进行防护和强化。TF33、TF34、T58、T64、T700、F404、F100、F110 等发动机也都逐步采用超声速火焰喷涂碳化钨涂层来替代电镀硬铬。舰载直升机由于是在海上使用，因此高腐蚀性环境对部件的耐蚀性又提出了更高的性能要求。传统的、适用于陆基直升机的防护涂层已无法满足高耐蚀要求，在使用过程中导筒曾经出现起泡问题，据分析起泡的主要原因是由腐蚀介质、工作应力、磨削和涂层制备质量等综合作用造成的，其中涂层的致密性是关键因素之一，而制备高致密的耐磨碳化钨涂层是一个难题，直径 100 mm 左右内表面的碳化钨涂层喷涂技术也一直是未解决的难题之一。目前，HVAF（High Velocity Air-Fuel）①超声速火焰喷涂技术有望解决制备致密的耐磨碳化钨涂层和 100 mm 左右内表面的碳化钨涂层这两个难题。

5. 气体动力喷涂(冷喷涂)

气体动力喷涂（冷喷涂）是一种新型的喷涂技术，它采用高压、大流量气体作为能量源，当加速送入的粉末颗粒的速度超过临界速度时，其与基体表面高速撞击，使得粉末颗粒与基体表面产生塑性变形和迅速升温，进而相互结合形成涂层。该工艺的主要优势包括：

① 粒子温度低，沉积过程可避免粒子氧化（特别是金属合金）；

① 直译为“高速空气燃料”，学术上多翻译为“（空气助然）超声速火焰喷涂”，其中“空气助然”往往会省略。

② 材料成分不发生变化，特别适合沉积热敏感材料；

③ 可以制备厚涂层，实现材料成形(3D 打印)。

基于以上优点，近年来气体动力喷涂的研究和应用集中在以下几个方面：

① 铝合金和镁合金部件的修复和再制造：铝合金和镁合金机匣等部件非承载部位的尺寸和功能恢复已逐步得到成功应用，包括 S－92、S－76、S－64、H－46、AH－1、UH－60、H－53、AH－64、AW139 等。而对承载部位的修复则正在进行测试和考核中。

② 镍涂层：2018 年初批准使用冷喷涂镍涂层来修复点蚀的波音 AH－64 的 Static mast support。

③ 钛合金和镍基高温合金的修复和再制造：钛合金和镍基合金修复涂层的性能可与基体相当。而且沉积过程对基体热影响小，零件变形可以控制，因此对于钛合金和镍基高温合金部件(特别是薄壁件)的修复具有独特优势。目前这方面的应用研究还在进行中。

5.5.2 物理气相沉积技术

在国外，采用气相沉积技术制备耐磨、减摩涂层在航空发动机中也具有重要的作用，广泛应用于发动机滑动部件，如活塞、活塞环与气缸间、凸轮与从动件间、涡轮叶片榫齿和钛合金传动部件等。用于耐磨、减磨的 PVD 涂层主要有三大类：第一类是耐磨抗冲刷硬质陶瓷薄膜，主要为ⅣA、ⅤA、ⅥA 族金属元素与 C、N、O 等元素的化合物；第二类是固体润滑薄膜，主要有类金刚石涂层和 MoS_2、WS_2 等六方晶系化合物；第三类是耐蚀防护薄膜，主要有镀镉、镀铬和真空镀铝涂层。

1. 耐磨抗冲刷硬质陶瓷薄膜

通常，飞机必须能在含砂尘环境或含腐蚀介质的海洋环境下飞行。在这种严酷的环境下飞行很容易导致飞机部件，特别是压气机叶片的冲蚀和腐蚀。磨损和腐蚀会导致飞机燃油消耗增加、飞机性能下降和维修费用大幅度增加。虽然有颗粒分离器，但是小于 10 μm 的颗粒仍然可以通过，它们在非常高的温度和速度下冲刷叶片表面。由于转速极快，所以只要一片叶片有少量损伤，多米诺效应就会使叶片完全报废。砂粒和被冲蚀下来的叶片材料，对燃烧室和热端部件危害更大。压气机叶片的冲蚀问题影响直升机用涡轴发动机的燃油效率约 3%～5%，对商业涡扇发动机的燃油消耗的影响则增加 0.5%～1.5%。例如，美军 CH53E 直升机的 T－64 发动机在海湾战争中，压气机叶片在沙漠环境下因冲蚀问题而被严重磨损，金属叶片很快被砂子冲蚀。一般环境下该发动机可以飞行约 2 000 h，而在伊拉克沙漠环境下其寿命降到了 100 h。苏联的 Mi－24 攻击直升机在阿富汗战争中碰到了同样的问题，压气机动叶片的损坏率在 80%左右。俄罗斯从苏联时期就开始了抗冲蚀磨损涂层的研究开发工作，据报道，已将 TiN 基多元多层抗冲蚀磨损涂层成功应用于 TV2－117 和

TV3－117 发动机，装配该发动机的直升机型号分别有 Mi－8、Mi－8MTV、Mi－17、Mi－24、Mi－28、Ka32、Ka50 和 Ka52 等。美国在 H－53 直升机的 T－64 发动机上采用多元多层抗冲蚀磨损涂层，自 2005 年开始，将该类涂层应用于飞机、直升机和坦克等国防用发动机。加拿大 Liburdi 公司自 1988 年开始研究开发抗冲蚀磨损涂层，并于 1992 年将该涂层应用于 T－64 和 T－58 发动机上。1993 年，美军的 C130“大力神”飞机装配的 T－56 发动机也开始使用该类涂层，1996 年开始实现批量生产及扩大应用。以色列空军于 1999 年开始采用带 Liburdi 公司生产的抗冲蚀磨损涂层的 T－56 发动机。2000—2003 年，Liburdi 公司将该类抗冲蚀磨损涂层进一步扩展应用到 T－55，T－58，T－64 和 AE－1107 等型号发动机上，装配的主要机型有：H－53 直升机、DHC5 水陆两用飞机和 C130“大力神”飞机。2004 年 Liburdi 公司为英国 Rolls－Royce 公司超过 2 000 台套的 T－56 发动机压气机叶片进行了涂层加工服务。沙特阿拉伯和约旦空军于 2007 年开始选用带 Liburdi 公司生产的抗冲蚀涂层的 T－56 发动机。2008 年，Liburdi 公司开始推出第三代抗冲蚀磨损涂层技术，是一种含铝的涂层。据相关报道，法国的“幻影”飞机及英国的“三猫”直升机的发动机压气机叶片也采用了使用 PVD 技术所制备的抗冲蚀磨损涂层。

2. 固体润滑薄膜

固体润滑技术可使接触表面的摩擦系数降到较低水平，使滑移很容易形成，同时还可改变接触区域的应力状态、吸收振动能量，从而很好地保护基体材料，大大延缓微动裂纹在基体材料中的形成和扩展。目前应用的固体润滑涂层可分为两大类：软质类（硬度＜10 GPa），一般包含高分子材料、软金属、卤化物和硫化物等，其特点是具有较低的摩擦系数；硬质类（硬度＞10 GPa），一般含有碳化物和某些氧化物等，其主要优点在于涂层表面硬度高，且同时具有较好的减摩和耐磨性能。随着近年来装备技术的发展，部件高温磨损日益严重，因此不断要求发展高温耐磨和高温润滑涂层技术。类金刚石薄膜 DLC（Diamond-Like Carbon）是含有金刚石结构（SP^3 键）的非晶碳膜。因其具有高硬度、高弹性模量、低摩擦系数、耐磨损以及良好的真空摩擦学性能，所以很适合作为发动机滑动摩擦副表面的减摩涂层，是一种非常有前途的材料。美国已将类金刚石薄膜材料列为国家 21 世纪的战略材料之一，如为了减轻直升机的重量，美国轴类专业厂家 Goodrich 公司已有采用表面镀类金刚石膜的钛合金传动系统动力轴的相关产品面市。在航天、兵器和船舶用陀螺仪动压气浮轴承方面，美国和俄罗斯等先进国家已将高硬度、高耐磨、自润滑的复合膜（TiN＋DLC）用于动压马达等惯性仪表关键部件中，使部件的寿命和可靠性实现突破性提高；并针对高可靠、低时效膜层的制备，膜层的失效机理和影响因素，工艺控制及质量检测等方面进行了研究，但因军事技术的敏感性而未见公开报道。美国“民兵”战略导弹和苏联“白杨”等重点武器装备均采用了在动压轴承材料表面镀耐磨、减摩复合涂层（TiN＋DLC）的技术，并获得成功。在军用整体式长寿命战术斯特林制冷机方面，法国

THALES公司生产的RM5－7i斯特林制冷机，其耐磨运动副就采用了活塞表面镀类金刚石膜技术，该技术是整机可靠性的关键，实现了正常工作8 000 h以上的技术指标，形成了系列化产品，并批量生产装备军队。WS_2 固体润滑薄膜是一种新型的优秀润滑材料，但是，WS_2 和 MoS_2 在400 ℃左右开始慢慢氧化，在潮湿环境中会迅速失效，因而在一定程度上限制了其在高温、潮湿等条件下的应用，进而影响了此类材料的推广应用。NASA Glene研究中心率先于20世纪70年代开展宽温域自润滑材料的研究，分别发展了PM系列的自润滑复合材料和PS系列的热喷涂自润滑涂层。PM/PS212成功实现了从室温到900 ℃的连续润滑，目前致力于将润滑材料的使用温度提高到1 000 ℃以上。美国空军材料制造研究室利用PVD技术发展了VN/Ag、MoN/Ag涂层和MoN/MoS_2/Ag三元复合涂层体系，以实现从室温到1 000 ℃高温的有效润滑。

3. 耐蚀防护薄膜

普通金属材料(如钢铁、铜材等)的化学性质非常活泼，极易遭受环境腐蚀而使其性能退化；并且，当两种金属接触时由于电极电位问题而易发生电偶腐蚀(也叫伽法尼腐蚀，或异质金属腐蚀)，因此，为了解决金属腐蚀和电偶腐蚀的问题，常需在其表面制备防护涂层以提高其耐蚀性能。目前，国内外特别是国内常用的抗腐蚀技术包括油漆、镀镉、镀铬等方法，但这些方法存在明显的缺陷，如寿命不长、镉脆和对环境有污染等。

目前国外的最新研究和应用结果表明，真空镀铝涂层是一种优良的绿色环保的金属表面防护涂层，也可将其作为钢铁零件镀镉层的有效替代工艺。真空镀铝涂层的突出优点包括：

① 当镀铝件与铝构件相连时，电偶相容性好，用于连接铝构件的紧固件防护不会产生电偶腐蚀。

② 可用于解决高强度钢和钛合金的氢脆、镉脆问题。

③ 不会引起基体疲劳性能下降，对基体材料的机械性能不会产生不利影响。

④ 使用温度可达496 ℃，也可用作中温防护层。

⑤ 可用于解决与钛合金接触的零件的电偶腐蚀。

⑥ 可替代镉镀层，避免与之接触的钛合金发生镉脆。

⑦ 该技术绿色环保。

美国在真空镀铝涂层方面做了大量工作，从20世纪70年代开始，美国一些公司就已开展使用物理气相沉积镀膜层来替代镀镉层的研制工作，主要是采用气相真空镀膜技术在工作表面形成镀膜层。该技术从1974年开始在美国海军中推广，解决了飞机上高强度钢零部件“镉脆”和镀镉紧固件与连接构件的腐蚀问题，于20世纪80—90年代在美国军队系统中大量推广应用。到了20世纪90年代末，美国空军各基地后勤中心、海军维修基地和一些陆军基地，都配备了真空镀铝涂层设备，其大量

的镀镉部件均采用了该涂层，该工艺已批准用于铜基、钛基、不锈钢及耐蚀性较低的钢。1998—2002 年，美国空军与波音公司和马修实验室一起研究镀内孔部件的工艺，并展示了一种插上去就可以镀的磁控溅射镀铝专有技术。第二年该技术在起落架部件上成功应用，现已用于 B-2 和 C-17 起落架部件的试生产。波音公司也认可了溅射铝涂覆 C-17 轴和其他 22 种具有真空镀铝涂层技术的部件。试验评估结果表明，溅射铝层通过了 MIL-DTL-83488 Class 2 Type 2 的所有要求。真空镀铝涂层的工艺在包括直升机紧固件和导弹部件在内的众多部件和众多军用飞机上得到广泛应用，仅在波音 747 飞机的 6 亿多个零件中，紧固件类就占了约半数；波音 C17"空中霸王"运输机采用了 59 万件镀铝的钛销和 73.3 万件镀铝的铆钉，取得了显著的效果。欧洲至今发布了近十种航空系列的真空镀铝涂层螺栓。

5.5.3　激光表面熔覆技术

激光表面熔覆技术作为热喷涂、PVD、电镀等技术的补充，在磨损部件的修复、叶片尖端的涂层制备、部分跑道的表面强化等方面都有不可替代的作用，常用于对涂层与基体结合力要求十分高的地方。激光熔覆技术在航空发动机热端部件制造上的应用首推英国 Rosll Royec 公司，该公司于 1981 年采用激光熔覆工艺对 RBZn 发动机涡轮叶片冠部阻尼面进行钴基耐磨合金覆层强化处理。随后，Pratty Whitney 公司进一步发展了激光熔覆技术，成功地对 PWJT8 和 JT9 两种发动机的第一级和第二级转子叶片冠齿端阻尼面进行了激光熔覆钴基合金强化。激光熔覆技术在航空发动机热端部件修复上的应用首推美国的 GE 公司，该公司在 1990 年采用 5 kW CO_2 激光加工热堆焊层，接长修复了高压涡轮叶片的叶尖，并声称此技术为该公司十大新技术之一。后来，美国的 Liburdi Engineernig Limited 公司也在 JT8D 发动机转子叶片的叶尖和叶冠修复上，研究发展了一套高自动化的激光熔覆系统。德国 MTU 公司和汉诺威激光研究中心发展了激光堆焊技术，用于涡轮叶片冠部阻力面的熔覆层强化或恢复几何尺寸。俄罗斯航空发动机工艺研究所对燃气涡轮发动机钦合金和镍基合金零件的修复进行了大量研究，用激光重熔热喷涂层的方法修复了一批燃气涡轮发动机的钦合金压气机工作叶片；该院还研究了镍基合金制造的燃气涡轮发动机一级工作叶片的端面修复问题，进行了激光束对修复表面涂层性质和组织的影响研究[39]。

5.5.4　表面改性技术

材料表面改性技术是表面技术中的重要组成部分，主要包括材料表面形变强化、表面相变强化、表面扩渗、等离子表面处理、电子束表面处理、激光束表面处理和离子注入等技术。

在表面改性技术中，最常用的是表面扩渗处理，主要指渗碳、渗氮、渗铝、渗铬、渗

硅和渗硼等。美国 Formsprag 公司早在 20 世纪 60 年代就开发了一种适用于航空发动机传动系统主减速器离合器斜撑块表面处理的渗铬技术。该技术使 SAE52100 钢由努氏硬度 800HK 增加至 1 300HK(适用于低转速的工况,转速约 1 000 m/min),也可以增加到 1 800HK(适用于高转速的工况,转速约 2 000 m/min)。但是,该技术对我国全面封锁,至今,该类产品仍不能销往我国。

5.5.5 电火花沉积技术

电火花沉积技术是罗罗公司大力开发的一项修复技术,它采用微弧焊接方法,即一个很细的消耗性电极与基体表面接触并连续移动。其优点是热影响区小,只有几微米,特别适合于局部修复[40]。罗罗公司有超过 40 个发动机部件使用了该修复工艺。其主要缺点是沉积慢,且表面为拉应力,故不适合疲劳敏感件。

5.5.6 电子束焊技术

电子束焊是利用汇聚的高速电子流轰击工件接缝处所产生的热能,使金属熔合而实现工件之间永久连接的一种工艺。该焊接方法具有焊缝深宽比大、焊接变形小、焊接速度快、热影响区小、可控精度高、在真空环境下焊缝纯净等优点[41],可用作精加工工件的最后连接工序,特别适于活泼金属的焊接;由于电子束焊在真空中可以传到较远的位置上进行焊接,因而可焊接难以接近部位的接缝,也可通过电子束扫描熔池来消除缺陷,提高接头质量。通过控制电子束焊的偏移,可实现复杂焊缝的自动焊接。特别是真空电子束焊接不仅可以防止熔化的金属受到氧、氮等有害气体的污染,而且有利于焊接金属的除气和净化。电子束焊的主要缺点是焊接设备比较复杂,费用比较昂贵;焊接前对接头的加工和装配等要求较为严格;被焊工件的尺寸和形状常受到真空电子束焊工作室的限制;电子束焊接时产生的 X 射线需要严加防护,以保证操作人员的健康和安全。电子束焊技术广泛应用于发动机核心部件压气机转子和直升机传动系统的齿轮上,如阿杜尔涡扇发动机钛合金压气机转子采用了 7 条环形电子束焊缝,德国 EADS Space Transportation 公司已将电子束焊应用于火箭发动机燃烧室,意大利 AGUSTA 公司已将电子束焊应用于直升机传动系统的主减速器齿轮上。

5.5.7 惯性摩擦焊技术

惯性摩擦焊(简称“惯性焊”)是利用金属表面摩擦产生的热量加热工件,在顶锻压力作用下实现工件之间永久连接的一种工艺。该焊接方法具有接头质量好、适用范围广、焊件尺寸精度高、可靠性和再现性好等优点[2],可用作精加工工件的最后连接工序。惯性焊不但可用于传统的金属材料之间的焊接,而且还可用于熔焊性较差的沉淀强化高温合金,如高强钛合金,超高强度钢;同时还可用于不同材料之间的焊

接，如铝-铜、铝-钢等。与电子束焊相比，惯性焊设备结构较简单；焊接过程要求的监控参数少，不受环境影响；焊接前的准备工作简单；生产效率高，一般惯性焊在几秒钟内完成；消耗的功率动力成本比其他方法低。美国GE公司是采用惯性焊生产发动机最早的公司，目前它生产的航空发动机重要转动件几乎全部采用惯性焊工艺，P&W公司是惯性焊和电子束焊两种工艺并存，电子束焊主要用于一般的转动件，惯性焊主要用于工作温度高、转速快、受力大的重要转动件[42]。

5.6　先进成形技术

结构功能一体化是航空直升机传动系统设计的重要方向，壳体、支撑架等集成零件的复杂结构，大量采用了铸造方法实现；同时针对直升机重量轻、承载安全性高的特点，一般通过采用镁、铝合金等高比强度材料来增强飞机的机动性能，极大提高了其战斗力和生存力。镁、铝合金铸件很早就应用于直升机传动系统，但由于铸造水平和成本等原因，我国在20世纪基本采用重力砂型浇铸，随着科学技术的不断发展和直升机性能的不断提升，对铸造提出了更高的要求：要求生产出更加精确、性能更好、成本更低的铸件产品，而重力砂型浇铸的尺寸精度、表面粗糙度和铸件的内部质量远远不能满足许多零件的要求。为了满足这些要求，直升机传动系统铸件在铸型材料、造型方法、液态金属充型形式和铸件凝固条件等方面不断得到改良，出现了许多新的铸造成形技术：在铸型材料方面采用熔模精密铸造、石膏型精密铸造等，在液态金属充型形式和铸件凝固条件方面采用压力铸造、低压铸造、差压铸造和调压铸造等。经过十几年的研究和应用，已能生产出质量稳定、性能较高的产品；此外，半固态成形铸造技术等近年兴起的先进铸造技术也得到了长足的发展。本节将对上述特种铸造工艺的原理进行介绍，并进一步讨论其优缺点及应用，目的是为先进铸造工艺的应用设计提供部分指导。

5.6.1　熔模精密铸造

熔模铸造又称失蜡铸造、熔模精密铸造、包模精密铸造，是精密铸造法的一种。它用易熔材料（蜡或塑料等）制成精确的可熔性模型，并进行蜡模组合，涂以若干层耐火涂料，经干燥、硬化后形成整体型壳，加热型壳熔失蜡模，经高温焙烧而成耐火型壳，最后在型壳中浇注铸件。熔模铸造是净成形、净终成形加工的重要方法之一。

熔模铸造的主要工艺过程如图5.30所示，具体内容包括：

① 设计制造压型。用来制造蜡模的模具称为压型。要求它具有较高的尺寸精度和表面粗糙度。根据生产批量可选择铝合金、钢、易熔合金、石膏或塑料等材料制成。

② 制造蜡模。蜡模的材料多由石蜡和硬脂酸各50%配成，熔化后用压蜡机将糊

状蜡料压入压型内,凝固后取出并放进冷水中冷却,防止变形。直浇口模常用木棒或铝棒浸挂上2~3个蜡壳而制成,然后用电热刀将一个个蜡模焊在直浇口模上组成模组。

③ 制壳。将模组浸入用石英粉、水玻璃(或硅溶胶)配制成的涂料中,取出后撒上石英砂,然后放入硬化剂(常为氯化氨或氯化铝)溶液中使之硬化而形成一层壳。重复上述操作制得第二层、第三层……,直至结成5~10层壳厚为止。

④ 脱蜡与焙烧。将制好壳的模组放进90~95 ℃的热水槽中,使蜡模熔化浮出,然后将模壳在800~900 ℃下焙烧(水玻璃模壳),使强度提高并除去模壳中的水、残余蜡、皂化物等。

⑤ 浇注与清理。焙烧后的模壳往往在出炉后趁热浇注,以便铸出薄壁铸件。铸件冷却后击毁型壳,取出铸件并切除浇冒口系统,然后进行铸件后处理,即用喷砂、抛丸、碱煮和电化学等清理方法将铸件表面及内腔的残壳、粘砂、氯化物等清除,从而获得表面光滑的铸件。

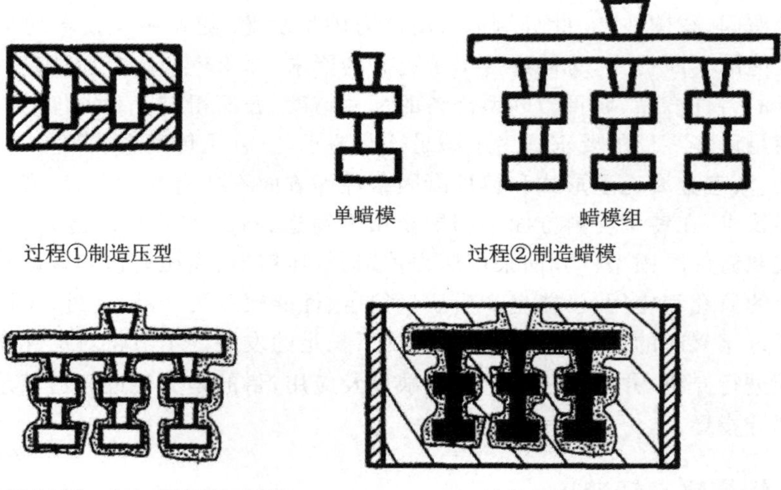

图 5.30 熔模铸造工艺过程简图

熔模铸造是净成形,其铸件尺寸精度高,可达CT 4~6级,表面粗糙度小,可达Ra3.2~12.5;同时,熔模铸造可实现空心叶片、复杂管路壳体等形状复杂零件的铸造,适用于一体化和轻量化的零件设计制造;熔模铸造还具有生产灵活性高、适应性强的特点,适用于大批量生产。

熔模铸造中铸件的冷却速度较慢,导致铸件的晶粒粗大,碳钢件易脱碳,性能质量控制难度较大;同时,熔模铸造的工艺过程复杂,生产周期长,对于进度紧急的单件和小批量的研制难度大;熔模铸造的铸件尺寸不能太大,重量超出1 000 kg时,铸造难度较大。

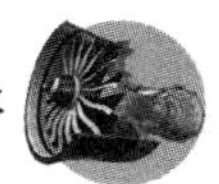

熔模铸造适用于外形复杂、难以切削的成批精密合金铸件；在传动系统中主要应用于空心叶片、复杂管路壳体等，其示意图如图 5.31 所示。

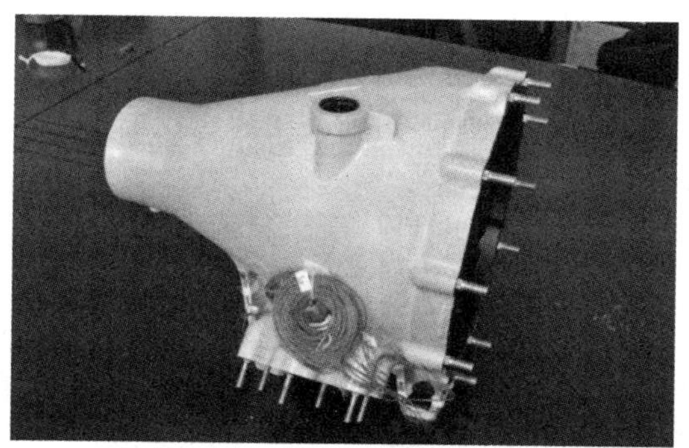

图 5.31　熔模铸造应用实例

5.6.2　石膏型精密铸造

石膏型精密铸造是 20 世纪 70 年代发展起来的一种近净成形工艺技术，是将石膏型铸造与熔模铸造结合而形成的一种新的特种铸造方法。它采用熔模，用石膏浆料灌制铸型，经干燥、脱蜡、焙烧后即可浇注铸件。

石膏型精密铸造的工序如图 5.32 所示。

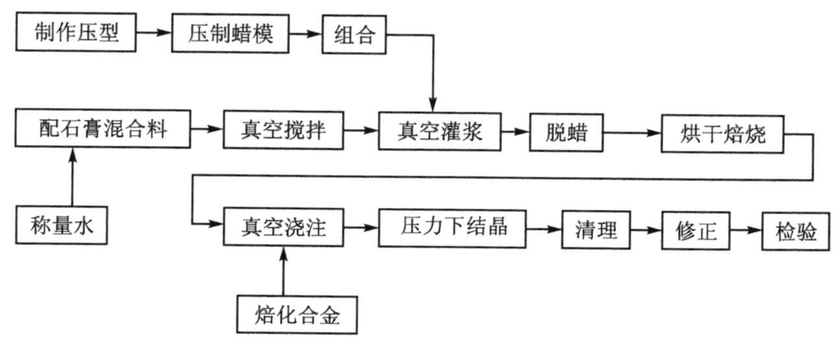

图 5.32　石膏型精密铸造工序示意图

石膏浆料的流动性很好，凝结时有轻微的膨胀，所制铸型轮廓清晰、花纹精细，可铸出小至 0.2 mm 间隙的凹凸花纹。与一般熔模铸造不同，石膏型精密铸造不受图挂工艺的限制，可浇灌大、中、小铸型；石膏型的导热性能很差，金属液浇入后保持流动性时间长，故能生产薄壁复杂件，最小壁厚可达 0.5～1.0 mm；铸件凝固时间长，致使铸件产生气孔、针孔、缩松、缩孔的倾向大；石膏型的透气性极差，应合理设置浇注系统及排气系统，防止产生浇不足、气孔等缺陷；石膏型的溃散性好，易于清理。

石膏型的焙烧时间长、能耗大，其成本是砂型的 5～10 倍；石膏型的耐火度低，故适于生产铝、锌、铜等合金的复杂精密铸件。

石膏型铸造适合生产尺寸精度和表面光洁度要求高的精密铸件，特别适合生产大型复杂薄壁铝合金铸件，也可用于锌、铜等合金。石膏型铸造生产的铸件尺寸已达 1 000 mm×2 000 mm，质量达 0.03～908 kg，壁厚达 0.8～1.5 mm（局部可为 0.5 mm）。铸件尺寸精度为 CT 4～6 级，表面粗糙度为 *Ra*0.8～6.3，该铸造方法已被应用于航空传动系统铝合金壳体的铸造，其工程应用如图 5.33 所示。

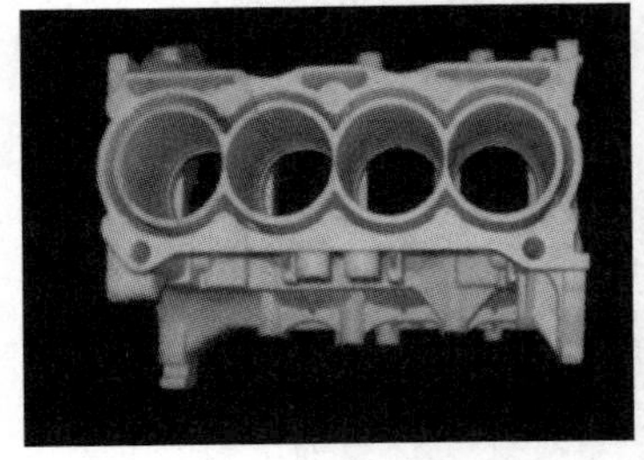

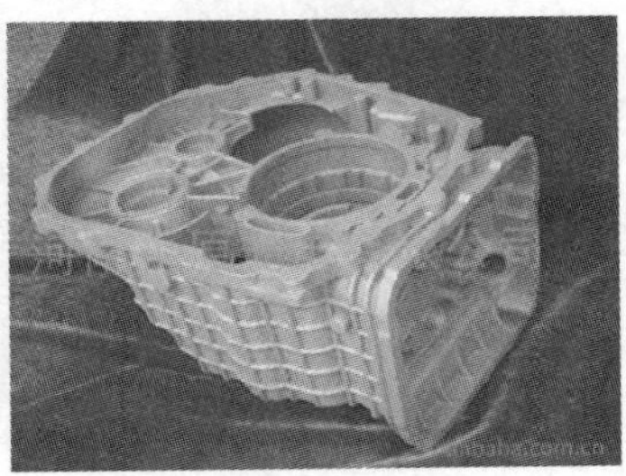

图 5.33 石膏型铸造应用实例

5.6.3 压力铸造

压力铸造是将液态或半固态金属在高压作用下，以高的速度填充模具的型腔，并在压力下快速凝固而获得铸件的一种方法。工作时的常用压力从几兆帕至十几兆帕，初始填充速度在 0.5～70 m/s 范围内。高压和高速是压力铸造的重要特征。压力铸造的原理如图 5.34 所示。

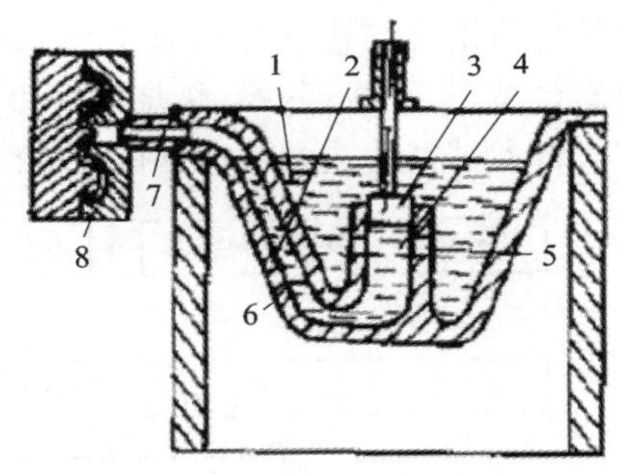

1—金属液；2—坩埚；3—压射冲头；4—压室；5—进口；6—通道；7—喷嘴；8—压铸模

图 5.34 压力铸造原理图

压力铸造的工艺流程简图如图 5.35 所示。

压力铸造的优点是：生产效率高，可实现机械化或自动化，能压铸出从简单到相当复杂的各种铸件；产品质量好；尺寸精度高，表面粗糙度小；铸态力学性能较高；经济指标优良，压铸件成本低，当采用压铸的方法进行大量生产时，较其他铸造方法成本低。

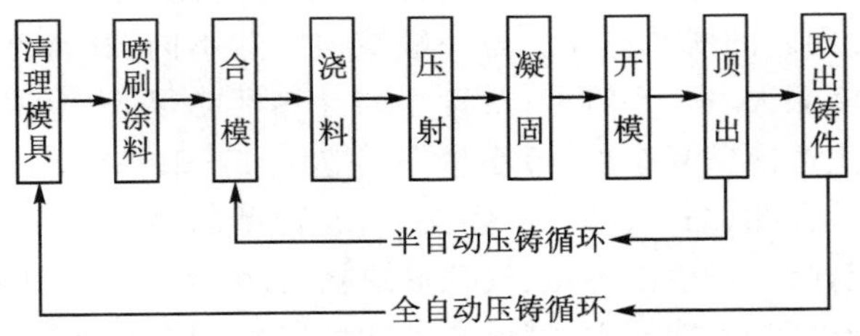

图 5.35 压力铸造工艺流程简图

压力铸造的缺点是：普通压铸法压铸的铸件易产生气孔，不能进行热处理。压铸某些内凹件、高熔点合金铸件仍比较困难；压铸设备投资高，压铸模制造复杂、周期长、费用高，一般不宜用于小批量生产。

压力铸造过程中在金属填充型腔时，主要受压力、速度、温度及时间等工艺因素的影响，这些工艺因素既相互制约，又相辅相成，只有正确选择和调整这些因素，使之协调一致，才能获得预期的结果。

压力铸造是所有铸造方法中生产速度最快的一种方法，应用很广，发展很快。

5.6.4　低压铸造

液体金属在不大的压力下，从型腔底部引入金属液，让金属液自下而上充填铸型，以形成铸件的方法称为低压铸造。

低压铸造的工艺过程包括：向坩埚中通压缩空气→金属液上升充型→保压、凝固→将坩埚上部与空气相通→取出铸件。低压铸造的工艺原理如图 5.36 所示，其主要特征是自下而上地充型，并在压力下凝固。

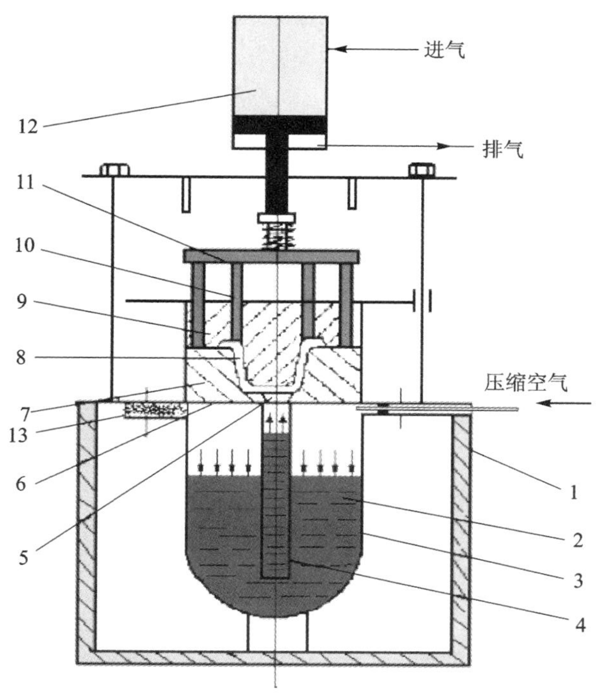

1—保温炉；2—液体金属；3—坩埚；4—升液管；5—浇口；6—密封圈；7—下型；8—型腔；9—上型；10—顶杆；11—顶杆板；12—气缸；13—石棉密封垫

图 5.36　低压铸造工艺原理示意图

低压铸造时的金属液充型是在压力下进行的，且是自下而上填充，充型平稳且液流方向与气体排出方向一致，可有效减少零件疏松；铸件的凝固及补缩均在压力下进行，增加了零件的致密性；浇注系统简单，且升液管中多余的金属液可回流；劳动强度低，易于实现机械化、自动化。但低压铸造需要一定的设备投入；升液管属消耗品，有时还会污染金属液。

低压铸造主要应用于较精密复杂的中、大铸件，合金不限，尤其应用于铝、镁合金，生产批量可为小批、中批、大批，其应用如图 5.37 所示。

图 5.37　低压铸造应用实例

5.6.5　差压铸造

差压铸造又称反压铸造、压差铸造，是在低压铸造的基础上派生出的铸造方法。根据压差形成方式的不同，差压铸造可分为增压法和减压法。“增压法”是在铸型外罩上一个密封罩，同时向坩埚及密封罩内通入压缩气体，之后保持密封罩压力不变，继续向坩埚内通入压缩气体，形成压差，金属液在压力差的作用下经升液管填充铸型，并在压力下凝固。“减压法”与“增压法”工艺原理相似，只是向坩埚及密封罩内同时通入同样压力的气体，在压力达到平衡后，降低密封罩内的压力，形成压差，金属液在压力差的作用下经升液管填充铸型，并在压力下凝固。其工艺装置图如图 5.38 所示。

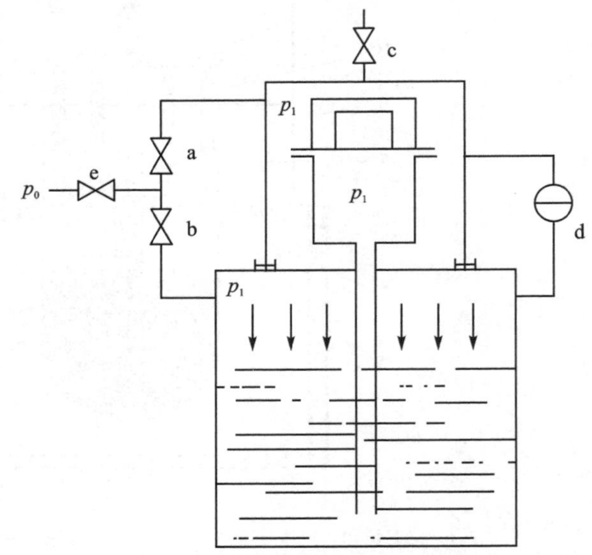

图 5.38　差压铸造工艺装置图

差压铸造与低压铸造相比，其性能更高。差压铸造最大的工艺特点在于铸件在

较大压力环境下结晶和凝固，铸件组织更加致密，凝固速度更快，铸件的本体力学性能更高，补缩能力更强，减少了铸件针孔缺陷，铸件的内部质量更好；铸件表面粗糙度较小；可明显减少大型复杂铸件凝固时的热裂倾向。

但差压铸造在压力下结晶使气体以非气孔的形式残存于金属液中，造成铸件的高温强度下降；由于高密度空气的导热系数大，因此影响液态金属的填充。

差压铸造主要应用于承受应力较高的铸造铝合金。

5.6.6　调压铸造

调压铸造需使型腔和金属液处于真空状态，并且对金属液保温、保持负压；充型时，对型腔下部的液态金属液面施加压力，但型腔仍保持真空，将坩埚中的金属液沿升液管压入处于真空的型腔内；充型结束后迅速对两压室加压，始终保持下部金属液和型腔之间的压力差恒定；保持正压一段时间，使金属液在压力下凝固成形，待型腔内的金属液完全凝固后，即可卸除压力，升液管内未凝固的金属液回流到坩埚中。调压铸造的工艺装置图如图 5.39 所示。

调压铸造过程具有以下优点：

① 铸件本体材料含气少：在金属液及铸型置于真空的过程中，溶解于金属液内的气体易于析出，从而降低成形铸件中的气体含量；

② 充型能力强，铸件缺陷少：由于在充型过程中型腔保持负压，金属液不易出现吸气、卷气及与环境气体的氧化反应而使铸件出现气孔、夹杂等缺陷，同时也可避免型腔内气体反压对充型形成阻碍作用，强化了充型能力，因此适合铸造大型薄壁铸件；

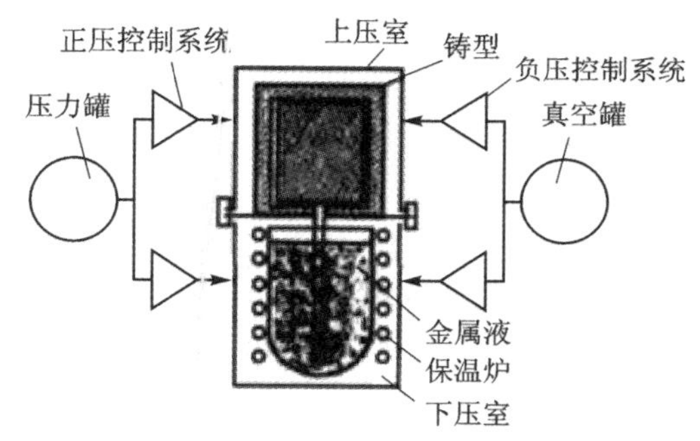

图 5.39　调压铸造工艺装置图

③ 整个凝固过程都是在超过大气压的压力下进行的，因此可增强补缩能力，提高铸件的内部质量及组织致密度。

但是调压铸造也存在以下缺点：

① 设备昂贵、工艺操作复杂；

② 与差压铸造相比，系统环境压力较低，补缩能力变差；

③ 与差压铸造相比，氢溶解度低，易产生针孔，铸件力学性能相对较低。

调压铸造主要应用于精密复杂的铸件，目前已应用于航空的叶轮和复合材料铸件等。

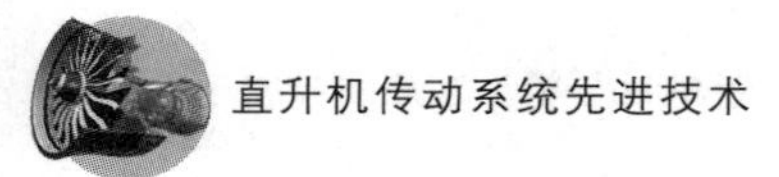

5.6.7 半固态成形技术

镁合金半固态成形是近年来发展起来的成形技术，可以获得高致密度的铝合金制品；其成形主要分为触变铸造和流变铸造两种。

触变铸造是将制备的非枝晶组织的棒料定量切割后重新加热至液固两项区（固体体积分数为50％～80％），然后再采用压铸或模锻工艺的半固态成形。触变铸造不使用熔化设备，锭料重新加热后便于输送和加热，易于实现自动化；但是，制备预置坯料需要巨大投资，而且关键技术为国外少数几家公司所垄断，导致其成本居高不下，仅适用于制造需求强度高的关键零件。

流变铸造采用金属熔体作为原料，冷却搅拌产生半固态合金浆料后，以管路或容器输送至压铸机直接成形。流变铸造的生产流程比触变铸造显著缩短，更易于与传统压铸技术接轨，减少设备投资，可低成本生产高质量的产品，具有更大的应用潜力；但由于非枝晶半固态合金浆料在形态保持、状态控制和输送等方面都存在困难，因此在预置材料均匀性及成本、感应加热控制及材料消耗、成形过程的可靠性及重复性、废料回收等方面存在限制，故而需要更进一步的开发和研究。

随着先进铸造方法的应用和工艺的发展，铸件从原材料性能、缺陷控制、表面质量、生产效率、力学性能等方面都得到了较大的提高；但没有各项指标都是最优越的铸造方法，而只有在生产成本、适用材质、缺陷控制、铸件性能和功能、铸件结构复杂度、尺寸精度、表面质量等某些方面更适用的铸造方法，或者考虑了多种组合下的优先级及对限制条件取舍后选择出更适用的铸造工艺方法。

5.7 3D打印技术

3D打印技术，学名为增材制造（additive manufacturing），是近年来发展起来的一项新型制造技术。它以数字模型文件为基础，运用金属粉末、高分子材料、光敏树脂、塑料等可粘合材料，通过分层制造、逐层叠加的方式来构造三维几何物体，具有无模具、短周期、低成本、高性能和快速响应等能力[43]。该技术基于"离散"＋"堆积"的成形思想，综合利用CAD技术、数控技术、激光加工技术和材料成形技术，在一台设备上快速而精确地完成复杂形状零件的整体制造，解决了传统加工方法难以制造复杂零件的问题，实现了从零件设计到三维实体原型制造的一体化，在制造复杂零件或小批量定制化零件时比传统工艺更有优势[44]。

3D打印技术的原理，简而言之是"离散"＋"堆积"。堆积，指将材料进行堆积的过程，即采用不同的材料，通过不同的工艺方法，将"材料单元""逐步"堆积成具有一定结构形状及功能的三维零件。离散是为了获得堆积的"材料单元"和"逐步"的信息，需将CAD三维模型进行一维、二维、三维的离散，如图5.40所示。

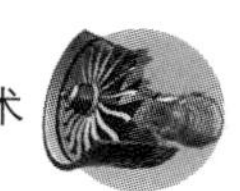

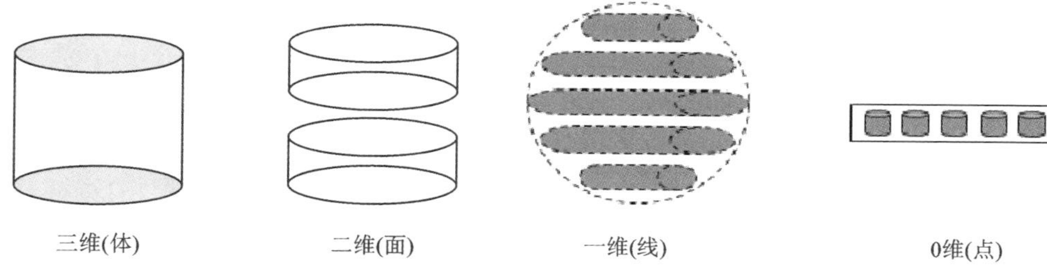

图 5.40　三维模型的离散

常见的 3D 打印技术有熔积成形 FDM(Fused Deposition Modeling)、立体光固化成形 SLA(Stereo Lithography Appearance)、选择性激光烧结 SLS(Selective Laser Sintering)、激光近净成形 LENS(Laser Engineered Net Shaping)、电子束熔化成形 EBM(Electron Beam Melting)、选区激光熔化成形 SLM(Selective Laser Melting)[45]。其中 FDM 技术的原材料多为热塑性塑料、可使用食材、石蜡以及低熔点金属,SLA 技术的原材料为液态光敏树脂,SLS 技术的原材料为尼龙、ABS、PEEK 等高分子材料以及金属和陶瓷粉末,LENS 技术、EBM 技术、SLM 技术的成形材料多为金属粉末。

SLS 技术、LENS 技术、EBM 技术、SLM 技术可以统称为金属增材制造技术。但与其他金属 3D 打印技术相比,SLM 技术的最大优势是可以高效制造精度高且致密度近乎为 100%的金属零件,因此在航空领域应用较多,所以本节重点介绍 SLM 技术。

5.7.1　3D 打印技术的优点

SLM 技术的成形原理是基于分层叠加制造原理,通过激光束逐层熔化已铺设在成形缸粉床上的待成形金属粉末而成形出具有复杂结构且组织较为致密的金属零件,它是一种利用激光作为热源完全熔化待成形粉末,然后经快速冷却、凝固,逐层堆积出三维零件的金属增材制造技术,其成形原理如图 5.41 所示。加工时,铺粉系统首先将粉末均匀铺在成形基板上,然后激光按照成形控制软件加载的零件截面信息,熔化当前层的金属粉末,在该层粉末扫描熔化完成后,成形缸下降一个层厚距离,重复铺粉和熔化过程,即可层层堆叠成形出目标零部件[46]。

采用 3D 打印技术制造零件的一般工艺流程如图 5.42 所示,包括建模、数据处理过程、增材制造过程和后处理过程等。

相较于传统的加工方式(如机匣一般采用铸造),增材制造技术无须设计模具即可快速而精确地制造出复杂形状的机匣,从而实现高效的“自由制造”,因此,SLM 技术具有以下优点[47]:

① 可成形几乎具有任意复杂几何形状的零件,从而提高了设计的自由度。该技

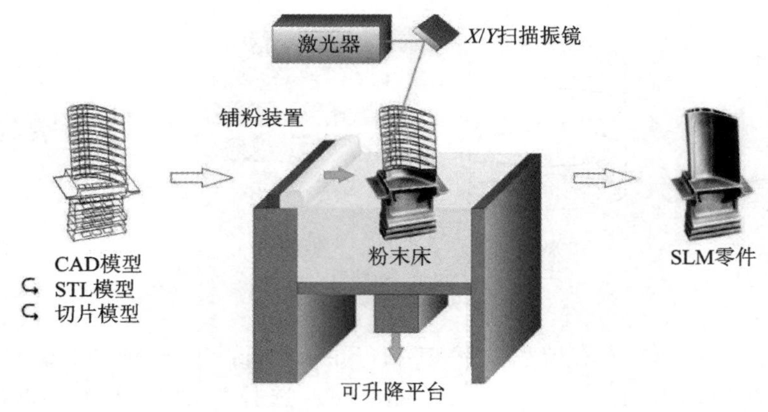

图 5.41　SLM 技术的成形原理示意图

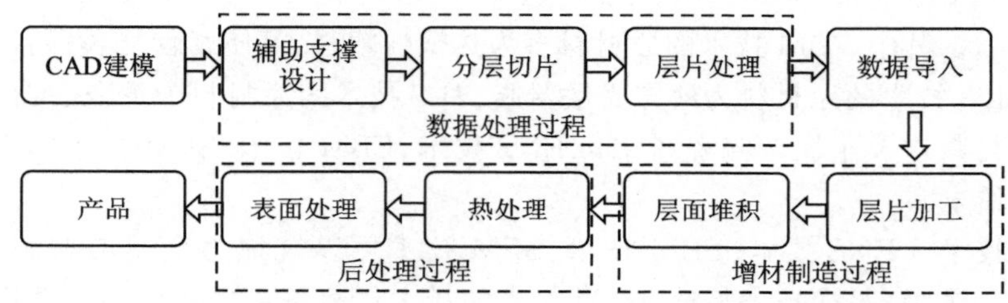

图 5.42　3D 打印产品一般工艺流程

术使复杂的结构设计成为可能，减少了设计师对制造因素的顾虑，可以解决过去受加工工艺限制的复杂零件的加工问题，一定程度上拓宽了技术人员的设计边界。

② 生产开发周期短，降低了时间成本，缩短了从产品设计到制造成形的时间周期。

③ 无须开模，降低了经济成本。

④ 材料利用率高，节约成本。

⑤ 成形零件的精度高、致密度好，具有良好的力学性能。

⑥ 技术应用广泛，可广泛应用于生物医学、航空航天、汽车、电子产品、艺术设计等众多领域。

5.7.2　3D 打印技术的应用

近年来，增材制造技术得到了快速发展，相关的设备能力和工艺水平也取得了显著进步，目前已有的设备种类达到 20 多种。该技术一出现就取得了快速发展，并在各个领域都取得了广泛应用，如在消费电子产品、汽车、航天航空、医疗、军工、地理信息、艺术设计等。增材制造的特点是单件或小批量的快速制造，这一技术特点决定了增材制造在产品创新中具有显著作用。美国《时代》周刊将增材制造列为“美国十大

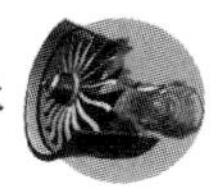

增长最快的工业”，英国《经济学人》杂志则认为它将“与其他数字化生产模式一起推动实现第三次工业革命”，认为该技术将改变未来生产与生活模式，实现社会化制造，使每个人都可以成为一个工厂，它将改变制造商品的方式，并改变世界的经济格局[48]。

目前，在工程应用方面，美国 GE 公司走在了 SLM 技术研究和应用的前列，其采用 SLM 技术制造的 T－25 发动机传感器壳体已用于 GE90－94 航空发动机，并被美国联邦航空管理局批准作为航空应用。2013 年年底，GE 公司宣布，将采用 SLM 技术为其下一代的 GE Leap 发动机生产喷油嘴，年产量将达到 40 000 支。GE 公司发现，采用 SLM 技术生产喷嘴，生产周期可缩短 2/3，生产成本降低 50%，同时可靠性得到了极大提高。除此之外，GE 公司也非常注重通过金属增材制造技术充分发挥构件的设计效能。

同时，GE 公司通过 3D 打印技术完成了飞机发动机 35%的零部件制造，其应用 3D 打印技术制造的涡轮螺旋桨发动机如图 5.43 所示，由于 3D 打印零部件无需过多的连接部分，因此能够为引擎减少很多重量。具体而言，使用 3D 打印制造的零部件能够减轻整机 5%的重量，并将燃油消耗率的有效性提高 1%。

图 5.43　GE 公司应用 3D 打印技术制造的涡轮螺旋桨发动机

美国 GE 公司还曾利用 3D 打印技术一次成形打印出发动机燃烧室的燃油喷嘴，如图 5.44 左图所示，而且 GE 公司在 2012 年 11 月 20 日收购了 Morris Technologies 公司，计划采用该公司的 3D 打印技术制造 Leap 发动机组件。此外，燃烧室的其他主要部件如涡流器、火焰筒，也有采用 3D 打印技术制造成形的产品案例，如图 5.44 所示。可以说，3D 打印技术已经逐步融入航空发动机的研制领域。

国内方面，3D 打印技术已涉足航空发动机制造领域，例如，图 5.45(a)所示的某航空发动机燃油喷杆和图 5.45(b)所示的利用 SLM 成形技术打印的铝合金附件机匣，它们的性能都满足同材料铸件的要求[49]。

近年来，随着 3D 打印技术的发展，直升机传动系统也开始了 3D 打印的应用研究。传动系统的关键零部件具有结构复杂、承载要求高的特点，采用常规工艺进行制

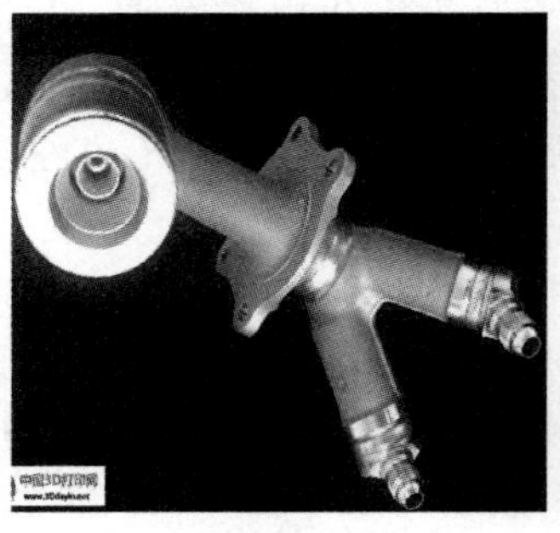

(a) 燃油喷嘴

(b) 火焰筒

(c) 涡流器

图 5.44 3D 打印的发动机燃烧室零件

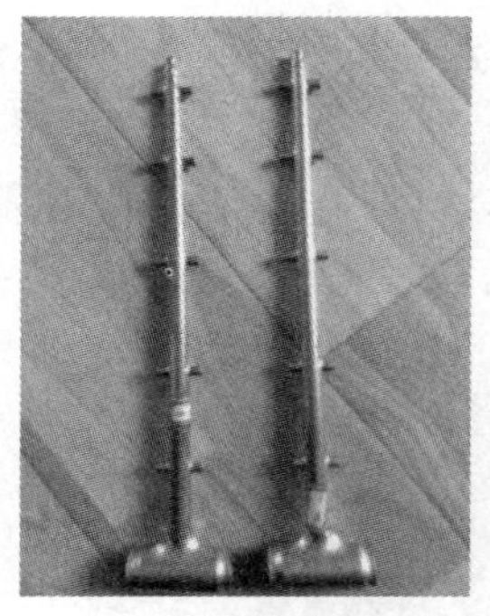

(a) 燃油喷杆

(b) 铝合金机匣

图 5.45 国内某航空发动机燃油喷杆及附件机匣

造存在制造困难、加工周期长、加工成本高、性能提升空间有限等问题。3D 打印技术以其制造原理的优势能够实现复杂薄壁零件的成形并缩短制造周期，同时在性能上还具有一定的优势。如某项目开展了尾减速器主机匣的 3D 打印应用技术研究，研究所使用的材料为 AlSi7Mg。AlSi7Mg 是一种 3D 打印专用粉末材料牌号，在众多 3D 打印铝合金材料中，该材料的 3D 打印工艺比较成熟、稳定，其化学成分与铝合金(ZL114A)十分接近，具体成分如表 5.10 所列。

表 5.10 AlSi7Mg 的化学成分

元 素	Si	Mg	Ti	Mn	Cu	Fe	Ni	Pb	Zn	Sn	Be	Al
最低含量/%	6.5	0.45	0.08	—	—	—	—	—	—	—	—	其余
最高含量/%	7.5	0.75	0.25	0.10	0.10	0.20	0.05	0.05	0.10	0.05	0.07	其余

AlSi7Mg 材料具有良好的 SLM 成形性，采用该材料打印后的零件如图 5.46 所示，经检测，该机匣的抗拉强度达到 400 MPa 以上，屈服强度达到 240 MPa 左右，延伸率达到 6%以上，高于 ZL114A 的性能。

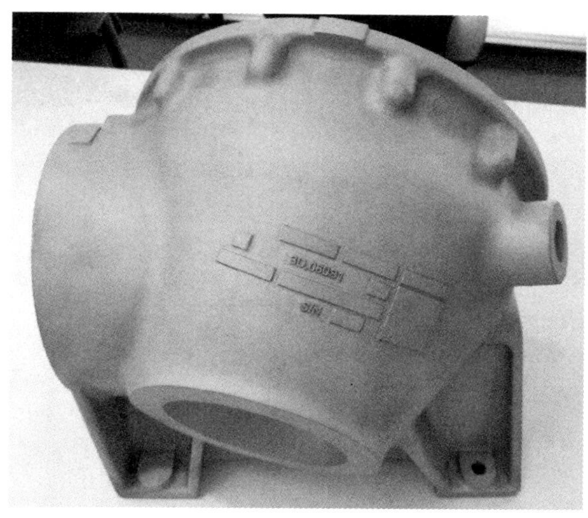

图 5.46　尾减速器主机匣 3D 打印件

5.7.3　3D 打印技术在传动系统中的发展

随着 3D 打印技术的发展，其在传动系统中会得到越来越多的应用。利用 3D 打印技术制造零部件不仅能缩短加工周期，而且可以提高设计的自由度，减轻设计师对制造因素的顾虑，解决过去受加工工艺限制，复杂零件无法加工的问题，拓宽技术人员的设计边界。今后针对该技术的研究重点可从以下几个方面开展：

① 降低制造成本：针对形状复杂的零件可以采用 3D 打印技术进行制造，以减少模具设计费用，满足传动系统中大量复杂零件的快速制造。

② 缩短交付周期：采用 3D 打印技术打印零件，减少了模具设计周期，缩短了交付周期，如机匣类零件采用传统铸造技术加工需要 6 个月，但采用 3D 打印技术仅需要 1 个月，因此 3D 打印技术能极大缩短复杂零件的试制周期。

③ 满足产品多样化的需求：在传动系统的研制过程中需要多次反复修改设计，而 3D 打印则不需要针对产品结构的改变而改变模具，因此在迭代设计及功能验证阶段可采用 3D 打印技术进行零件制造。

④ 实现最小装配和减重：通过拓扑优化设计，3D 打印可以打印免装配组件，从而减少了装配环节，同时也可以对现有零件结构进行拓扑优化（见图 5.47），使得在满足强度要求的基础上减小机匣壁厚，以达到减轻重量的目的。

⑤ 拓展设计空间：在 3D 打印技术得到进一步应用后，设计人员可以最大限度地发挥一体化结构设计的优点，优化目前的结构设计方法，避免以前因工艺无法实现而采用的多余结构。

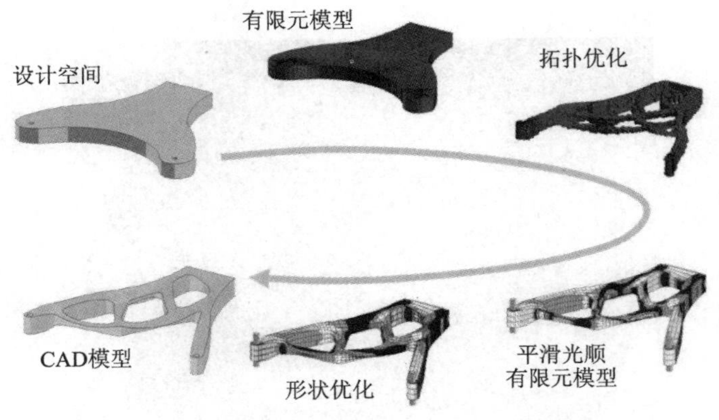

图 5.47　零件的拓扑优化过程

5.8　机匣数控加工技术

机匣是直升机传动系统重要的零部件，其功能主要是：传递机身载荷，为传动系统的传动链提供支撑，为交流电机、液压泵等飞机附件提供安装接口，为滑油系统提供油路及附件接口，实现上述功能的同时具有足够的强度和寿命。直升机传动系统机匣的结构复杂，加工难度大，主要表现为：机匣的加工精度要求高，精度难以保证；机匣的结构复杂，且孔、面等特征相互关联、相互影响，工艺方案难以制定；体积大，加工特征多，加工工作量庞大。因此，传动系统机匣一般采用数控加工设备进行加工，数控设备能实现机匣高精、高效加工。机匣数控加工可概括为以下过程。

(1) 机匣工艺分析

机匣工艺分析包括两个方面：第一，对于机匣类零件，工艺方案合理与否直接决定加工精度的高低，而加工基准是工艺方案最关键的环节，一般情况下，机匣加工先确定初始加工基准；第二，在确定初始加工基础的基础上制定工艺方案，工艺方案的制定需要考虑降低机匣加工过程中的应力变形，采用合理的定位方式，保持加工状态稳定，降低加工累计误差，合理选择加工参数，在加工效率和质量之间找到一个平衡点。

(2) 机匣装夹、定位方案的确定和机床选择

工艺方案确定之后需要确定定位、装夹方案，定位、装夹方案的选择不但要考虑零件结构、定位基准，还要考虑装夹和加工的稳定性，以降低因装夹不当而引起的加工变形误差等。在完成上述步骤的基础上选择合适的数控机床，对于大型复杂机匣，一般选择五轴加工中心进行加工。

(3) 机匣加工数控编程

目前，机匣加工数控编程主要采用三维软件进行，如 CATIA/UG 等。三维软件

编程时重点关注机匣材料特性、机床特点及装夹方式，并结合前面两个过程给出合理的加工策略、刀具尺寸、程序参数、刀具摆角和进刀方式等。

(4) 机匣数控加工仿真

在进行数控加工仿真时，软件系统同时加载铸件毛坯和机匣最终模型信息，经过仿真模拟切削后，过切和残余检查的结果得以直观反映，使工艺人员能清晰掌握零件程序的编制质量。程序编制完成后，为了准确反映零件的加工情况，将实地测量的相关机床、工装、刀具及毛坯的一些数据导入仿真软件进行演示，根据演示结果不断调整，最终使所有问题在机匣加工之前暴露出来并加以解决。

(5) 试刀件加工

在对机匣正式件加工之前先进行试刀件加工，通过试刀件加工，进一步验证数控模拟仿真过程的准确性，如在试刀件加工中暴露出数控仿真中没有发现的问题，从而进一步调整仿真程序，直至数控仿真程序能准确加工出符合图样要求的机匣。

5.9　深氮化技术

渗氮是直升机传动系统常用的表面强化工艺，它能提高零件的表面硬度、耐磨性和耐蚀性；但传统氮化工艺渗速慢、层深浅，抗冲击载荷能力较差，不能应用于高速、较大载荷的齿轮和轴承表层的硬化，从而限制了氮化技术的应用范围。常规渗碳淬火的表面硬度较渗氮低，零件变形大，制约了产品质量和加工合格率的提高。随着直升机传动系统朝着大功率、高速度和高可靠性方向发展，常规的渗碳淬火和氮化工艺难以满足更高的要求；而深氮化技术的发展可在一定程度上替代渗碳，克服一般氮化和渗碳淬火的诸多缺陷，实现高性能齿轮、轴承等零件的制造。

5.9.1　深氮化技术需求分析

常规渗碳表面的硬度为 HRC62～63，耐磨性和接触疲劳强度较好，渗碳层的深度较深，心部硬度较高（HRC36～42），弯曲疲劳强度较高，因此渗碳广泛应用于直升机传动系统的螺旋锥齿轮和行星传动齿轮等。但渗碳过程复杂、耗能大，耐磨性和接触疲劳强度难以进一步提升，特别是渗碳淬火畸变是难以克服的技术难题，这些都制约了渗碳齿轮在未来直升机传动系统中的应用。

深氮化可获得 HRC66～70 以上的超高表面硬度，耐磨性高、热硬性好，抗咬合和抗擦伤性能比渗碳更优越；渗氮表面的高残余压应力可保证齿轮在使用过程中比渗碳齿轮具有更好的稳定性和更高的疲劳强度；渗氮热处理温度低、变形小，因此对形貌复杂、承载较大的中大型精密构件，特别是薄壁件，如直升机锥齿轮和薄壁内齿圈的热处理变形控制非常有利，可以大幅减轻制件变形，减少加工余量，提高产品质量和成品合格率。

如果将渗氮层的强化效果充分发挥，则将 0.7～1.0 mm 深的渗氮层应用于重载齿轮上有可能达到渗碳层为 2.0～3.0 mm 深的渗碳齿轮的效果[50]。北京航空材料研究院的研究表明，深氮化件的表面特性明显优于渗碳件(见图 5.48)，32Cr3MoVE 钢深氮化齿轮(渗层深度 0.65 mm)是 18CrNi4A 钢渗碳齿轮(渗层深度 1.2 mm)接触疲劳寿命的 3.3～4.5 倍[51]。深氮化技术的应用可以大幅提高直升机传动系统的寿命和可靠性。其中，研究氮化技术如何满足齿轮的工作条件，进一步提高齿轮性能，缩短生产周期，充分发挥深氮化钢的优越性，是深氮化技术发展的关键。

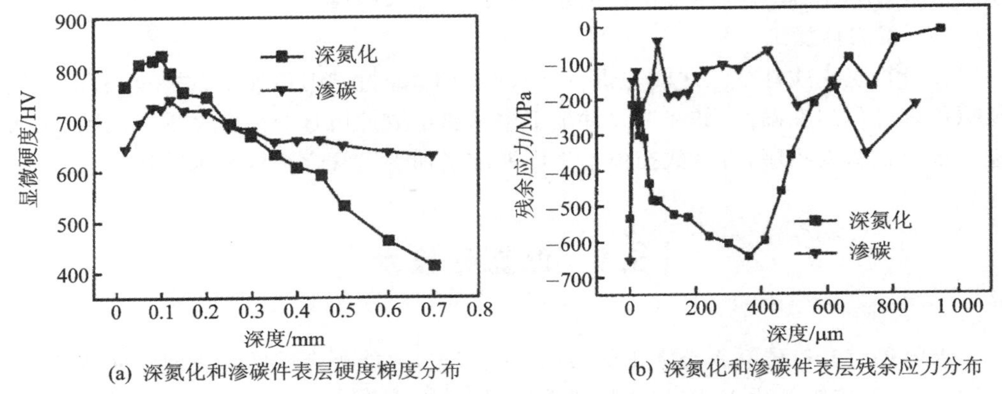

(a) 深氮化和渗碳件表层硬度梯度分布　　(b) 深氮化和渗碳件表层残余应力分布

图 5.48　深氮化和渗碳件表面特性对比

5.9.2　深氮化技术理论依据

渗碳钢齿轮和氮化钢齿轮的弯曲疲劳强度都随芯部硬度的提高而提高。在相同的芯部硬度下，氮化钢的弯曲疲劳强度比渗碳钢略低。但是渗碳钢的疲劳强度随芯部硬度的提高有一个极大值，大约在 HRC35～42 之间，而氮化钢的疲劳强度随芯部硬度的提高一直呈线性增加，当芯部硬度超过一定值(约 HV400)后，氮化钢的疲劳强度超过渗碳钢[50]。

齿轮啮合时其内部产生剪切应力，接触应力越大，相对曲率半径(或模数)越大，最大剪切应力深度越大。因此对于重载齿轮，为了防止疲劳剥落，必须提高渗层的剪切强度，使其具有足够的硬化层深度和足够平缓的过渡区及足够高的芯部硬度，从而保证沿渗层的剪切强度分布高于剪切应力分布。随着模数的增大，重载齿轮在承载接触应力时，其最大剪切应力的峰值深度从表面下的 0.1～0.2 mm 移向齿轮芯部，因此大模数齿轮的最大剪切应力位于一定深度的次表层或过渡区[52]，小模数齿轮($m<3$)的最大剪切应力位于近表层。普通合金结构钢进行深层氮化后，其表面下 0.4 mm 处的硬度一般不超过 HV400～500，远低于渗碳层在此深度的强化效果(HV600～750)，这是导致氮化层比渗碳层承载能力低的主要原因[53]。

因此，选择(研究)芯部强度高渗氮齿轮钢和开发深层氮化工艺是深氮化技术的

关键。深氮化技术替代渗碳包括 3 个基本条件：足够的渗氮层深度（一般为 0.6 mm 以上），渗氮表面下 0.4 mm 处的硬度大于 HV600 和渗氮基体硬度超过 HV400～450(HRC42～46)。深层氮化技术的硬化特点是次表层的硬化效果好、渗氮层厚、芯部硬度高，具体数值如表 5.11 所列[54]。

表 5.11　普通氮化与深层氮化的硬化特征

氮化类别	硬度梯度(HV)		芯部硬度(HV)	渗氮深度/mm
	距表面 0.1 mm 处硬度	距表面 0.4 mm 处硬度		
普通氮化	≤800	≤500	260～320	≤0.5
深层氮化	>900	>600	400～450	≥0.7

5.9.3　深氮化技术实现途径

渗氮过程包括渗剂中活性氮的形成反应，渗剂中氮的扩散、渗氮气氛/钢件相界面的反应、钢中氮的扩散及扩散过程中氮化物的形成等步骤。深氮化通过以下优化渗氮过程的一个或几个步骤来实现。

(1) 优化工艺参数

对传统渗氮工艺参数进行优化，可以提高渗氮的速度和深度，如循环两段气体渗氮较普通气体渗氮的周期缩短 1/3～1/2，热循环离子渗氮较普通离子渗氮时间缩短 1/2～2/3。在渗氮过程中，通过调整和控制渗氮工艺参数，在渗氮层中形成各种利于氮扩散的通道，也是提高渗氮速度和深度的有效方法，如快速深层离子渗氮工艺通过周期性的渗氮和时效组合来形成晶格通道和加快氮的扩散，使 25Cr2MoVA 钢渗氮 30 h 即达到 0.75～1.2 mm[55]的渗层深度。

(2) 添加催化剂

在渗氮气氛中加入催化剂，增强气氛活性，(或)同时改善工件表面的状态，增强界面反应，并在一定程度上加快氮在固相内的扩散。研究较多、效果较好的催渗介质主要有稀土、碘、氧等。

(3) 优化氮化钢成分

在渗氮过程中，氮在钢中的扩散一般是最慢的一步，提高氮在固相中的扩散速度是深氮化技术的重要目标。钢的成分是影响渗氮速度的重要因素之一，氮与碳在钢中的溶解与扩散一般是相互排斥的，因此在满足芯部力学性能的前提下，适当降低碳含量有益于提高渗氮速度，适量的合金元素对有效硬化层的增加是有益的。

5.9.4　深氮化技术在传动系统中的应用

氮化齿轮作为提高齿轮性能和部分替代渗碳齿轮的重要途径，早已引起世界范围工业界的关注。德国在 20 世纪 80 年代领先开展了深层氮化技术的研究。目前，深氮化技术在直升机传动系统上的应用越来越广泛，应用机型包括 EH101、EC120 等，应用部位涵盖螺旋锥齿轮、行星传动齿轮和旋翼轴等。国外直升机传动系统零件的解剖检测结果显示其氮化层深度在 0.7 mm 以上。国内直升机传动系统大量使用氮化钢 32Cr3MoVE，氮化深度达 0.6 mm。随着高性能氮化钢的研发和深氮化工艺的发展，深氮化技术在直升机传动系统上的应用将越来越普遍。

参考文献

[1] Lenski JR J，Valco M. Boeing Helicopters Advanced Rotorcraft Transmission (ART) Program Summary of Component Tests[C]//Proceedings of the 28th Joint Propulsion Conference and Exhibit，1992：3364.

[2] Garhart J. Development and Qualification of Composite Tail Rotor Drive Shaft for the UH-60M [J]. American Helicopter Society，2008，64 (3)：2482.

[3] Spean S. Design and Certification of the Model 429 Supercritical Tail Rotor Drive Shaft[J]. American Helicopter Society，2008，64(3)：2452.

[4] Kish J G. Sikorsky Aircraft Advanced Rotorcraft Transmission (Art) Program：Final Report[R]. United Technologies Corp Stratford Ct Sikorsky Aircraft Div，1993.

[5] Duello Charles. BA609 Tiltrotor Drive System[C]. The American Helicopter Society 58th Annual Forum，Montréal，Canada，June 11-13，2002.

[6] Zachary S Henry. Bell Helicopter Advanced Rotorcraft Transmission (ART) Program：NASA Contractor Report 1959479[R]. Bell Helicopter Textron Inc，1995.

[7] 王黎钦，贾虹霞，郑德志，等. 高可靠性陶瓷轴承技术研究进展[J]. 航空发动机，2013(2)：6-13.

[8] Pete Cento，Don W Dareing. Ceramic Materials in Hybrid Ball Bearings[J]. Tribology Transactions，1999，42(4)：707-714.

[9] Wang Y，Hadfield M. A study of line defect fatigue failure of ceramic rolling elements in rolling contact[J]. Wear，2002，253：975-985.

[10] Mitchell D J，Mecholsky J J，Adair J H. All-steer and SiN-steel hybrid rolling contact fatigue under contaminated conditions[J]. Wear，2000，239：176-188.

[11] 薛继瑞，张伟儒，王重海. 混合式陶瓷轴承的研究现状及发展趋势[J]. 硅酸盐通报，2002(6)：53-57.

[12] 高利霞，李贵林，赵强. 陶瓷混合轴承与全钢轴承拟动态性能对比[J]. 燃气涡轮试验与研究，2016(3):39-42.

[13] 杨育林，祖大磊，黄世军. 自润滑关节轴承现状及发展[J]. 轴承，2019(1):58-61.

[14] 谭俊，郑开宏，邓运来，等. 陶瓷颗粒增强铝基复合材料的工业制备与应用[J]. 材料导报，2012(S1):129-132.

[15] Wright J A, Sebastian J T, Kern C P, et al. Design, development and application of new, high-performance gear steels[R]. QUESTEK INNOVATIONS LLC EVANSTON IL, 2010.

[16] Kern C P, Wright J A, Sebastian J T, et al. Manufacturing and processing of a new class of vacuum-carburized gear steels with very high hardenability[C]//Proceedings of the American Gear Manufacturers Association Fall Technical Meeting, 2011:390-403.

[17] Singh A K, Siddhartha. Development and investigation on transmission efficiency of functionally graded material-based polybutylene terephthalate spur gears[J]. Proceedings of the Institution of Mechanical Engineers: Part J Journal of Engineering Tribology, 2020, 234(4):473-489.

[18] Murakawa, et al. Performance of Rotating Gear Pair Coated with an Amorphous Carbon Film Under Lossof-Lubrication Condition[J]. Surface and Coating Technology, 1999, 120-121:646-652.

[19] Stott W R. Myths and miracles of gear coatings[J]. Gear Technology, 1999, 16(4):35-44.

[20] Renger A, Johnson K L. Contact mechanics[M]. Cambridge: Cambridge University Press, 1985.

[21] Anderson N. Gear Industry Vision: A vision of the gear industry in 2025, developed by the gear community[C]. Detroit, Michigan: Gear Industry Vision Workshop, 2004.

[22] Cao L, Liu C, Gao Y, et al. Influence of finish rolling temperature on the microstructure and mechanical properties of Mg-8.5 Al-0.5 Zn-0.2 Mn-0.15 Ag alloy sheets[J]. Materials Characterization, 2018, 139:38-48.

[23] Zeng G, Yu S, Gao Y, et al. Effects of hot ring rolling and aging treatment on microstructure and mechanical properties of AZ80-Ag alloy[J]. Materials Science and Engineering: A, 2015, 645:273-279.

[24] Zhou X, Liu C, Gao Y, et al. Improved workability and ductility of the Mg-Gd-Y-Zn-Zr alloy via enhanced kinking and dynamic recrystallization[J]. Journal of Alloys and Compounds, 2018, 749:878-886.

[25] Wang B, Liu C, Gao Y, et al. Microstructure evolution and mechanical properties of Mg-Gd-Y-Ag-Zr alloy fabricated by multidirectional forging and ageing treatment[J]. Materials Science and Engineering: A, 2017, 702:22-28.

[26] 孙杰,房洪杰,刘慧,等. 7085 铝合金的热处理工艺[J]. 金属热处理,2019,44(2):194-198.

[27] 王艳娟,胡晓青,曲庆文,等. RRA 处理对 7085 铝合金微观组织演变及性能的影响[J]. 金属热处理,2019,44(8):45-49.

[28] 徐昊,陈文琳,高妍,等. 不同变形方式下稀土微合金化 7085 铝合金的组织与性能研究[J]. 精密成形工程, 2016(2):8-11.

[29] 刘胜胆,李群,叶凌英,等. 预拉伸对 7085 铝合金力学及局部腐蚀性能的影响[J]. 中南大学学报(自然科学版),2018,49(9):44-51.

[30] 陈善达,焦慧彬,陈送义,等. Zr 质量分数对 7085 铝合金组织和性能各向异性的影响[J]. 中南大学学报(自然科学版),2018,49(6):1349-1357.

[31] 陈洋. 热变形(压缩,ECAP)-预回复对 7085 铝合金挤压材组织性能及各向异性的影响[D]. 镇江:江苏大学,2016.

[32] 张憬,卢雅琳,周东帅,等. 热轧变形量对 7085 铝合金微观组织与力学性能的影响[J]. 塑性工程学报, 2018(4).

[33] 肖芳辉,刘华山,杨冯,等. 微量锡对 AA7085 铝合金组织与性能的影响[J]. 矿冶工程,2014,34(6):119-122.

[34] 陈学海,陈康华,梁信,等. 热变形温度对 7085 铝合金组织和性能的影响[J]. 中国有色金属学报, 2011(1):94-100.

[35] 刘兰兰,邓运来,姜科达,等. Sc、Zr 复合添加对 7085 铝合金组织与性能的影响[J]. 热加工工艺,2018, 47(24):90-93.

[36] 龙涛,邓运来,范世通,等. 基于正交试验的 7085 铝合金双级时效制度[J]. 中南大学学报(自然科学版),2018,49(4):809-816.

[37] 孙杰,房洪杰,刘慧,等. 微量铈对 7085 铝合金组织和性能的影响[J]. 中国稀土学报,2017(4).

[38] 周永强,李午申,冯灵芝. 表面工程技术的发展与应用[M]. 焊接技术, 2001,30(4):5-7.

[39] 程改青,穆亚辉,李宝增. 激光熔覆修复技术研究进展[J]. 材料处理技术, 2010,39(18):129-133.

[40] 王钊,陈荐,何建军,等. 电火花表面强化技术研究与发展[J]. 热处理技术与装备,2008,29(6):46-50.

[41] 毛智勇. 电子束焊接技术在大飞机中的应用分析[J]. 航空制造技术,2009(2):92-94.

[42] 梁海，张峥. 惯性摩擦焊在航空发动机上的应用[J]. 材料工程，1992(2)：48-51.

[43] 李涤尘，苏秦，卢秉恒. 增材制造——创新与创业的利器[J]. 航空制造技术，2015，479(10)：40-43.

[44] 刘伟军. 快速成型技术及应用[M]. 北京：机械工业出版社，2005.

[45] 刘睿诚，杨永强，王迪. 金属零件激光选区熔化 3D 打印装备与技术[J]. 中国自动化学会通讯，2013，34(2)：29-27.

[46] 陈光霞，覃群. 选择性激光熔化快速成型复杂零件精度控制及评价方法[J]. 组合机床与自动化加工技术，2010(2)：102-105.

[47] 章文献. 选择性激光熔化快速成形关键技术研究[D]. 武汉：华中科技大学，2008.

[48] Wohlers T. Wohlers report 2016[M]. Fort Collins，Colorado：Wohlers Associates，Inc，2016.

[49] Dalgarno K. Materials Research to Support High Performance RM Parts [C]. Loughborough，Loughborough University：Rapid Manufacturing and International Conference，2007：147-156.

[50] 江锡堂. 氮化齿轮展望[J]. 金属热处理，1984，9(1)：5-6.

[51] 江志华，李志，等. 深氮化硬化钢的接触疲劳试验研究[J]. 航空材料学报，2006，26(3)：303-304.

[52] 钟复欣. 大型重载齿轮的承载能力、材料和热处理[J]. 金属热处理，1983，5：1-8.

[53] 杜树芳. 深层离子渗氮硬化技术[J]. 金属热处理，2017，42(6)：130-133.

[54] 杜树芳. 渗氮齿轮钢的深层离子渗氮[C]//第十一次全国热处理大会论文集，2015，7：45-49.

[55] 谢飞，马宝徙，何家文. 钢的快速深层渗氮研究进展[J]. 材料导报，1998，12(5)：19-22.

第6章

先进试验与测试技术

直升机传动系统的研制离不开试验,先进的试验与测试技术是传动系统研制成功的保障。直升机传动系统的试验一般可分为零部件的结构强度与寿命试验以及传动系统综合性能运转试验。试验项目多、要求高、周期长,据初步统计,一种新型的直升机传动系统,从设计加工到最终定型需开展约 20 万小时的零部件试验和约 6 万小时的运转试验。当前,影响直升机传动系统研制的先进试验与测试技术主要有复合协调加载试验技术、动应力测试技术、传动误差测量技术、温度动态测量技术、尾传动轴抗弹击试验技术、传动系统噪声源定位与识别技术以及健康状态管理技术等。

6.1 减速器台架试验边界条件高精度模拟技术

台架试验是直升机传动系统研制中非常关键且不可缺省的部分,它能直接测试出传动系统的性能以及验证相关改进措施的有效性,而在铁鸟试验或试飞中却因受到飞机结构的影响而不能完整试出传动系统的性能[1]。真实模拟边界条件的台架试验能获得传动系统在飞行试验中不可全面展示的性能参数,同时,试验结果能良好地适用于飞行状态。因此,高精度模拟传动系统在飞机上的安装状态、载荷工况以及工作环境等,对台架试验结果的真实性和可靠性非常重要。

6.1.1 安装边界条件的模拟

直升机传动系统的主、中、尾减速器整机和尾水平轴、动力轴、离合器等零部件的台架试验,由于难以完全复制飞机上的安装状态,因此需要采用边界模拟技术,主要包括接口形式、安装方式以及连接刚度的模拟。例如直升机主减速器台架试验需要模拟的安装接口有发动机输入接口、旋翼轴输出接口、尾传输出接口、主机匣固定接口以及附件输出接口等。通常传动系统配装直升机都是通过动力轴与发动机相连的,由于多方原因,动力轴一般不参与主减速器的台架试验,常用的方式是采用高速

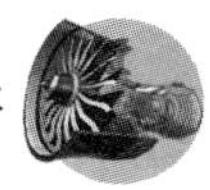

膜盘联轴器来模拟动力轴，如图 6.1 所示。图 6.1 中高速膜盘联轴器的接口形式和安装方式与装机动力轴一致，刚度与动力轴接近，能有效模拟主减速器的发动机输入接口。

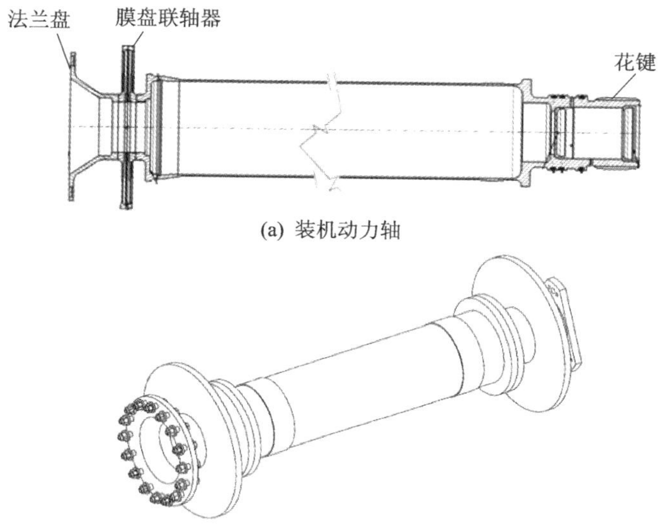

(a) 装机动力轴

(b) 高速膜盘联轴器

图 6.1　发动机输入接口模拟

主减速器旋翼轴在飞机上通过桨毂与主旋翼相连，但在进行台架试验时，不能安装旋翼和桨毂，通常采用旋翼法兰适配器的连接方式，图 6.2 为某型主减速器旋翼轴与旋翼法兰适配器连接图。

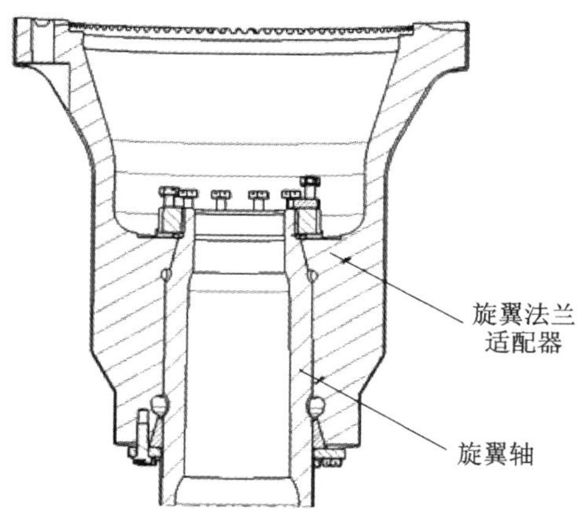

图 6.2　某型主减速器旋翼轴与旋翼法兰适配器连接图

主减速器尾传输出端在飞机上通过膜片联轴节与尾水平轴相连，台架试验中通常采用叠片联轴器模拟膜片联轴节。

主减速器机匣的安装固定方式主要有撑杆组合传扭盘和凸缘结构两种形式，如图 6.3 所示。台架试验时的安装形式在整体上与装机状态一致，由于大多主减速器旋翼轴在装机时存在一定的倾角，如“黑鹰”直升机主减速器旋翼轴与竖直方向有 4°倾角，因此台架试验时为了简化试验台的结构，旋翼轴通常采取竖直方向的安装形式，这将使滑油的初始位置在相同盛油量的情况下发生改变。这种形式对自带油泵压力润滑的主减速器影响很小，但对采用飞溅润滑的主减速器，尤其是小功率主减速器的影响较大，因而这类主减速器在试验时最好模拟装机方式。此外，一般台架试验用的主减速器支座的刚度比机身刚度大许多，因而在台架试验中得到的一些动力学特性参数限制值需要依据飞行试验进行修订，如某型主减速器台架试验时的输入级基频的振动限制值为 $5g$，而在飞行时该振动限制值可放宽到 $8g$。

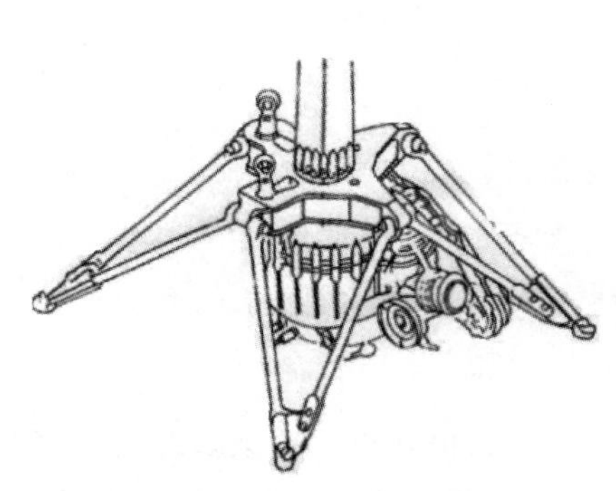
(a) 撑杆组合传扭盘安装方式

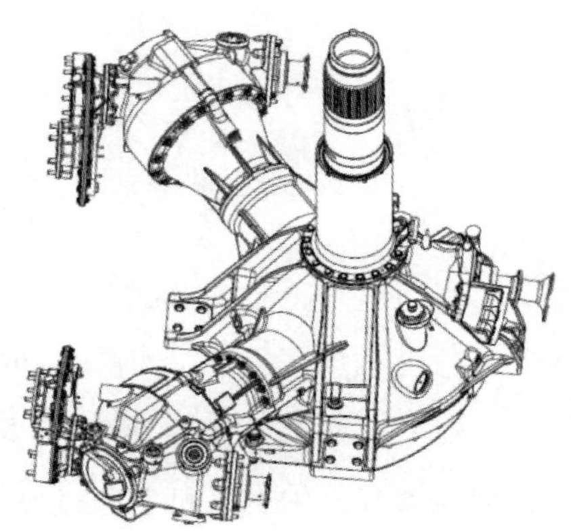
(b) 凸缘结构安装方式

图 6.3 主减速器机匣的安装固定方式

6.1.2 载荷状态的模拟

传动系统台架试验中对载荷状态的模拟主要包括载荷种类、飞行状态及控制方式三个方面。

1. 载荷种类模拟

台架试验的主要目的是考核旋转动部件的性能和寿命，传动系统的主要作用是将发动机的功率传递给主旋翼和尾桨，同时将主旋翼和尾桨的气动载荷传递给机身。由于机匣受到气动载荷的作用会导致变形，从而改变机匣内部安装齿轮的啮合状态，真实模拟气动载荷，可以使台架试验中齿轮的工作状态更加接近装机状态，因此主、中、尾减速器及传动轴的台架试验都需模拟转速和扭矩载荷，其中主减速器还需模拟旋翼气动载荷及附件传动载荷，尾减速器还需模拟尾桨气动载荷、桨距操纵载荷及操纵行程。

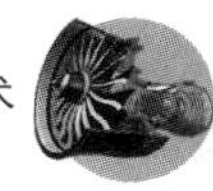

2. 飞行状态模拟

在考核传动系统减速器翻修间隔期寿命的台架试验中，对飞行状态的模拟非常重要。由于直升机的飞行状态复杂、工况多，如某通用战术直升机的飞行状态多达 159 种，而武装直升机的飞行状态会更多，因此，台架试验时很难按照飞行谱来模拟所有的飞行状态，故一般采用等效加速法进行试验。《军用直升机减速器加速等效试车要求》(GJB 4083—2000)对飞行状态的模拟有明确的规定。用于考核减速器翻修间隔期寿命的台架试验载荷谱均需将飞行状态按照功率等级进行分级，在统计出每一级功率占比的时间后，选取典型飞行状态的载荷进行编制。

3. 控制方式模拟

台架试验最重要的试验参数是转速和扭矩，试验中的转速一般都是通过变频调速系统控制驱动电机来获得，并通过编码器进行测量反馈，从而形成闭环控制，其控制精度可达±0.5%F.S(F.S 表示满量程)。

扭矩加载的方式多种多样，比较常见的有电机加载、同步加载器加载、行星轮系加载、液压马达加载、水力测功机加载等，其控制原理一般都是通过扭矩传感器测量结果的反馈来形成闭环控制，目前，一些高精度扭矩传感器的测量精度可以达到±0.05%F.S。某主减速器台架试验采用电机加载，其扭矩控制原理如图 6.4 所示，其控制算法在控制器中实现。采用混合控制方式，在扭矩基本给定的基础上，增加 PI 控制器，以扭矩传感器测量值作为反馈，PI 控制器输出与扭矩基本给定值相叠加，作为扭矩控制器输入。该控制方案既可保证响应的快速性，又可使扭矩控制达到精度要求。扭矩控制精度可以达到±1%F.S。

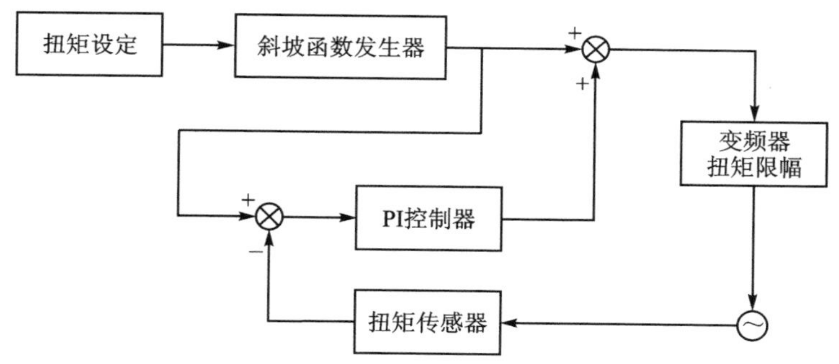

图 6.4　扭矩控制原理框图

6.1.3　工作环境的模拟

发动机的工作性能与大气温度和大气压力有很大的关系，例如，当发动机以最大转速工作且当大气温度从+30 ℃降低到−30 ℃时，可使发动机的推力增加 45%，单位耗油率降低10%[2]，因此发动机在进行台架试验时对实际工作环境的模拟要求非常严格。相比于发动机，传动系统除了滑油温度会受大气温度、压力等环境因素的影响外，其余影响很小，因此台架试验中除了一些特殊的试验如干运转试验等需要模拟其在飞机上的气流强度外，其余台架试验一般都只需控制滑油温度来模拟工作环境。

6.2 复合协调加载技术

传动系统是直升机的三大关键动部件之一，其作用是将发动机的输出功率和输出转速按一定的比例传递给主旋翼、尾桨和各附件，同时承受发动机、旋翼和尾桨的复杂载荷。根据GJB 720A《军用直升机强度和刚度规范》及《中国民用航空规章：第29部 运输类旋翼航空器适航规定》(CCAR－29－R1)的规定，需对传动系统的部分关键零部件进行静力试验，以考核其静强度是否满足型号研制要求；并对部分关键零部件进行疲劳试验，以获得其安全使用寿命。

对传动系统关键零部件结构强度的考核，国内先后经历过运用相似理论而进行的模型试验和在疲劳试验机上进行的等效加载试验，由于构件本身的“尺寸效应”和对复杂构件的工况很难真实模拟，导致有些试验结果与计算结果相去甚远，甚至出现低应力区(计算值)遭到破坏，而高应力区(计算值)完好无损的情况。随着计算机技术的不断进步，复合协调加载试验技术得到了空前发展，工况模拟逐步逼真，试验结论逐步准确。

6.2.1 复合协调加载试验原理

复合协调加载试验技术可实现对试件的多个点同步协调施加载荷，并能对载荷、位移、应变等试验参数进行全程监控。复合协调加载试验系统主要由多通道协调加载控制及数据采集系统、应变测试与分析系统、液压伺服油源系统(含供油子站)、液压作动器和摄像记录监视系统等部分组成，其工作原理如图6.5所示。

多通道协调加载控制及数据采集系统的主要功能是采用闭环反馈方式来控制各个通道的载荷(或位移)，补偿载荷(或位移)的峰谷值，协调载荷(或位移)之间的相位关系，并在载荷(或位移)超限时立即做出响应保护动作。

应变测试与分析系统的主要功能是采集试验中的应变数据并加以分析，具有采样数据连续记录、实时时域分析(计算最大值、最小值、平均值、均方差、曲线拟合等)和频域分析(幅值谱计算、功率谱计算、相干分析、传递函数分析)等功能，所有处理功能都可供实时/回放分析使用。

液压伺服油源系统的作用是通过恒压变量泵为试验系统提供稳定的总压和经供油子站给不同加载点上的液压作动器提供工作压力，各加载点的工作液压相互隔离，互不影响。同时供油子站还可以起到稳定压力、消除脉动，进一步提高油液清洁度的

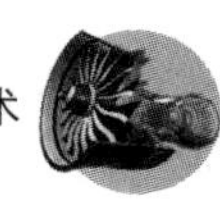

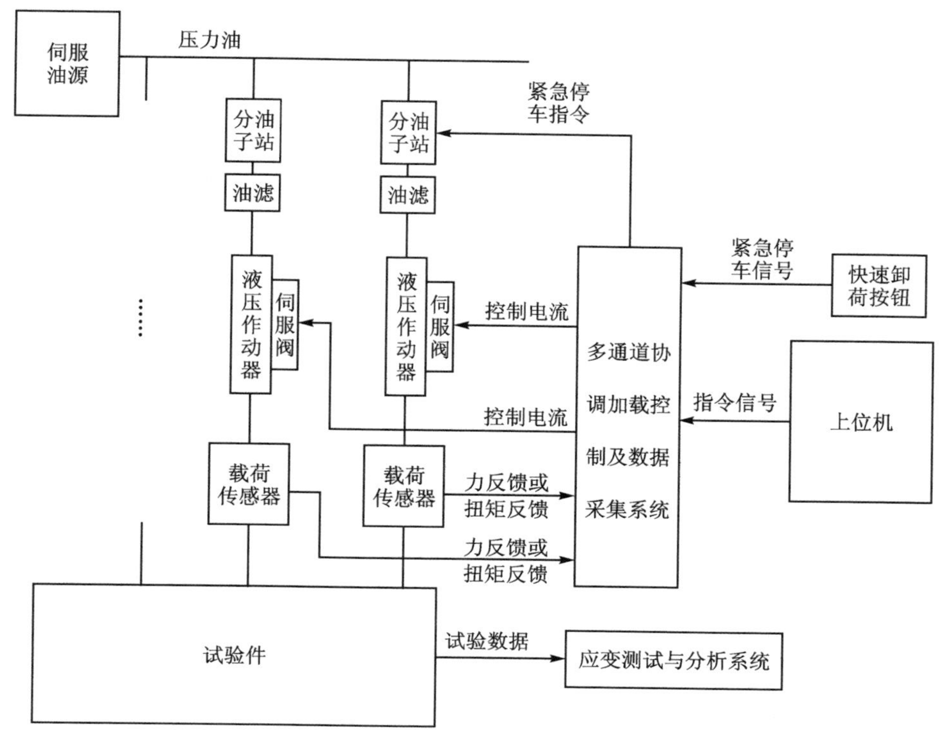

图 6.5　复合协调加载试验系统工作原理示意图

作用，从而确保加载精度、可靠性和安全性。

液压作动器主要由液压伺服作动器、力传感器、位移传感器和电液伺服阀等组成，其主要功能是接受多通道协调加载控制及数据采集系统发出的动作指令，该指令与力传感器（或位移传感器）的反馈信号在多通道协调加载控制及数据采集系统内构成前置控制闭环。

摄像记录监视系统由移动摄像头、配套的转换器、液晶显示器、支架等组成，其主要功能是对试验过程进行全貌和局部的特写观察，并进行图像记录，以便于实时观察试验情况。

多通道协调加载控制及数据采集系统给各个液压伺服作动器发布动作指令，该指令与载荷传感器的反馈信号在多通道协调加载控制及数据采集系统内构成前置控制闭环，上位机向多通道协调加载控制及数据采集系统前置闭环发出载荷指令，并在运行中修正指令以保证最终载荷施加的准确性。

6.2.2　试验工装设计原则

试验工装的设计需要模拟试验件的边界条件。尽量模拟试验件的实际支承结构，并使与相邻零件的联接方式、配合要求、变形协调要求及拧紧力矩等与实际工况保持一致。其主要设计原则是[3]：

① 与试验件相连的部分如果未用航件，则应参照航件设计，当其结构与航件有较大差别时，应进行有限元应力分析，并与实际的边界条件进行比较；

② 装拆方便，可达性好，以便分解检查；

③ 各加载回路的加载杆都必须是二力杆，以防止产生附加载荷，尽量消除各关节轴承的间隙以减少冲击；

④ 相位关系不一致的载荷应分别设计独立的加载通道；

⑤ 完成结构设计的试验工装，应进行强度校核，以确保与试验件联接的其他零部件的强度裕度满足试验需要，同时不影响试验件的应力分布，也就是使试验件在实际工况和试验状态下的应力水平相当。

6.2.3 试验载荷的确定

1. 静强度试验载荷

根据国军标(GJB 720.6A—2012)的要求，试验件应在屈服载荷下无有害的结构变形，在极限载荷下不出现断裂(明显裂纹)。因此，根据限制载荷(正常工作时出现的最大载荷，也叫使用载荷)可确定相关的试验载荷如下：

① 屈服载荷 $F_q=F\times1.15$(F 为限制载荷)；

② 极限载荷 $F_p=F\times1.5$(F 为限制载荷)；

③ 根据《中国民用航空规章：第 29 部　运输类旋翼航空器适航规定》(CCAR-29-R1)第 29.621 条对铸件系数的要求，考虑铸件系数 K_z 后得到的相应实际试验失效载荷为：

- 失效载荷 $1=F\times K_z\times1.5=F\times1.875$($K_z$ 取 1.25，子样数为 3 件)；
- 失效载荷 $2=F\times K_z\times1.5=F\times2.25$($K_z$ 取 1.5，子样数为 1 件)。

2. 疲劳试验载荷

疲劳试验载荷的数值和分布应以飞行载荷的测量为基础，试验中的载荷分布应在所有飞行载荷状态中最有代表性。研制初期，由于尚未完成飞行载荷的实测，因此可先根据计算载荷或类似机种的数据进行疲劳试验。

低周疲劳试验载荷一般取为地—空—地循环的最大载荷。

高周疲劳试验载荷的取值与其实际承受的载荷无确定关系，载荷确定的原则如下：

① 载荷的平均值：当必要且试验条件允许时，应取为使用中最有代表性的，或偏保守的平均载荷(应力)值。

② 载荷的交变值：对旋翼轴、主承力机匣等试验加载频率较低的大型构件，试验载荷(应力)的值应尽可能取为使结构在$(0.4\sim1)\times10^6$ 次循环以上失效；对助力器

支座等试验加载频率可取较高值的构件，试验载荷（应力）的值应尽可能取为使结构在 10^6 循环以上直至 10^7 循环以上失效。

如无破坏发生，通常疲劳试验进行至 10^7 循环为止。若确认与试验的破坏模式无关，则由非疲劳原因引起试验中止的数据可以从试验数据中舍去，否则应作为试验数据考虑。

在试验过程中应允许对试验载荷进行调整，以便较准确地评估疲劳特性。一般来说，当试验载荷的循环次数大于 10^6 而结构尚未失效时，可将试验载荷增大一级；当试验载荷的循环次数小于 0.2×10^6 就发生了结构失效时，应对（下一试件的）试验载荷减小一级，以此类推。增大的载荷级差原则上应使上一级载荷足以预估根据试验结果所构成的疲劳损伤；减小的载荷级差原则上应使结构在该级载荷作用下失效时所对应的循环次数不小于 0.2×10^6。一般情况下，针对载荷的增、减幅度，对于金属结构，取 10%～20%，对于破坏部位有擦蚀的结构，原则上取 20%；对于破坏部位无擦蚀的结构，原则上取 10%；对于复合材料，一般取不大于 10%。

为了保证试验结果的准确性，疲劳试验的加载频率应在正常工作频率的 10 倍以内。在选择层压和胶接结构的加载频率时，应当注意不会因为温度升得过高而引起胶接处过早破坏。

对于承受复合载荷的部件，可先选定一个具有代表意义的交变载荷类型作为疲劳试验的表征载荷，但必须重视各载荷间的比例。在旋翼轴疲劳试验中，可选取弯矩载荷作为表征载荷。对于发动机安装了万向节等较难选择表征载荷的构件，在缺乏实测载荷的情况下，可以由不同状态的计算载荷比来拟合确定轴向力、扭矩载荷、弯矩载荷三者之间的比值，从而确定表征载荷。如欧直公司对 SA365“海豚”所做的那样，将万向节中心点的轴向力与剪力合成，选择最常用和损伤最大状态的合力（包括量值与方向）作为表征载荷。

6.2.4　试验结果的评定

1. 静强度试验结果评定

静强度试验结果评定包括：通过屈服载荷考核的试验件不出现有害的结构变形，通过极限载荷考核的试验件不出现破坏，通过失效载荷考核的铸件试验件不出现破坏。失效载荷与试验件的件数相关。若试验件为 1 件，则需通过 225% 的限制载荷（1.5 倍安全系数×1.5 倍铸件系数）；若试验件为 3 件，则 3 件试验件均需通过 187.5% 的限制载荷（1.5 倍安全系数×1.25 倍铸件系数）。

2. 疲劳试验结果评定

按照规定的程序和试验件的数量开展试验，在给定的失效条件下，根据试验件达到的最大循环次数来确定零部件的疲劳寿命，如果计算的安全寿命满足型号规范和研制总要求所规定的寿命要求，则认为试验件通过了疲劳试验考核。

直升机传动系统零部件疲劳试验的失效准则是：

① 金属材料结构：试验件考核部位结构开裂。

② 复合材料结构：试验件结构刚度下降，或者结构开裂。刚度下降的临界值应根据结构设计的强度和刚度要求确定。

③ 若试验件出现裂纹，则复查有关的应变数据，如果相关区域的应变出现明显变化，则以应变数据开始出现明显变化时的循环次数为试验的有效循环次数。

6.2.5 某型传动系统主旋翼轴高周疲劳试验

主旋翼轴是直升机传动系统主减速器的关键承载部件，工作中主要将发动机的扭矩传递给旋翼系统，并承受旋翼系统的升力、弯矩和剪力。某型传动系统主旋翼轴组件高周疲劳试验载荷的位置与方向如图 6.6 所示，试验载荷见表 6.1。

表 6.1　某型传动系统主旋翼轴组件高周疲劳试验载荷

阶　段	载荷项	扭矩 M_Z/(N·m)	轴向力 F_Z/N	弯矩 M_Y/(N·m)	剪力 F_X/N	循环次数
1	载荷值	−75 711±7 571	200 769.2	±43 248.4	±29 585.4	50 万
2	第二级载荷值	−75 711±7 571	200 769.2	±43 248.4×120%	±29 585.4×120%	50 万

注：1　弯矩和剪力以同相位关系旋转加载；

2　载荷与图 6.6 中标示的方向相同者为正、相反者为负；

3　若未发生破坏，则扭矩和轴向力保持不变，弯矩和剪力在前一级基础上提高 20%，每级载荷试验 50 万次，直至被试件破坏。

采用 8 通道协调加载的试验方案：由 F_1、F_2、F_3、F_4 所对应的液压伺服加载油缸合成实现轴向力 F_Z 和围绕轴心的旋转弯矩 M_Y（力臂为 1.2 m）的施加，由 F_5、F_6 所对应的液压伺服加载油缸合成实现一个围绕轴心旋转的剪切力 F_X 的施加。由 F_7、F_8 所对应的液压伺服加载油缸合成实现试验扭矩 M_Z（力臂为 0.9 m）的施加。各项载荷均施加到主旋翼轴组件的桨毂中心处，且弯矩和剪力以同相关系旋转加载，其试验原理图如图 6.7 所示。

各通道的加载函数确定方法如下：

$$F_1 = -F_Z/4 + M_Y \sin(\omega t + 0°)/1.2(\mathrm{N})$$

$$F_2 = -F_Z/4 + M_Y \sin(\omega t + 90°)/1.2(\mathrm{N})$$

$$F_3 = -F_Z/4 + M_Y \sin(\omega t + 180°)/1.2(\mathrm{N})$$

$$F_4 = -F_Z/4 + M_Y \sin(\omega t + 270°)/1.2(\mathrm{N})$$

$$F_5 = F_X \sin(\omega t + 0°)(\mathrm{N})$$

$$F_6 = F_X \sin(\omega t + 90°)(\mathrm{N})$$

$$F_7 = -M_Z(\text{静})/0.9 - M_Z(\text{动})\sin(\omega t + 0°)/0.9(\mathrm{N})$$

$$F_8 = -M_Z(\text{静})/0.9 - M_Z(\text{动})\sin(\omega t + 0°)/0.9(\mathrm{N})$$

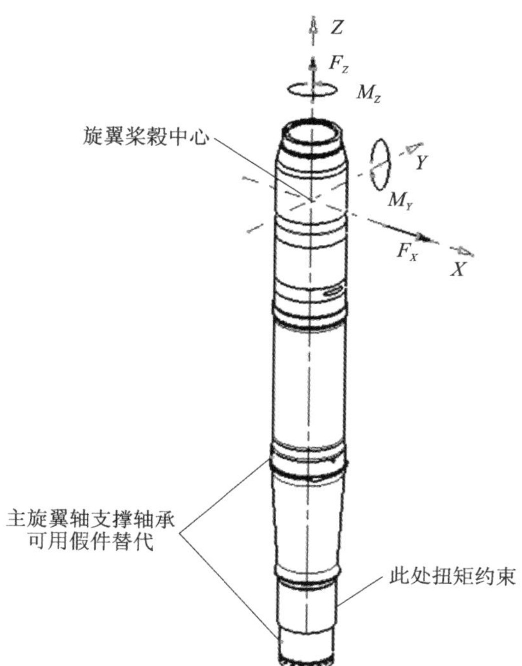

图 6.6 某型传动系统主旋翼轴组件高周疲劳试验的加载示意图

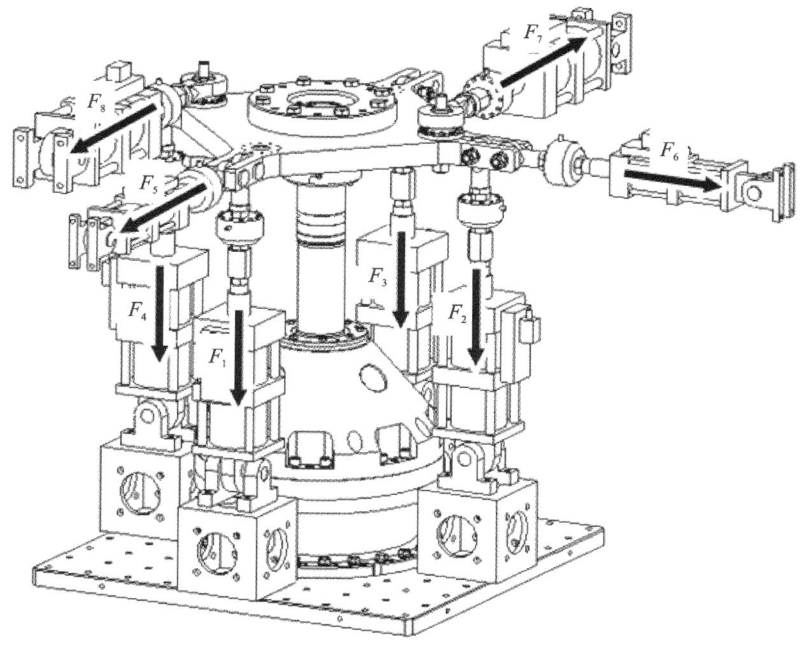

图 6.7 某型传动系统主旋翼轴组件高周疲劳试验加载方案图

根据各通道的加载函数，得到的试验载荷谱见表 6.2。

表 6.2　某型传动系统主旋翼轴组件高周疲劳试验载荷谱

通道＼设置	第 1 阶段		第 2 阶段		相位/(°)	备　注
	极值一/N	极值二/N	极值一/N	极值二/N		
F_1	−14 152	−86 233	−6 944	−93 441	0	施加轴向力和旋转弯矩
F_2	−14 152	−86 233	−6 944	−93 441	90	
F_3	−14 152	−86 233	−6 944	−93 441	180	
F_4	−14 152	−86 233	−6 944	−93 441	270	
F_5	29 585	−29 585	35 502	−35 502	0	施加旋转剪力
F_6	29 585	−29 585	35 502	−35 502	90	
F_7	−92 536	−75 711	−92 536	−75 711	0	施加扭矩
F_8	−92 536	−75 711	−92 536	−75 711	0	

6.3　动应力测试技术

传动系统动应力测试的目的是测量传动系统零部件的应力、应变，以得到有效区域内的应变分布，包括最大主应变点的位置、应变大小和方向。应力应变测试可以验证有限元的计算结果，为强度和寿命分析提供依据，也可为传动系统的设计、改进、生产、使用、维修等各个环节提供技术支撑，为提高设计水平、控制产品质量、提高使用的安全性起到积极的作用。近年来面向各类型齿根处的弯曲动态应力测试技术得到了极大的发展。

6.3.1　齿根动应力测试技术研究的现状

齿轮在传递动力时，因受外载荷的作用，齿根会产生弯曲应力和其他应力，当最大应力超过许用应力时，轮齿就会发生断裂，因此研究齿轮的承载能力必须掌握齿轮齿根应力的测试方法。

国外关于齿根应力测试与分析技术相对成熟，早在 20 世纪 90 年代就通过理论计算、有限元分析方法，并结合电阻应变测试等技术获得了齿轮齿根的弯曲应力。例如，1987 年 NASA 通过在齿根埋设应变片，测得“黑鹰”直升机主减速器螺旋锥齿轮、行星轮系太阳轮和固定齿圈的齿根弯曲应力[4]；2011 年，美国俄亥俄州立大学通过采用电阻应变测试方法和有限元分析技术，对不同转速和扭矩状态下的螺旋锥齿轮的齿根弯曲应力进行了对比分析[5]。

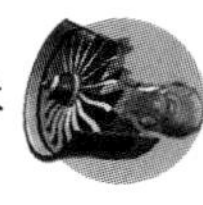

国内齿轮齿根应力测试与分析方法相对落后，目前尚处于计算仿真分析阶段，还没有掌握直接有效的测量方法。对于顶隙狭小的齿轮齿根弯曲应力，一般只能通过改变试验件的原有结构，或者将测量点移位到附近应变计可安装的部位来间接测量。重庆大学、中航电测公司等单位采用传统的应变片测量技术，开展过齿轮齿根变形的测试技术研究。近年来，中国航发湖南动力机械研究所通过小尺寸应变计对螺旋锥齿轮、面齿轮及行星轮系齿圈和太阳轮开展了齿根应力试验测量，测得了齿轮啮合状态的时域波形，但存在应变计灵敏度系数分散性大、应变计安装位置不精确等问题；2017 年，武汉理工大学通过光纤光栅测试技术对低转速下的齿轮齿根应力进行了试验测量，初步获得了测试结果[6]。

6.3.2　技术难点

(1) 应变计尺寸与精度难以满足狭小空间的应力测试需求

由于电阻应变计的研制与生产工艺限制，国产小尺寸应变计的结构和性能与国外还有一定的差距。目前国内合作军工单位可生产的最小尺寸应变计宽度约为 0.62 mm，该尺寸可用于部分狭小空间，但测量误差较大，只能基本满足测试需求。

(2) 旋转啮合齿轮齿根应变计的精确定位安装及信号获取困难

传动系统齿轮的顶隙狭小，应变计精确定位安装困难，同时试验转速高、时间长、环境恶劣，存在测试引线敷设难、复杂旋转信号测试精度低等难题。

(3) 新型传感器测量技术有待发展

用于狭窄空间应力测试的新型传感器测试技术，如光纤光栅测量技术在国外发展较为成熟，并已大规模应用于航空航天测试领域。而在国内，无论是传感器研制、粘贴技术、使用条件，还是信号采集分析设备的研制生产都相对落后，光纤光栅传感测量技术目前尚不能直接服务于型号研制。

6.3.3　测试方法及应用实例

1. 小尺寸应变测试方法

金属导线的电阻值 R 与其长度 L 成正比，与其截面积 A 成反比，用公式表示为

$$R=\rho\frac{L}{A} \tag{6.1}$$

式中，ρ 为导线电阻率。

金属导线沿其轴线方向受力会产生变形，其电阻值也随之发生改变，这一物理现象称为金属导线的应变-电阻效应。将式(6.1)取对数进行微分得

$$\frac{\mathrm{d}R}{R}=\frac{\mathrm{d}L}{L}-\frac{\mathrm{d}A}{A}+\frac{\mathrm{d}\rho}{\rho} \tag{6.2}$$

式中，$\mathrm{d}L/L$ 为金属导线长度的相对变化，用应变 ε 可表示为

$$\varepsilon = \frac{\mathrm{d}L}{L} \tag{6.3}$$

$\mathrm{d}A/A$ 为导线截面积的相对变化，对于圆形截面的导线，若其直径为 D，则

$$\frac{\mathrm{d}A}{A} = \frac{\mathrm{d}(\pi D^2/4)}{\pi D^2/4} = 2\frac{\mathrm{d}D}{D} \tag{6.4}$$

导线直径的相对变化为 $\mathrm{d}D/D = -\mu \mathrm{d}L/L$（$\mu$ 为导线材料的泊松比），代入式(6.4)可得

$$\frac{\mathrm{d}A}{A} = -2\mu\frac{\mathrm{d}L}{L} \tag{6.5}$$

将式(6.3)和式(6.5)分别代入式(6.2)得

$$\frac{\mathrm{d}R}{R} = (1+2\mu)\frac{\mathrm{d}L}{L} + \frac{\mathrm{d}\rho}{\rho} = (1+2\mu)\varepsilon + \frac{\mathrm{d}\rho}{\rho} \tag{6.6}$$

由式(6.6)看出，金属导线受力变形后，由于其几何尺寸和电阻率发生变化，从而使其电阻发生变化。

如果将一根直径较细的金属丝粘贴在工程构件的表面上，利用金属丝的应变-电阻效应把构件表面的应变量直接变换为电阻的相对变化量，则可以用电测法进行应变测量。

某螺旋锥齿轮齿根底部位置粘贴小尺寸应变计的情形如图 6.8 所示，测得的时域波形图如图 6.9 所示。

图 6.8　齿根应变计 A_1、B_1、C_1 粘贴图

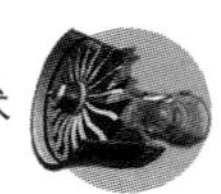

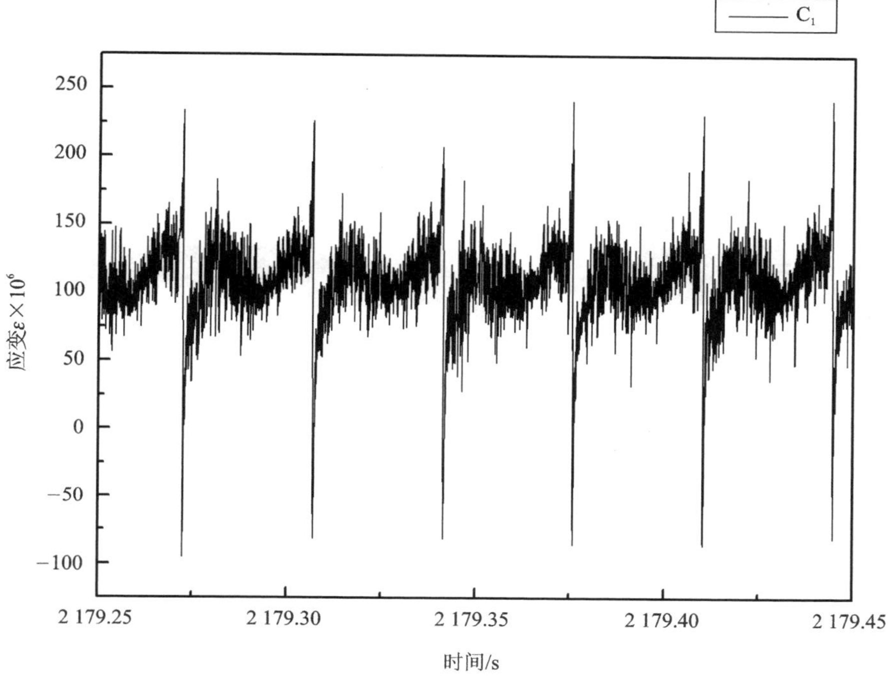

图 6.9　齿根处应变计 C_1 的时域波形图

2. 光纤光栅测试方法

光纤光栅是一种利用掺杂(如锗、磷等)光纤的光敏特性,通过一定方法使光纤纤芯的折射率发生周期性调制的光纤无源器件。光纤布拉格光栅(FBG)是目前应用最广泛的均匀周期光纤光栅的一种,其结构及工作原理如图 6.10 所示。

射入光纤光栅的宽带光只有满足布拉格(Bragg)条件的光才能被反射回来,其余的光都被透射出去,光纤光栅反射光的中心波长即布拉格中心波长 λ_B 为

$$\lambda_B = 2n_{eff}\Lambda \tag{6.7}$$

式中,n_{eff} 为光纤纤芯的有效折射率,Λ 为光栅周期。

n_{eff} 和 Λ 的改变与应变和温度有关。光纤光栅传感的基本原理是:利用光纤光栅的有效折射率和光栅周期对外界参量的敏感特性,将外界参量的变化转化为布拉格波长的漂移量,通过检测光栅反射的中心波长移动来实现对外界参量的测量。

热光效应和热膨胀效应分别影响有效折射率和光栅周期,进而使光栅中心波长产生漂移。研究表明,忽略灵敏度的交叉影响,应变和温度对光纤光栅的作用可以看作是相互独立、线性叠加的。由温度、应变共同作用引起的 Bragg 波长的变化量可以表示为

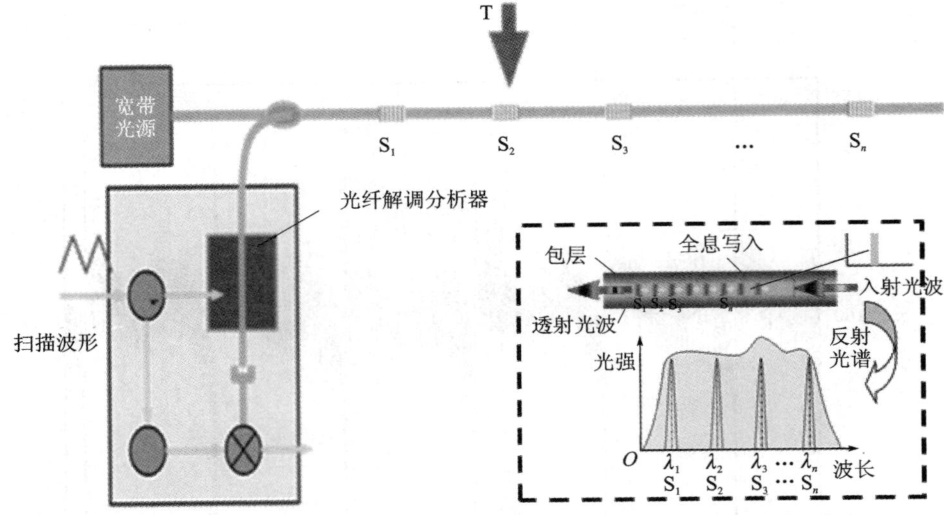

T—外界温度和力的影响；$S_1 \sim S_n$—n 个光纤光栅传感器；$\lambda_1 \sim \lambda_n$—中心波长

图 6.10　光纤光栅结构及工作原理

$$\Delta\lambda = (K_T + K_\varepsilon) \cdot \lambda_B \tag{6.8}$$

式中，K_ε 为光纤光栅应变灵敏度系数，K_T 为光纤光栅温度灵敏度系数。

某固定齿圈的齿根动应力测量光纤光栅粘贴图如图 6.11 所示，测得的中心波长变化波形如图 6.12 所示。

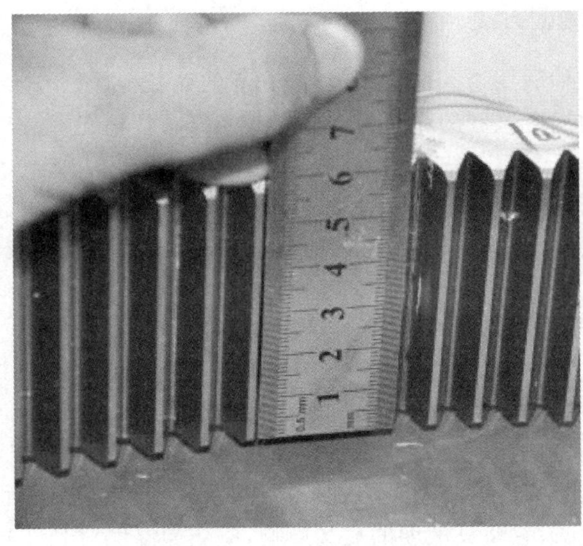

图 6.11　固定齿圈的光纤光栅粘贴图

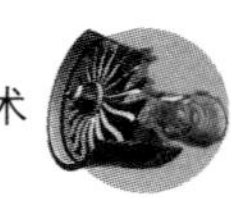

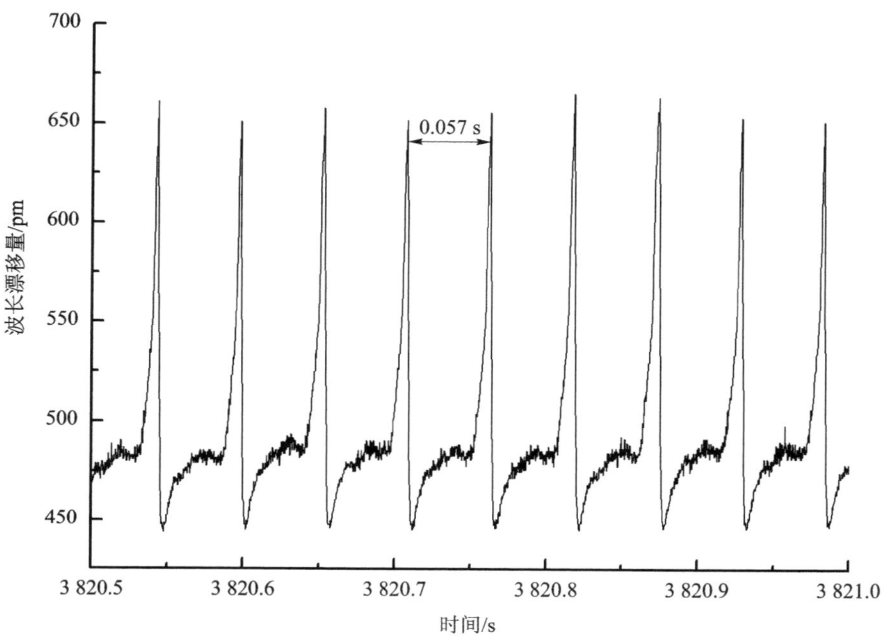

图 6.12　转速 80%、扭矩 100%固定齿圈的光栅中心波长变化波形

6.4　传动误差测量技术

一对无误差的、啮合刚度无穷大的理想齿轮副在其啮合过程中，当主动轮旋转一定角度后，其从动轮实际转动的位移应与主动轮转动的位移符合传动比关系。但由于齿轮副不可避免地存在齿轮制造误差、齿侧间隙及齿轮受载变形，因此从动轮的实际转动位置与其理论位置往往并不重合，由此不仅引起齿轮副输出转速的周期性波动，而且还引起因实际啮合点偏离理论啮合点而导致齿轮副法向接触力的周期性变化，从而引起齿轮传动系统振动[7]。

针对齿轮传动误差 TE(Transmission Error)的研究始于 20 世纪 60 年代，齿轮传动领域著名学者 Harris 于 1958 年首次给出了齿轮传动误差的明确定义："从动轮实际转动位移与理想转动位移之差"，其几何意义如图 6.13 所示，一般表达式为

$$\mathrm{TE} = \theta_g - \frac{z_p}{z_g} \cdot \theta_p \tag{6.9}$$

式中，θ_g 为大轮转角，θ_p 为小轮转角。同时，为了方便理解，将传动误差转换为啮合方向上的位移，因此可以得到齿轮传动误差的一般表达式为

$$\mathrm{DTE} = R_g\left(\theta_g - \frac{z_p}{z_g} \cdot \theta_p\right) \tag{6.10}$$

影响航空齿轮传动误差的原因很多，主要是轮齿变形、几何误差、齿面修形、安装误差和轮齿侧隙等。其中轮齿变形包括齿轮啮合接触变形、轮齿弯曲变形和轮轴变形等；几何误差包括渐开线线形误差、齿形偏差和齿距偏差等；齿面修形包括径向鼓形修形、齿向鼓形修形和齿顶齿根修形等。轮齿变形与齿轮传动负载有关，轮齿侧隙与速度有关。根据以上原因，齿轮传动误差可以分为静态传动误差STE和动态传动误差DTE。STE主要由轮齿弯曲变形、几何误差和齿面修形所决定；而DTE不仅受到上述因素的影响，还受到轮齿啮合过程中的时变刚度、动载荷和旋转惯性的影响。

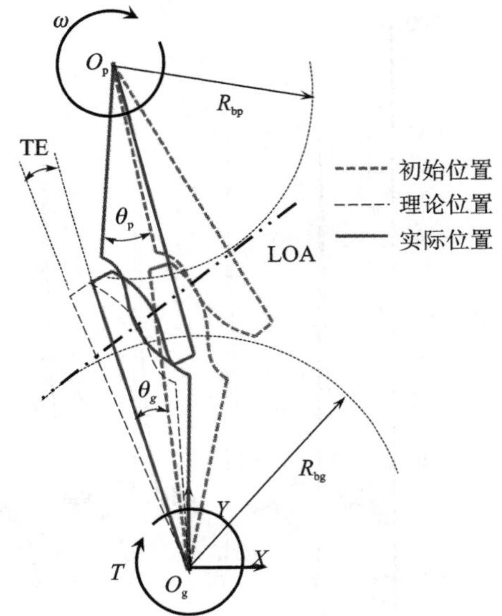

图 6.13　齿轮传动误差示意图

6.4.1　传动误差测量研究的现状

经过近60年的发展与研究，齿轮传动误差已成为学术界公认的引起齿轮传动系统振动的主要激励源。特别是齿轮动态传动误差包含了轮齿综合弹性变形、齿轮制造误差及齿轮装配误差，它直接表征了齿轮副在啮合方向上的振动位移。根据当前可见的文献报道，各国学者已在齿轮传动误差的测试与分析等方面取得了大量的研究成果。

齿轮动态传动误差的测试先后经历了由精密仪器测量到光、电、磁技术测量的发展历程。Burger教授在Klinglenberg公司的支持下，使用固定摩擦盘作为标准传动链设计了最早的一套机械式单面啮合测试仪。德国根据Burger教授提出的测试原理仿制了Carl Mahr896单啮仪。20世纪60年代初期，捷克斯洛伐克专家K. Stepanks成功研制了一种用于齿轮加工机床传动精度检测的磁栅式检测装置。英国国家工程实验室NEL(National Engineering Laboratory)的Timmc利用莫尔条纹效应研制出计量光栅，完成了滚齿机传动误差的动态检测；但是，这些测试方法主要运用于机床传动误差的测量，难以完成齿轮箱传动性能的测试。

美国俄亥俄州立大学(The Ohio State University)具有世界著名的齿轮传动研发实验室，其于1984年开始着力于基于齿轮传动试验台的传动误差测试系统的设计和研发。Bassett设计了一套使用角编码器的交流电机加载齿轮传动误差测试系统，其中，使用两个相对的扭矩电机为测试系统提供动力和负载，最大负载可达1 400 N·m。布置在轮轴尾端的角编码器输出角度信号，角编码器一转有8 000个刻线，即每转可

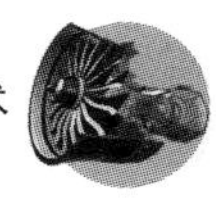

以输出 8 000 个信号，信号使用相位分析可以转换成角度变化。Foster 建立了一套加载单面啮合传动误差的测试系统，并加入了数控系统来完成对转速的精确控制，而且用美国 NI 采集系统代替了早期较为落后的 DASYLab 系统，从而使传动误差测试系统的采样精度上升到了一个新的高度。D. Hochmann 采用气压制动器来代替负载电机为传动系统加载，从而解决了齿轮传动负载不稳定的问题，但是伴随而来的就是对负载精确控制的问题。随后，Dziech 设计了非平行轴的齿轮测试系统，并尝试在系统中加入了负载控制系统。Schmitkons 完成了传动误差测试系统的最终建立，设计了最新的数控系统来控制转速和负载，并采用 ROTEC 传动误差分析软件来完成数据采集和处理，解决了以往存在的各种测试问题和精度问题，首次准确地得到各种工况下的传动误差曲线结果。Blankenship 和 Kahraman 在 1999 年使用加速度传感器成功测得了螺旋锥齿轮传动系统的拟静态传动误差曲线和动态传动误差曲线，测试转速达到 4 500 r/min，测试原理及测试设备如图 6.14 所示。

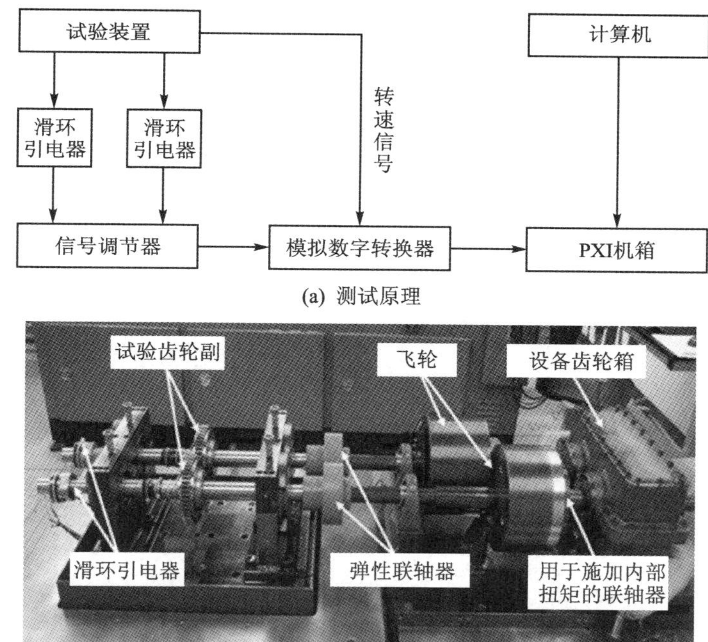

(a) 测试原理

(b) 测试设备

图 6.14　俄亥俄州立大学的 DTE 测试原理及设备

近年来，随着国内齿轮传动设计及试验能力的提升，我国学者在齿轮动态传动误差测试与分析方面也取得了长足进步。华中理工大学的宾鸿赞采用 Pentium 工控机作为上位机，开发了新型的齿轮转角测量和负载控制硬件，建立了一套适用于工业现场、运算速度高、控制算法稳定高效、具有高速信号处理能力的传动误差测试系统[8]。浙江大学的陈文华等提出了分析齿轮传动误差的蒙特卡洛方法，为准确评价

齿轮的传动精度提供了理论根据[9]。中国台湾国立交通大学的蔡忠杓、陈义仁设计研发了万能型齿轮测试机，该齿轮测试机可以测试不同负载下的平行轴或交错轴传动齿轮副的传动误差。南京理工大学的张庆开发了精密传动链传动误差精度检测分析系统，以莫尔条纹光栅法作为检测方法，来实时测量传动装置的传动误差[10]。重庆大学的秦树人、彭东林等研究的传动链动态精度测量系统，采用高精度小型光栅式传感器，对其中的脉冲信号微机细分方法进行了阐述，建立了传动误差测量数学模型及滤波多音调制(filtered multitone modulation)系统。李瑰贤等人基于齿轮副综合误差及轮齿弹性变形，考虑误差影响因素的边界模糊性，把模糊数的概念引入齿轮副静态传动误差的计算中，给出了模糊静态传动误差的计算方法。

中南大学唐进元教授是国内较早开展齿轮传动误差计算、测试与分析等相关技术研究的学者之一，其根据传动误差的定义建立了传动误差的力学模型，并推导出动态传动误差的计算公式；此外，他还分别采用高分度光栅及磁栅作为角位移传感器，构建了单对齿轮副试验台来测量圆柱齿轮的动态传动误差，测试转速达到 6 000 r/min，测试原理及设备如图 6.15 所示，并进一步对比研究了当采用实测动态传动误差及正

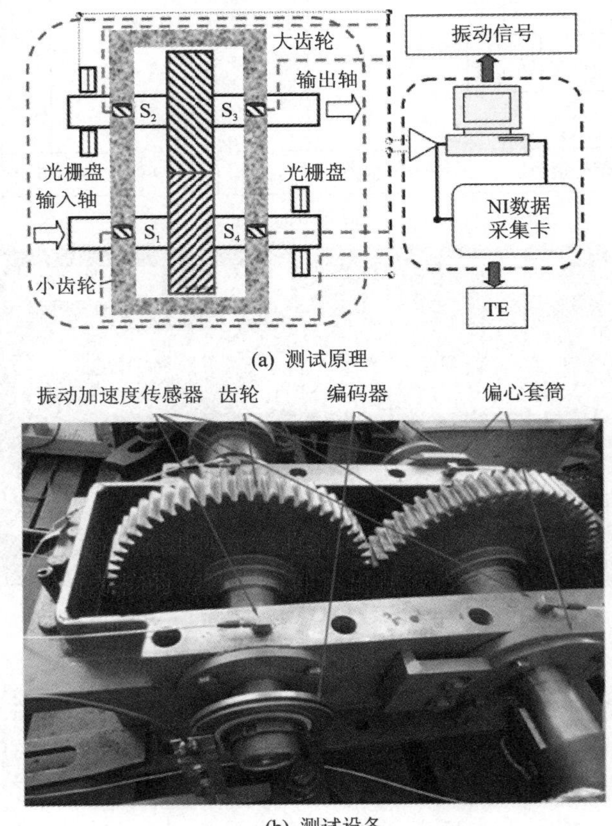

(a) 测试原理

(b) 测试设备

图 6.15　中南大学的 DTE 测试原理及设备

弦波曲线近似传动误差作为激励时，齿轮传动系统动力学响应的差异。研究成果表明，采用近似传动误差激励不能有效分析系统在低频阶段的动态响应[11-13]。

6.4.2　齿轮传动误差测量及计算原理

1. 齿轮传动误差测量原理

根据传动误差的概念和意义，传动误差测量的实质是："测量被测齿轮的实际转角位移和理论转角位移的差值"。齿轮传动误差的测试方法包括静态测试法和动态测试法[14-15]。

静态测试法指将齿轮传动的主动轮转过一定角度后停下来，在静止的状态下测量主动轮和从动轮各自的转角变化，然后将两者进行对比计算，从而得到齿轮的传动误差。这种方法是间断的、不连续的，不能完全表示出齿轮在啮入啮出的误差变化。静态测试法主要包括光学刻盘法、经纬仪法、数字测角仪法和分度头法。

动态测量法是在静态测量法的基础上发展而来的，这种方法的主要原理是在实际工况下，通过现代先进的传感设备，连续不断地对齿轮传动中的主动轮和从动轮的实际转角进行记录比较，得到动态工况下的实际转角变化，从而计算出传动误差。这种方法更符合轮齿转动的实际情况，能够更好地反映出轮齿啮合中时变刚度等因素的影响。典型的动态测试方法的测试原理如图 6.16 所示。即使被测齿轮副在实际工作状态下保持啮合传动状态，也能通过转角位移传感器实时记录主动轮和从动轮的实际动态转角数值，并以主动轮为基准，得到从动轮的实际转角与理论转角之差，然后通过一定的数值计算方法，得到被测齿轮副的传动误差。

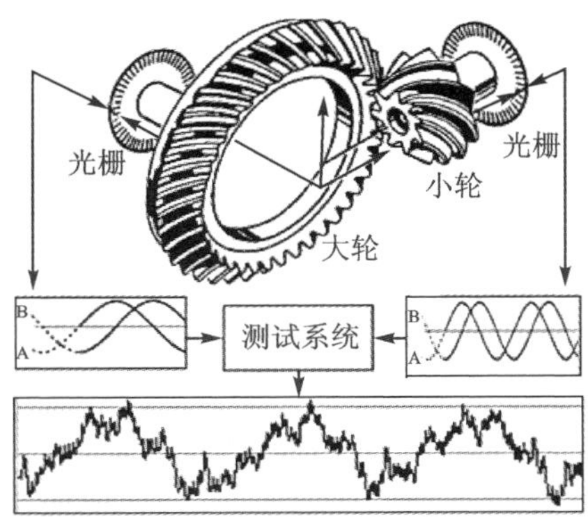

图 6.16　传动误差动态测试方法原理图

随着现代科学技术的发展，静态测试法已逐渐被动态测试法所取代，因此下文主要以动态测试法为对象展开论述。

2. 齿轮传动误差计算原理

根据转角位移传感器的输出信号和传动误差的计算模型，齿轮动态传动误差的计算方法可分为模拟比相计算法和数字计数计算法两种。

(1) 模拟比相计算法

当传感器的输出为方波或正弦波模拟量时，可以使用模拟比相计算法进行传动误差的计算。所谓模拟比相计算法就是将两路模拟信号放入比相机，两轮信号之间的相位差 $\theta(t)$ 决定了时间差值 Δt，经过比相机的相位处理和换算，Δt 就被转换为占空比相位差 Δu，Δu 的转换值就是传动误差。但是模拟比相计算法有一个很大的不足，就是需要两路信号具有相同的频率。模拟比相计算法的计算原理示意图如图 6.17 所示。

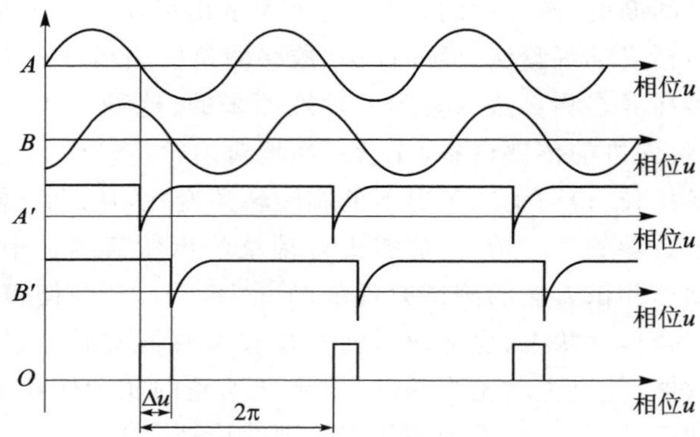

图 6.17 模拟比相计算法的计算原理示意图

(2) 数字计数计算法

模拟比相需要频率相同才能进行。而为了使两路信号的频率相同，就需要进行分频。同时，为了保证误差不发生相位翻转，还需要进行量程分频。但是，分频会降低测量系统本身的分辨率，而数字计数计算法则是直接利用两传感器输出脉冲之间的数量关系来计算传动误差，所以对两路信号的频率是否相同没有要求。

数字计数计算法分为直接测量计数法、微机细分计数法和直接细分计数法。直接测量计数法选择主动轮为基准，假定在 Δt 间隔内主动轮的脉冲数为 N_1，从动轮在 Δt 间隔内的实际输出的脉冲数为 N_2，计算出各个脉冲间隔内的计数偏差，并通过角位移当量 k 将计数偏差转化为弧长偏差 F'_i，然后利用细分电路对脉冲进行细分，将细分后的脉冲代入切向综合偏差 F_i 的计算公式中即可得到齿轮传动误差，如图 6.18 所示，计算公式是

$$F'_i = (N_2 - N'_2) \times k = (N_2 - N_1/i) \times k \tag{6.11}$$

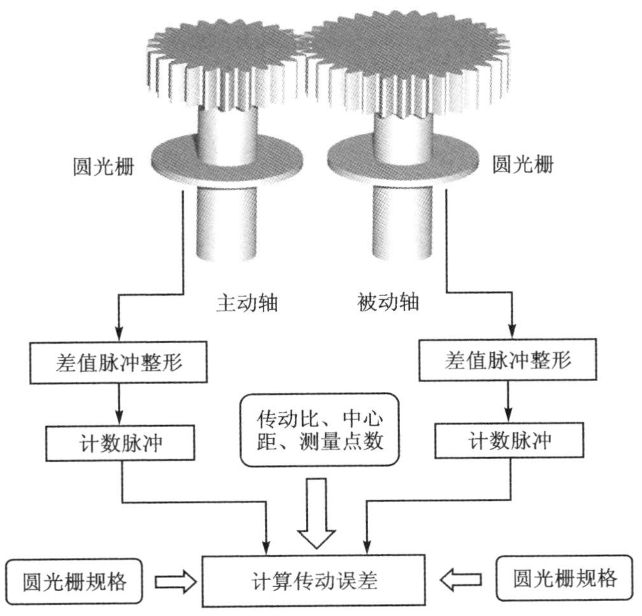

图 6.18　基于计数法的数据处理过程

6.4.3　齿轮传动误差测量方法

1. 基于应变片的齿轮传动误差测量法

日本东京工业大学林辉教授在 20 世纪 80 年代来华做交流报告时介绍了使用应变片来测量传动误差的方法。该测量方法是在主动轴和从动轴上分别安装一个齿轮及一个飞轮，通过应变片来测量飞轮前后两处的应变变化，经过数值换算，得到旋转轴的动态角位移变化，最终算出传动误差。测量原理图如图 6.19 所示，其中，J_1 是飞轮转动惯量，θ_1 是飞轮转动角度，T_1 是飞轮右侧扭矩，T_0 是飞轮左侧扭矩，K_1 是轮轴刚度，θ_x 是齿轮传动角度。

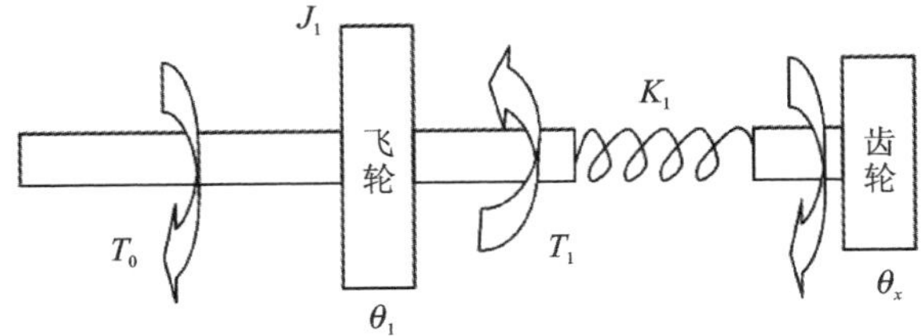

图 6.19　旋转角位移的测量原理

根据图 6.19 可以得到以下两个等式：

$$J_1\ddot{\theta}_1 + T_1 = T_0 \tag{6.12}$$

$$K_1(\theta_1 - \theta_x) = T_1 \tag{6.13}$$

将等式(6.12)中的θ_1作二次积分，可得公式

$$\theta_1 = \iint \frac{T_0 - T_1}{J_1} \mathrm{d}\ddot{\theta}_1 \tag{6.14}$$

将式(6.14)代入式(6.13)，可得

$$\theta_x = \iint \frac{T_0 - T_1}{J_1} \mathrm{d}\ddot{\theta}_1 - \frac{T_1}{K_1} \tag{6.15}$$

由公式(6.15)可知，只要使用应变片测得飞轮两端的扭矩变化，即可算出轮齿动态的角位移变化，然后得到齿轮的传动误差。

该方法提出较早，在当时旋转编码器的应用尚不完善的情况下，应变片测量法得到了广泛应用。但是，该方法的分辨率差、采样率低，且须安装飞轮，同时对轮轴刚度也有要求，所以随着光电磁技术的发展，该方法逐渐被淘汰。但是，随着最近几年应变片制作工艺的提高，尤其是现代应变片频率追踪技术的产生，使得应变片测量法又回到人们的视野。因为应变片测量法具有角度编码器所不具备的两个优势，即不受转速和安装需求空间的限制，所以在转速极高和安装空间相对较小的工况下，应变片测量法具有极大的竞争优势。

2. 基于加速度传感器的齿轮传动误差测量法

Kahraman 在 1999 年发表的论文中提出了一种用加速度传感器测量传动误差的方法。该测量方法主要是在齿轮端面上装置肋板，然后将加速度传感器按照切线方向贴在肋板上。为了减轻重力对加速度传感器的影响，需要在正反方向各安装一个加速度传感器，安装方式如图 6.20 所示。

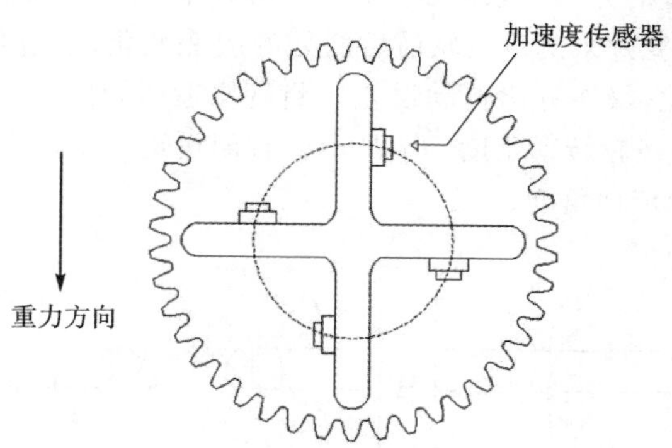

图 6.20 加速度传感器布置示意图

通过信号采集系统得到的数据，是轮齿在切线方向上的线加速度变化，可通过下式的换算得到齿轮的动态传动误差：

$$\frac{\mathrm{d}^2(\mathrm{DTE})}{\mathrm{d}t^2}=\frac{\mathrm{d}^2(\theta_1)}{\mathrm{d}t^2}-i\times\frac{\mathrm{d}^2(\theta_2)}{\mathrm{d}t^2} \tag{6.16}$$

该方法具有分辨率高、安装空间小、数据采集系统要求低的优点。但是由于加速度传感器本身的计数限制，导致该方法的测量带宽较窄，故对低速和高速工况的测量达不到较高的精度。

3. 基于光栅编码器的齿轮传动误差测量法

光栅法测量传动误差的工作原理比较简单。光栅盘上刻有刻线，读数头发出的激光线扫到刻线上，利用光学莫尔效应读出刻线数，从而得到圆光栅的旋转角度。设主动轮圆光栅的刻线数为 λ_1，从动轮圆光栅的刻线数为 λ_2，当主动轮的转角为 $\Delta\phi_1$ 时圆光栅的输出脉冲数为 N_1，当从动轮的转角为 $\Delta\phi_2$ 时圆光栅的输出脉冲数为 N_2，理论传动比为 i，则动态传动误差 DTE 为

$$\mathrm{DTE}=\Delta\phi_1-i\cdot\Delta\phi_2=N_1\cdot\frac{2\pi}{\lambda_1}-i\cdot\frac{2\pi}{\lambda_1}\cdot N_2 \tag{6.17}$$

早期的光栅刻线少，一般需要在后期进行脉冲细分。不过随着现代加工工艺的提高，光栅刻线逐渐增加，现在最多可有 30 000 条刻线，即每转可以输出 30 000 个脉冲。光栅法的分辨率高，不需要增加细分电路也能实现低速下的传动误差的精确测量。但是由于光栅的强度较差，不能在极差的环境和高转速下进行测量，从而限制了其本身在转速测量领域的发展。

4. 基于磁栅角位移传感器的齿轮传动误差测量法

磁分度法检测动态传动误差的测量原理与光栅法相同，只是磁栅的工作原理不同。磁分度测量法是利用磁场感应原理的一种测量方法，是将两个磁波数为 λ 的磁栅安装在传动装置的输入轴和输出轴上，通过读数头来产生脉冲信号。当主动轮以转速 n_1 旋转时，从动轮会以转速 n_2 旋转，此时，输入轴上磁环的读数头会输出频率为 $n_1\lambda$ 的脉冲信号，输出轴上磁环的读数头输出频率为 $n_2\lambda$ 的信号。由于输入轴和输出轴输出的信号频率不同，为了使两路信号在比相时获得相同的频率，需要在比相前将两路信号放大、整形，然后分别送到分频系数为 C_1 和 C_2 的分频器中，使两分频系数之比等于传动装置的传动比 i，分频后两路信号的频率相同，将分频后的两路信号送到相位计中比相，便得到它们的相位差，然后对其进行标定，就可以得到传动装置的传动误差。

当齿轮传动转速较低，尤其是转速不稳定时，由于磁栅本身可设置的波数 λ 较低，磁栅不能精确地体现转速变化，所以使用磁栅不能进行低速下传动误差的精确测量工作。但是磁栅多是由不锈钢制作而成，这使其对工作环境和工作转速没有要求，其允许的转速最高可达 3 万转，因此在一些恶劣工况下，多使用磁栅进行测量。

6.4.4 齿轮传动误差测试信号处理方法

1. 齿轮传动误差信号的预处理方法

由数据采集系统得到的原始传动误差信号不仅包含由齿轮特有误差(如齿距偏差、齿廓偏差)引起的周期性信号,而且包含由扭矩波动、齿轮安装偏差、轴承摩擦和因润滑条件不同所引起的非周期信号,这些不利成分可能对最终的分析结果产生较大影响。因此,在处理传动误差测试信号前需要对误差信号进行预处理,以提高信号分析的可靠性及真实性。对传动误差信号的预处理一般进行平均化和消除趋势项即可。

(1) 平均化处理

为了从测试信号中得到齿轮特有的周期信号,可以对测试信号进行平均化处理。其方法是将测试信号分成周期,再取平均值,这样可以相对减少噪声。

假设一个噪声信号 n 叠加在一个信号 S 上,得到的测试信号 S' 为

$$S'=S+n \tag{6.18}$$

当噪声 n 是非周期信号时,对其取 m 个周期的加权平均值,则可以得到

$$\frac{1}{m}\sum_{1}^{m}S'_h=S+\frac{1}{m}\sum_{1}^{m}n_k \tag{6.19}$$

假设噪声信号 n 的幅值符合正态分布 $N(0,\sigma^2)$,则方程(6.19)右边的第二项符合正态分布 $N(0,\sigma^2/m)$,其标准差为 $\sigma^2/\sqrt{m}$,由于在取平均之前的噪声标准差是 σ^2/m,所以平均处理后的信噪比改善了 $\sqrt{m}$ 倍。

当噪声信号 n 类似是一个幅值为 A、周期为 T_1 的正弦波时,测得的信号是周期为 T 的信号与周期为 T_1 的噪声的混合值。在经过 m 个周期平均化后,噪声的幅值 a_m 变为

$$a_m=\frac{1}{m}\sum_{h=1}^{m}a\sin\frac{2\pi}{T_1}[t-(h-1)T] \tag{6.20}$$

当信号周期与噪声周期之比 T/T_1 为整数时,方程可简化为

$$a_m=a\sin\frac{2\pi}{T_1}t \tag{6.21}$$

此时,平均后得到的信号幅值与原始信号并无差别,所以当信号周期与噪声周期之比 T/T_1 是整数倍时,平均化处理方法不能提高信噪比。当 $T/T_1=K$(K 不是整数)时,将平均后得到的结果与原始信号的幅值相比得到

$$\frac{a_m}{a}=\frac{1}{m}\frac{\sin(\pi mk)}{\sin(\pi k)}\sin\left(\frac{2\pi}{T_1}\right)\times\left[t+\left(\frac{m-1}{2}\right)T\right] \tag{6.22}$$

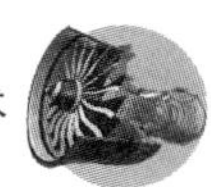

取绝对值，式(6.22)的最大值为

$$\left(\frac{a_m}{a}\right)_{\max} = \frac{1}{m}\left|\frac{\sin(\pi mk)}{\sin(\pi k)}\right| \tag{6.23}$$

此时可以使用平均化处理方法进行处理。

(2) 消除趋势项

所谓趋势项就是在随机信号中存在线性项或缓慢变化的、周期大于记录长度的非线性项成分。趋势项的存在会使相关分析和功率谱分析产生较大误差，在低频谱的分析中可能完全不存在真实性。一般用最小二乘法来消除夹杂在信号中的线性趋势项。下面是具体计算方法。

首先用一个 k 阶多项式 v_n 来拟合数字信号 u_n，则有

$$v_n = \sum_{i=0}^{k} b_i (nT)^i = \hat{u}_n, \quad n = 1, 2, \cdots, N \tag{6.24}$$

根据最小二乘法原理，选择合适的系数 b_i，使得 v_n 与 u_n 之间的误差平方和最小，其误差平方和为

$$Q(b) = \sum_{n=1}^{N} (u_n - v_n)^2 = \sum_{n=1}^{N} \left[u_n - \sum_{i=0}^{k} b_i (nT)^i\right]^2 \tag{6.25}$$

式中，u_n 为原始信号，v_n 为多项式拟合信号，T 为抽样信号，b_i 为多项式系数。

取 $k=1$，则有

$$b_i = \frac{2(2N+1)\sum_{n=1}^{N} u_n - 6\sum_{n=1}^{N} nu_n}{N(N-1)} \tag{6.26}$$

$$b_i = \frac{12\sum_{n=1}^{N} nu_n - 6(N-1)\sum_{n=1}^{N} u_n}{TN(N-1)(N+1)} \tag{6.27}$$

由此得二项式

$$v_n = b_0 + b_1 nT \tag{6.28}$$

2. 齿轮传动误差信号的频域分析方法

作为信号分析基本工具的傅里叶变换是目前频谱分析中广泛采用的方法。傅里叶变换分为连续傅里叶变换和离散傅里叶变换。将采集到的信号函数 $x(t)$ 用傅里叶级数展开，需要满足狄里赫利条件。通常用实数形式表示为

$$x(t) = a_0 + a_1 \cos \omega_0 t + b_1 \sin \omega_0 t + a_2 \cos 2\omega_0 t + b_2 \sin 2\omega_0 t + \cdots =$$

$$a_0 + \sum_{n=1}^{\infty} (a_n \cos n\omega_0 t + b_n \sin n\omega_0 t) \tag{6.29}$$

式中，直流分量幅值为

$$a_0 = \frac{1}{T}\int_{-T/2}^{T/2} x(t)\mathrm{d}t \tag{6.30}$$

各余弦分量幅值为

$$a_n = \frac{2}{T}\int_{-T/2}^{T/2} x(t)\cos n\omega_0 t\,\mathrm{d}t = \frac{2}{T}\int_{-T/2}^{T/2} x(t)\cos 2\pi n f_0 t\,\mathrm{d}t \tag{6.31}$$

各正弦分量幅值为

$$b_n = \frac{2}{T}\int_{-T/2}^{T/2} x(t)\sin n\omega_0 t\,\mathrm{d}t = \frac{2}{T}\int_{-T/2}^{T/2} x(t)\sin 2\pi n f_0 t\,\mathrm{d}t \tag{6.32}$$

式(6.30)～式(6.32)中，T 代表周期，ω_0 为基波圆频率，f_0 为基波频率。

周期信号 $x(t)$的傅里叶级数展开简写为

$$x(t) = X_0 + \sum_{n=1}^{\infty} X_n \sin(n\omega t + \phi_i) \tag{6.33}$$

式中，直流分量幅值为 $X_0 = a_0$。各频率分量的幅值 X_n 和相位 ϕ_n 分别为

$$\begin{cases} X_n = \sqrt{a_n^2 + b_n^2} \\ \phi_n = \arctan \dfrac{b_n}{a_n} \end{cases} \tag{6.34}$$

3. 齿轮传动误差信号的时域分析方法

基于傅里叶变换的信号频域分析揭示了信号在频域上的特征。但是，傅里叶变换是一种整体变换，它不能把时域和频域组合在一起。如果信号频率随时间的变化而变化，则基于傅里叶变换的频谱分析并不能说明某个频率分量何时出现和如何变化。为了解决这个问题，提出了时域分析方法。时域分析的基本思路就是建立频率与时间的关系函数，用它同时描述信号在不同时间和频率的能量密度或强度，其主要特点是将时间和频率局部化。比较常用的时频分析方法是短时傅里叶变换。所谓的短时傅里叶变换，就是采用任意高斯函数 $g_a(t)$，即

$$g_a(t) = \exp(-t^2/4a)/2\sqrt{\pi a} \tag{6.35}$$

在 $t=b$ 的周期处，使信号 $f(t)$的傅里叶变换局部化为

$$(G_b^a f)(\omega) = \int_{-\infty}^{\infty} [\exp(-\mathrm{j}\omega t) f(t)] g_a(t-b)\,\mathrm{d}t \tag{6.36}$$

$$T_f^{(g)}(nT, kF) = \sum_k f(t) g^*(t-nT)\exp(-\mathrm{j}2\pi kF) \tag{6.37}$$

$$(\widetilde{G}_b f)(\omega) = \int_{-\infty}^{\infty} [\exp(-\mathrm{j}\omega t) f(t)] g^*(t-b)\,\mathrm{d}t \tag{6.38}$$

$$T_f^{(g)}(b, \omega) = \int_{-\infty}^{\infty} [f(t) g^*(t-b)\exp(-\mathrm{j}\omega t)]\,\mathrm{d}t \tag{6.39}$$

4. 齿轮传动误差信号的小波变换处理方法

由上文可以看到，短时傅里叶变换是为了克服一般谱分析中时间域无限大的缺点，给信号加上一个时间窗，使信号集中在当前这个窗中。但是，当所加的窗在时间

轴上移动时，其大小不变；而对于非平稳、高频信号，它就不能满足在时间域和频率域中都有很好的局部化性质的要求。然而，小波分析方法却解决了这个问题，它可以用不同的分辨率来观察信号的概貌或细节，这就是小波变换中多分辨率分析的思想。小波变换通过采用改变时间-频率窗口形状的方法，很好地解决了时间分辨率与频率分辨率的矛盾，在时间域和频率域中都有很好的局部化性质。

(1) 连续小波变换

函数 $f(t)$ 的傅里叶变换可表示为该函数与标准函数系 $\{\exp(\mathrm{j}\omega t)|\omega\in\mathbf{R}|\}$ 的内积，即

$$\hat{f}(\omega)=\int_{-\infty}^{+\infty}f(t)\exp(\mathrm{j}\omega t)\mathrm{d}t \tag{6.40}$$

对应的短时傅里叶变换为

$$F(\omega,\gamma)=T_f^{(g)}(\gamma,\omega)=\int_{-\infty}^{+\infty}[f(t)g^*(t-\gamma)\exp(-\mathrm{j}\omega t)]\,\mathrm{d}t \tag{6.41}$$

小波变换定义为

$$W_f(a,b)=\int_{-\infty}^{+\infty}\psi_{a,b}^*\left(\frac{t-b}{a}\right)f(t)\mathrm{d}t \tag{6.42}$$

对于能量有限信号 $f(t)$，其连续小波变换可定义为

$$W_f(a,b)=|\ a\ |^{-1/2}\int_{\mathbf{R}}\psi_{a,b}^*\left(\frac{t-b}{a}\right)f(t)\mathrm{d}t \tag{6.43}$$

即小波变换的基函数 $1/\sqrt{a}\psi[(t-b)/a]$（乘以 $1/\sqrt{a}$ 是为了使变换的结果归一化）是窗函数 $\psi(t)$ 的时间平移 b 和尺度伸缩 a 的结果。$\psi_{a,b}(t)=1/\sqrt{a}\psi[(t-b)/a]$ 是由母函数 $\psi(t)$ 生成的小波。不难看出，若尺度伸缩 $a>1$，则基函数相当于将窗函数拉伸，时间窗口的时窗增大；而若 $a<1$，则相当于将窗函数压缩，使窗函数缩小。

由此可以看出，小波变换与短时傅里叶变换具有相似的变换形式。但是它们在相平面上对信号进行分析时却表现出极大的差异。

(2) 离散小波变换

在连续小波变换中，由于两个参数 a 和 b 取值的任意性，致使难以给出规律性的信号分析表达形式。在实际工程中，所采集到的信号大多是离散形式的实数域信号，所以为了计算分析上的可实现性，往往要把前面“(1)连续小波变换”中提到的连续小波及其变换进行离散处理，即所谓的离散小波变换。目前采用的离散方法是进行二进制离散，这样离散化后的小波和相应的小波变换分别称为二进小波和二进小波变换。如将著名的 Shannon 基小波生成的小波函数

$$\psi_{a,b}(t)=\frac{\sin\pi[(t-b)/a-1/2]-\sin 2\pi[(t-b)/a-1/2]}{\pi[(t-b)/a-1/2]} \tag{6.44}$$

进行二进制离散后，若取 $b=2^0=1$，则有

$$\psi_{2^j}(t)=\frac{\sin 2^{-j}\pi(t-2^{j-1}-1)-\sin 2^{1-j}\pi(t-2^{j-1}-1)}{2^j\pi(t-2^{j-1}-1)} \tag{6.45}$$

可见，当 j 取不同值时，Shannon 小波取不同的函数，从而实现尺度的伸缩。同样，当 b 取 $b=2^j, j\in\mathbf{Z}$ 时，可以实现分析中心的移位。

(3) 多分辨率信号分析

一个信号在不同尺度上的多分辨率分析，就是在不同分辨率情况下显示信号的特征，其实质就是把信号在一系列不同层次空间上进行分解。

Mallat 首先把塔形算法应用到小波分析中，在小波正交基的基础上形成多分辨率分析。设 ϕ 是产生 $L^2(R)$ 中多尺度分析 $\{V_j\}_{j\in\mathbf{Z}}$ 的尺度函数，且满足：

① $\{V_{j,n}\}_{j\in\mathbf{Z}}$ 是 V_0 中的标准正交基。

② 存在 $\{h_n\}\in l^2$ 使得

$$\phi(x)=\sum_{n\in\mathbf{Z}} h_n\phi(2x-n) \tag{6.46}$$

现令

$$g_n=(-1)^n h(1-n) \tag{6.47}$$

则

$$\psi(x)=\sum_{n\in\mathbf{Z}} g_n\phi(2x-n) \tag{6.48}$$

若令

$$W_j=\mathrm{span}\, L^2\{\psi_{j,n}(x)=2^{j/2}\psi(2^j x-n), n\in\mathbf{Z}\} \tag{6.49}$$

则有分解关系式

$$\phi(x-n)=\sum_k [h_{n-2k}\phi(x-k)+g_{n-2k}\psi(x-k)] \tag{6.50}$$

工程中常用的正交小波分为紧支集小波和样条小波。紧支集小波的主要优点是滤波器 h_n 为有限序列，因而不仅计算速度快，而且没有截断误差，且计算精度高。但正交紧支集小波的形状不具有对称性，除了 Harr 小波外，任何紧支集小波及其尺度函数都是不对称的。此外，正交紧支集小波的一个缺点是光滑性差，这说明紧支集小波在频域中衰减较慢，滤波器特性较差。增加支集的长度可以提高光滑性，然而支集太长又会失去紧支集的优点，因此实际应用中应综合考虑，选择适当的支集长度。

6.5 温度动态测量技术

温度动态测量按照其工作方式可分为接触式和非接触式两大类[16]。温度测量不仅与温度传感器和测量方法有关，还与被测物表面性能和环境因素相关，是一个相互作用、相互影响的复杂系统。

6.5.1　温度动态测量研究的现状

1. 接触式表面温度测量

接触式表面温度测量是使测温元器件与被测物直接接触，感受被测物的温度变化，主要有电量式测温（热电偶、热电阻、薄膜温度传感器等）和接触式光电测温（光纤测温、黑体空腔测温）等方法。对于静态和连续的表面温度测量，可以直接将温度传感器焊接或粘贴在被测物表面。

传统的热电偶、热电阻温度测量技术成熟，结构简单，在传动系统特别是轴承外环温度和机匣壳体温度测量中广泛应用。随着新材料、新工艺、新技术的发展，以及传感器结构的改进，薄膜温度传感器迅速成熟和发展起来。薄膜温度传感器是在玻璃或陶瓷基片上通过真空溅射技术制成，并粘贴在被测物表面测量温度的，其热敏感元件是微米级的薄膜，具有体积小、动态响应快、便于集成和安装的优点，并具有良好的耐磨、耐热冲击和抗剥离的性能。

接触式光电测温方法主要是通过接触被测对象，将由温度变化引起的热辐射或其他光电信号引出，通过光电转换器件检测该信号，从而获得测温结果的方法。这种方法不像电量式测温方法那样容易受到电磁的干扰，而是可以在电磁环境下进行温度测量；它还可以避免类似非接触式辐射温度计那样容易受到被测对象表面发射率和中间介质影响的问题。这种方法的缺点是它也会干扰被测对象的温度，并带来由接触式测温方法引起的一些误差。分布式光纤测温系统是近年来发展起来的一种用于实时测量空间温度场分布的传感系统，采用了分布式、连续、功能型光纤温度测量技术，其中，光纤既是传输媒体也是传感媒体，利用光纤后向喇曼散射的温度效应，可以对光纤所在的温度场进行实时测量，利用光时域反射技术（OTDR）可以对测量点进行精确定位。分布式的结构使得该系统能够实现实时快速多点测温。

对于采用接触方式测量物体表面温度，当传感器接触被测物表面时，沿传感器导热产生的热量损失会干扰物体表面原温度场的分布，使得被测物表面和周围气体介质的等温线发生畸变；并且，接触式温度还受到被测物本身属性的影响，被测物的导热系数越小，测量误差越大。减小接触式表面温度测量误差的方法主要有增加传感器与被测对象之间的接触面积、减小传感器引线的直径及减小传感器与被测物之间的热阻等措施。

2. 非接触式表面温度测量

与接触式测量方法相比，非接触式温度测量的敏感元件与被测物体不接触，不会破坏被测物体表面的温度场，从而可避免传感器与被测物的相互干扰，测温范围大，无热惯量，响应速度快，可用来测量运动物体和温度瞬变对象的表面温度，也可用来测量温度场的温度分布。非接触式测温方法主要有辐射式测温（全辐射测温、亮度式测温、比色式测温、热成像测温、多普勒测温)、光谱法测温、激光干涉测温、声波/微波法测温、红外热成像测温等,现在应用最广泛的非接触式温度测量方法主要是红外热成像测温法[17]。

由于温度高于绝对零度的物体都会产生红外辐射,因此利用物体产生的红外辐射能量的强度与物体温度的关系可以确定物体的温度。红外热成像仪是将红外探测器、光学成像物镜和光机扫描系统接收的被测目标的红外辐射能量分布图形反映到红外探测器的光敏元件上,在光学系统和红外探测器之间有一个光机扫描机构,可对被测物体的红外热像进行扫描,并聚焦在单元或分光探测器上,由探测器将红外辐射能转换成电信号,经放大处理、转换成标准视频信号,通过电视屏或监测器来显示红外热像图。

6.5.2 传动系统温度测量

传动系统温度测量主要包括轴承温度测量和齿轮温度测量等。

1. 轴承温度测量

轴承是直升机传动系统中的基础零件之一,起着支撑和传递动力的作用,同时轴承也是最容易损坏的零件之一。旋转设备中大约有30%的故障是由轴承的损坏造成的。轴承的温度监测对传动系统的正常运行具有极其重要的意义。

传统的轴承温度测量采用热电偶或热电阻来测量轴承外环的温度。通过将热电偶或热电阻直接压紧在轴承外环上或在被测轴承外环上粘贴或焊接热电偶来进行测量(见图6.21)。但是这些测量方式易受到电磁干扰,数据有滞后现象,不易进行分布式测量。

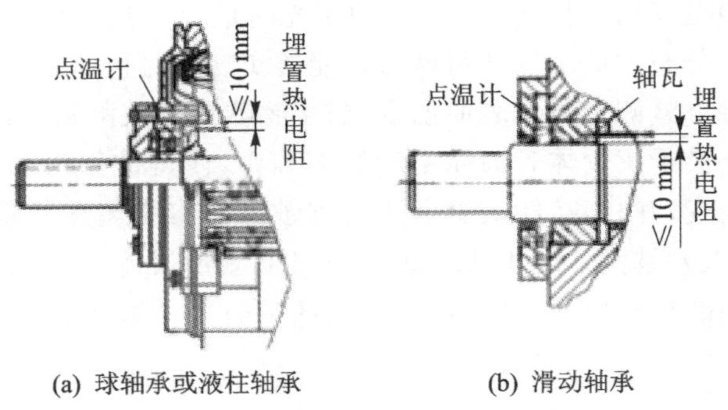

(a) 球轴承或液柱轴承　　(b) 滑动轴承

图6.21　温度传感器安装位置

2. 齿轮温度测量

在齿轮传动过程中,因摩擦会产生高温尤其是局部高温,同时也会降低传动效率,而且局部高温会导致齿轮发生胶合和齿面点蚀失效,因此,对齿轮进行热分析在

齿轮设计和齿轮失效机理研究中具有重要作用。通常在完成热分析后进行热-结构耦合分析，计算由热膨胀引起的热变形和热应力，进而对齿轮的修形进行研究。对齿轮进行热分析，也有助于降低齿轮的故障率，提高齿轮的传动效率和动力传动性能。目前，常用的齿轮的本体温度和齿面瞬时温升的测量方法有动态热电偶传感器测温法和红外辐射测温法。

热电偶测温法的原理如图 6.22 所示。在利用此方法测量齿面的瞬时温度时，将热电偶温度传感器直接深入到被测轮齿内部选定的各个测量点或粘贴到轮齿端面，然后通过滑环与外界信号传输系统和自动记录仪或图像显示设备连接来动态监测轮齿各点的温度变化情况。当运用这种方法对齿轮的温度进行测量时，一方面对轮齿进行钻孔处理会影响齿轮的啮合刚度，进而影响实际的测试结果；另一方面信号在集流与传输过程中会产生较大的信号噪声，从而影响测试结果。

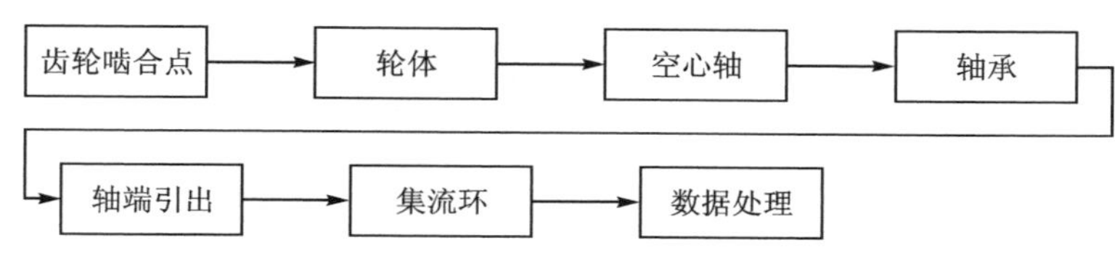

图 6.22　热电偶测温原理图

利用红外线技术对齿轮温度进行测量可分为逐点分析探测法和全场分析探测法。逐点分析探测法是把齿轮某一局部区域的热辐射聚焦到单个探测器上，将辐射功率转换为温度的方法。全场分析探测法是用红外成像镜头把整个齿轮的温度分布图像成像在传感器阵列上，从而获得整个齿轮空间温度场分布的方法。红外线测温技术属于非接触式温度测量方式，不会对所测温度场产生干扰，而且具有响应快、测量温度范围广、分辨率高等优点。但是，齿轮表面的油膜或其他油污杂质可能会影响测量结果，同时啮合接触区的温度难以准确测量。

6.6　尾传轴系抗弹击模拟技术

6.6.1　抗弹击试验需求

《直升机通用规范》(GJB 2350)中第 3.5.4.4 条明确规定了传动系统的抗弹击损伤性能，《军用直升机强度规范》(GJB 720.8A)中第 3.2.1.4.2 条明确规定了传动轴的耐弹伤要求，《军用直升机传动系统一般要求》(GJB z20388)中明确规定了传动系统的抗弹伤要求。国外在 20 世纪就开始了相关实体试验(见图 6.23)，并形成了一套考核尾传动轴在工作状态下是否具有抗弹击能力的试验评判标准。

尾传动轴抗弹击能力设计是军用直升机的关键技术之一，需要对尾传动轴弹击

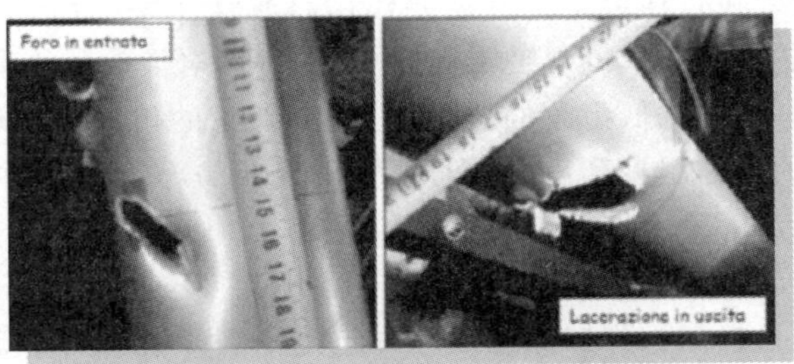

图 6.23 国外尾传动轴弹击试验实物照片

后的损伤、裂缝扩展特性以及弹击后尾传动轴的强度、动力学特性进行研究验证，以满足尾传动轴抗弹击能力的要求，保证尾传动轴今后装机使用时能够可靠和安全地工作，因此，在传动系统研制过程中，尾传动轴抗弹击试验技术是不可缺少的。

6.6.2 抗弹击试验设备

尾传动轴试验设备拟采用机械功率封闭形式进行建设，该回路由主电机驱动，通过调速系统调节试验转速，由回路的扭矩加载器及其控制系统对试验件施加所需的扭矩载荷，试验主体框图如图 6.24 所示。

抗弹击试验需要安装弹击装置、防护装置和高速摄像装置，同时，还需考虑进行尾水平轴轴系和尾斜轴组件试验，只要试验平台的长度尺寸足够，则在低速端增加若干陪试轴、轴承座和联轴器即可。

1. 弹击装置

弹击装置是抗弹击试验中的关键设备，需要提供符合口径和初速要求的弹丸，弹击装置简图如图 6.25 所示，其中包括了各连接部件的密封装置。

采用固体火药燃烧后的高压气体作为驱动。远程控制点燃固体火药后，随着火

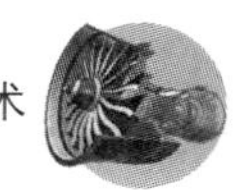

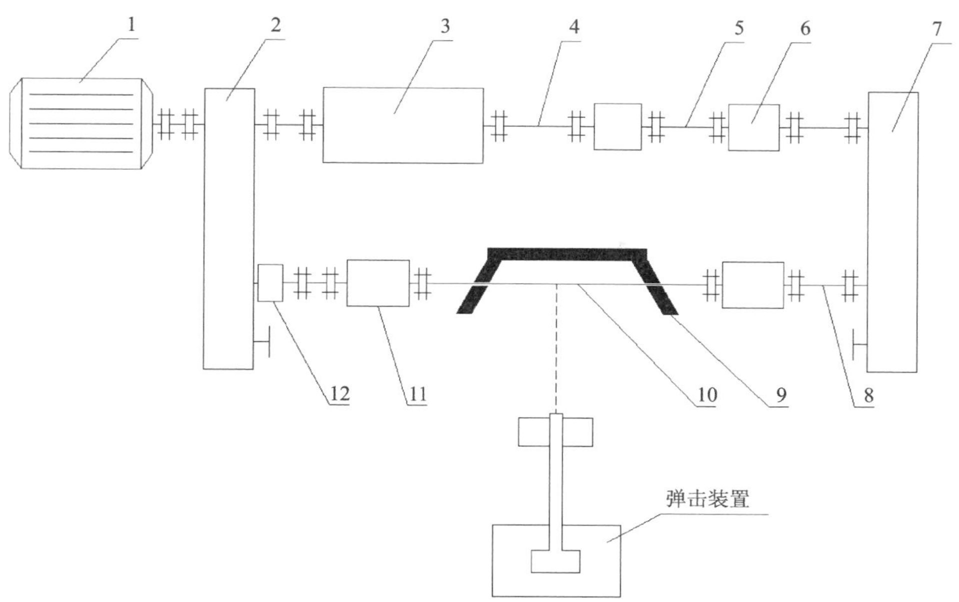

1—拖动电机；2—前封闭齿轮箱；3—扭矩加载器；4—弹性轴；5—低速联轴器；6—低速轴承座；7—后封闭齿轮箱；8—高速联轴器；9—防护装置；10—尾传动轴试验件；11—高速轴承座；12—转速传感器

图 6.24　抗弹击试验主体框图

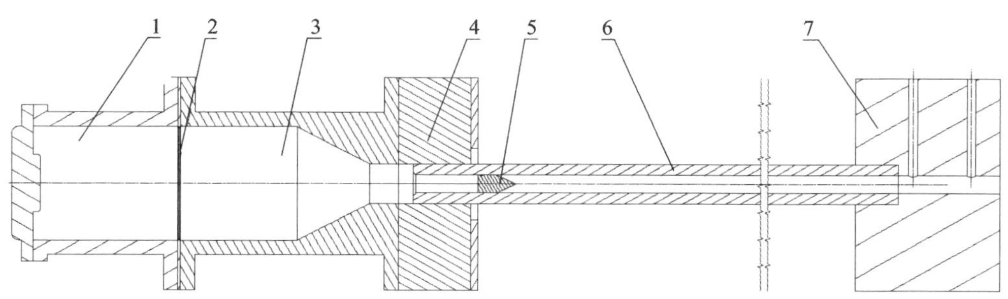

1—固体火药发生室；2—调压膜片；3—压缩锥形管；4—弹托体；5—弹丸；6—枪管；7—激光测速平台

图 6.25　弹击装置简图

药的燃烧，气体压力增大到调压膜片的破膜压力后，膜片破裂，推动压缩锥形管内的气体向前运动，最后推动弹丸。如若弹丸要求的初速较高，则可以采用在压缩锥形管内灌入压缩气体（1 MPa 左右）或增加压缩锥形管长度的方法[18]。

膜片用来控制弹丸的启动压力，为了在相同条件下的试验结果的可重复性好，膜片的材料和开槽形式需要满足下列条件[19-20]：

① 膜片会在一定压力下破膜；

② 膜片破裂完整，不会产生碎片；

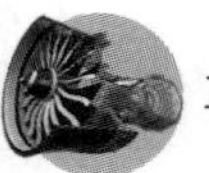

③ 破膜后，膜片会完全贴合在夹膜段支座上，不影响气体流通。

常用的膜片材料有两种：一种是退火后的铝膜，一般作为低压膜片；另一种是不锈钢板材，常用来作为高压膜片。要想有较稳定的破膜压力，需要铝板材料表面光滑。膜片十字槽深度（又称有效厚度）和膜片开槽方式（膜片结构见图 6.26）决定了膜片的破膜压力，膜片自十字槽处破裂成为四瓣。

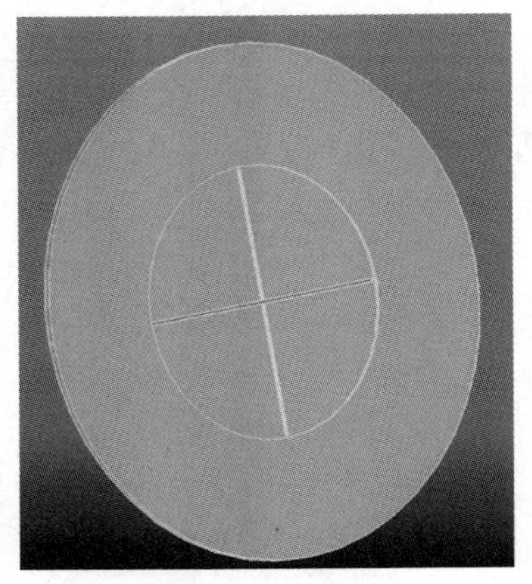

图 6.26　膜片结构简图

2. 测速技术

弹击试验的一个重要难点是测量高速弹丸的速度，其测速精度和系统稳定性直接关系到试验结果的可靠性。目前国内外较常用的测速法是计时仪测速法，它是定距测速法应用之一，该法的核心是对时间间隔的测量，时间间隔测量最主要的是要获得开始计时和停止计时信号，并通过计量两信号之间高频脉冲的个数来得出时间。由区截装置给出启动信号或停止信号，在弹丸的速度测量中，通常采用区截装置给出的电信号来触发计数器并测量弹丸穿过两区截装置之间的距离所经历的时间。

弹丸的测速示意图如图 6.27 所示，其基本原理是：光源经光源芯 1、2 将光连续地导入弹丸出口管道，弹丸表面经过处理可增强漫反射的光源。当弹丸运动至光纤探头时，入射光在弹丸表面发生漫反射，发射芯光纤将部分发射光导出并触发光电二极管，光电二极管检测到光通量变化，通过比较器电路输出高电平中断信号，给计时电路开门和关门信号。靶 a 与靶 b 测量点的光路布置相同。用靶 a 与靶 b 之间的距离除以两通道的时间差可计算出弹丸出口的平均速度，该时间差由计时仪给出[21]。

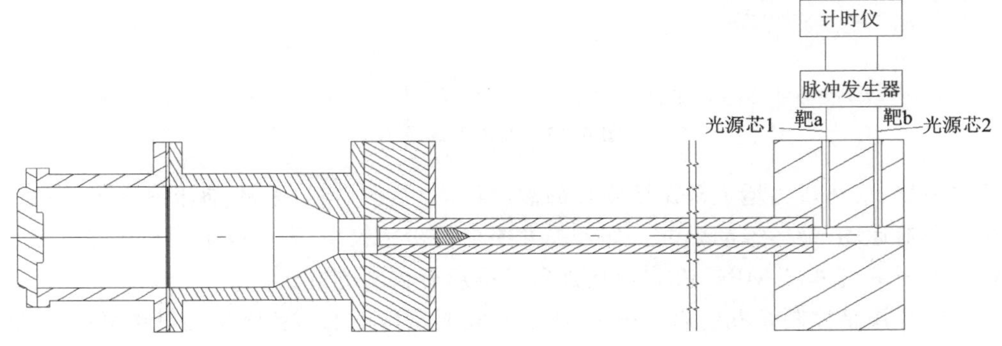

图 6.27　测速示意图

计时仪记录下的两个脉冲之间的时钟周期个数为 n，时钟的频率为 f，则计时时

间 t 为

$$t = n \cdot T = n/f$$

若靶 a 和靶 b 的设计距离是 S，则弹丸的速度 v 为[22]

$$v = S/t$$

3. 弹击防护装置

弹击防护装置是专为弹击试验准备的，它不仅是弹击防护装置，还是弹丸回收装置，可防护超过 12.7 mm 口径的子弹，拟采用防弹钢板拼装而成，弹击防护装置简图如图 6.28 所示。防护部分分三层，第一层为约 2 mm 厚的防弹钢板，第二层为约 50 mm 后的填充层（可填充沙子或泥土），第三层为约 25 mm 厚的防弹钢板。

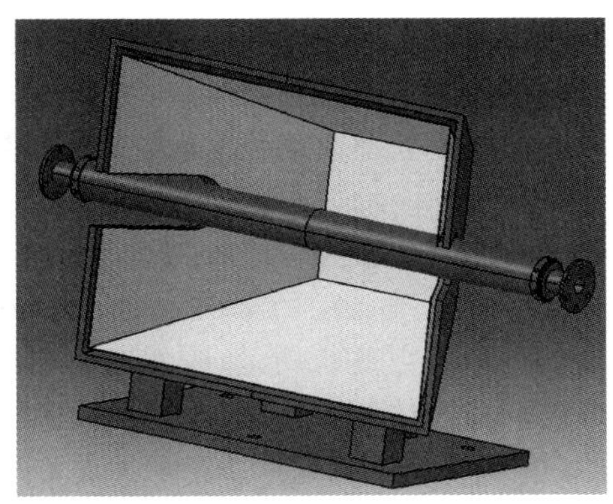

图 6.28　弹击防护装置简图

4. 高清摄像系统

高清摄像系统主要用于捕捉弹丸撞击尾传动轴时的破坏过程，包含触摸屏控制器、高速摄像机和存储硬盘等，拟定的技术指标[23]为：

- 分辨率：1 280×800；
- 帧速：25 600 帧/秒。

6.7　噪声源定位与识别技术

噪声源定位与识别是优化噪声辐射的重要方法，其目的是识别出被测对象上最重要的子声源的位置、频率分量和声功率辐射，从而可对子声源进行排序，进而确定从何处着手进行设计改进可以最有效地改善总体噪声辐射水平。直升机传动系统的结构及噪声辐射机理复杂，采用合理的噪声源定位与识别方法来准确识别噪声的辐射源是分析噪声辐射机理的前提，也是一项充满挑战的工作。已有的适用于直升机传动系统的噪声源识别方法主要包括声压法、声强法、表面振速法等传统方法，以及新型的基于传声器阵列的声全息法和波束形成法等。

6.7.1 声压法

声压法基于所测量声场的声压数据来识别直升机传动系统结构的噪声源，具体方法主要包括近场测量法、选择运行法和选择覆盖法。

近场测量法是用声级计在紧靠被测对象的表面进行扫描测量，并根据声级计指示值的大小来确定主要噪声源的部位。因该方法受测点附近其他声源及环境噪声的影响而不能提供精准的测量值，故常用于主要噪声源的粗略定位。

选择运行法通过将运转零部件按照要求逐级连接或逐级分离运行，并分别测量部分零部件的声级及其在机器整体运行总声级中所占的份额来确定主要噪声源。该方法忽略了零部件单独运行工况与机器整体工况的差异，测量精度低，只适用于零部件可以脱开运行的情况。

选择覆盖法利用高传声损失的铅板和玻璃棉覆盖发动机的部分结构，覆盖层需要专门设计以保证覆盖后的噪声比覆盖前的噪声小 10 dB，按照 ISO 标准在消声室或混响室内对暴露零部件的辐射噪声进行测量，以便对比确定噪声源。该方法对高频的识别精度高，但在 250 Hz 以下的频率覆盖层则发生共振，隔声量下降，识别精度较差。

声压法简便易行，成本低；但消耗时间长，无法确定能量的流动方向，因此只适用于识别稳态运转工况的噪声源。

6.7.2 声强法

声强技术作为 19 世纪 80 年代迅速发展起来的声学测量最新技术，与传统的声压测量技术相比，不但能获得声场中某点的声能量大小，还能获得该点声能量流动的方向，是对声场更完整的测定和描述。声强定义为单位时间内通过与能量传播方向垂直的单位面积的声能量，其为矢量，反映了声场能量的大小和声能流动的方向。声强法利用双传声器声强探头来扫描测量减速器表面的各位置，并基于下式的声强表达式计算各位置的声强谱，再加上窄带声强分量来得到总声强，进而实现声源表面的声学成像：

$$I_r(f)=\frac{\mathrm{Im}(G_{\mathrm{micB,micA}})\Delta f}{2\pi f\rho_0\Delta r} \tag{6.51}$$

式中，$I_r(f)$为 f 频率时的窄带声强量，$\mathrm{Im}(G_{\mathrm{micB,micA}})$表示取两传声器测量声压信号 $p_{\mathrm{micA}}(t)$和 $p_{\mathrm{micB}}(t)$的互功率谱密度函数的虚部，Δf 为窄带频率带宽，ρ_0 为媒质密度，Δr 为两传声器的间距。声强法具有测量频带宽、投资小、成本低、不受声源类型

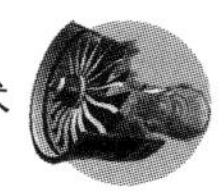

限制、对测量环境要求低且能够计算各声源辐射声功率等优点。传统声强法可以有效确定被测对象表面各声源的位置、绝对声功率、相对声学贡献量等信息，但其无法确定引起这些表面结构辐射噪声的根源。选择性声强法解决了该问题，其在声强探头扫描测量的基础上，附加了加速度传感器或传声器于可疑辐射源位置进行测量，并将测量信号作为参考信号与声强探头测量的信号进行互谱运算。选择性声强 $\mathrm{sI}_r(f)$ 的公式为

$$\mathrm{sI}_r(f)=\frac{\Delta f}{2\pi f\rho_0\Delta r}\mathrm{Im}\,\frac{G_{\mathrm{micB,ref}}\cdot G_{\mathrm{ref,micA}}}{G_{\mathrm{ref,ref}}} \tag{6.52}$$

式中，$G_{\mathrm{micB,ref}}$ 为声强探头传声器 B 的测量信号与参考信号的互功率谱密度函数，$G_{\mathrm{ref,micA}}$ 为参考信号与声强探头传声器 A 的测量信号的互功率谱密度函数，$G_{\mathrm{ref,ref}}$ 为参考信号的自功率谱密度函数，Im 表示取虚部。

基于互谱的选择性，选择性声强法能够更准确地定位被测对象噪声的辐射源。声强法与选择性声强法的不足之处在于其消耗时间相对较长，对测试设备的精度要求高，且只适用于稳态工况测量。

6.7.3　表面振速法

零部件辐射声功率 W 与其表面振速 v 的关系为

$$W=\rho_0 cA<\bar{V}^2>\sigma_{\mathrm{rad}} \tag{6.53}$$

式中，ρ_0 为空气密度；c 为声速；A 为振动面的面积；$<\bar{V}^2>$为该振动面振动速度的平方对时间和空间的平均值，可用加速度计对振动面进行测量，并对信号进行积分处理而得到振动速度 V；σ_{rad} 为声辐射效率。

表面振速法利用加速度传感器来测量直升机传动系统结构表面不同位置的加速度，通过积分运算计算其表面振速，进而基于此原理计算和对比各零部件的辐射声功率值，从而识别直升机传动系统结构的噪声源。该方法几乎不受背景噪声的影响，其准确性满足减速器噪声源识别和发动机设计阶段噪声预测的要求；而其不足之处在于直升机传动系统结构声辐射效率的确定需要大量的试验数据做基础，测量数据多，计算量大，且只适用于直升机传动系统的稳态工况测量。

6.7.4　传声器阵列法

传声器阵列是由一组传声器按照一定顺序排列组成的测试设备，20 世纪 90 年代以来，基于传声器阵列测量的噪声源识别技术广泛应用于机械系统的噪声源识别领域。声全息法和波束形成法是最主要的两种阵列传声器信号处理算法。

1. 基于传声器阵列的声全息法

声全息法将传声器阵列置于靠近被测物体表面的近场区域来接收被测物辐射的

声压信号，根据不同的算法反向求解，重建出真实声压分布，再根据欧拉公式来计算声场中质点的振动速度、声强和声功率等声学量，从而揭示真实声场的细节信息。该方法主要适用于低频声源识别，而高频声源识别的性能具有局限性。工程中常用的声全息算法又包括传统平面近场声全息 NAH(Near-field Acoustical Holography)、统计最优近场声全息 SONAH(Statistically Optimized NAH)、等效源法近场声全息 ESM-based NAH(NAH based on Equivalent Sources Method)和宽带声全息 WBH (Wide Band Holography)等多种算法。

基于声场空间变换的平面近场声全息法最早由 Maynard 和 Williams 提出[24-25]，其在近场平面上完成声压测量，不仅可以采集随距离的增加而幅值不变的传播波成分，还可以有效记录随距离的增加而幅值迅速衰减的倏逝波成分，通常倏逝波包含了丰富的高波数域信息，这一特点使得 NAH 技术的分辨率突破了波长限制。为了探究 NAH 的更优异的重建效果和重建精度，国内外学者做了大量研究。其中，有限孔径效应和窗函数的选取是影响 NAH 性能的主要因素。Saijyou 和 Yoshikawa[26-27]提出空间域和波数域的数据外推方法，并将其应用在 NAH 中，有效改善了有限孔径效应，取得了预期的重建结果；Williams[28]则通过补丁(Patch) NAH 技术，即采取合适的数值方法对小全息孔径上的全息数据进行合理外推，进而获得较大全息孔径内的数据近似值，从而达到减小有限孔径效应的目的。当该方法面对的声源尺寸较大但只对声源的局部区域感兴趣时，只需在该局部区域的近场进行测量即可，这样就能以较小的代价完成大型结构的振动噪声分析。

Veronesi 和 Maynard[25]针对重建误差机理展开了研究，结果表明传递函数对高波数成分具有指数放大作用，会引入很大误差，因此提出了频域滤波函数以抑制这一误差，但其仅适用于重建距离较小的情况；Fleischer 和 Axelrad[29]提出了一种波数域的 Weiner 滤波窗函数；张德俊等[30-31]提出了一种最小二乘法波数域滤波窗函数，对全息距离的适应性较好，但在高、低边带处的光滑性较差；Li 等[32]改善了窗函数在高、低边带处的光滑性，提出了新的窗函数，同时 Hald[33]也设计出振速约束迭代窗；Kwon 和 Kim[34]通过对窗函数所产生的偏差作泰勒级数展开近似而导出一个最小误差窗，并与常用的矩形窗、Hanning 窗、Kaiser 窗等窗函数进行性能比较，得到了该种窗函数优于其他通用窗函数的结论；同时 Bai 提出了一种递归的 Weiner 滤波窗函数[35]；何元安等[36]综合 Hald 和 Li 提出的窗函数，给出了联合迭代滤波窗，使重建结果大为改善；李卫兵等[37]提出波数域滤波迭代近场声全息技术，克服了常规波数域滤波带来的能量泄漏问题，准确地实现了声场重建。

统计最优近场声全息法最早由 Hald 提出，该方法采用等效思想，将真实声场等效为若干元波函数的线性组合，通过声阵列采集的声压数据反向求解线性组合系数，进而重建声压、粒子振动速度和声强等声学量。一方面，由于该方法利用有限元波叠加，算法不涉及二维傅里叶变换和声学传播算子的计算，从而避免了传统声全息中由有限孔径效应等带来的误差；另一方面，该方法突破了阵列形式的限制，可以采用随

机阵列等进行测量。然而，算法本身又出现由无限元波函数截断和不适定性等问题带来的误差。为此，针对 SONAH 的重建精度，国内外学者做了一些研究：Hald[38]针对声场重建过程的不适定性，提出采用 Tikhonov 正则化方法求解，并给出了正则化参数的选取公式；杨超等[39]将需要先验知识的 Morozov 偏差原则与不需要先验知识的 Engl 误差最小原则应用到 Tikhonov 正则算子中有效提高了声场的重建精度；李卫兵等[40-41]为了克服背景噪声源辐射声场的影响，分别研究了基于双全息面测量和基于单全息面测量的声场分离技术；Jacobsen 和 Chen 等[42]对比了基于声压、振速、双面声压和声压振速测量的重建结果，分析了不同类型测量数据的重建精度。以上研究从不同角度改善了重建结果，提升了重建性能。

等效源法近场声全息将真实声源等效为若干单极子点声源，因此真实声源辐射的声场可近似为点声源辐射声场的叠加。通常等效源法可分为 Helmholtz 方程最小二乘法（HELS）、波叠加法（WSA）和边界点法（BPM）。HELS 法[43-44]是将声场表示为关于源表面球面波函数系的线性叠加，利用最小均方误差准则，由测点的声压数据求解叠加系数，从而求解出源表面的声场分布，然而球面波函数的展开项数和实际测点数直接影响该方法的测量精度；WSA 法[45-46]假设复杂振动体的辐射声场是由振动体内部一系列点声源辐射声场的叠加，根据测量数据计算出各点声源的声源强度，然后重建振动体辐射声场，但在计算中存在解的非唯一性问题；BPM 法[47-48]是将简单源分布在声源边界面上，并采用全特解场边界元法进行声场重建，该方法以虚拟声源的声压和法向振速来形成传递矩阵，避开了边界元法中对系数矩阵的直接计算和插值运算以及边界奇异积分问题，提高了声场重建精度。

宽带声全息法是最新型的声全息算法，它基于等效源理论，通过引入迭代运算，拓展了频率的求解范围，使声全息法获得了更优异的重建性能和更广的应用范围。该方法利用等效源强度、测量声压以及二者之间的传递函数来建立矩阵方程，将声场重建问题看作反问题，求解不适定性矩阵方程；而对于高频则从数值分析的角度，通过最速下降法等迭代运算，求解声源强度的最优逼近值，迭代过程中引入了阈值以保留每次迭代的主声源强度，从而达到抑制鬼影、提高声源分辨率的目的。

2. 基于传声器阵列的波束形成法

波束形成又名麦克风天线、相控麦克风阵列、声学望远镜、声学照相机、声学聚焦，是一种先进的空间滤波技术，早期主要应用于雷达、通信、电子对抗、声呐等领域的信号分析。随着计算机技术的发展，波束形成作为空间声场可视化技术应用于声源识别领域，其离散化被测物体表面形成网格聚焦点，利用由若干麦克风组成的传声器阵列接收声信号，基于一定的算法对各麦克风接收的声信号进行后处理，使对应真实声源的聚焦点位置的输出量被加强，形成“主瓣”，而其他聚焦点位置的输出量被衰减，形成“旁瓣”，从而有效识别声源。传声器阵列和后处理算法是波束形成声源识别技术的关键方面。因波束形成具有测量速度快、计算效率高、中高频分辨率好、适宜

中长距离测量进而易于布置，对稳态、瞬态及运动声源的中高频成分的定位精度高等优点，所以近年来已成为航空、高速列车、旋转机械、车辆等领域不可缺少的声源识别技术。衡量波束形成声源识别性能优劣的主要指标有：空间分辨率、最大旁瓣水平和截止频率。

(1) 空间分辨率

空间分辨率指能够准确分辨出位置相近的两个等强度声源的最小距离 R_z，其衡量了波束形成法区分两个相近声源的能力，是衡量声源识别性能的重要指标[49]。图 6.29 为相同声源位置的不同空间分辨率的识别结果，图 6.29(a)为低分辨率识别结果，两个声源的主瓣均较宽，出现部分融合，未完全分离，无法准确识别两个声源的位置；图 6.29(b)为相同条件下，高分辨率的识别结果，两声源的主瓣均较小且独立存在，从而可以准确识别两个声源的位置。由平面阵列声源识别成像图可知，空间分辨率直观地表现为主瓣宽度，主瓣越窄，空间分辨率越高，相反则越低。根据“瑞利准则”，当一个声源的主瓣峰值恰好落在另一个声源的主瓣零点上时，两个声源恰能被区分开，故空间分辨率 R 可表示为

$$R = \frac{\alpha}{\cos^3\theta}\ \frac{z_0}{D}\lambda \tag{6.54}$$

式中，α 表示阵列系数；θ 表示声波传播方向与阵列轴线的夹角，即阵列张角；z_0 表示声源平面与阵列平面间的距离；D 表示阵列直径；$\lambda = 2\pi c/\omega$ 为波长，c 为声速，ω 为圆频率。由式(6.54)可以看出，θ、z_0 与 R 成正比，D、ω 与 R 成反比，即声波传播方向与阵列轴线夹角越小，声源平面与阵列平面间的距离越小，阵列直径越大，频率越高，空间分辨率越高。

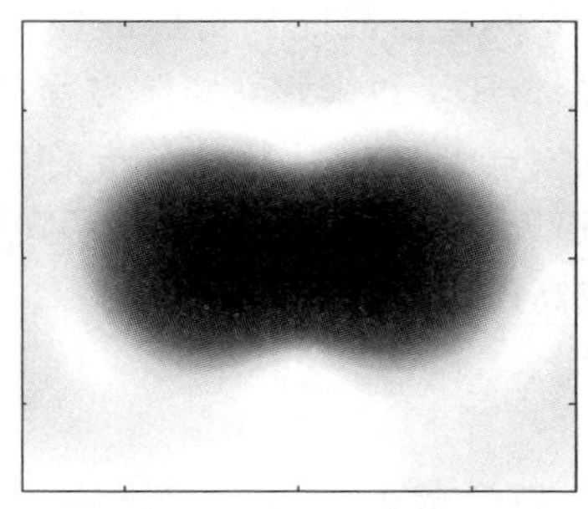
(a) 低分辨率

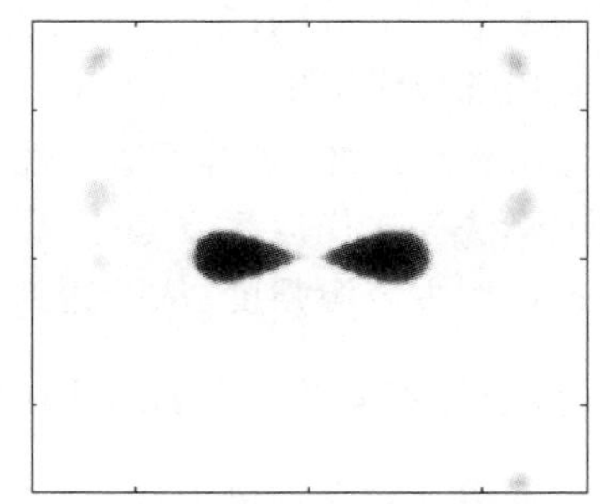
(b) 高分辨率

图 6.29 不同空间分辨率的声源识别成像示意图

(2) 最大旁瓣水平

在波束形成法的声源识别过程中，在声源位置处会形成主瓣，在其他非声源位置处会出现旁瓣，如图 6.30 所示。旁瓣峰值的大小直接影响对声源定位的准确程度，甚至会导致错误的结果。最大旁瓣峰值与主瓣峰值的差值(动态范围)决定了阵列性能的优劣。阵列模式径向分布函数 $W_p(K)$ 可表示为

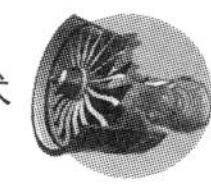

$$W_{p}(K) = 10\lg\left[\max_{|\boldsymbol{K}|=K} |\boldsymbol{W}(\boldsymbol{K})|^{2}/M^{2}\right] \tag{6.55}$$

最大旁瓣水平函数可表示为

$$\mathrm{MSL}(K) = \max_{K_{\min}^{0}<K'\leqslant K} W_{p}(K') = 10\lg\left[\max_{K_{\min}^{0}<|\boldsymbol{K}|\leqslant K} |\boldsymbol{W}(\boldsymbol{K})|^{2}/M^{2}\right] \tag{6.56}$$

式中，$\boldsymbol{K}$ 为波数矢量，K 为波数值；$K_{\min}^{0}=2\pi\alpha/D$，为阵列模式的第一个零点。阵列麦克风布置的形式不同，旁瓣抑制能力也不同。

图 6.30　主瓣与旁瓣

(3) 截止频率

当麦克风阵列的布置方式确定后，其可应用的最大频率也受到一定限制。例如在矩形网格阵列的波束形成声源识别测量中，识别结果成像图在频率较高时出现了多个与主瓣峰值相同的“栅瓣”峰值，如图 6.31 所示，即出现“混叠”现象，进而导致真实声源无法被准确识别。因此，阵列的截止频率是保证波束形成不发生混叠现象、准确识别信号的最高频率，是评价波束形成性能的一项指标。为了减少麦克风阵列在

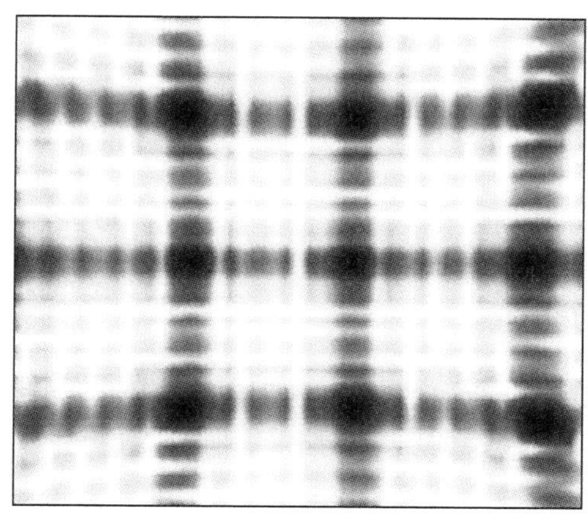

图 6.31　矩形阵列“栅瓣”

实际应用中的限制，截止频率应越高越好。根据采样定理，截止频率为

$$f_{\max}=\frac{c}{d(1+\sin\theta)} \tag{6.57}$$

式中，d 为传声器间距，其他变量与前文一致。由此可得，阵列张角 θ 越大，传声器间隔 d 越大，则截止频率就越低。确定合适的阵列后，截止频率主要受阵列张角的影响。

6.7.5 应用实例

某一传动系统综合试验器在工作过程中的噪声过大，而该试验器的机械部件较多且面积较大，因此给确定噪声源的位置带来了一定难度。试验器结构示意图如图 6.32 所示，其主要结构参数如表 6.3 所列。针对该试验器的结构特征，现采用基于波束形成算法的随机阵列对该试验器进行噪声识别试验。试验用阵列为直径 1 m、36 通道的圆形随机阵列。阵列及阵元布置如图 6.33 所示。

表 6.3 被测试验器的主要结构参数

序　号	部件名称	齿轮啮合频率/Hz
1	1 号齿轮箱	1 794
2	2 号齿轮箱	2 574
3	3 号齿轮箱	1 741

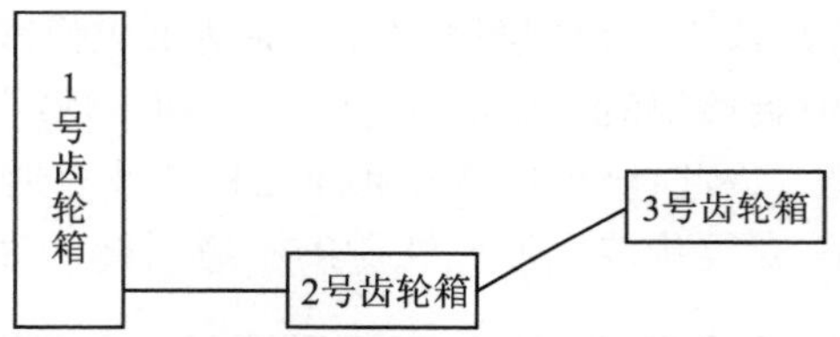

图 6.32 试验器结构示意图

(a) 圆形随机阵列

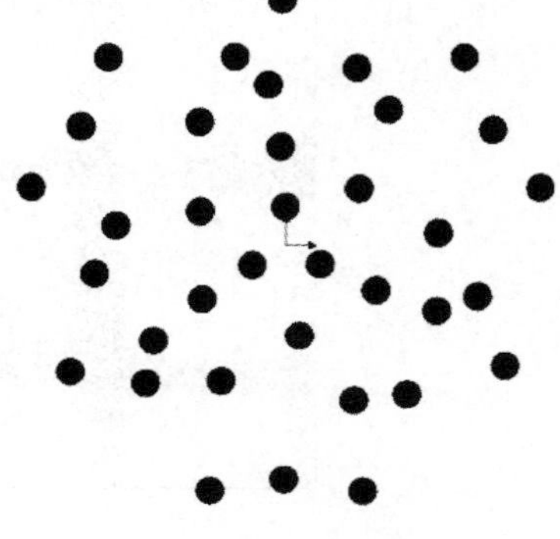

(b) 阵元布置

图 6.33 圆形随机阵列及阵元布置

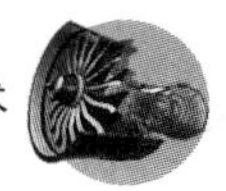

声源成像结果如图6.34所示，图中显示2号齿轮箱位置处为最大声源，其频率为2 574 Hz，该频率恰为2号齿轮箱的啮合工作频率，说明2号齿轮箱辐射的噪声最大。

(a) 声源成像图

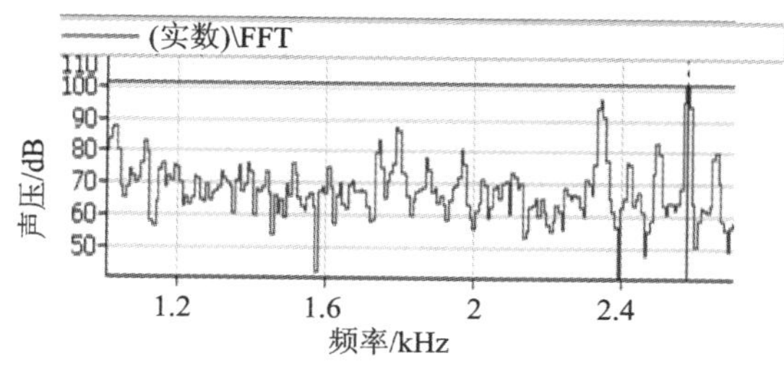

(b) 最大声源位置的声压级谱图

图6.34 声源成像结果

参考文献

[1] 佘定君.某型直升机减速器台架试验与分析研究[D].上海：上海交通大学，2005.

[2] 张宝诚.航空发动机试验和测试技术[M].北京：北京航空航天大学出版社，2005.

[3] 吴森.结构试验基础[M].北京：航空工业出版社，1992.

[4] Oswald F B. Gear tooth stress measurements on the UH-60A helicopter transmission：NASA Technical Paper 2698[R]. Cleveland，Ohio：NASA，1987.

[5] Hotait M A. A theoretical and experimental investigation on bending strength and fatigue life of spiral bevel and hypoid gears[D]. Columbus，Ohio：The Ohio State University，2011.

[6] Qu Y，Hong L，Jiang X，et al. Experimental study of dynamic strain for gear tooth using fiber Bragg gratings and piezoelectric strain sensors[J]. Proceedings of the Institution of Mechanical Engineers：Part C Journal of Mechanical Engineering Science，2018，232(21)：3992-4003.

[7] Munro R G. A review of the theory and measurement of gear transmission error[J]. Gearbox noise and vibration，1990：3-10.

[8] 许慧斌，宾鸿赞，张小波.传动误差测量与控制的一种新型硬件、软件系统[J].中国机械工程，1999，10(10)：1166-1168.

[9] 陈文华,朱海峰,樊晓燕. 齿轮系统传动误差的蒙特卡洛模拟分析[J]. 仪器仪表学报,2004,25(4):435-437.
[10] 陈义仁,蔡忠杓,樊晓燕. 受负载之正齿轮对的传动误差探讨[J]. 国立交通大学学报,2004(4):5-31.
[11] 李松. 齿轮动态传动误差高精度测试系统设计与分析[D]. 长沙:中南大学,2011.
[12] 唐健杰. 基于 Labview 的齿轮传动误差测量系统的设计[J]. 计量与测试技术,2019,45(9):6-8.
[13] 唐进元. 齿轮传动误差计算新模型[J]. 机械传动,2008(6):13-14.
[14] 吉强,方宗德,王侃伟,等. 齿轮的传动误差检测方法研究[J]. 机械科学与技术,2009,28(12):1652-1656.
[15] 曹科,张向慧. 精密齿轮传动误差检测试验台设计[J]. 机床与液压,2019,47(8):140-145.
[16] Michalski L,Eckersdorf K,Kucharski J,et al. Temperature Measurement[M]. 2nd ed. England:John Wiley & Sons Ltd,2001.
[17] 杨立,杨桢. 红外热成像测温原理与技术[M]. 北京:科学出版社,2012:18-48.
[18] 张伟,管公顺,庞宝君,等. 超高速撞击加速技术及其应用研究[J]. 哈尔滨工业大学学报,2005,10.
[19] 邓云飞. 二级轻气炮超高速撞击实验测控技术系统研究[D]. 哈尔滨:哈尔滨工业大学,2008.
[20] 王金贵. 气体炮原理及技术[M]. 北京:国防工业出版社,2001:57-58.
[21] 褚凌越,高进,李超位. 基于激光幕的弹丸初速测量系统研究[J]. 火炮发射与控制学报,2010,1:67-69.
[22] 刘世平. 弹丸速度测量与数据处理[M]. 北京:兵器工业出版社,1994:7-33.
[23] 程家增. 爆破过程高速摄像方法研究[D]. 武汉:武汉理工大学,2010.
[24] Maynard J D, Williams E G, Lee Y. Near-field acoustic holography: Ⅰ Theory of generalized holography and the development of NAH[J]. The Journal of the Acoustical Society of America, 1985, 78 (4): 1395-1413.
[25] Veronesi W A, Maynard J D. Near-field acoustic holography (NAH): II Holographic reconstruction algorithms and computer implementation [J]. Acoust. Soc. Am. ,1987,81(5):1307-1322.
[26] Saijyou K S K,Yoshikawa S Y S. Accuracy improvement of reconstruction in near-field acoustical holography by applying data extrapolation

method[J]. Japanese journal of applied physics,1998,37(5S): 3022.

[27] Saijyou K, Yoshikawa S. Reduction methods of the reconstruction error for large-scale implementation of near-field acoustical holography[J]. The Journal of the Acoustical Society of America,2001,110(4): 2007-2023.

[28] Williams E G,et al. Fast Fourier transform and singular value decomposition formulations for patch near field acoustical holography[J]. Journal of the Acoustical Society of America,2003,114(3):322-1333.

[29] Fleisicher H,Axelrad U. Restoring an acoustic sound from pressure data using Wiener filtering[J]. Acustica, 1986,60(2):172-175.

[30] 张德俊,夏献华,等. 近场声全息成像方法的研究[J]. 声学学报,1992,17(6):436-445.

[31] 张德俊,夏献华,等. 近场声全息成像对振动体及辐射体的成像[J]. 物理学进展,1996,16(3-4):613-623.

[32] Li J F, Pascal J C, Carles C. A new k-space optimal filter for acoustic holography[C]//Canada Proceedings of 3rd International Congress on Air and Structure-Borne Sound and Vibration. Montreal,1994.

[33] Hald J. Reduction of spatial windowing effects in acoustical holography [C]. Yokohama: Japan International congress on noise control engineering, 1994.

[34] Kwon H S,Kim Y H. Minimization of bias error due to windows in planar acoustic holography using a minimum error window[J]. Journal of the Acoustical Society of America,1995,98(4):2104-2111.

[35] Bai M S R. Acoustical source characterization by using recursive Wiener filtering[J]. Journal of the Acoustical Society of America,1995,97(5): 2657-2663.

[36] 何元安,何祚庸. 用声场空间变换识别水下噪声源[J]. 应用声学,2000,19(2):9-13.

[37] 李卫兵,陈剑,等. 波数域滤波迭代近场声全息[J]. 机械工程学报,2004,40(12):14-19.

[38] Hald J. Patch near-field acoustical holography using a new statistically optimal method[C]//Korea Proceedings of Inter-Noise. Seogwipo,2003.

[39] 杨超,陈进,等. 统计最优近场声全息中正则化方法的仿真与实验研究[J]. 中国机械工程,2008,19(20): 2478-2482.

[40] 李卫兵,陈剑,等. 统计最优平面近场声全息原理与声场分离技术[J]. 物理学报,2005,54(3):1254-1260.

[41] 张永斌,徐亮,等. 基于声压-振速测量的单面声场分离技术[J]. 物理学报,

2009,58(12):8364-8371.

[42] Jacobsen F, Chen X, Jaud V. A comparison of statistically optimized near field acoustic holography using single layer pressure-velocity measurements and using double layer pressure measurements[J]. Acoust. Soc. Am. ,2008,123(4):1842-1845.

[43] Wang Z, Wu S F. Helmholtz equation-least-squares method for reconstructing the acoustic pressure field[J]. Journal of the Acoustical Society of America,1997,102(4):2020-2032.

[44] Rayess N, Wu S F. Experimental validations of the HELS method for reconstructing acoustic radiation from a complex vibrating structure[J]. Journal of the Acoustical Society of America,2000,107(6):2955-2964.

[45] Sarkissian A. Method of superposition applied to scattering from a target in shallow water[J]. Journal of the Acoustical Society of America,1994, 95(5):2340-2345.

[46] 李加庆,陈进,张桂才,等. 基于波叠加的噪声源识别方法[J]. 上海交通大学学报,2006,40(1):124-128.

[47] 毕传兴,陈剑,周广林,等. 分布源边界点法在声场全息重建和预测中的应用[J]. 机械工程学报,2003,39(8):81-85.

[48] Zhang S Y, Chen X Z. The boundary point method for the calculation of exterior acoustic Radiation[J]. Journal of Sound and Vibration,1999,228(4):761-772.

[49] 蔡鹏飞. 基于声全息方法的噪声源识别算法及对比研究[D]. 重庆:重庆大学, 2015.

第 7 章
技术发展展望

直升机传动系统的发展取决于使用者的需求，并依赖于科学技术和工业生产水平的进步。不同的用户对直升机传动系统有不同的要求，如军用直升机要求传动系统具有高承载能力和高生存力，民用直升机要求传动系统具有低成本、低振动及低噪声水平等。虽然众口难调，但总有一些共性因素决定着直升机传动系统的发展方向。目前，直升机领域呈现出以单旋翼带尾桨直升机为主，各类新型直升机并存的局面。近年来，倾转旋翼机、共轴刚性旋翼高速直升机等新构型直升机正日益受到人们的高度关注，大力助推了新构型传动技术的进步和发展。从直升机传动系统型号的发展和传动技术的发展来看，为了满足直升机进一步提高有效载荷、战场生存力、寿命及可靠性的要求，传动系统今后的技术发展方向有以下几个方面。

1. 技术水平进一步提升，先进技术应用广泛

(1) 先进传动部件的广泛应用

目前，大多数直升机主减速器的最后一级为圆柱齿轮行星齿轮机构，新的直升机传动系统趋向于采用定轴圆柱齿轮或面齿轮分扭传动、人字齿轮或高重合度行星齿轮传动。同时，采用动静旋翼轴、尾桨轴等先进部件替代常规的旋翼轴、尾桨轴；采用齿轮、轴、轴承内环一体化设计，减少了连接环节，减轻了重量，提高了可靠性和翻修间隔期；采用新型陶瓷轴承、智能轴承、弹簧离合器，可提高可靠性，减少零件数量和减轻重量；采用膜盘联轴器，使传动轴具有良好的轴向与角向补偿能力，由预置偏角膜盘联轴器组成的机翼传动轴可适应倾转旋翼机的机翼变形；采用复合材料传动轴、旋翼轴、机匣，可减轻重量。

(2) 润滑技术及干运转技术的应用

采用环下润滑、离心甩油、多喷嘴喷射等更为有效的润滑方式可以确保齿轮、轴承等转动部件摩擦副的良好润滑冷却，使齿轮、轴承的寿命有了大幅度提高；通过提高滑油过滤精度、油芯润滑等措施有利于提高齿轮、轴承的寿命；通过设置应急润滑系统，可确保主润滑系统失效后，传动系统还能继续可靠工作；通过润滑系统动态仿

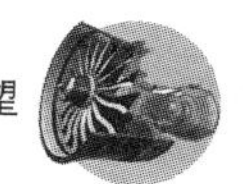

真及减速器姿态润滑试验，可大幅提升直升机在大姿态机动时的润滑性能。通过采用油芯、应急润滑系统、轴承保持架镀银、加大齿轮侧隙和轴承游隙等措施，可提高减速器的干运转能力。

(3) 先进试验方法和分析技术的应用

传动系统的发展是多学科多领域的交互式发展，包括了理论分析、试验技术和测试平台等方面的发展，在先进的设计、加工、试验方法的支撑下，传动系统的结构分析和载荷条件分析能力有了很大提高，材料、构件的性能得以充分发挥，在相同材料和结构的情况下，使传动系统的重量更轻。

(4) 新材料、新工艺的应用

材料技术的发展是传动系统技术发展的重要方面，突出表现在新一代高温陶瓷轴承、高强度齿轮钢、新型镁铝合金及复合材料传动轴、机匣的研发与应用上，既减轻了传动部件的重量，又提高了生存力。热喷涂、物理气相沉积、激光表面熔覆、电火花沉积、电子束焊、摩擦焊等表面处理与防护技术，熔模精密铸造、调压铸造、半固态成型等先进成型技术、3D 打印技术、深氮化技术等新技术也应用于传动系统中，提高了寿命，降低了维护费用。

(5) 全寿命周期成本的控制

在提高可靠性和适用性的同时，后续研发的传动系统将进一步强调降低全寿命周期成本，包括研制、采购、维护使用的全过程，以保证实现直升机的效能，提升传动系统使用的装备完好率。如美军 2001 年提出的 21 世纪直升机传动系统研究计划(RDS－21)的目标之一是将传动系统的生产成本及维护使用成本各降低 20%。

2. 传动系统的性能稳步提升

(1) 功率密度进一步提升

新材料和新工艺的应用，齿轮、轴、轴承内环的一体化设计，以及先进传动部件的进一步应用，可减少零件数量，进一步减轻传动系统的重量。如美国 1988 年提出的先进直升机传动系统研究项目(ART)的目标是与代表当时技术水平的传统系统(SOAT)相比重量降低 25%。目前，直升机主减速器的功率密度已达 4.5 kW/kg，随着新技术、新材料、新工艺的应用，未来可能提升到 5 kW/kg。

(2) 寿命和 TBO 进一步提升，可靠性稳步提升

直升机减速器的 TBO 已达 3 000 h 以上，未来通过突破零部件抗磨损设计、高性能润滑与冷却技术，TBO 可提高到 5 000 h，零部件的总寿命达 15 000 h 以上，MTTR 达到 5 000 h。随着监控手段的进一步完善和寿命的提高，今后将有较多传动系统采用状态监控(而不是定期翻修)的维护方式，对于仍采用定期翻修的传动系统，翻修间隔期也将进一步延长。

(3) 进一步提高生存力

未来通过掌握减速器热分析、应急润滑等技术，主减速器的干运转时间将达

45 min以上，中、尾减速器的干运转能力将达1～3 h。采用动静旋翼轴、尾桨轴和尾轴抗弹击设计，可进一步提升传动系统的抗弹击能力。

(4) 减振降噪设计

通过采用主动控制和被动控制方式来降低振动和噪声，包括改进零部件结构(如采用柔性齿圈、浮动轴、高重合度齿轮传动等)、提高零部件加工精度、应用复合材料调整频率范围、设置阻尼元件、改进减速器安装结构、设置吸振器、采用吸声性能好的机匣材料、采用弹性幅板和隔音涂层，以及增加减速器撑杆和安装座的主动隔振装置等措施。

(5) 健康管理技术

状态监控及故障诊断是保证传动系统正常运转、视情维护和故障定位与分析的有效手段。在传动系统中布置相关的传感器，并建立传动系统关键部件典型故障诊断方法和故障特征数据库，构建健康管理软件集成平台，可实时进行振动分析、滑油分析、寿命管理、故障隔离、故障预测等。健康管理技术可延长传动系统的翻修间隔期，目前，实现无翻修甚至无维护是传动系统技术发展的一个重要方向。一直以来，世界各国都在全力研究飞机的状态监测和故障诊断系统，后续在传动系统的研制中将广泛应用在线健康监测与故障诊断系统。

3. 新构型传动的应用及新的设计方法助推传动技术的新发展

(1) 新的构型设计不断涌现

与倾转旋翼机、共轴刚性旋翼高速直升机、大功率涡桨发动机、桨扇发动机、齿轮风扇发动机等的发展相适应，传动系统的构型将同步发展，如用于共轴刚性旋翼高速直升机的共轴对转传动构型、可变速比传动构型、主动控制离合构型、用于倾转旋翼机的倾转减速器构型、预置偏角机翼传动轴构型等。研究表明，旋翼可调转速技术可显著降低直升机的噪声，提升直升机的飞行效率和续航时间，亦可提升飞行速度等。在未来直升机传动系统的研究中，变速传动技术将是推动旋翼可调转速技术发展的关键技术。

(2) 仿真技术融入传动系统研发的全过程

由于直升机型号的研制技术难度大、周期长、研制费用高，传统的理论分析与实际有很大差距。实验室试验和飞行试验耗资多、周期长、风险大，而仿真试验则节约经费，既缩短了周期又无风险。因此，仿真技术的发展已成为继理论分析、实物试验之后，人类认识客观世界的又一强有力的手段，特别对于像直升机这类技术十分复杂的飞行器，仿真技术更能显示出其独特的作用。目前，传动系统的研发还需依靠大量的实物试验来验证设计的合理性，将来的理想状态应该是在设计完成之前，通过仿真来进行不断的改进迭代和验证，找出最佳设计参数，从而大幅度缩短研制周期，节省研制经费。

(3) 传动系统设计新概念有大的突破

预计今后将研究和发展的新概念技术有：少或无冷却系统的传动系统——采用耐高温的传动元件材料、机匣和润滑油；采用实时监控技术，实现无翻修寿命或至无维护概念的传动系统；传动系统与直升机、发动机一体化；多电传动技术。